수학문제 해결을 위한 완벽한 전략

# 매쓰두잉

서사원주니어

# 들어가며

우리는 '34+2', '12×3'과 같이 수와 연산기호로 이루어진 문제의 답을 고민 없이 구할 수 있습니다. 누구나 아는 쉬운 규칙이기 때문이지요. 하지만 이것은 수학의 세계로 들어가는 입구에 불과합니다. 수식으로 제시된 문제와 달리 문장제 문제는 학생 스스로 주어진 상황에 필요한 수학 개념을 떠올려 답을 구해야 합니다. 학생들은 이러한 문제를 해결해내면서 수학적 사고력이 신장되고, 나아가 세상을 새롭게 해석할 수 있게 됩니다.

이것이 우리가 수학을 학습하는 최종 목표라고 할 수 있습니다. 그리고 이를 가능하게 하는 것은 바로 '내가 수학을 하는' 경험입니다. 학생 자신의 힘으로 수학 문제를 해결하는 경험을 쌓으며 스스로 문제해결의 주인이 되어야만 이 단계에 이를 수 있습니다.

《매쓰 두잉》(Math Doing)은 개념 학습을 끝낸 후, 학생들이 수학 문제해결력을 신장시킬 수 있는 긍정적인 경험을 할 수 있도록 구성된 교재입니다. '이 문제를 어떻게 풀 것인가' 하는 고민을 문제를 만나는 순간부터 답을 구하고 확인하는 내내 하게 되지요.

문제해결의 4단계(문제 이해－계획 수립－실행－확인)를 고안한 폴리아(George Pólya, 헝가리 수학자, 수학 교육자)에 따르면, 수학적 사고 신장은 '수학 문제의 해법 추측과 발견의 과정'을 통해 이루어집니다. 이에 본 교재는 학생들이 문제를 이해하고 어떻게 풀 것인가를 계획하는 과정에서 추측과 발견의 기회를 가질 수 있도록 다음과 같은 방법을 제시합니다.

첫째, 식 세우기, 표 그리기, 예상하고 확인하기, 그림 그리기 등 다양한 문제해결의 전략을 단계적으로 학습할 수 있도록 합니다.

둘째, 이 학습 단계는 총 4단계로 구성됩니다. 1단계에서는 교재가 도움을 제공하지만 단계가 올라갈수록 문제해결의 주체가 점점 학생 본인으로 옮겨 가게 됩니다. 이는 비고츠키(Lev Semenovich Vygotsky, 구소련 심리학자)의 '근접발달영역'이라는 인지 이론을 바탕으로 한 것입니다.

셋째, 《매쓰 두잉》만의 '문제 그리기' 방법입니다. 문제해결을 위해 문제의 정보를 말이나 수, 그림, 기호 등을 사용하여 표현해 보는 것입니다. 이를 통해 문제 정보를 제대로 이해하고 '어떻게 문제를 풀 것인가'에 대한 계획을 세우는 기회를 가질 수 있습니다.

이와 같은 방법을 통해 많은 학생들이 진정으로 수학을 하는 경험을 가질 수 있을 것이라는 기대로 이 문제집을 세상에 내어놓습니다.

2025년 1월

박 현 정

# 《매쓰 두잉》의 구성

《매쓰 두잉》에서는 3~6학년의 각 학기별 내용을 3개의 파트로 나누어 학습하게 됩니다. 한 파트는 총 4단계의 문제해결 과정으로 진행됩니다. 각 단계는 교재가 제공하는 도움의 정도에 따라 나누어집니다.

| PART1<br>수와 연산 | PART2<br>도형과 측정 | PART3<br>변화와 관계,<br>자료와 가능성 |
|---|---|---|

## 준비 단계 개념 떠올리기

**해당 파트의 주요 개념과 원리를 떠올리기 위한 기본 문제입니다.**

## STEP 1 내가 수학하기 배우기

**아무런 도움 없이 스스로 알맞은 전략을 선택, 사용하여 사고력 문제해결에 도전합니다.**

### ❶ 전략 배우기

**파트마다 5~6개의 전략을 두 번에 나누어 학습합니다.**

식 만들기 · 그림 그리기 · 표 만들기 · 거꾸로 풀기 · 단순화하기 · 규칙 찾기 · 예상하고 확인하기 · 문제정보를 복합적으로 나타내기

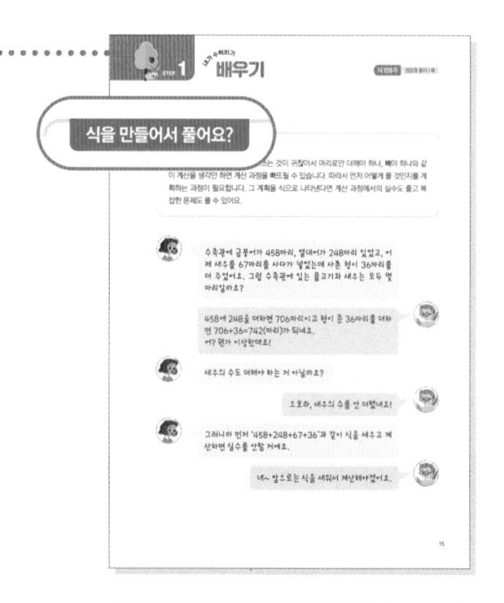


### ❷ 전략을 사용해 문제 풀기

**교재의 도움을 받아 문제를 이해하고 표현해 봅니다.**

**문제 그리기** 불완전하게 제시된 말이나 수, 다이어그램 등을 보고 □ 안에 적합한 수, 기호 등을 넣으며 해법을 계획합니다.

**계획-풀기** 제시된 풀이 과정에서 틀린 부분을 찾아 밑줄을 긋고 바르게 고칩니다.

**확인하기** 적용한 전략을 다시 떠올립니다.

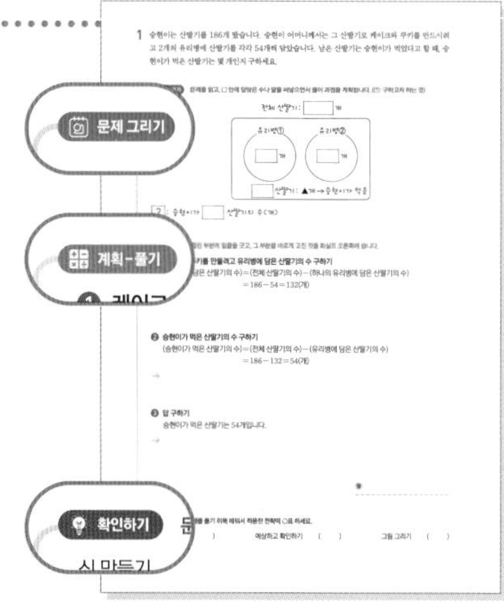

## STEP 2 내가 수학하기 해보기

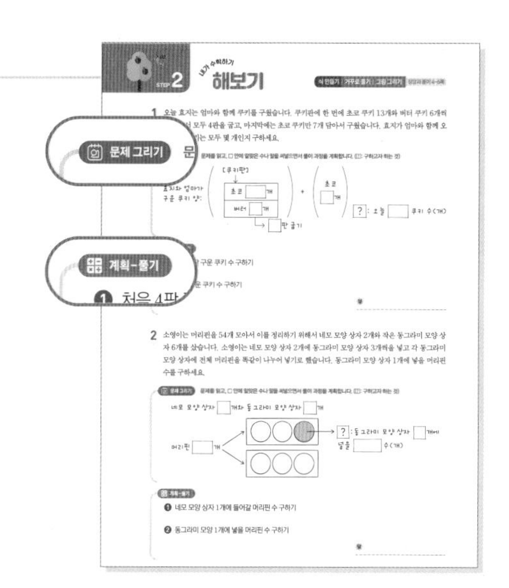


'문제 그리기'와 '계획-풀기'에만 도움이 제공됩니다.

**문제 그리기** 불완전하게 제시된 말이나 수, 다이어그램 등을 보고 □ 안에 적합한 수, 기호 등을 넣으며 해법을 계획합니다.

**계획-풀기** 해답을 구하기 위한 단계만 제시됩니다. 과정은 스스로 구성해 봅니다.

## STEP 3 내가 수학하기 한단계 UP

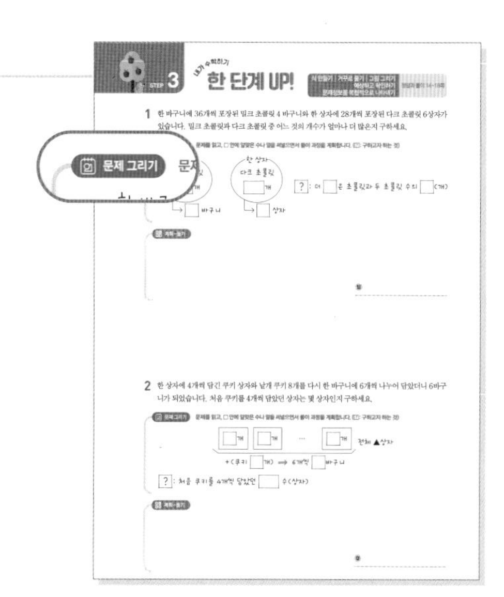


'문제 그리기'에만 도움이 제공됩니다.

**문제 그리기** 불완전하게 제시된 말이나 수, 다이어그램 등을 보고 □ 안에 적합한 수, 기호 등을 넣으며 해법을 계획합니다.

## STEP 4 내가 수학하기 거뜬히 해내기

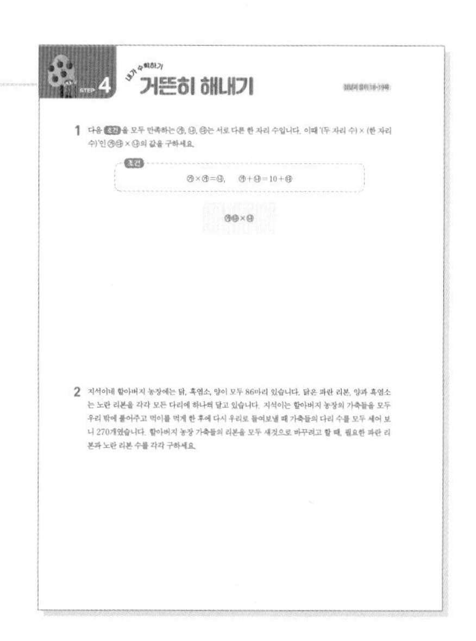


아무런 도움 없이 스스로 알맞은 전략을 선택, 사용하여 사고력 문제해결에 도전합니다.

## 핵심 역량 말랑말랑 수학

유연한 주제로 재미있게 수학에 접근해 봅니다. Part1에서는 문제해결과 수-연산 감각, Part2에서는 의사소통, Part3에서는 추론 및 정보처리를 다룹니다.

# 《매쓰 두잉》의 문제해결 과정

《매쓰 두잉》에서 제시하는 문제해결의 과정은 다음과 같습니다.

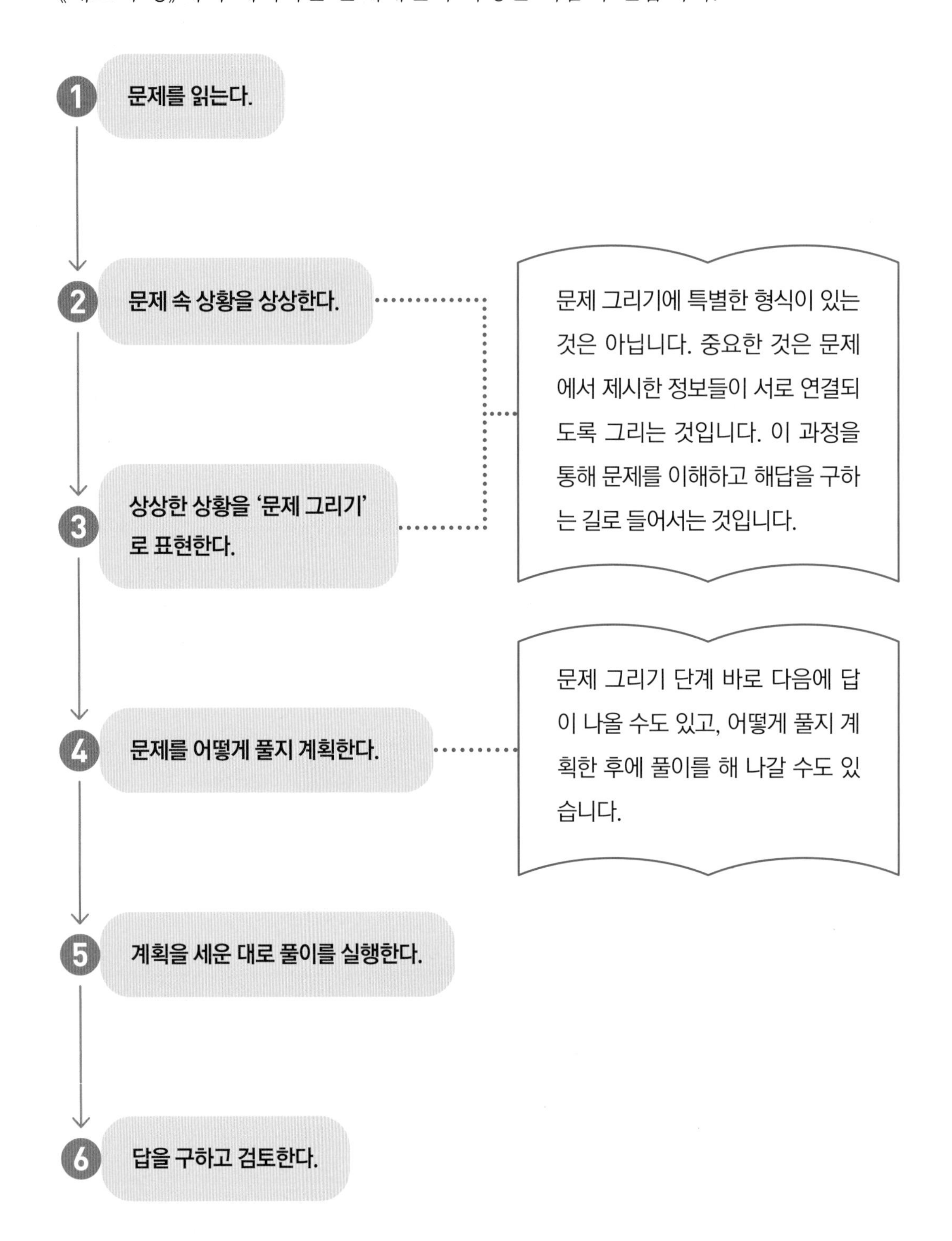

예시 문제

농장에 있는 양들을 한 무리에 40마리씩 나누어야 합니다. 그런데 잘못해서 34마리씩 나누었더니 21개의 무리가 생기고, 20마리의 양이 남았습니다. 올바르게 나누었다면 몇 개의 무리가 생기고, 남는 양은 몇 마리였을까요?

**1 문제를 읽는다.**

'농장에 있는 양들을 한 무리에 40마리씩 나누어야 합니다. 그런데 잘못해서 34마리씩 나누었더니 21개의 무리가 생기고, 20마리의 양이 남았습니다. 올바르게 나누었다면 몇 개의 무리가 생기고, 남는 양은 몇 마리였을까요?'

**2 문제 속 상황을 상상한다.**

실제로 양들을 무리로 나누는 상황을 상상하며, 원래 나누었어야 하는 방법과 잘못 나눈 방법을 생각해 봅니다. 이 과정을 통해 실제 양의 수를 구할 수 있다는 생각에 도달하게 됩니다.

**3 상상한 상황을 '문제 그리기'로 표현한다.**

문제 정보와 구하고자 하는 것이 모두 들어가도록 수나 도형, 화살표, 기호 등으로 나타냅니다.

문제 그리기

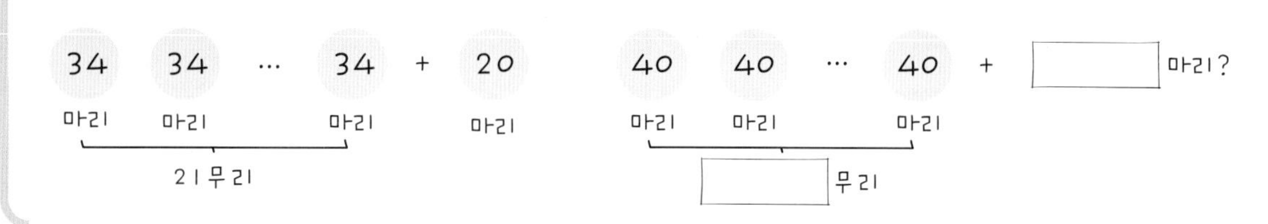


**4 문제를 어떻게 풀지 계획한다.**

식 만들기, 거꾸로 풀기, 단순화하기 등 문제에 알맞은 전략을 선택합니다.

**5 계획을 세운 대로 풀이를 실행한다.**

이 문제에서는 무리를 잘못 나눈 경우를 '식 만들기'로 표현하여 전체 양의 수를 구한 후, 다시 올바르게 무리를 나눔으로써 몇 개의 무리가 생기고 남는 양은 몇 마리인지 구할 수 있습니다.

계획-풀기

$34 \times 21 = 714$

$714 + 20 = 734$

$734 \div 40 = 18 \cdots 14$

따라서 양들은 모두 734마리이며, 18무리로 나눌 수 있고, 14마리가 남는다는 답을 얻습니다.

**6 답을 구하고 검토한다.**

문제와 '문제 그리기'를 다시 읽으며 풀이 과정을 검토하고 구한 답이 맞는지 확인합니다. 이때 실수를 찾아내거나 다른 풀이 과정을 생각해낼 수도 있습니다.

답 **18무리, 14마리**

# 차례

## 수와 연산

# 도형과 측정



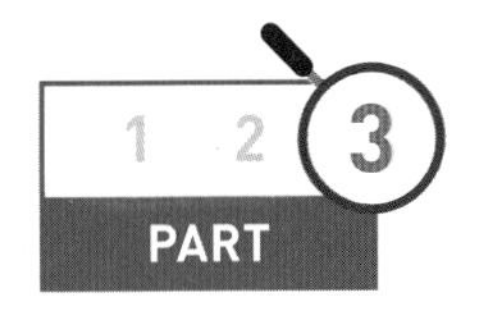


# 변화와 관계 / 자료와 가능성

## 단원 연계

### 4학년 2학기

**분수의 덧셈과 뺄셈**
- 분모가 같은 분수의 덧셈과 뺄셈

**소수의 덧셈과 뺄셈**
- 소수 한 자리 수의 덧셈과 뺄셈
- 소수 두 자리 수의 덧셈과 뺄셈

### 5학년 1학기

**자연수의 혼합 계산**
- 계산하는 순서 알고 혼합 계산하기

**약수와 배수**
- 약수와 배수
- 공약수와 최대공약수, 공배수와 최소공배수 이해와 적용

**약분과 통분**
- 약분와 통분
- 분모가 다른 분수의 크기 비교 및 방법 설명

**분수의 덧셈과 뺄셈**
- 분모가 다른 분수의 덧셈과 뺄셈의 계산 원리 이해 및 계산

### 5학년 2학기

**수의 범위와 어림하기**
- 어림값을 나타내기 위한 이상, 이하, 초과, 미만의 의미와 쓰임을 알고 이를 활용

**분수, 소수의 곱셈**
- 분수와 소수의 곱셈 계산 원리를 탐구하고 계산

## 이 단원에서 사용하는 전략

- 식 만들기
- 거꾸로 풀기
- 그림 그리기
- 단순화하기
- 문제정보를 복합적으로 나타내기
- 규칙성 찾기

# PART 1

# 수와 연산

관련 단원

자연수의 혼합 계산 | 약수와 배수
약분과 통분 | 분수의 덧셈과 뺄셈

# 개념 떠올리기

## +, −, ×, ÷와 괄호 (   )까지 하나의 식에 있다고

**1** 바르게 계산한 것에 ○표 하세요.

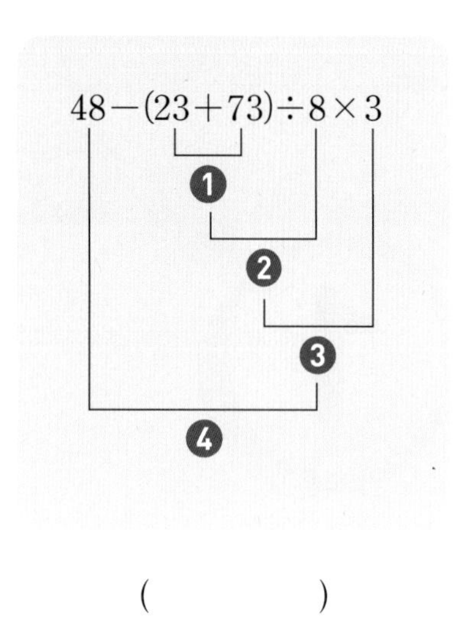


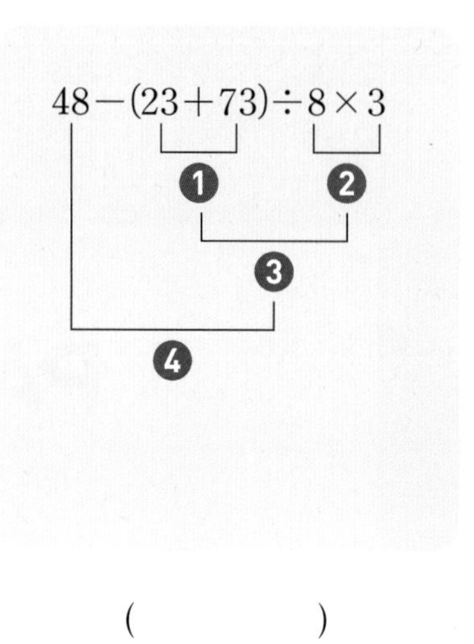


(          )　　　　(          )

**2** 계산 결과가 가장 큰 값과 가장 작은 값의 차를 구하세요.

㉠ $47+56-6\times8\div4$
㉡ $47+(56-6)\times8\div4$
㉢ $47+(56-6\times8)\div4$

(                    )

**3** 다음 식이 성립하도록 (   )로 묶어 보세요.

$$18+36\div6\times3-6\times2=15$$

### 개념 적용

연필 3타(한 타는 12자루)를 5자루씩 6명에게 나눠주면 몇 자루가 남아요? 빨리 계산하는 방법이 있을까요?

그럼요! 하나의 식으로 계산하면 돼요. '12×3-5×6=6'이니까 6자루가 남아요.

## 60을 수들의 곱으로 나타낼 수 있어? 그 수들은 뭐야?

정답과 풀이 01쪽

**4** 약수가 많은 수부터 차례대로 기호를 쓰세요.

㉠ 28　　㉡ 36　　㉢ 42　　㉣ 57

(　　　　　　　　)

**5** 두 수가 약수와 배수의 관계인 것을 찾아서 이어 보세요.

| | | | |
|---|---|---|---|
| 4 | • | • | 49 |
| 7 | • | • | 27 |
| 9 | • | • | 39 |
| 13 | • | • | 32 |

**6** 다음 대화를 보고 잘못 말한 친구들을 모두 찾아 이름을 쓰고, 그 이유를 설명하세요.

현정: 12와 18의 공약수는 12와 18의 최대공약수의 약수와 같아.
연정: 그래서 12와 18의 최대공약수는 3이야.
윤정: 최소공배수도 알아. 최소공배수는 36이거든.
수진: 12와 18의 공배수는 12와 18의 최대공약수의 배수야.

(　　　　　　　　)

답 이유:

## 개념 적용

내가 타는 버스는 6분마다, 네가 타는 버스는 9분마다 있어요. 방금 두 버스가 동시에 출발했는데 우리가 함께 버스를 가장 빠르게 타려면 몇 분 뒤에 헤어지면 될까요?

두 버스는 각각 6의 배수, 9의 배수마다 오니까 6과 9의 최소공배수인 18분 뒤에 오는 버스를 각각 타면 돼요. 그때까지 더 이야기 할 수 있겠어요~

## 분모와 분자가 다른데 이 분수들이 같다고? 분모가 다른데 어떻게 같게 만들어?

**7** 분모와 분자의 공약수를 이용하여 $\frac{32}{56}$를 약분하려고 합니다. □ 안에 알맞은 수를 써 넣으세요.

56과 32의 공약수 : 1, □, □, □

$$\frac{32}{56}=\frac{32\div\square}{56\div\square}=\frac{\square}{\square}$$

$$\frac{32}{56}=\frac{32\div\square}{56\div\square}=\frac{\square}{\square}$$

$$\frac{32}{56}=\frac{32\div\square}{56\div\square}=\frac{\square}{\square}$$

**8** $\frac{15}{36}$를 기약분수로 나타내었을 때 분모와 분자의 차를 구하세요.

(　　　　　　　　)

**9** 다음 □ 안에 들어갈 수 있는 자연수는 모두 몇 개인지 구하세요.

$$\frac{17}{20}<\frac{\square}{60}<1.9$$

(　　　　　　　　)

### 개념 적용

분수는 분모가 다르면 크기 비교가 어렵죠? 당근 주스가 $\frac{3}{4}$ L, 바나나 우유가 $\frac{9}{12}$ L, 물은 $\frac{42}{60}$ L 있다고 하면 같은 양이 어느 건지 알 수 있을까요?

물론이죠! 통분을 하면 돼요. 4, 12, 60의 최소공배수가 60이니까 공통분모를 60으로 해요. 각각 $\frac{3}{4}=\frac{45}{60}$, $\frac{9}{12}=\frac{45}{60}$, $\frac{42}{60}$이니까 당근 주스와 바나나 우유의 양이 같네요.

## 분모가 다른데 어떻게 더하고 뺀다는 거야?

**10** 하진이네 텃밭 전체의 $\frac{2}{5}$에는 토마토가 있고, 고추는 텃밭 전체의 $\frac{1}{7}$에 심어져 있습니다. 그런데 이번 주 일요일에는 나머지 텃밭에 배추를 심는다고 합니다. 그렇다면 배추를 심는 부분은 텃밭 전체의 몇 분의 몇인지 구하세요.

(　　　　　　　　)

**11** 계산 결과가 가장 큰 것을 찾아 기호를 쓰고, 그 값을 기약분수로 구하세요.

㉠ $1\frac{1}{2}-\frac{2}{3}$　　㉡ $3\frac{7}{12}-2\frac{5}{6}$　　㉢ $7\frac{1}{9}-6\frac{2}{3}$

(　　　　　　　　)

**12** 계산 결과가 1보다 큰 것을 모두 찾아 ◯표 하세요.

㉠ $1\frac{1}{4}-\frac{2}{3}$ (　)　　㉡ $\frac{1}{2}+\frac{3}{8}$ (　)

㉢ $\frac{4}{9}+\frac{3}{5}$ (　)　　㉣ $4\frac{3}{8}-3\frac{2}{3}$ (　)

㉤ $\frac{5}{13}+\frac{7}{11}$ (　)

### 개념 적용

지점토를 사서 전체 양의 $\frac{1}{4}$로 토끼 3마리를 만들고, 전체 지점토의 $\frac{2}{5}$로는 거북 2마리를 만들었어요. 남은 지점토로 바구니를 만들 수 있을까요? 전체 지점토의 $\frac{1}{3}$만큼만 있으면 바구니를 만들 수 있거든요.

알아볼까요? $\frac{1}{4}+\frac{2}{5}=\frac{5}{20}+\frac{8}{20}=\frac{13}{20}$이니까 사용하고 남은 양은 전체의 $1-\frac{13}{20}=\frac{7}{20}$이에요. 전체 양의 $\frac{1}{3}$이 필요하다고 했는데 $\frac{1}{3}=\frac{20}{60}$이고, $\frac{7}{20}=\frac{21}{60}$이니까 만들 수 있네요. 아슬아슬하지만요.

## 식을 만들어서, 식을 세워서 문제를 풀어요?

'수학적 사고의 신장'을 위한 공부법은 이 문제를 어떻게 풀어야 할지를 계획하고, 그 계획대로 풀어가는 과정에서 사고하는 것입니다. 해법을 계획하는 여러 가지 방법 중에서 '식 만들기'는 아주 중요한 방법이에요. 어떻게 풀지를 계획하고, 빠뜨린 과정이 있는지도 확인할 수 있으니까요.

답이 틀렸어요.

어라? 그럴 리가 없어요. 제가 처음에 두 수를 더하고 그다음에 곱하고 나눈 후에 답을 썼어요.

문제를 잘 읽어 보면 '남은 수'를 쓰라고 했으니까 그렇게 구한 수를 처음 수에서 빼야 하잖아요. 그것을 안 했네요.

맞다! 그것을 깜빡했어요. 그냥 머리로만 계산했어요.

그렇게 머리로만 하면 빼먹고 그냥 넘어갈 수 있어요. 문제를 읽고 어떻게 풀지를 생각하며 먼저 식을 하나로 세우는 것이 중요해요. 그래야 올바르게 계획을 세웠는지도 확인할 수 있고, 잘못된 계산도 다시 할 수 있으니까요.

**1** 단우는 엄마와 함께 마트에서 한 송이에 7000원 하는 포도 2송이와 한 개에 6400원 하는 사과를 1개 사려고 합니다. 30000원을 냈다면 거스름돈은 얼마를 받아야 하는지 하나의 식으로 나타내어 구하세요.

**문제 그리기** 문제를 읽고, □ 안에 알맞은 수를 써넣으면서 풀이 과정을 계획합니다. (?: 구하고자 하는 것)

전체 돈 : □원

포도: □송이 / 1송이: □원

사과: □개 / □원

남은 돈

? : □원을 낸다면 받아야 할 거스름돈(하나의 식으로 구하기)

**계획-풀기** 틀린 부분에 밑줄을 긋고, 그 부분을 바르게 고친 것을 화살표 오른쪽에 씁니다.

❶ 거스름돈과 포도와 사과의 값의 관계를 식으로 나타내기

(거스름돈)=(낸 돈)−(산 포도의 값)

→

❷ ❶을 이용하여 식을 세워 거스름돈 구하기

(거스름돈)$=30000-(7000\times3)=30000-21000=9000$(원)

→

❸ 따라서 거스름돈은 9000원입니다.

→

답 

**확인하기** 문제를 풀기 위해 배워서 적용한 전략에 ○표 해 봅니다.

식 만들기 (　　)　　거꾸로 풀기 (　　)　　그림 그리기 (　　)

**2** 똑같은 두 유리컵에 같은 양의 코코아가 담겨 있는데 꿀의 양을 다르게 하여 달콤한 코코아를 만들려고 합니다. 우선 ㉠ 컵과 ㉡ 컵에는 코코아가 $\frac{7}{10}$컵씩 들어 있는데, ㉡ 컵에는 꿀을 $\frac{1}{8}$ 컵 넣었고, ㉠ 컵에는 ㉡ 컵보다 $\frac{1}{12}$컵만큼 더 넣었습니다. ㉠ 컵에 들어간 꿀의 양은 몇 컵인지 구하세요.

**문제 그리기** 문제를 읽고, □ 안에 알맞은 수나 말을 써넣으면서 풀이 과정을 계획합니다. (?: 구하고자 하는 것)

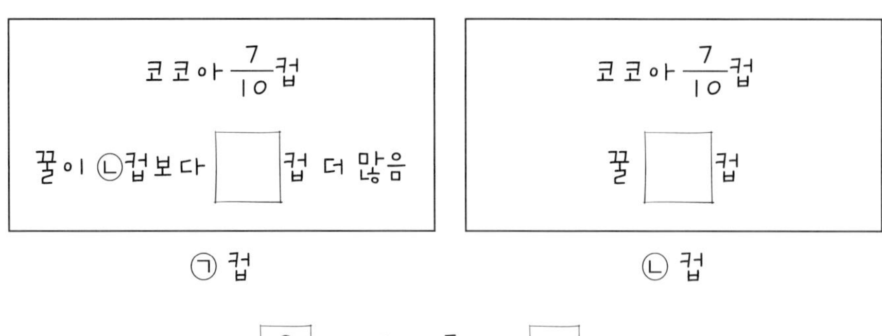


**계획-풀기** 틀린 부분에 밑줄을 긋고, 그 부분을 바르게 고친 것을 화살표 오른쪽에 씁니다.

❶ ㉠ 컵과 ㉡ 컵에 들어간 꿀의 양에 대한 관계를 식으로 나타내기

(㉠ 컵의 꿀의 양)=(㉡ 컵의 꿀의 양)$-\left(\frac{1}{12}\text{컵}\right)$

→

❷ ❶을 이용하여 식을 세워 ㉠ 컵에 들어간 꿀의 양 구하기

(㉠ 컵의 꿀의 양)$=\frac{1}{8}-\frac{1}{12}=\frac{3}{24}-\frac{2}{24}=\frac{1}{24}$(컵)

→

❸ 따라서 ㉠ 컵에 들어간 꿀의 양은 $\frac{1}{24}$컵입니다.

→

답

**확인하기** 문제를 풀기 위해 배워서 적용한 전략에 ○표 해 봅니다.

식 만들기 (　　)　　거꾸로 풀기 (　　)　　그림 그리기 (　　)

**3** 지민이의 어머니께서 학급 행사를 위해 직사각형 모양의 커다란 오방색 떡을 해 오셨습니다. 노란색 떡은 전체의 $\frac{7}{28}$, 분홍색 떡은 전체의 $\frac{10}{36}$, 회색 떡은 전체의 $\frac{4}{32}$였고, 나머지는 흰색 떡과 녹색 떡이었습니다. 흰색 떡과 녹색 떡의 합은 전체의 몇 분의 몇인지 구하세요.

**문제 그리기** 문제를 읽고, □ 안에 알맞은 말을 써넣으면서 풀이 과정을 계획합니다. (?: 구하고자 하는 것)

전체: 1

| 노란색 | 분홍색 | 회색 | 흰색과 녹색 ▲ |
|---|---|---|---|

? : 흰색과 □색 떡의 양은 전체의 몇 분의 몇(▲)

**계획-풀기** 틀린 부분에 밑줄을 긋고, 그 부분을 바르게 고친 것을 화살표 오른쪽에 씁니다.

❶ 노란색, 분홍색, 회색 떡의 양의 분모 통분하는 방법 알기
각 색깔 떡의 양들을 나타내는 분수의 분모를 공통으로 하는 분모는 세 분모의 곱으로 하는 것이 가장 간단한 계산입니다. 따라서 노란색 떡, 분홍색 떡, 회색 떡의 양을 나타내는 분수의 분모는 $\frac{3}{12}$, $\frac{4}{36}$, $\frac{8}{32}$의 기약분수의 분모들의 곱으로 합니다.

→

❷ 노란색, 분홍색, 회색 떡의 양의 분모 통분하기
$\frac{3}{12}=\frac{1}{4}$, $\frac{4}{36}=\frac{1}{9}$, $\frac{8}{32}=\frac{1}{4}$이므로 공통분모 $4\times9\times4=144$로 통분하여 나타내면
$\frac{1}{4}=\frac{1\times36}{4\times36}=\frac{36}{144}$, $\frac{1}{9}=\frac{1\times16}{9\times16}=\frac{16}{144}$, $\frac{1}{4}=\frac{1\times36}{4\times36}=\frac{36}{144}$입니다.

→

❸ 흰색과 녹색 떡의 양의 합은 전체의 몇 분의 몇인지 구하기
나머지 떡인 흰색 떡과 녹색 떡의 합은 전체 1과 나머지 떡의 양과의 합을 구하는 것입니다.
따라서 그 양은 $1+\left(\frac{36}{144}+\frac{16}{144}+\frac{36}{144}\right)=1+\frac{88}{144}=1\frac{88}{144}=1\frac{11}{18}$입니다.

→

답 ______________

**확인하기** 문제를 풀기 위해 배워서 적용한 전략에 ○표 해 봅니다.

식 만들기 (　　)　　거꾸로 풀기 (　　)　　그림 그리기 (　　)

## 거꾸로 풀라고요?

거꾸로 풀기는 말 그대로 거꾸로 생각하는 거예요. 어떤 수를 더해서 답이 나왔다면 어떤 수를 구하기 위해서는 답에서 더한 수를 빼면 돼요.

'거꾸로 풀기'가 바로 모르는 수, 지워진 수를 찾을 수 있는 방법이 된다는 거예요.

진짜 그러겠네요. 어떤 수에 곱했는지를 잊어도 답을 곱한 수로 나누면 어떤 수를 알 수 있으니까 말이에요.

그 방법이 바로 거꾸로 풀기 전략이에요.

그렇군요. 정말 재미있어요.

모르는 수를 찾기 위해서 답에서부터 출발해서 거꾸로 계산하는 방법! 답에서 시작해서 어떤 수를 찾아가는 것이 하나의 방법이에요!

**1** 주하는 친구들과 게임을 했습니다. 게임은 술래인 사람이 분수를 생각하고, 그 분수로 계산하는 방법을 설명한 뒤 답을 이야기하는 것입니다. 그러면 다른 친구들이 술래가 처음 생각했던 분수를 맞추는 게임입니다. 주하가 술래일 때 주하가 처음 생각한 분수를 구하세요.

주하 : 분수의 분모에는 5, 분자에는 3을 더한 뒤, 그 분수와 $\frac{5}{12}$를 더하면 $\frac{37}{48}$이야.

**문제 그리기** 문제를 읽고, □ 안에 알맞은 수나 기호를 써넣으면서 풀이 과정을 계획합니다. (?: 구하고자 하는 것)

처음 분수: $\frac{\triangle}{\bigcirc}$, $\left(\frac{\triangle+3}{\bigcirc+5}\right)$ □ $\frac{5}{12}$ = □

? : 주하가 처음 생각한 분수$\left(\frac{\triangle}{\bigcirc}\right)$

**계획-풀기** 틀린 부분에 밑줄을 긋고, 그 부분을 바르게 고친 것을 화살표 오른쪽에 씁니다.

❶ $\frac{5}{12}$와 더하여 $\frac{37}{48}$이 되는 수를 ◎로 하여 ◎ 구하기

$◎+\frac{5}{12}=\frac{37}{48}$, $◎=\frac{37}{48}+\frac{5}{12}=\frac{37}{48}+\frac{20}{48}=\frac{57}{48}$

→

❷ $\frac{\triangle}{\bigcirc}$ 구하기

$\frac{\triangle+3}{\bigcirc+5}=\frac{57}{48}$ ⇨ $\frac{\triangle}{\bigcirc}=\frac{57-3}{48-5}=\frac{54}{43}$

→

❸ 따라서 주하가 처음 생각한 분수는 $\frac{54}{43}$입니다.

→

답 ______________

**확인하기** 문제를 풀기 위해 배워서 적용한 전략에 ○표 해 봅니다.

표 만들기 (　　)　　거꾸로 풀기 (　　)　　그림 그리기 (　　)

## 2 다음에서 설명하는 어떤 수를 구하세요.

어떤 수에서 5를 빼고 그 수에 8을 곱한 뒤에 9로 나눕니다.
그렇게 구한 답에 2를 더하니 18이 되었습니다.

**문제 그리기** 문제를 읽고, □ 안에 알맞은 수를 써넣으면서 풀이 과정을 계획합니다. (?: 구하고자 하는 것)

(어떤 수)=■

(■−5) × □ ÷ □ + 2 = □, ? : 어떤 수

**계획-풀기** 틀린 부분에 밑줄을 긋고, 그 부분을 바르게 고친 것을 화살표 오른쪽에 씁니다.

❶ 주어진 조건을 하나의 식으로 나타내기

어떤 수를 ■라 하면

■$-5\times8\div9+2=18$

→

❷ 어떤 수 구하기

■$-5\times8\div9+2=18$에서 ■를 구하기 위해 거꾸로 계산합니다.

■$-5\times8\div9=18-2$

■$-5\times8\div9=16$

■$-5\times8=16\times9$

■$-5\times8=144$

■$-40=144$

■$=144+40=184$

→

❸ 따라서 어떤 수는 184입니다.

→

답 ____________

**확인하기** 문제를 풀기 위해 배워서 적용한 전략에 ○표 해 봅니다.

표 만들기 (　　)　　거꾸로 풀기 (　　)　　그림 그리기 (　　)

**3** 두 수 ㉠과 168의 최대공약수가 56이고 최소공배수가 672입니다. ㉠에 알맞은 수를 구하세요.

56 ) ㉠ 168
㉡ 3

**문제 그리기** 문제를 읽고, □ 안에 알맞은 수를 써넣으면서 풀이 과정을 계획합니다. (?: 구하고자 하는 것)

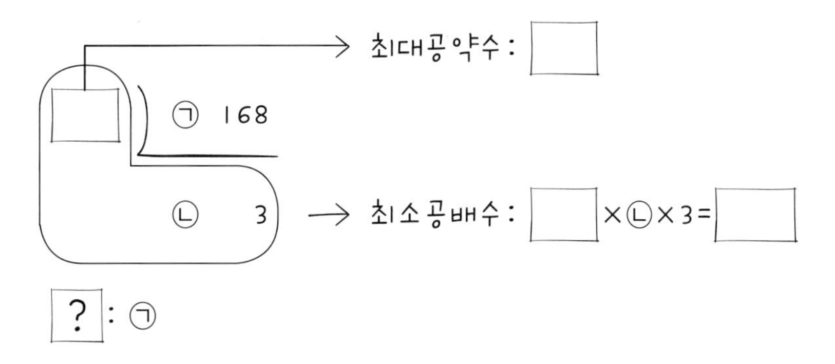


**계획-풀기** 틀린 부분에 밑줄을 긋고, 그 부분을 바르게 고친 것을 화살표 오른쪽에 씁니다.

❶ ㉡의 값 구하기

최소공배수가 1344이므로 56 × ㉡ × 3 = 1344, ㉡ × 168 = 1344, ㉡ = 1344 ÷ 168 = 8

따라서 ㉡은 8입니다.

→

❷ ㉠의 값 구하기

㉡ = 8이므로 다음과 같습니다.

56 ) ㉠ 168
8 3

따라서 ㉠은 56 × 8 = 448입니다.

→

답 

**확인하기** 문제를 풀기 위해 배워서 적용한 전략에 ○표 해 봅니다.

표 만들기 ( ) 거꾸로 풀기 ( ) 그림 그리기 ( )

## 그림을 그려서 풀라고요?

이 책에서는 '그림 그리기'를 문제 이해의 도구로 사용하고 있습니다. 그러나 이 방법은 문제해결 전략이기도 합니다. 문제 상황을 대강 그려도 그 문제 내용을 이해할 수 있으며, 정확하게 그리면 그 답조차 바로 구할 수도 있으니까요. 정말 중요한 것은 계속 문제 이해에서도 당부하는 내용이지만 그림을 그릴 때 반드시 문제에 주어진 것과 구해야 할 것이 모두 그림에 나타나도록 해야 한다는 것입니다.

무엇을 그려야 할까요? 막막해요.

문제를 이해하기 위해서 주어진 정보와 구하고자 하는 것을 좀 더 자세하게 나타내면 해법뿐만 아니라 해답까지도 구할 수 있다는 거예요.

그렇게 문제에서 주어진 정보와 구하고자 하는 것을 자세히 그리다 보면 문제 이해만이 아니라 그 해법과 답까지 구할 수 있다는 거죠?

바로 그거예요!

**1** 무게가 같은 곰 인형 4마리가 들어 있는 바구니의 무게를 저울로 재어 보니 $7\frac{11}{15}$ kg이었습니다. 이 바구니에서 곰 인형을 2마리 꺼내고 무게를 재었더니 $4\frac{7}{12}$ kg이었습니다. 빈 바구니의 무게는 몇 kg인지 구하세요.

**문제 그리기** 문제를 읽고, □ 안에 알맞은 수를 써넣으면서 풀이 과정을 계획합니다. (?: 구하고자 하는 것)

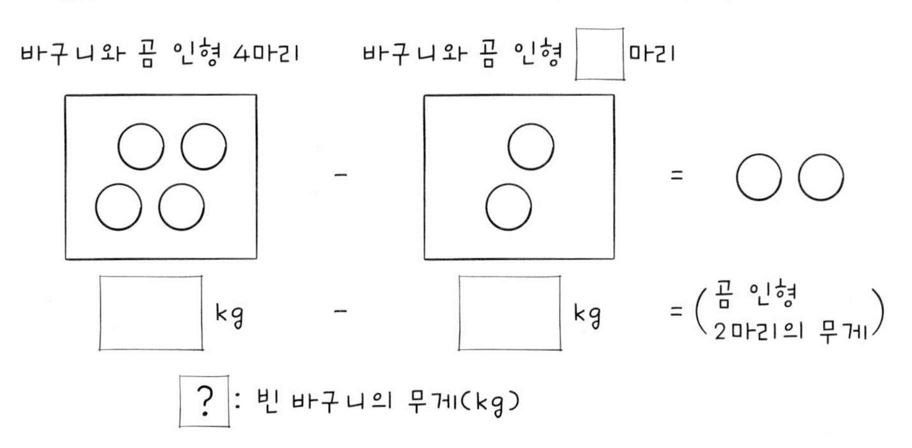


**계획-풀기** 틀린 부분에 밑줄을 긋고, 그 부분을 바르게 고친 것을 화살표 오른쪽에 씁니다.

❶ 바구니에 담긴 곰 인형의 무게를 구하는 식을 그림으로 나타내기

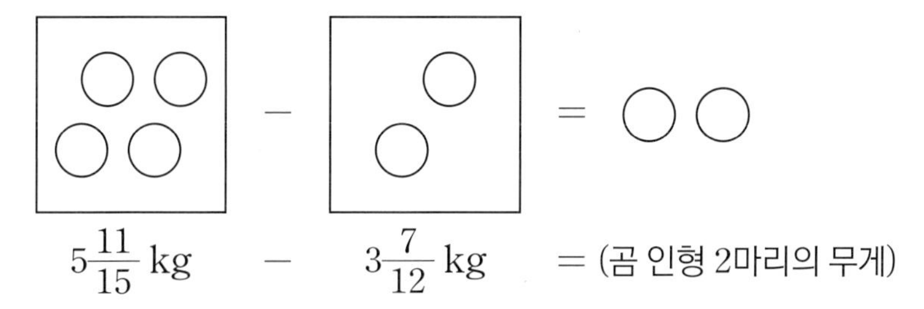

$5\frac{11}{15}$ kg − $3\frac{7}{12}$ kg = (곰 인형 2마리의 무게)

→

❷ 곰 인형의 무게 구하기
❶을 식으로 나타내면 곰 인형 1마리의 무게를 구할 수 있습니다.

$$5\frac{11}{15}-3\frac{7}{12}=5\frac{44}{60}-3\frac{35}{60}=2\frac{9}{60}\text{ (kg)}$$

→

❸ 빈 바구니의 무게 구하기
(빈 바구니의 무게)
=(바구니와 곰 인형 1마리의 무게)−(곰 인형 1마리의 무게)

$$=3\frac{7}{12}-3\frac{9}{60}=3\frac{35}{60}-3\frac{9}{60}=\frac{26}{60}=\frac{13}{30}\text{ (kg)}$$

→

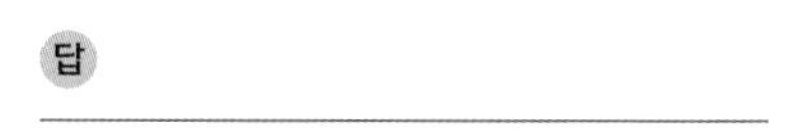


**확인하기** 문제를 풀기 위해 배워서 적용한 전략에 ○표 해 봅니다.

표 만들기 (　　)　　거꾸로 풀기 (　　)　　그림 그리기 (　　)

**2** 수민이는 집 근처 가게에서 과자 2개와 아이스크림 3개, 그리고 캐러멜 1개를 사고 10000원을 내었더니 1400원을 거슬러 주었습니다. 아이스크림은 1개에 1200원이고 과자는 캐러멜보다 400원 비싸다고 합니다. 과자는 1개에 얼마인지 구하세요.

**문제 그리기** 문제를 읽고, □ 안에 알맞은 수나 말을 써넣으면서 풀이 과정을 계획합니다. (?: 구하고자 하는 것)

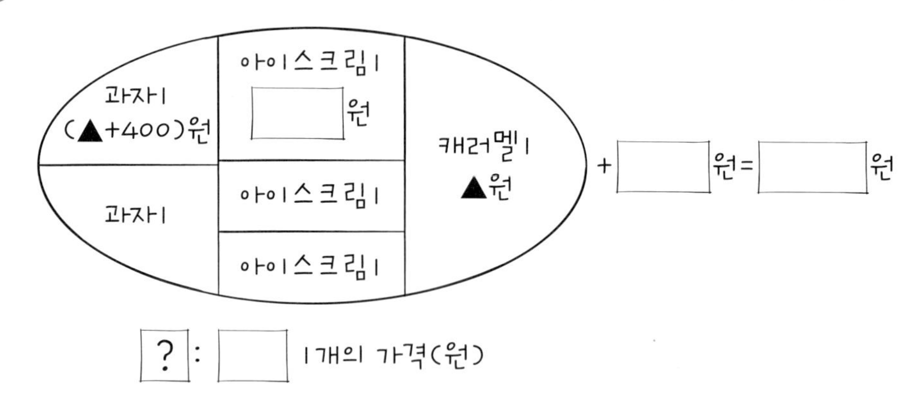


**계획-풀기** 틀린 부분에 밑줄을 긋고, 그 부분을 바르게 고친 것을 화살표 오른쪽에 씁니다.

❶ 수민이가 산 간식을 그림으로 나타내기

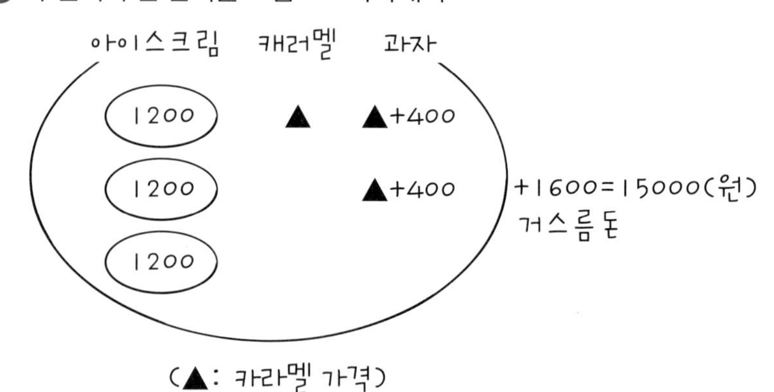


❷ ❶을 식으로 나타내어 캐러멜 1개의 가격(▲) 구하기

1200×3+▲+(▲+400)+(▲+400)+1600=15000

3600+▲×3+2400=15000

▲×3+6000=15000, ▲×3=15000−6000=9000

▲=9000÷3=3000

→

❸ 과자 1개의 가격 구하기

(과자 1개의 가격)=(캐러멜 1개의 가격)+400=3000+400=3400(원)

→

답 ________________

**확인하기** 문제를 풀기 위해 배워서 적용한 전략에 ○표 해 봅니다.

표 만들기 (　　)　　거꾸로 풀기 (　　)　　그림 그리기 (　　)

**1** 연필 2타는 14400원, 색 볼펜 3자루는 2700원, 공책 2권은 3200원입니다. 연필 7자루의 가격이 색 볼펜 1자루와 공책 1권의 가격의 합과 얼마나 차이가 나는지를 하나의 식으로 나타내어 구하세요.
(단, 연필 1타는 12자루입니다.)

**문제 그리기** 문제를 읽고, □ 안에 알맞은 수나 말을 써넣으면서 풀이 과정을 계획합니다. (?: 구하고자 하는 것)

색 볼펜 □자루 공책 □권

□원 □원

연필 □타: □원

연필 1타: □자루 연필 1타

? : (연필 7자루)와 (색 볼펜 1자루와 공책 1권의 합)의 가격 □(하나의 식으로 구하기)

**계획-풀기**

❶ 연필 한 자루의 가격을 구하는 식 만들기

❷ 색 볼펜 1자루와 공책 1권의 가격의 합을 구하는 식 만들기

❸ 하나의 식으로 나타내어 답 구하기

답 ______________

**2** 소영이는 12살이고 큰 오빠는 소영이보다 5살 많고, 작은 오빠는 소영이보다 3살 많습니다. 아버지의 나이는 소영이와 큰 오빠 나이의 합의 2배와 작은 오빠 나이의 차보다 6살 많습니다. 아버지의 나이는 몇 살인지 하나의 식으로 나타내어 구하세요.

**문제 그리기** 문제를 읽고, □ 안에 알맞은 수나 말을 써넣으면서 풀이 과정을 계획합니다. (?: 구하고자 하는 것)

소영: □살, 큰 오빠: (□+5)살, 작은 오빠: (□+3)살

(아버지의 나이)=((소영)+(큰 오빠))×□−(작은 오빠)+□ ? : □의 나이

**계획-풀기**

❶ 소영의 나이를 이용하여 큰 오빠의 나이와 작은 오빠의 나이를 구하는 식 만들기

❷ 하나의 식으로 나타내어 답 구하기

답 ______________

**3** 다음 보기 에 제시된 3개의 식을 하나의 식으로 나타내어 보세요.

보기

$36-96\div6\times2=4$

$18+99-21=96$

$28-11\times2=6$

**문제 그리기** 문제를 읽고, □ 안에 알맞은 수를 써넣으면서 풀이 과정을 계획합니다. (?: 구하고자 하는 것)

36−□÷□×2=4

18+99−21=□

28−11×2=□

? : 세 식을 □개의 식으로 나타내기

**계획-풀기**

❶ 나머지 2개 식의 계산 결과인 수를 포함하고 있는 식 찾기

❷ 하나의 식으로 나타내기

식 ______________________

**4** 수민이네 반은 남학생이 16명, 여학생이 15명입니다. 음악 시간에 모둠을 만들어서 합주를 하기로 했습니다. 남학생은 4명씩, 여학생은 3명씩 모둠을 만들면 여학생 모둠은 남학생 모둠보다 몇 모둠이 더 많은지 하나의 식으로 나타내어 구하세요.

**문제 그리기** 문제를 읽고, □ 안에 알맞은 수나 말을 써넣으면서 풀이 과정을 계획합니다. (?: 구하고자 하는 것)

남학생 □명 → 한 모둠에 □명

여학생 □명 → 한 모둠에 □명

? : □학생 모둠은 □학생 모둠보다 몇 모둠 더 많은가?

**계획-풀기**

❶ 남학생 모둠 수와 여학생 모둠 수를 구하는 식 만들기

❷ 하나의 식으로 나타내어 답 구하기

답 ______________________

**5** 미지와 지유는 수연이의 생일 선물을 포장하기 위해 스티커를 다음과 같이 사용했습니다. 누가 스티커를 몇 장 더 사용했는지 구하세요.

- 미지가 사용한 스티커: 종이 스티커 $2\frac{7}{12}$장과 비닐 스티커 $4\frac{1}{3}$장
- 지유가 사용한 스티커: 종이 스티커 $3\frac{7}{15}$장과 비닐 스티커 $3\frac{2}{5}$장

**문제 그리기** 문제를 읽고, □ 안에 알맞은 수를 써넣으면서 풀이 과정을 계획합니다. (?: 구하고자 하는 것)

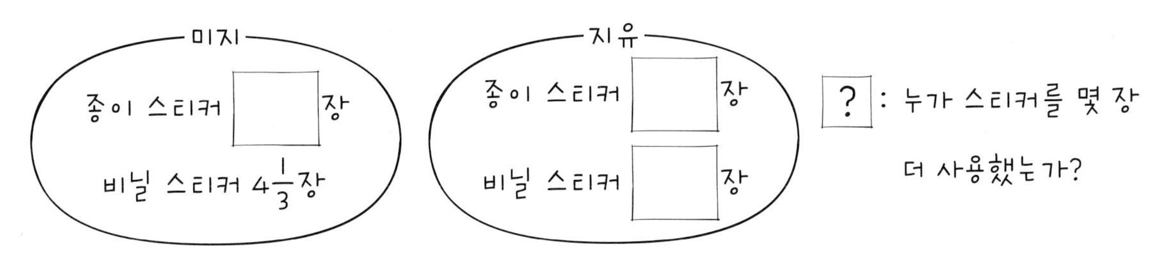


**계획-풀기**

① 미지와 지유가 각각 사용한 스티커는 몇 장씩인지 구하기

② 누가 스티커를 몇 장 더 사용했는지 구하기

답 

**6** 어머니께서 친구들과 함께 나눠 먹으라고 피자 2판을 주문해 주셨습니다. 준이는 $\frac{7}{15}$판을, 형우는 $\frac{2}{5}$판을 먹었고 나는 $\frac{1}{3}$판을 먹었습니다. 남은 피자는 동생이 모두 먹었다면 동생이 먹은 피자는 몇 판인지 구하세요.

**문제 그리기** 문제를 읽고, □ 안에 알맞은 수를 써넣으면서 풀이 과정을 계획합니다. (?: 구하고자 하는 것)

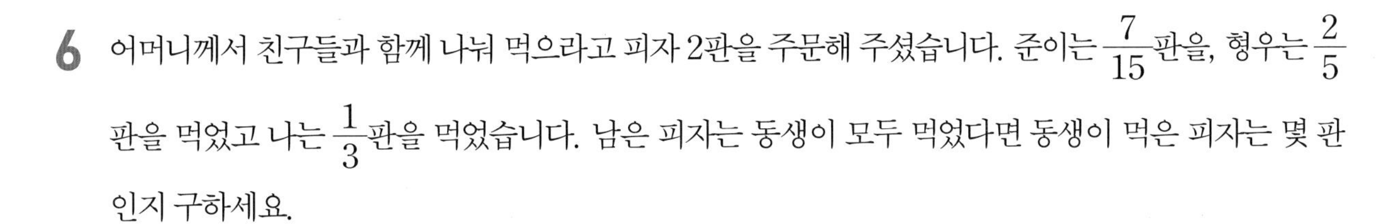


**계획-풀기**

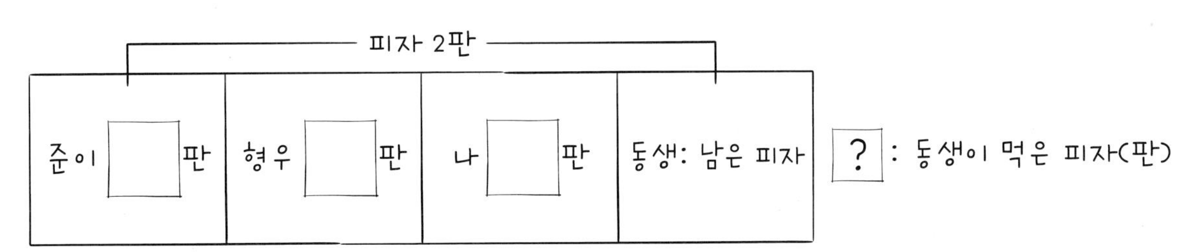

① 준이와 형우와 내가 먹은 피자의 합은 몇 판인지 구하기

② 동생이 먹은 피자는 몇 판인지 구하기

답 

**7** 지하철역에서 베이커리를 거쳐서 할아버지 댁에 가는 길과 꽃집을 거쳐서 할아버지 댁에 가는 길 중 어디를 거쳐서 가는 것이 몇 km 더 가까운지 구하세요.

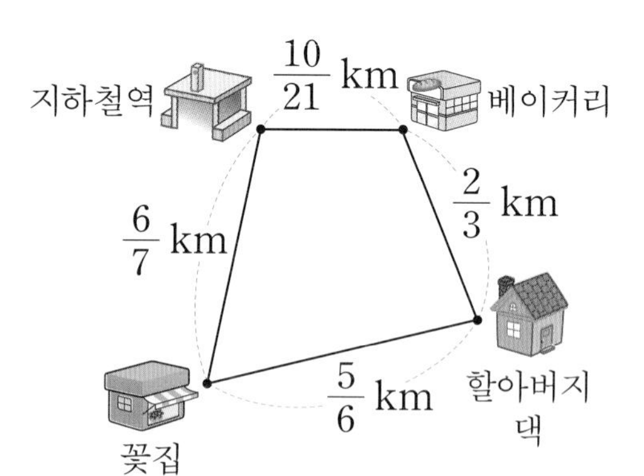


**문제 그리기** 문제를 읽고, □ 안에 알맞은 말을 써넣으면서 풀이 과정을 계속합니다. (?: 구하고자 하는 것)

지하철역 → □ → 할아버지 댁

지하철역 → □ → 할아버지 댁

? : 베이커리와 □ 중 어디를 거쳐서 가는 것이 몇 km 더 가까운가?

**계획-풀기**

❶ 각각의 경로가 몇 km인지 구하기

❷ 어디를 거쳐서 가는 것이 몇 km 더 가까운지 구하기

답 ______________________

**8** 가로가 $2\frac{4}{7}$ m, 세로가 $1\frac{3}{5}$ m인 직사각형 모양 나무판 6개를 오른쪽 그림과 같이 면끼리 맞붙여 커다란 직사각형 모양의 게시판을 만들었습니다. 가로에는 노란색 리본, 세로에는 초록색 리본을 게시판의 둘레에 겹치지 않게 이어 붙이려고 합니다. 필요한 노란색 리본과 초록색 리본의 길이는 각각 몇 m인지 구하세요.

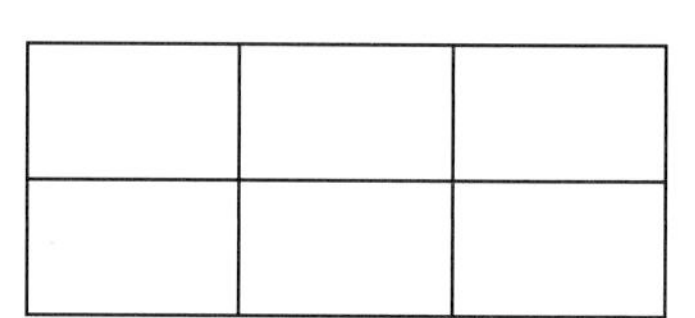

**문제 그리기** 문제를 읽고, □ 안에 알맞은 수를 써넣으면서 풀이 과정을 계속합니다. (?: 구하고자 하는 것)

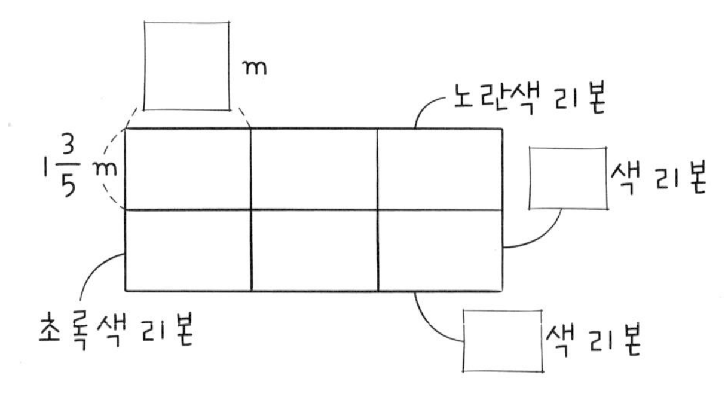


? : 필요한 노란색 리본과 □색 리본의 각각의 □ (m)

**계획-풀기**

❶ 필요한 노란색 리본의 길이 구하기

❷ 필요한 초록색 리본의 길이 구하기

답 ______________________

**9** 96에서 어떤 수를 빼고 3으로 나누어야 하는데 잘못하여 96에 어떤 수를 더하고 3을 곱해서 342가 되었습니다. 바르게 계산한 값을 구하세요.

**문제 그리기** 문제를 읽고, □ 안에 알맞은 수나 말을 써넣으면서 풀이 과정을 계획합니다. (?: 구하고자 하는 것)

어떤 수 : △

바르게 계산: (96−△)÷3

잘못된 계산: (96+△)×3=□

? : □ 계산한 값

**계획-풀기**

❶ 어떤 수 구하기

❷ 바르게 계산한 값 구하기

답 ____________

**10** 상미와 윤우가 통분 카드로 놀이를 하고 있습니다. 통분 카드 1장마다 2개의 분수가 쓰여 있고 그 분수들은 공통분모로 통분이 되어 있는 분수입니다. 다음 제시된 통분 카드는 상미가 뽑아서 윤우 앞에 놓은 카드입니다. 윤우는 그 카드의 분수들을 원래의 기약분수로 바꿔서 말해야 합니다. 윤우가 말해야 하는 기약분수들을 구하세요.

$\frac{16}{54}$ $\frac{24}{54}$

**문제 그리기** 문제를 읽고, □ 안에 알맞은 수나 말을 써넣으면서 풀이 과정을 계획합니다. (?: 구하고자 하는 것)

어떤 □ 분수들을 통분한 분수들이 다음과 같습니다.

$\frac{□}{54}$ → 기약분수, $\frac{□}{54}$ → 기약분수 ? : □ 하기 전 기약분수들

**계획-풀기**

❶ 두 분수의 분모와 분자의 최대공약수 각각 구하기

❷ 윤우가 말해야 하는 기약분수들 구하기

답 ____________

**11** 앨리스는 과일 사탕 중에서 몇 개를 빈 주머니에 넣어 토끼굴을 빠져나왔습니다. 숲길이 시작되는 모퉁이에 있는 커다란 나무 아래 놓인 나무 상자에서 과일 사탕 $3\frac{3}{7}$개를 꺼내 주머니에 더 넣고 걷다가 발을 헛딛어 주머니에 넣었던 과일 사탕들 중 $2\frac{5}{21}$개가 땅에 떨어졌습니다. 주머니 속 남은 과일 사탕을 모두 세어 보니 $1\frac{2}{3}$개였다면 처음 앨리스가 토끼굴에서 주머니에 넣었던 과일 사탕은 몇 개였는지 구하세요. (단, 부서진 사탕은 분수로 표현되었습니다.)

**문제 그리기** 문제를 읽고, □ 안에 알맞은 수를 써넣으면서 풀이 과정을 계획합니다. (?: 구하고자 하는 것)

(처음 과일 사탕의 수)+□-□=□(개)    ?: 처음 과일 사탕의 수

**계획-풀기**

❶ 처음 과일 사탕의 수를 □로 하여 하나의 식으로 나타내기

❷ 처음 주머니에 넣었던 과일 사탕의 수 구하기

답 ______

**12** 명현이는 스케치북에 분수를 크게 써서 친구들에게 잠깐 보여 주고 덮은 후 다음과 같이 분수에 대한 설명을 했습니다. 명현이가 쓴 분수를 구하세요.

내가 쓴 분수의 분모에 7을 더하고 분자에서 8을 뺀 후, 6으로 약분했더니 $\frac{4}{11}$가 되었어.

**문제 그리기** 문제를 읽고, □ 안에 알맞은 수나 말을 써넣으면서 풀이 과정을 계획합니다. (?: 구하고자 하는 것)

쓴 분수 $\frac{▲}{●}$ → $\frac{▲}{●}$의 분모에 □을 더하고 분자에서 □을 뺀 후, □으로 약분

$\frac{(▲-□)÷□}{(●+□)÷□}=\frac{□}{□}$    ?: 명현이가 쓴 □

**계획-풀기**

❶ 명현이가 쓴 분수의 분자 구하기

❷ 명현이가 쓴 분수의 분모 구하기

❸ 명현이가 쓴 분수 구하기

답 ______

**13** 다음은 서연이가 $(34-28)\times4+18\div3$을 계산한 것입니다. 서연이의 풀이와 답이 틀린 이유를 쓰고 바르게 계산한 값을 구하세요.

34-28=6, 4+18=22이므로 6×22÷3=132÷3 =44야.

**문제 그리기** 문제를 읽고, □ 안에 알맞은 수를 써넣으면서 풀이 과정을 계획합니다. (?: 구하고자 하는 것)

서연 풀이: (34−28)×4+18÷3=(34−28)×(4+18)÷3=6×□÷3=□
(34−28) → □, (4+18) → □

?: 서연이의 풀이와 답이 틀린 이유와 바르게 계산한 값

**계획-풀기**

답

**14** 수민이가 친구들에게 "(★)과 112의 최대공약수는 16이고, 최소공배수는 336입니다."와 같은 수학 수수께끼를 냈습니다. 수민이가 말하는 (★)은 어떤 수인지 구하세요.

**문제 그리기** 문제를 읽고, □ 안에 알맞은 수나 기호를 써넣으면서 풀이 과정을 계획합니다. (?: 구하고자 하는 것)

최대공약수: □

□ ) (★) □
　　▼　●

→ 최소공배수: □×▼×●=□

?: (□)의 값

**계획-풀기**

❶ 다음에서 □의 값 구하기

16 ) (★) 112
　　□　7

❷ (★)의 값 구하기

답

**15** 오진이는 어젯밤 꿈에 황금 바구니를 들고 찾아온 거위를 만났습니다. 그 황금 바구니는 어떤 물건이든 넣으면 그 물건의 양에 일정한 분수의 양만큼이 더해진다고 다음과 같이 설명했습니다. 석찬이의 질문에 대한 답을 구하세요.

> 오진: 내가 좋아하는 초콜릿 $3\frac{5}{9}$ kg을 황금 바구니에 넣었더니 $4\frac{7}{18}$ kg으로 변했어!
>
> 석찬: 그럼 내가 좋아하는 캐러멜 $5\frac{3}{7}$ kg을 그 바구니에 넣으면 몇 kg이 되는 거야?

**문제 그리기** 문제를 읽고, □ 안에 알맞은 수나 말을 써넣으면서 풀이 과정을 계획합니다. (?: 구하고자 하는 것)

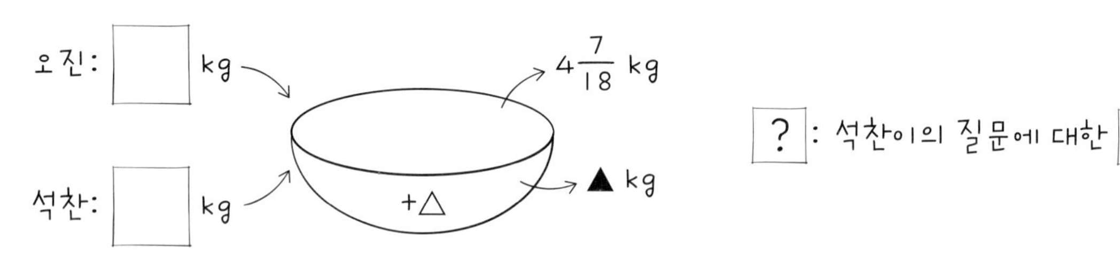


**계획-풀기**

❶ 황금 바구니에서 더해지는 분수 구하기

❷ 석찬이의 질문에 대한 답 구하기

답 ______________

**16** 어떤 수에 $4\frac{5}{8}$를 더한 후 $1\frac{2}{3}$를 빼야 할 것을 잘못하여 어떤 수에서 $4\frac{5}{8}$을 뺀 후 $1\frac{2}{3}$를 더하였더니 10이 되었습니다. 어떤 수와 바르게 계산한 값을 각각 구하세요.

**문제 그리기** 문제를 읽고, □ 안에 알맞은 수나 말 또는 기호를 써넣으면서 풀이 과정을 계획합니다. (?: 구하고자 하는 것)

어떤 수: ▲, 바른 계산: ▲$+4\frac{5}{8}-$□

잘못 된 계산: ▲□$4\frac{5}{8}$□□$=10$　　? : □ 수와 바르게 계산한 값

**계획-풀기**

❶ 어떤 수 구하기

❷ 바르게 계산한 값 구하기

답 ______________

**17** 좋아하는 운동별 학생 수를 조사한 결과, 농구는 전체의 $\frac{5}{14}$, 배구는 전체의 $\frac{5}{28}$, 피구는 전체의 $\frac{3}{8}$이었습니다. 그리고 아무 운동도 선택하지 않은 학생도 있었습니다. 가장 많은 학생이 좋아하는 운동은 무엇이며, 아무 운동도 선택하지 않은 학생은 전체의 몇 분의 몇인지 구하세요.

(단, 선택한 학생은 한 사람당 한 가지 운동만을 선택했습니다.)

**문제 그리기** 문제를 읽고, □ 안에 알맞은 수나 말을 써넣으면서 풀이 과정을 계획합니다. (?: 구하고자 하는 것)

농구 □ 피구 아무 운동도 선택하지 않음

(전체의) □ $\frac{5}{28}$ □ ▲

? : 가장 □ 학생이 좋아하는 운동과 아무 운동도 선택하지 않은 학생은 전체의 몇 분의 몇

**계획-풀기**

답

**18** $\frac{19}{36}$가 서로 다른 4개의 단위분수의 합이 되는 경우를 한 가지 식으로 나타내세요.

**문제 그리기** 문제를 읽고, □ 안에 알맞은 수나 말을 써넣으면서 풀이 과정을 계획합니다. (?: 구하고자 하는 것)

$\frac{□}{36} = \frac{1}{●} + \frac{1}{▲} + \frac{1}{■} + \frac{1}{⊙}$ (●, ▲, ■, ⊙는 1이 아닌 서로 다른 자연수)

? : □를 서로 다른 4개의 □분수의 합으로 나타내기

**계획-풀기**

❶ $\frac{19}{36}$가 되기 위한 분수를 모눈에 색칠하기(각각 약분하면 단위분수)

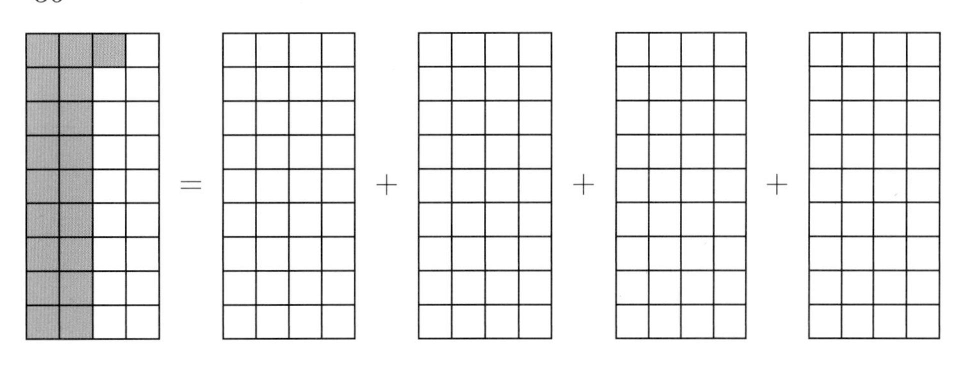

❷ $\frac{19}{36}$를 서로 다른 네 단위분수의 합으로 나타내기

답

**19** 채원이가 문구점에서 산 연필 3자루와 볼펜 1자루는 2300원입니다. 볼펜 1자루가 연필 1자루보다 700원 비싸다면 연필 1자루의 가격은 얼마인지 구하세요.

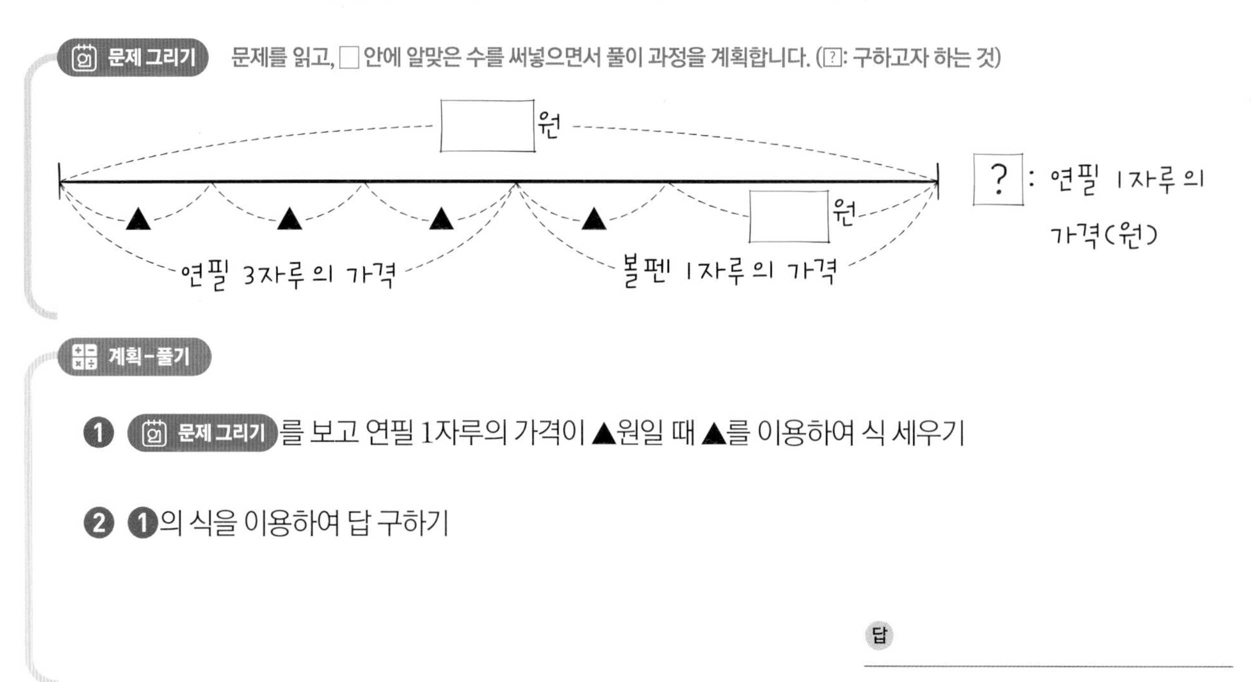


계획-풀기

❶ 문제 그리기 를 보고 연필 1자루의 가격이 ▲원일 때 ▲를 이용하여 식 세우기

❷ ❶의 식을 이용하여 답 구하기

답 

**20** 현우네 반 전체 학생의 $\frac{5}{9}$가 치즈빵을 좋아하고, 전체 학생의 $\frac{5}{12}$가 초코빵을 좋아합니다. 치즈빵과 초코빵을 둘 다 좋아하지 않는 학생은 현우네 반 전체 학생의 $\frac{5}{72}$입니다. 치즈빵과 초코빵을 둘 다 좋아하는 학생은 현우네 반 전체 학생의 몇 분의 몇인지 구하세요.

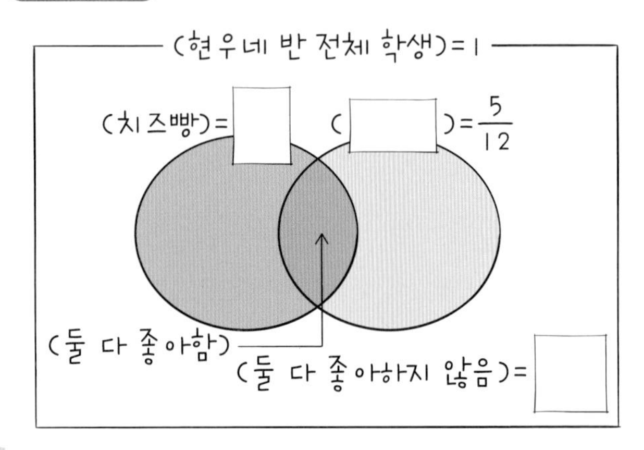


?: 초코빵과 치즈빵을 둘 다 □하는 학생은 현우네 반 전체 학생의 몇 분의 몇

계획-풀기

답 

**21** 국을 끓이기 위해 컵에 물을 가득 담아서 빈 냄비에 6번 부은 후 무게를 재어 보니 1750 g이었습니다. 물이 너무 많은 것 같아서 같은 컵으로 2번을 가득 담아서 버린 후에 다시 무게를 재어 보니 1230 g이었습니다. 냄비만의 무게는 몇 g인지 구하세요.

**문제 그리기** 문제를 읽고, □ 안에 알맞은 수나 말을 써넣으면서 풀이 과정을 계획합니다. (?: 구하고자 하는 것)

▲: 부은 물 1컵의 양

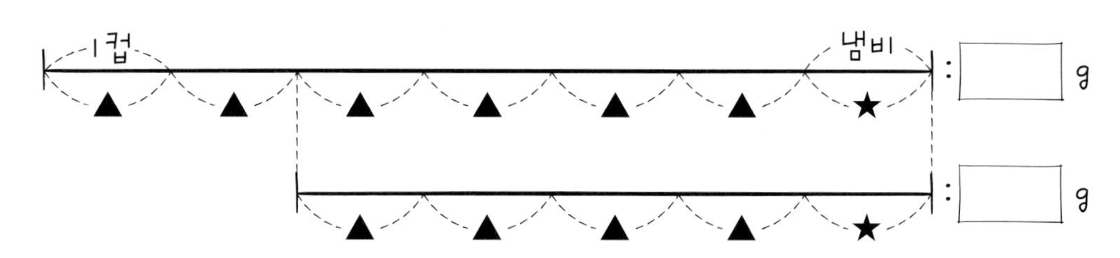


? : □의 무게(g)

**계획-풀기**

❶ 부은 물 1컵의 무게 구하기

❷ 냄비만의 무게 구하기

답 

**22** 다음 조건을 만족하는 어떤 분수를 구하세요.

〈조건1〉어떤 분수를 약분하여 기약분수로 나타내면 $\frac{1}{3}$입니다.

〈조건2〉어떤 분수의 분모에 44를 더해서 약분하면 $\frac{1}{7}$이 됩니다.

**문제 그리기** 문제를 읽고, □ 안에 알맞은 수나 기호를 써넣으면서 풀이 과정을 계획합니다. (?: 구하고자 하는 것)

〈조건1〉 (어떤 분수) $=\frac{\triangle}{\bigcirc}=\frac{\triangle\div\triangle}{\bigcirc\div\square}=\frac{1}{3}$ 〈조건2〉 $\frac{\triangle\div\triangle}{(\bigcirc+\square)\div\square}=\frac{1}{7}$

? : 어떤 분수$\left(\frac{\triangle}{\bigcirc}\right)$

**계획-풀기**

❶ 〈조건1〉 을 이용하여 어떤 분수의 분모(○)와 분자(△) 사이의 관계를 식으로 나타내기

❷ 〈조건2〉 와 ❶을 이용하여 어떤 분수 구하기

답 

**23** 선반 위에 놓을 장식품의 무게를 알아보고 있습니다. 석고 해바라기 4개의 무게는 540 g이고, 나무 부엉이 1개의 무게는 240 g입니다. 철 호랑이 1개의 무게는 석고 해바라기 8개와 나무 부엉이 4개의 무게의 합보다 400 g 가볍습니다. 그렇다면 철 호랑이 1개의 무게는 몇 g인지 구하세요.

**문제 그리기** 문제를 읽고, □ 안에 알맞은 수나 말을 써넣으면서 풀이 과정을 계획합니다. (?: 구하고자 하는 것)

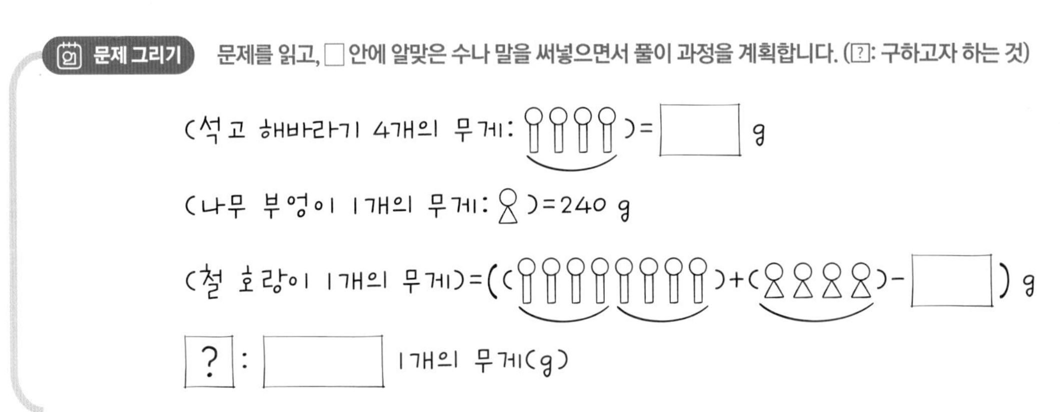


**계획-풀기**

답

**24** 새 4마리가 전선 위에 있습니다. 비둘기는 참새보다 $1\frac{2}{5}$ m 앞에 있고, 까치는 참새보다 $\frac{4}{7}$ m 앞에 있습니다. 그리고 까마귀는 까치보다 $33\frac{13}{35}$ m 뒤에 있습니다. 비둘기와 까마귀 사이의 거리는 몇 m인지 구하세요.

**문제 그리기** 문제를 읽고, □ 안에 알맞은 수나 말을 써넣으면서 풀이 과정을 계획합니다. (?: 구하고자 하는 것)

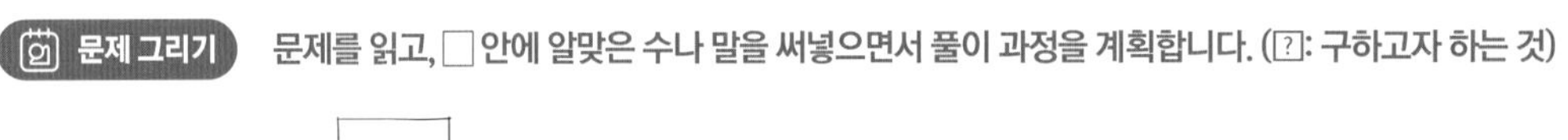
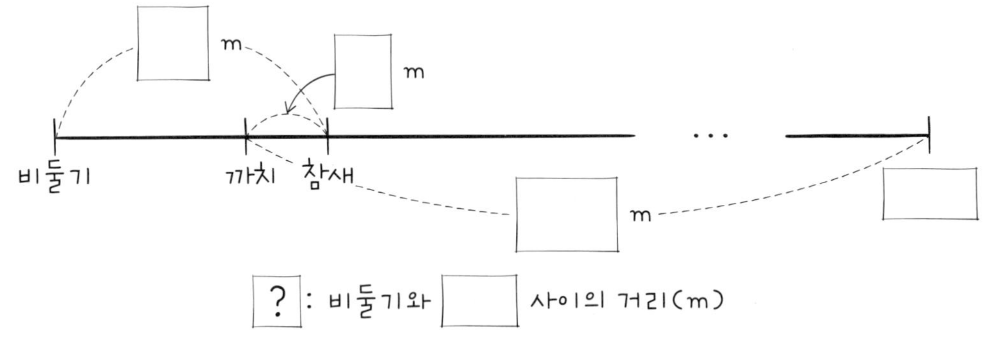


**계획-풀기**

❶ 비둘기와 까치 사이의 거리 구하기

❷ 비둘기와 까마귀 사이의 거리 구하기

답

# 배우기



## 단순화하라고요?

문제에서 조건으로 제시하는 상황이 여러 번 반복된다거나 수가 너무 큰 경우, 또는 분수나 소수로 제시된 경우는 어렵다는 생각이 먼저 듭니다. 이런 경우에는 단순하게 생각하여 수를 간단한 자연수로 바꾸어 해결할 수 있습니다.

분수나 소수를 자연수로 바꿔서 생각해 보는 거예요.

아. 그럼 좀 쉽겠네요. 그런데 문제는 분수인데 어떻게 해요?

그 방법을 기억해서 그대로 분수에 적용하면 돼요.

오호라! 더 익숙한 상황으로 바꿔서 생각해 보라는 거군요. 그래서 그 방법을 찾아서 수만 분수로 바꾸거나 소수나 큰 수를 사용해서 풀면 되겠네요?

그렇지! 바로 그거예요!

**1** 햄스터가 놀 만한 장소를 만들기 위해서 가로가 126 cm, 세로가 72 cm인 직사각형 모양의 공간을 만들려고 합니다. 직사각형 모양의 네 꼭짓점에 말뚝을 박고, 꼭짓점 사이에 일정한 간격으로 가능한 한 적게 말뚝을 박아 둘레에 울타리를 치려고 합니다. 필요한 말뚝은 모두 몇 개인지 구하세요.

**문제 그리기** 문제를 읽고, □ 안에 알맞은 수나 말을 써넣으면서 풀이 과정을 계획합니다. (?: 구하고자 하는 것)

126 cm

□ cm

말뚝: 일정한 간격으로 가능한 □게

? : 필요한 □의 수

**계획-풀기** 틀린 부분에 밑줄을 긋고, 그 부분을 바르게 고친 것을 화살표 오른쪽에 씁니다.

❶ 말뚝 사이의 간격 구하기

"일정한 간격으로 말뚝을 가능한 한 적게"는 "같은 간격으로 간격을 좁게"하라는 의미이므로 126과 72의 최소공배수를 이용해서 말뚝의 수와 간격을 구해야 합니다.

```
2 ) 126  72
3 )  63  36
3 )  21  12
      7   4
```

따라서 말뚝 사이의 간격은 $2\times3\times3\times7\times4=504$(cm)입니다.

→

❷ 간격의 수와 말뚝의 수 사이의 관계 구하기

에서와 같이 직사각형 모양의 네 꼭짓점에 말뚝을 박고, 일정한 간격으로 말뚝을 박을 경우 말뚝의 수는 간격의 수보다 1이 큽니다. ⇨ (말뚝의 수)=(간격의 수)+1

→

❸ 말뚝의 개수 구하기

말뚝 사이의 일정한 간격은 504 cm입니다. 따라서 가로의 간격의 수는 $504\div126=4$(개)이고, 세로의 간격의 수는 $504\div72=7$(개)이므로 전체 간격의 수는 $4+7=11$(개)입니다.

따라서 말뚝의 개수는 $11+1=12$(개)입니다.

→

답 

**확인하기** 문제를 풀기 위해 배워서 적용한 전략에 ○표 해 봅니다.

단순화하기 (　　)　　문제정보를 복합적으로 나타내기 (　　)　　규칙성 찾기 (　　)

**2** 고은이와 지수는 항상 일정한 빠르기로 공원을 도는 데 고은이는 9분마다, 지수는 15분마다 한 바퀴씩 돈다고 합니다. 두 사람은 서로 출발점에서 다시 만날 때마다 각자 가지고 있는 다른 스티커를 한 장씩 교환하기로 했습니다. 두 사람이 20일 동안 매일 2시간씩 공원을 함께 같은 출발점에서 같은 방향으로 동시에 출발해서 돌았다면 고은이가 지수와 교환해서 받은 스티커는 모두 몇 장인지 구하세요.

**문제 그리기** 문제를 읽고, □ 안에 알맞은 수를 써넣으면서 풀이 과정을 계획합니다. (?: 구하고자 하는 것)

고은 : □분마다
출발점
지수 : □분마다
→ 한 바퀴 돌기

□일 동안 매일 □시간씩
같은 방향으로 동시에 출발

? : 고은이와 지수가 교환한 □의 수

**계획-풀기** 틀린 부분에 밑줄을 긋고, 그 부분을 바르게 고친 것을 화살표 오른쪽에 씁니다.

❶ 서로 다시 만나는 데 걸리는 시간의 간격 구하기

공원을 고은이는 9분마다, 지수는 15분마다 한 바퀴를 돌기 때문에 서로 출발점에서 다시 만나는 데 걸리는 시간은 다음과 같이 구합니다.

$$\begin{array}{r|rr} 3 & 9 & 15 \\ \hline & 3 & 5 \end{array}$$

9와 15의 최대공약수는 3이므로 다시 만나는 데 걸리는 시간은 3분입니다.

→

❷ 하루에 출발점에서 서로 다시 만나는 횟수 구하기

고은이와 지수는 공원의 출발점에서 3분마다 다시 만났습니다. 1시간은 60분이므로 하루에 두 사람이 출발점에서 다시 만나는 횟수는 $60 \div 3 = 20$(번)입니다.

→

❸ 고은이가 지수와 교환해서 받은 스티커의 수 구하기

20일 동안 고은이가 지수와 교환해서 받은 스티커의 수는 함께 돌 때 공원의 출발점에서 다시 만나는 횟수와 같습니다. 따라서 20일 동안 함께 운동했으므로 고은이가 지수와 교환해서 받은 스티커의 수는 $20 \times 20 = 400$(장)입니다.

→

답 ____________

**확인하기** 문제를 풀기 위해 배워서 적용한 전략에 ○표 해 봅니다.

단순화하기 (　　) 문제정보를 복합적으로 나타내기 (　　) 규칙성 찾기 (　　)

## '문제정보를 복합적으로 나타내기'라는 것이 뭐예요??

문제에서 제시하는 정보나 조건을 이용하여 문제를 풀어야 하는 것은 일반적인 문제해결의 과정입니다. 그중에서도 어떤 특정한 전략을 이용하는 것이 아니라 복합적으로 이용하거나 조건 자체만으로도 해답을 구하는 경우가 '문제정보를 복합적으로 나타내기' 전략에 해당됩니다. 이 전략에서는 대부분 문제 상황을 그림으로 나타내면 그 조건을 이용하기 쉬운 경우가 많습니다.

문제에서 주어진 정보나 조건을 어떻게 나타내면 되나요?

아주 단순한 그림으로 나타낼 수도 있고, 식으로 나타낼 수도 있어요. 중요한 것은 그 정보를 수학적 기호나 숫자, 식 등으로 나타내야 하는 것이에요.

진짜요? 그냥 일단 그리면 될까요?

무조건 그리는 것은 아니에요. 조건이 있어요. 그림으로 나타낼 때 문제에 주어진 것과 구해야 할 것을 모두 나타내야 해요. 그래야 어떻게 풀 수 있는지가 쉽게 보여요.

**1** 다음 ㉠과 ㉡의 두 수의 공배수 중 200에 가장 가까운 수가 있는 기호를 찾아 쓰고, 그 200에 가까운 공배수가 200보다 크면 그 수에 ㉠의 최소공배수를 더하고, 200보다 작으면 그 수에 ㉡의 최소공배수를 더한 값을 구하세요.

㉠ 12, 15　　　　㉡ 21, 27

**문제 그리기** 문제를 읽고, □ 안에 알맞은 수나 말, 기호를 써넣으면서 풀이 과정을 계획합니다. (?: 구하고자 하는 것)

㉠

12의 배수 / 12와 15의 공배수 / 15의 배수

㉡

21의 배수 / □ / 27의 배수

? : 각각의 공배수 중에서 □에 가장 가까운 수가 있는 기호를 찾아 쓰고, 그 200에 가장 가까운 공배수가 □보다 크면 그 수에 □의 최소공배수를 더한 값 또는 □보다 작으면 그 수에 □의 최소공배수를 더한 값

**계획-풀기** □ 안에 알맞은 수나 말을 써넣어 풀이 과정을 완성하면서 답을 구합니다.

❶ 12와 15의 공배수 구하기

□ ) 12　15
　　□　□

최소공배수는 □이므로 12와 15의 공배수는 □, □, □, □, …입니다.

❷ 21과 27의 공배수 구하기

□ ) 21　27
　　□　□

최소공배수는 189이므로 21과 27의 공배수는 □, □, …입니다.

❸ 답 구하기

❶과 ❷에서 200에 가장 가까운 공배수는 ㉡의 □이며 이 수는 200보다 □ 수이므로 이 수에 □의 최소공배수 □을/를 더하면 □입니다.

답 ____________

**확인하기** 문제를 풀기 위해 배워서 적용한 전략에 ○표 해 봅니다.

단순화하기 (　　)　문제정보를 복합적으로 나타내기 (　　)　규칙성 찾기 (　　)

**2** 4장의 수 카드 [2], [5], [6], [7] 중에서 3장을 뽑아 한 번씩만 사용하여 대분수를 만들려고 합니다. 만들 수 있는 대분수 중에서 가장 큰 대분수와 가장 작은 대분수의 차를 구하세요.

**문제 그리기** 문제를 읽고, □ 안에 알맞은 수나 말을 써넣으면서 풀이 과정을 계획합니다. (?: 구하고자 하는 것)

수 카드 [ ], [5], [ ], [ ] 중에서 [ ]장을 뽑아

한 번씩만 사용하여 대분수 만들기 ⇒ ○$\frac{☆}{△}$

[?]: 만들 수 있는 가장 큰 대분수와 가장 작은 대분수의 [ ]

**계획-풀기** 틀린 부분에 밑줄을 긋고, 그 부분을 바르게 고친 것을 화살표 오른쪽에 씁니다.

❶ 수 카드를 이용하여 대분수 만들기

수 카드에 적힌 숫자는 2, 5, 6, 7이므로 가장 큰 대분수는 $6\frac{2}{5}$이고 가장 작은 대분수는 $2\frac{5}{6}$입니다.

→

❷ 가장 큰 대분수와 가장 작은 대분수의 차 구하기

$6\frac{2}{5}-2\frac{5}{6}=6\frac{12}{30}-2\frac{25}{30}=3\frac{17}{30}$

→

답 

**확인하기** 문제를 풀기 위해 배워서 적용한 전략에 ○표 해 봅니다.

단순화하기 (   ) 문제정보를 복합적으로 나타내기 (   ) 규칙성 찾기 (   )

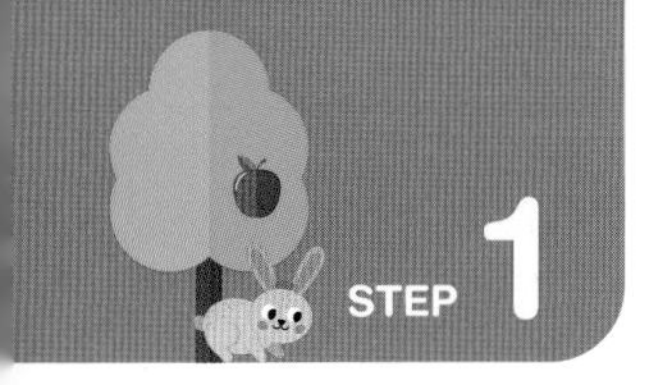


내가 수학하기

# 배우기



## 규칙성을 찾으라고요?

수나 모양이 반복되는 상황에서 그 순서가 일정하거나 점점 커지는 수의 크기, 나열되는 방식 등과 같이 반복을 가능하게 하는 약속이 바로 규칙성입니다.

규칙성을 어떻게 찾아요?

모양이라면 무엇이 반복되고 있는지를 찾아야 하고, 수라면 바로 뒤의 수나 앞의 수의 관계를 생각해서 그 관계가 반복되는지 봐야 해요.

쉽지는 않겠어요~

한눈에 보이지 않을 수도 있어요. 그러니까 무엇이 변하고 반복되는지를 생각해야 해요.

**1** 100마리의 참새들 가슴에는 순서대로 수가 적혀 있는데, 3의 배수와 4의 배수 번째는 아래와 같은 규칙으로 분수가 적혀 있고 3의 배수와 4의 배수의 순서가 아닌 경우는 서 있는 순서의 자연수가 적혀 있습니다. 이때 3과 4의 공배수 중 5번째에 있는 참새는 몇 번째에 있으며, 적힌 수는 무엇인지 구하세요.

> 가. 3의 배수 번째는 분모가 5이고 분자가 순서를 나타내는 자연수입니다.
> 나. 4의 배수 번째는 분모가 7이고 분자가 순서를 나타내는 자연수입니다.
> 다. 3과 4의 공배수 번째는 조건 가와 나를 만족하는 두 분수의 합입니다.

**문제 그리기** 문제를 읽고, □ 안에 알맞은 수나 말을 써넣으면서 풀이 과정을 계획합니다. (?: 구하고자 하는 것)

| 순서 | 1 | 2 | 3 | 4 | 5 | … | 12 | … | ▲ |
|---|---|---|---|---|---|---|---|---|---|
| 수 | 1 | □ | $\frac{3}{□}$ | $\frac{4}{□}$ | □ | … | $\frac{12}{5}+\frac{□}{7}$ | … | $\frac{▲}{5}+\frac{□}{7}$ |

참새는 3과 4의 공배수 중 □번째

? : 순서가 3과 4의 □ 중 □번째에 있는 참새의 순서(▲)와 가슴에 적힌 숫자

**계획-풀기** 틀린 부분에 밑줄을 긋고, 그 부분을 바르게 고친 것을 화살표 오른쪽에 씁니다.

❶ 참새의 순서 찾기
3과 4의 최소공배수는 10이므로 3과 4의 공배수를 작은 수부터 순서대로 쓰면
10, 20, 30, 40, 50, 60, …입니다. 5번째 수는 50이므로 참새는 50번째에 있습니다.

→

❷ 참새에 적힌 수 구하기

50은 3과 4의 공배수이기 때문에 분모가 5인 수 $\frac{50}{5}$과 분모가 7인 수 $\frac{50}{7}$의 합입니다.

$\frac{50}{5}+\frac{50}{7}=17\frac{1}{7}$이므로 참새에 $17\frac{1}{7}$이 적혀 있습니다.

→

답 ______________

**확인하기** 문제를 풀기 위해 배워서 적용한 전략에 ○표 해 봅니다.

단순화하기 (　　) 문제정보를 복합적으로 나타내기 (　　) 규칙성 찾기 (　　)

**2** 다음 제시된 분수들의 나열에서 9번째 분수와 15번째 분수의 합을 구한 다음, 그 분수의 분모와 분자를 바꾼 분수를 쓰세요. (단, 답은 기약분수로 나타냅니다.)

$$\frac{10}{3}, \frac{11}{6}, \frac{12}{9}, \frac{13}{12}, \frac{14}{15}, \cdots$$

**문제 그리기** 문제를 읽고, □ 안에 알맞은 수를 써넣으면서 풀이 과정을 계획합니다. (?: 구하고자 하는 것)

$\frac{10}{3}, \frac{11}{6}, \frac{12}{9}, \frac{\square}{\square}, \frac{\square}{\square}, \cdots, \frac{■}{▲}, \cdots, \frac{●}{★}, \cdots \Rightarrow \frac{■}{▲}+\frac{●}{★}$ 구하기

□번째 15번째

? : □번째 분수와 □번째 분수의 합의 분모와 분자를 바꾼 분수

**계획-풀기** 틀린 부분에 밑줄을 긋고, 그 부분을 바르게 고친 것을 화살표 오른쪽에 씁니다.

❶ 분수의 분모와 분자의 규칙 찾기

〈분모〉 는 3, 6, 9, 12, 15, …이므로 3부터 4씩 커지는 규칙이고, 〈분자〉 는 10, 11, 12, 13, 14, …이므로 10부터 1씩 커지는 규칙입니다.

→

❷ 9번째 분수 구하기

9번째 분수의 분모는 3부터 4씩 8번 커진 수이므로 $3+4\times8=35$이고, 분자는 10부터 1씩 8번 커진 수이므로 $10+1\times9=19$입니다. 따라서 9번째 분수는 $\frac{19}{35}$입니다.

→

❸ 15번째 분수 구하기

15번째 분수의 분모는 3부터 4씩 14번 커진 수이므로 $3+4\times14=59$이고, 분자는 10부터 1씩 14번 커진 수이므로 $10+1\times15=25$입니다. 따라서 15번째 분수는 $\frac{25}{59}$입니다.

→

❹ ❷와 ❸을 이용하여 답 구하기

$$\frac{19}{35}+\frac{25}{59}=\frac{19\times59}{35\times59}+\frac{25\times35}{59\times35}=\frac{1121}{2065}+\frac{875}{2065}=\frac{1996}{2065}$$

분수의 분모와 분자를 바꾸면 $\frac{2065}{1996}=1\frac{69}{1996}$입니다.

→

답 

**확인하기** 문제를 풀기 위해 배워서 적용한 전략에 ○표 해 봅니다.

단순화하기 (　　) 문제정보를 복합적으로 나타내기 (　　) 규칙성 찾기 (　　)

STEP 2 내가 수학하기 해보기

단순화하기 | 문제정보를 복합적으로 나타내기 | 규칙성 찾기 정답과 풀이 12쪽

**1** 가로가 436 cm, 세로가 324 cm인 벽면에 가능한 한 큰 정사각형 모양의 타일을 빈틈없이 겹치지 않게 이어 붙이려고 합니다. 정사각형 모양의 타일의 한 변의 길이는 몇 cm로 해야 하고, 타일은 모두 몇 장이 필요한지 구하세요.

**문제 그리기** 문제를 읽고, □ 안에 알맞은 수를 써넣으면서 풀이 과정을 계획합니다. (?: 구하고자 하는 것)

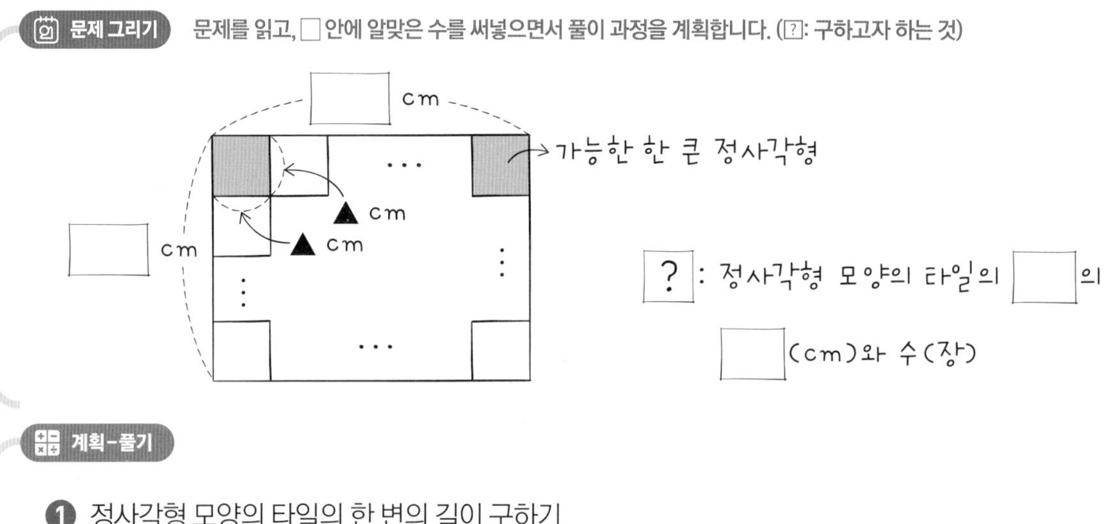


**계획-풀기**

❶ 정사각형 모양의 타일의 한 변의 길이 구하기

❷ 벽면을 장식하기 위해 필요한 정사각형 모양의 타일의 수 구하기

답

**2** 현준이네 반 친구들은 가로가 12 cm, 세로가 16 cm인 직사각형 모양의 카드를 만들었습니다. 이 카드를 빈틈없이 겹치지 않게 변끼리 이어 붙여 가능한 한 작은 정사각형 모양의 게시판을 만들려고 할 때 게시판의 한 변의 길이는 몇 cm이고, 필요한 카드는 모두 몇 장인지 구하세요.

**문제 그리기** 문제를 읽고, □ 안에 알맞은 수나 말을 써넣으면서 풀이 과정을 계속합니다. (?: 구하고자 하는 것)

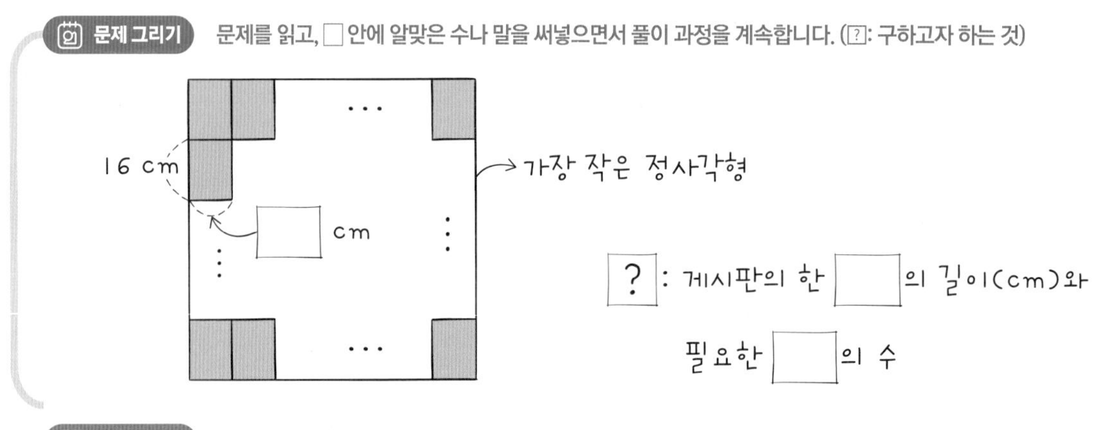


**계획-풀기**

❶ 게시판의 한 변의 길이 구하기

❷ 필요한 카드의 수 구하기

답

**3** 예지와 창희는 선물 포장 가게에서 물건을 포장하는 봉사를 했습니다. 예지는 12분마다, 창희는 8분마다 포장을 하나씩 완성했습니다. 예지와 창희는 둘이 동시에 포장이 끝날 때는 각각 꽃 스티커를 1장씩 붙이기로 했습니다. 하루에 4시간씩 3일 동안 두 사람이 같은 시각에 시작하여 봉사를 했다면 꽃 스티커는 한 사람당 몇 장을 붙였는지 구하세요. (단, 포장하는 빠르기는 일정하고, 꽃 스티커를 붙이는 시간은 생각하지 않습니다.)

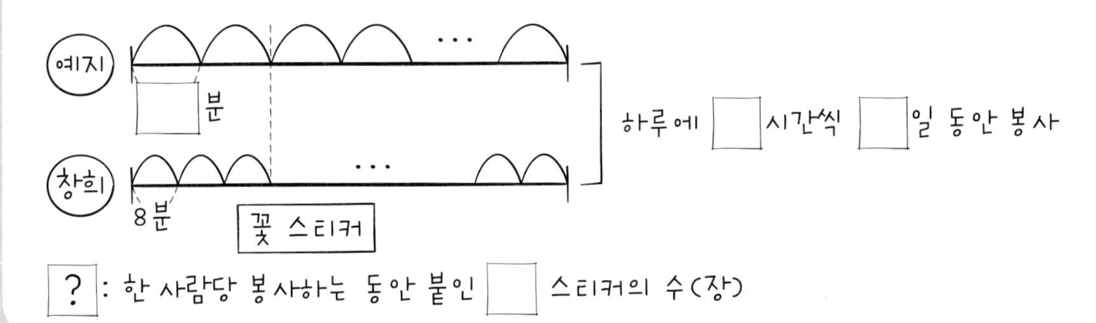


**계획-풀기**

❶ 두 사람이 동시에 포장이 끝나서 꽃 스티커를 붙이는 시간의 간격 구하기

❷ 한 사람당 붙인 꽃 스티커의 수 구하기

**4** 운동회에서 모래주머니 던지는 행사를 하려고 합니다. 운동장 한가운데 정오각형 모양의 울타리를 만들어 그 안에 기둥을 세워 커다란 박을 달고 모래주머니를 던져서 박을 터뜨리는 행사입니다. 정오각형 모양의 울타리를 만들기 위해서 꼭짓점을 포함하여 한 변에 기둥을 15개씩 같은 간격으로 세우고려고 합니다. 모든 변에 기둥을 세운다고 할 때, 필요한 기둥은 모두 몇 개인지 구하세요.

**문제 그리기** 문제를 읽고, □ 안에 알맞은 수나 말을 써넣으면서 풀이 과정을 계획합니다. (?: 구하고자 하는 것)

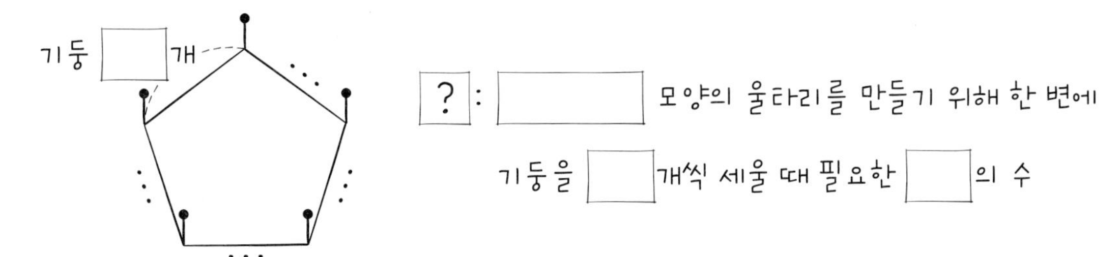


**계획-풀기**

❶ 한 변에 기둥을 3개씩 세운다고 할 때 필요한 기둥의 수 구하기

❷ 한 변에 기둥을 4개씩 세운다고 할 때 필요한 기둥의 수 구하기

❸ 한 변에 기둥을 15개씩 세운다고 할 때 필요한 기둥의 수 구하기

답

**5** 한 민속촌에서 작은 물레와 큰 물레의 톱니가 서로 맞물려 돌아가고 있습니다. 큰 물레는 톱니가 28개이고 작은 물레는 톱니가 21개입니다. 처음 맞물렸던 두 물레의 톱니가 다시 같은 자리에서 12번째로 만나려면 작은 물레는 최소한 몇 바퀴를 돌아야 하는지 구하세요.

**문제 그리기** 문제를 읽고, □ 안에 알맞은 수나 말을 써넣으면서 풀이 과정을 계획합니다. (?: 구하고자 하는 것)

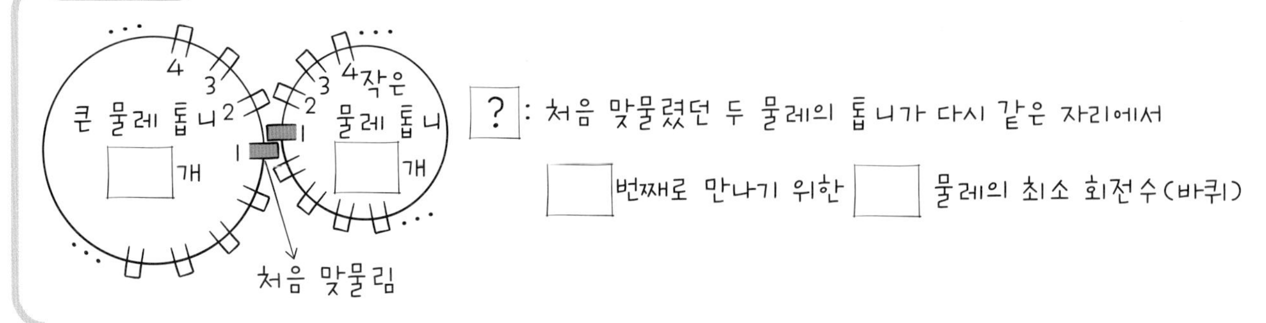


**계획-풀기**

❶ 톱니가 몇 개만큼 맞물려야 다시 같은 자리에서 만나는지 구하기

❷ 같은 자리에서 12번째로 만나려면 작은 물레는 최소한 몇 바퀴를 돌아야 하는지 구하기

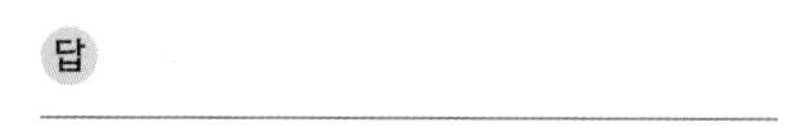

답

**6** 연말 파티를 위해서 학교 강당을 꾸미려고 합니다. 직사각형 모양의 강당 바닥을 똑같이 둘로 나눠서 정사각형 모양 2개의 바닥으로 구분하여 정사각형 바닥의 각 변에 화분을 30개씩 놓으려고 합니다. 필요한 화분은 모두 몇 개인지 구하세요. (단, 두 정사각형이 맞닿는 변에는 화분을 놓지 않고, 각 꼭짓점에는 화분을 놓습니다.)

**문제 그리기** 문제를 읽고, □ 안에 알맞은 수나 말을 써넣으면서 풀이 과정을 계획합니다. (?: 구하고자 하는 것)

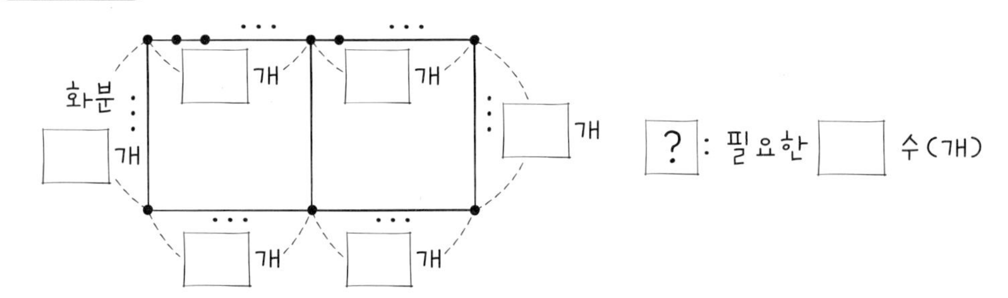


**계획-풀기**

❶ 정사각형의 한 변에 3개씩 화분을 놓는다고 할 때 필요한 화분의 수 구하기

❷ 정사각형의 한 변에 4개씩 화분을 놓는다고 할 때 필요한 화분의 수 구하기

❸ 정사각형의 한 변에 30개씩 화분을 놓을 때 필요한 화분의 수 구하기

답

**7** 단우는 영어 캠프에 참여했습니다. 오전 8시 30분부터 1교시가 시작되어 6교시까지 진행됩니다. 각 수업은 $\frac{5}{6}$시간씩이고 6교시만 $\frac{7}{6}$시간입니다. 쉬는 시간은 $\frac{1}{4}$시간씩이고, 점심시간은 5교시가 끝나고 $\frac{5}{6}$시간 동안일 때, 6교시가 끝나는 시각이 오후 몇 시 몇 분인지 구하세요.

**문제 그리기** 문제를 읽고, □ 안에 알맞은 수를 써넣으면서 풀이 과정을 계획합니다. (?: 구하고자 하는 것)

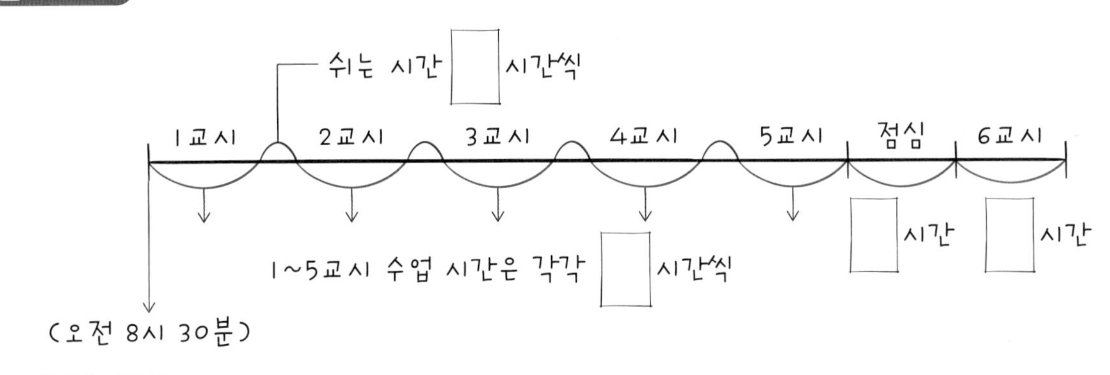


? : □ 교시가 끝나는 시각(몇 시 몇 분)

**계획-풀기**

❶ 1교시 수업을 시작해서 6교시가 끝나려면 수업과 점심 시간, 그리고 쉬는 시간은 각각 몇 번 있는지 구하기

❷ 6교시가 끝나는 시각 구하기

**8** 민이는 집 앞 하천으로 붉은 깃털 오리가 5일마다, 노란 깃털 오리가 7일마다 날아오는 것을 알게 되었습니다. 붉은 깃털 오리와 노란 깃털 오리가 함께 처음으로 하천을 찾은 날이 5월 1일이었다면 두 오리가 4번째로 동시에 하천을 찾게 되는 날은 몇 월 며칠인지 구하세요.

**문제 그리기** 문제를 읽고, □ 안에 알맞은 수를 써넣으면서 풀이 과정을 계획합니다. (?: 구하고자 하는 것)

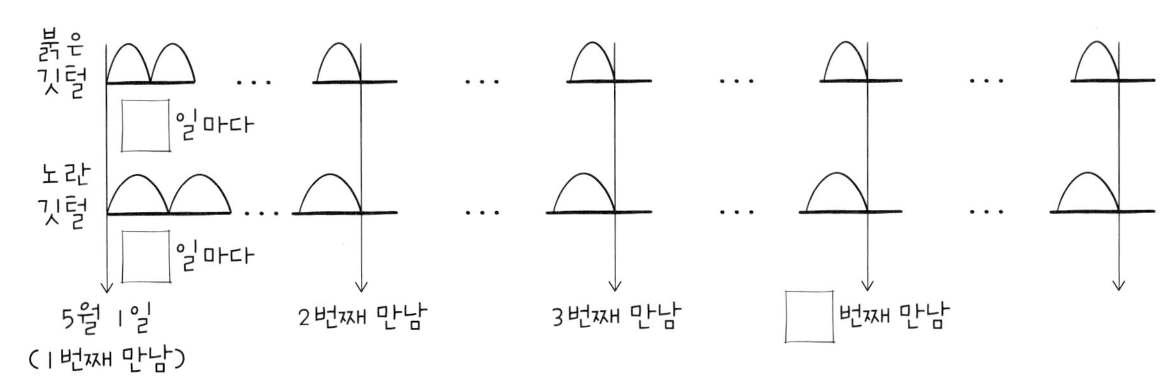


? : 붉은 깃털 오리와 노란 깃털 오리가 □ 번째로 동시에 하천을 찾게 되는 날(몇 월 며칠)

**계획-풀기**

**9** 다음은 약속된 ◆의 방법으로 답을 구한 과정입니다. 24◆14의 값을 구하세요.

- $6◆3=(6+3)\times(6-3)=27$
- $9◆4=(9+4)\times(9-4)=65$

**문제 그리기** 문제를 읽고, □ 안에 알맞은 수를 써넣으면서 풀이 과정을 계획합니다. (?: 구하고자 하는 것)

6◆3=(□+3)×(□-□)=□, 9◆4=(□+□)×(9-□)=□

? : 24◆□의 값

**계획-풀기**

❶ ◆의 약속을 말로 표현하기 위해서 □ 안에 알맞은 수나 말 써넣기

가◆나는 가와 나의 합과 가와 나의 □를 □하는 약속입니다.

❷ 24◆14의 값 구하기

답 ______

**10** 100의 배수는 4의 배수입니다. 19900과 54600은 모두 100의 배수이므로 4의 배수입니다. 100 이상의 수가 4의 배수가 되기 위해서는 끝의 두 자리 수가 00이거나 4의 배수가 되면 그 수는 4의 배수입니다. 예를 들어 34516은 16이 4의 배수이므로 4의 배수입니다. 오른쪽 다섯 자리 수가 4의 배수인 경우의 가장 큰 수와 가장 작은 수의 차를 구하세요.

235□□

**문제 그리기** 문제를 읽고, □ 안에 알맞은 수나 말을 써넣으면서 풀이 과정을 계획합니다. (?: 구하고자 하는 것)

4의 배수는 끝의 두 자리 수가 '00'이거나 □의 배수, 235▲▲는 □의 배수

? : 가장 큰 235▲▲와 가장 작은 235▲▲의 □

**계획-풀기**

❶ 가장 큰 수와 가장 작은 수 구하기

❷ 가장 큰 수와 가장 작은 수의 차 구하기

답 ______

**11** 다음은 3의 배수가 되기 위한 조건을 나타낸 것입니다. 3의 배수는 각 자리의 숫자의 합이 3의 배수입니다. 다섯 자리의 수 5□□46이 3의 배수일 때, 가장 큰 수와 가장 작은 수의 합을 구하세요.

> 1206은 3의 배수입니다.
> 즉, 각 자리의 숫자를 더하면 9($1+2+0+6=9$)이므로 9는 3의 배수입니다.

**문제 그리기** 문제를 읽고, □ 안에 알맞은 수나 말을 써넣으면서 풀이 과정을 계획합니다. (?: 구하고자 하는 것)

1206은 □의 배수, 1+2+0+6=9이므로 9는 □의 배수

3의 배수는 각 자리의 숫자의 합이 □의 배수

5▲▲46은 □의 배수

?: 가장 큰 5▲▲46과 가장 작은 5▲▲46의 □

**계획-풀기**

❶ 가장 큰 수와 가장 작은 수 구하기

❷ 가장 큰 수와 가장 작은 수의 합 구하기

답 ________________

**12** 다음 5장의 수 카드 중에서 3장을 뽑아 한 번씩만 사용하여 대분수를 만들려고 합니다. 만들 수 있는 대분수 중에서 가장 큰 수와 가장 작은 수의 합을 구하세요.

| 2 | 3 | 5 | 7 | 9 |
|---|---|---|---|---|

**문제 그리기** 문제를 읽고, □ 안에 알맞은 수나 말을 써넣으면서 풀이 과정을 계획합니다. (?: 구하고자 하는 것)

수 카드 □, □, □, □, □ 중에서 □장을 뽑아 $\triangle\frac{\bigcirc}{☆}$ 만들기

?: 가장 큰 대분수와 가장 작은 대분수의 □

**계획-풀기**

❶ 가장 큰 대분수와 가장 작은 대분수 구하기

❷ 가장 큰 대분수와 가장 작은 대분수의 합 구하기

답 ________________

**13** 다음 조건을 만족하는 분수는 모두 몇 개인지 구하세요.

- $\frac{3}{16}$과 $\frac{19}{40}$ 사이에 있습니다.
- 분모가 80인 수 중 기약분수입니다.

**문제 그리기** 문제를 읽고, □ 안에 알맞은 수를 써넣으면서 풀이 과정을 계획합니다. (?: 구하고자 하는 것)

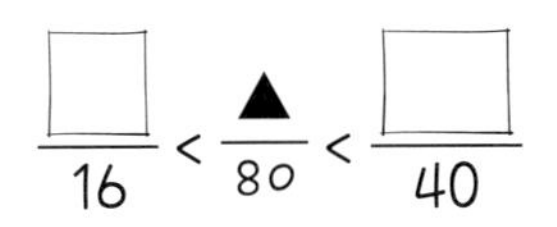
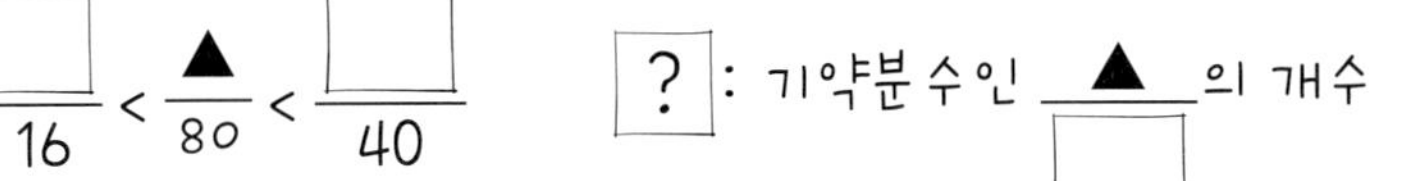


**계획-풀기**

❶ $\frac{3}{16}$, $\frac{19}{40}$를 80을 공통분모로 하여 통분하기

❷ 분모가 8인 기약분수의 개수 구하기

답

**14** 현수의 휴대 전화 비밀번호는 6으로 나누면 4가 남고, 9로 나누면 7이 남는 수 중 가장 큰 네 자리 입니다. 현수의 휴대 전화 비밀번호를 구하세요.

**문제 그리기** 문제를 읽고, □ 안에 알맞은 수나 말을 써넣으면서 풀이 과정을 계획합니다. (?: 구하고자 하는 것)

현수 휴대 전화 비밀번호는 □으로 나누면 4가 남고, 9로 나누면 □이 남는 네 자리 수

(몫) □ ) 비밀번호 … □

(몫) 9 ) 비밀번호 … □

? : 가장 □ 네 자리 수인 비밀번호

**계획-풀기**

답

**15** 4장의 수 카드 [2], [3], [5], [7] 중에서 3장을 뽑아 한 번씩만 사용하여 대분수를 만들려고 합니다. 만든 대분수 중 2개의 대분수의 합이 12보다 크고 13보다 작게 되는 합을 모두 구하세요.

**문제 그리기** 문제를 읽고, □ 안에 알맞은 수를 써넣으면서 풀이 과정을 계속합니다. (?: 구하고자 하는 것)

수 카드 □, □, [5], □ 중에서 3장을 뽑아 대분수 $\triangle\frac{☆}{○}$ 만들기

[?] : 합이 12보다 크고 □보다 작은 두 대분수의 합

**계획-풀기**

❶ 3장을 뽑아 만들 수 있는 대분수 모두 구하기

❷ 합이 12보다 크고 13보다 작은 두 대분수의 합 모두 구하기

답 ____________________

**16** 어떤 수는 14로도 나누어떨어지고 16으로도 나누어떨어집니다. 그 어떤 수 중에서 200보다 크고 600보다 작은 두 수를 골라 한 수는 분자, 한 수는 분모로 하여 만들 수 있는 가장 큰 진분수를 구하세요.

**문제 그리기** 문제를 읽고, □ 안에 알맞은 수나 말을 써넣으면서 풀이 과정을 계획합니다. (?: 구하고자 하는 것)

어떤 수는 □로도, 16으로도 나누어떨어짐

200 < (어떤 수) < □

[?] : 어떤 수 중 두 수를 골라 만들 수 있는 가장 큰 □분수

**계획-풀기**

❶ 200보다 크고 600보다 작은 수 중에서 14로도 나누어떨어지고 16으로도 나누어떨어지는 어떤 수 구하기

❷ 가장 큰 진분수 구하기

답 ____________________

**17** 다음은 어떤 두 수의 배수를 작은 수부터 순서대로 나열한 것입니다. 17번째 수와 232번째 수의 합을 구하세요.

7, 16, 21, 32, 35, 48, …

**문제 그리기** 문제를 읽고, □ 안에 알맞은 수를 써넣으면서 풀이 과정을 계획합니다. (?: 구하고자 하는 것)

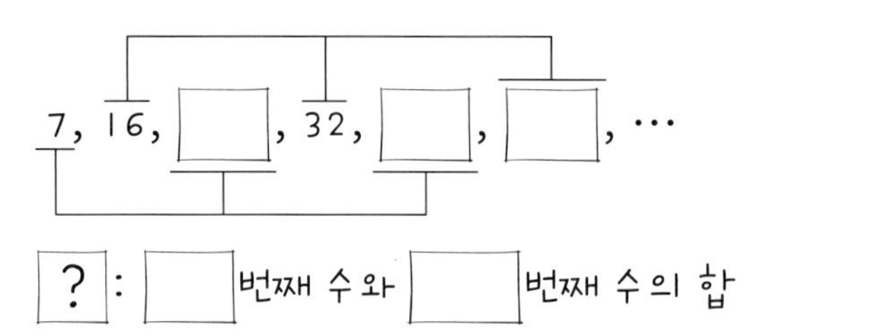


**계획-풀기**

답 ____________________

**18** 은우의 동생은 흰 닭과 붉은 닭이 일렬로 서서 규칙적으로 번호를 달고 춤을 추는 만화를 보다가 물었습니다.

"와! 닭이 정말 많다! 그러면 288번째 닭은 무슨 색이고, 어떤 번호를 달고 있는 거야?"
은우의 동생의 질문에 올바른 답을 구하세요.

**문제 그리기** 문제를 읽고, □ 안에 알맞은 수를 써넣으면서 풀이 과정을 계속합니다. (?: 구하고자 하는 것)

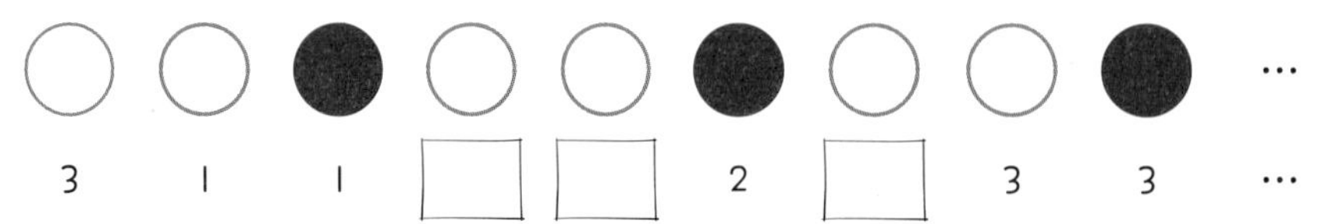


? : □번째 닭의 색과 번호

**계획-풀기**

❶ 닭의 색과 순서 사이의 규칙 찾기

❷ 번호와 순서 사이의 규칙을 찾아 답 구하기

답 ____________________

**19** 다음과 같이 일정한 규칙으로 분수를 늘어놓을 때, 36번째 분수를 구하세요.

$$\frac{1}{2}, \frac{1}{4}, \frac{2}{4}, \frac{3}{4}, \frac{1}{6}, \frac{2}{6}, \frac{3}{6}, \frac{4}{6}, \frac{5}{6}, \frac{1}{8}, \cdots$$

**문제 그리기** 문제를 읽고, □ 안에 알맞은 수를 써넣으면서 풀이 과정을 계획합니다. (?: 구하고자 하는 것)

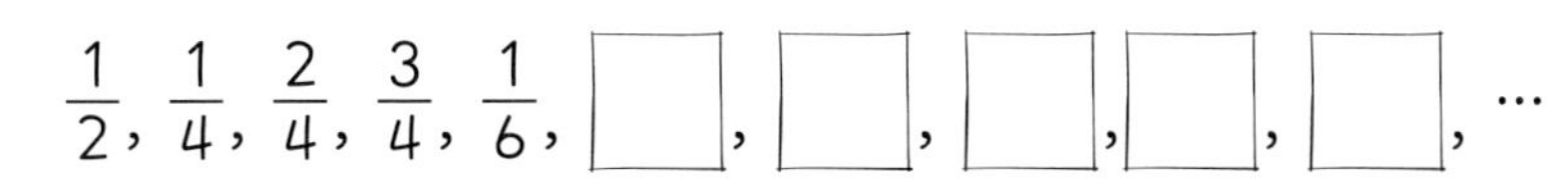

$\frac{1}{2}, \frac{1}{4}, \frac{2}{4}, \frac{3}{4}, \frac{1}{6}$, □, □, □, □, □, …

? : □ 번째 분수

**계획-풀기**

❶ 규칙 찾기

❷ 36번째 분수 구하기

답 ____________________

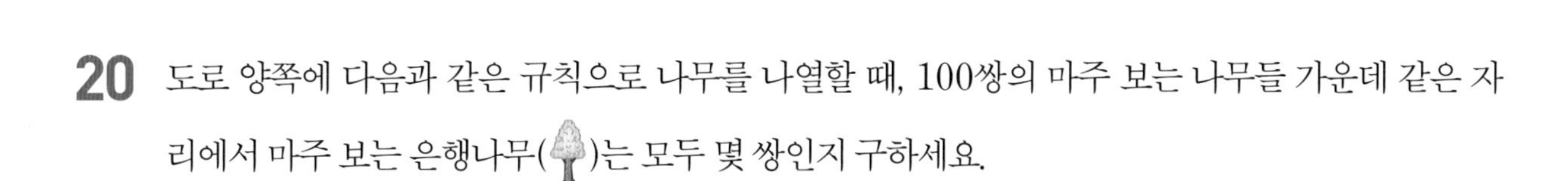

**20** 도로 양쪽에 다음과 같은 규칙으로 나무를 나열할 때, 100쌍의 마주 보는 나무들 가운데 같은 자리에서 마주 보는 은행나무( )는 모두 몇 쌍인지 구하세요.

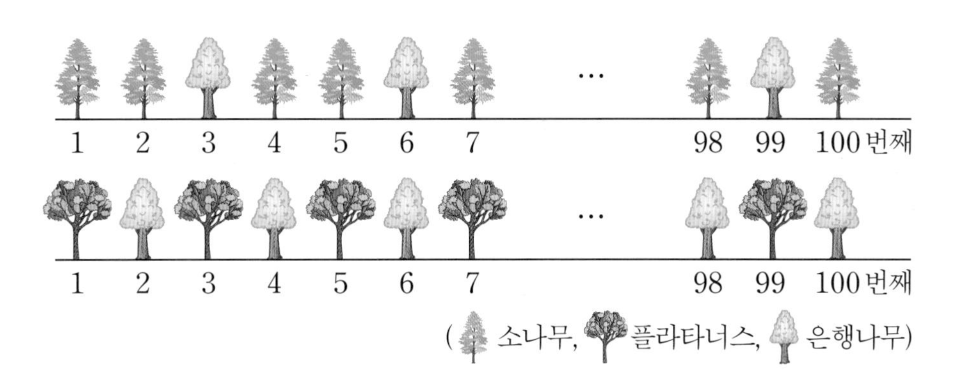


**문제 그리기** 문제를 읽고, □ 안에 알맞은 그림을 그려 넣으면서 풀이 과정을 계획합니다. (?: 구하고자 하는 것)

소나무, 플라타너스, 은행나무

위: □ □ … ➡ 는 (▲의 배수)번째

아래: □ □ □ □ … ➡ 는 (●의 배수)번째

? : 100쌍 중 마주 보는 □ 나무( )가 몇 쌍인지 구하기

**계획-풀기**

답 ____________________

**21** 공원의 길 양쪽에 나무를 심으려고 합니다. 길의 한 쪽에는 150 cm 간격으로, 다른 쪽에는 135 cm 간격으로 나무를 심고 두 나무가 마주 보는 자리에는 나무가 아닌 가로등을 각각 양쪽에 놓는다고 합니다. 공원의 길이 270 m일 때 필요한 가로등은 모두 몇 개인지 구하세요.

(단, 길의 처음과 끝에는 나무를 심습니다.)

**문제 그리기** 문제를 읽고, □ 안에 알맞은 수나 말을 써넣으면서 풀이 과정을 계획합니다. (?: 구하고자 하는 것)

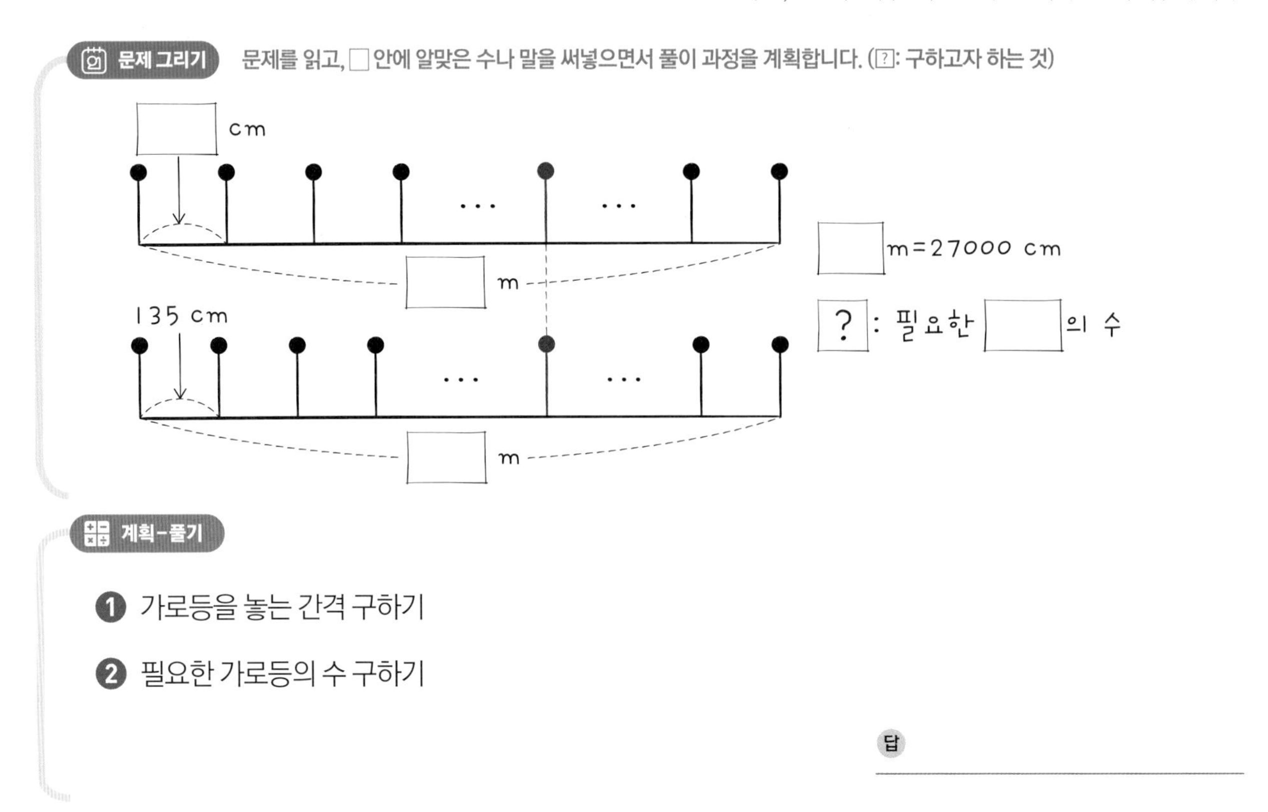


**계획-풀기**

❶ 가로등을 놓는 간격 구하기

❷ 필요한 가로등의 수 구하기

답 ______________

**22** 다음 대화를 보고 나은이의 질문에 답하세요.

가은: 몸을 움직여 볼까? 나는 '짠짠짜'를 40번 할 거야. '짠'은 박수! '짜'는 위로 팔 뻗기!

나은: 좋아. 그럼 너는 '짠짠짜'를 40번 하는 거니까 모두 120번의 몸동작이네. 그럼 나는 '짠짠짠짠짜'를 24번 할게. '짠'은 박수! '짜'는 위로 팔 뻗기!

가은: 우리 같이 시작해서 동시에 '짜'를 할 때는 같이 하이파이브를 하자. 어때?

나은: 와!! 재미있겠다. 그럼 하이파이브를 몇 번 하는 거지?

**문제 그리기** 문제를 읽고, □ 안에 알맞은 수나 말을 써넣으면서 풀이 과정을 계획합니다. (?: 구하고자 하는 것)

짠: ○, 짜: △, 전체 □ 번의 몸동작

가은: ○○△○○△○○△○○△○○△ …

나은: ○○○○△○○○○△○○○○△ …

하이파이브

? : □ 를 하는 수

**계획-풀기**

답 ______________

**23** 따뜻한 물이 1분에 9 L씩 나오는 가 수도꼭지와 찬물이 3분에 15 L씩 나오는 나 수도꼭지를 동시에 틀어 물을 받고 있습니다. 그런데 물을 받는 큰 수조에는 작은 구멍이 있어서 2분에 6 L씩 물이 새고 있습니다. 21분 동안 받은 물의 양은 몇 L인지 구하세요.

**문제 그리기** 문제를 읽고, □ 안에 알맞은 수를 써넣으면서 풀이 과정을 계획합니다. (?: 구하고자 하는 것)

(따뜻) 1분에 □ L
(찬) 3분에 □ L
동시에 틀어서 받음 → 2분에 □ L씩 샘

? : □분 동안 받은 물의 양(L)

**계획-풀기**

답 

**24** □ 안에 1, 3, 6, 18, 36을 써넣으려고 합니다. 가로줄은 왼쪽 수가 오른쪽 수의 배수이고, 세로줄은 아래쪽 수가 위쪽 수의 배수가 되도록 할 때 빈칸에 수를 써넣는 방법은 모두 몇 가지인지 구하세요.

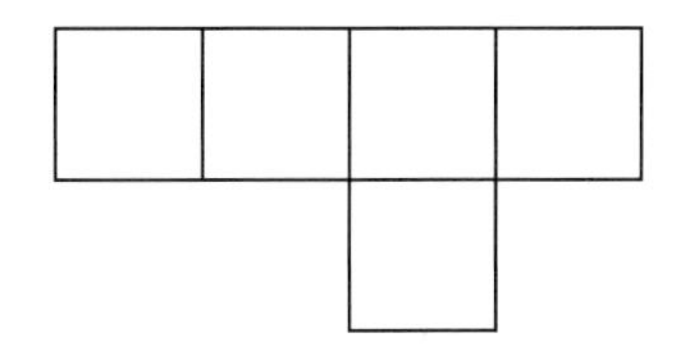

**문제 그리기** 문제를 읽고, □ 안에 알맞은 수나 말을 써넣으면서 풀이 과정을 계획합니다. (?: 구하고자 하는 것)

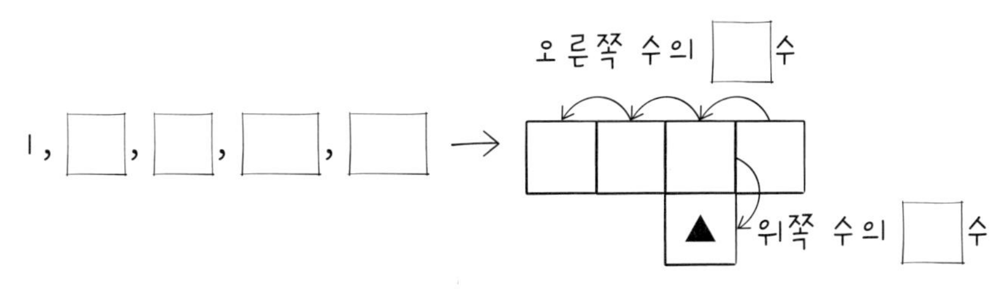


? : 빈칸에 수를 넣는 방법의 수

**계획-풀기**

답 

내가 수학하기

# 한 단계 UP!

식 | 거꾸로 | 그림
단순화 | 복합적 | 규칙성

정답과 풀이 18쪽

**1** 양파 1자루는 4800원, 무 4개는 9200원, 배추 3포기는 7440원입니다. 양파 1자루의 가격은 무 1개와 배추 1포기의 가격의 합보다 얼마나 더 비싼지 하나의 식으로 나타내어 구하세요.

**문제 그리기** 문제를 읽고, □ 안에 알맞은 수나 말을 써넣으면서 풀이 과정을 계획합니다. (?: 구하고자 하는 것)

양파 1자루는 □원, 무 4개는 □원, 배추 □포기 7440원

? : (□ 1자루 가격)과 (무 1개와 배추 1포기 가격의 □)의 차 (하나의 식으로 풀기)

**계획-풀기**

답 ____________________

**2** 영민이는 오늘 12000원을 저금하였습니다. 오늘 저금한 돈은 어제까지 저금한 돈의 $\frac{1}{2}$보다 3600원이 더 많습니다. 영민이가 오늘까지 저금한 돈은 얼마인지 구하세요.

**문제 그리기** 문제를 읽고, □ 안에 알맞은 수나 말을 써넣으면서 풀이 과정을 계획합니다. (?: 구하고자 하는 것)

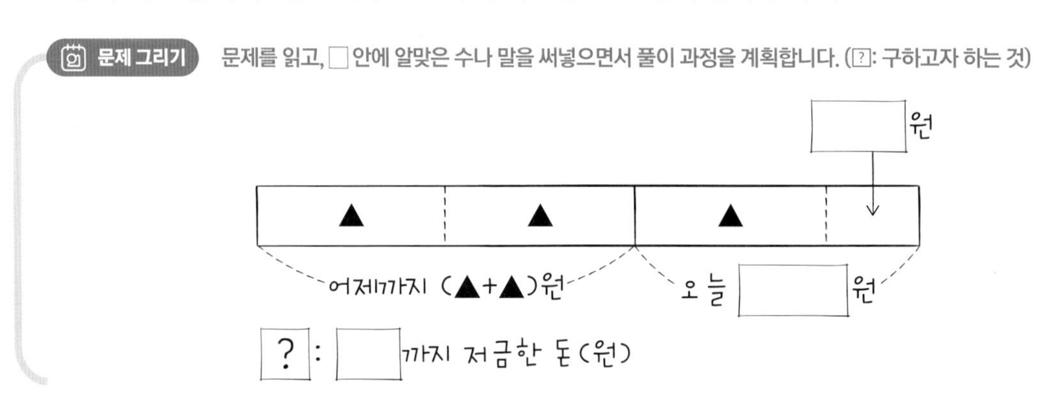


**계획-풀기**

답 ____________________

**3** 7개의 마법산을 넘어야 보물 상자를 얻을 수 있는 게임이 있습니다. 1번째 산에서는 토끼 2마리를 만나 은화를 1마리당 2개씩 주었더니 길을 열어 주었고, 2번째 산에서는 토끼 4마리를 만나 은화를 1마리당 3개씩 주었더니 길을 열어 주었습니다. 다음 산의 토끼 수는 항상 이전 산의 2배이고 1마리당 주어야 하는 은화 수는 이전 산보다 1개씩 더 많습니다. 7번째 산에서 만난 토끼들에게 줄 은화는 몇 개인지 구하세요.

**문제 그리기** 문제를 읽고, □ 안에 알맞은 수나 말을 써넣으면서 풀이 과정을 계획합니다. (?: 구하고자 하는 것)

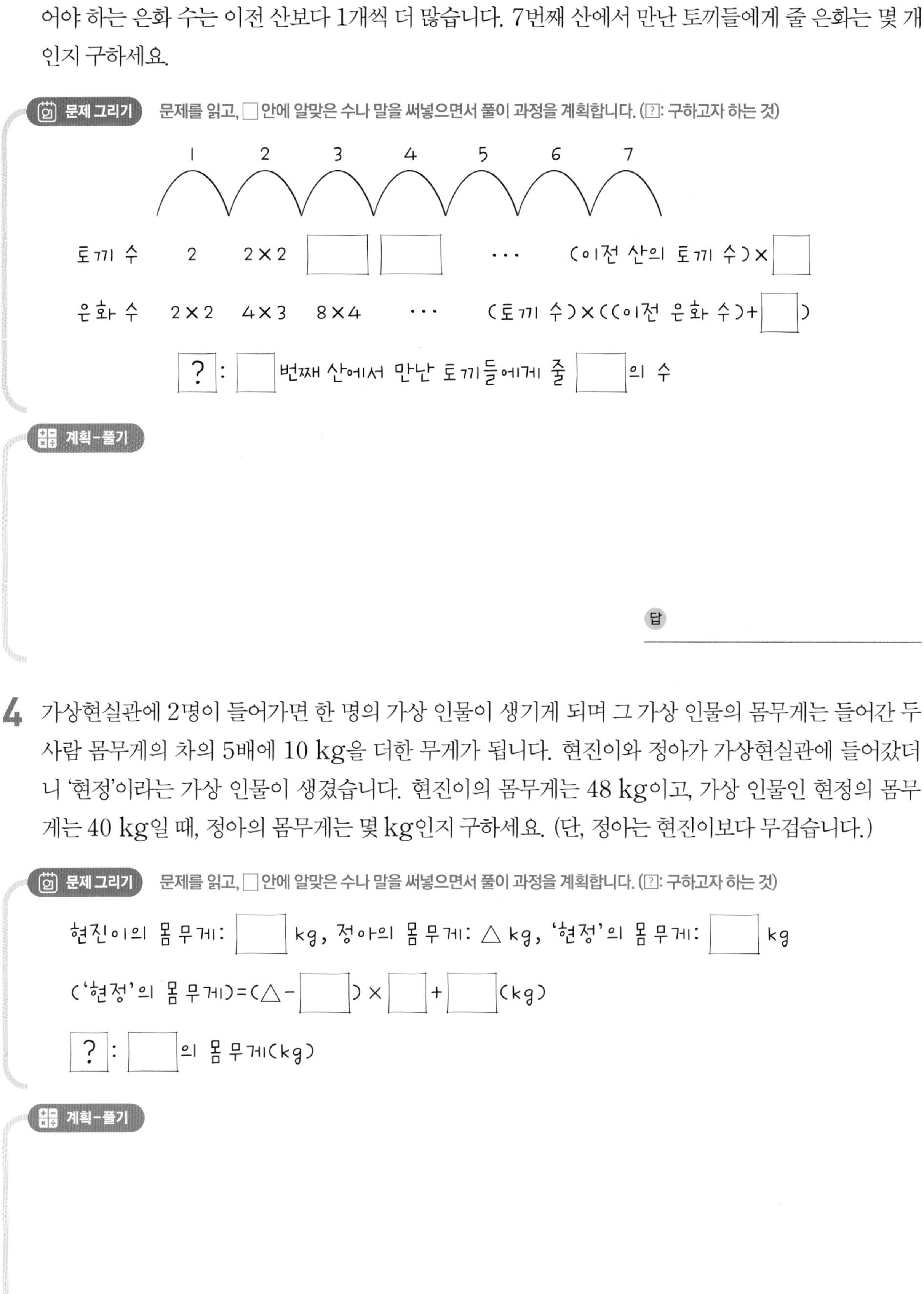


**계획-풀기**

답 ____________________

**4** 가상현실관에 2명이 들어가면 한 명의 가상 인물이 생기게 되며 그 가상 인물의 몸무게는 들어간 두 사람 몸무게의 차의 5배에 10 kg을 더한 무게가 됩니다. 현진이와 정아가 가상현실관에 들어갔더니 '현정'이라는 가상 인물이 생겼습니다. 현진이의 몸무게는 48 kg이고, 가상 인물인 현정의 몸무게는 40 kg일 때, 정아의 몸무게는 몇 kg인지 구하세요. (단, 정아는 현진이보다 무겁습니다.)

**문제 그리기** 문제를 읽고, □ 안에 알맞은 수나 말을 써넣으면서 풀이 과정을 계획합니다. (?: 구하고자 하는 것)

현진이의 몸무게: □ kg, 정아의 몸무게: △ kg, '현정'의 몸무게: □ kg

('현정'의 몸무게)=(△−□)×□+□(kg)

? : □의 몸무게(kg)

**계획-풀기**

답 ____________________

**5** 눈의 나라에는 하루에 한 번 멈추는 회전 거울이 있습니다. 거울이 멈추면 그 멈춘 시각으로 거울은 분수를 만듭니다. '시'가 분자, '분'이 분모인 분수를 만들고 그 분수의 분모와 분자에 같은 수를 더한 뒤 기약분수로 나타냅니다. 그 시각에 거울을 보면 소원이 이루어집니다. 어느 날 17시 24분에 눈사람이 거울을 봐서 소원인 하얀 말이 되었습니다. 거울에 나타난 분수가 $\frac{5}{6}$일 때, 그 때의 그 시각으로 만들어진 분수의 분모와 분자에 더해진 수를 구하세요.

**문제 그리기** 문제를 읽고, □ 안에 알맞은 수나 말을 써넣으면서 풀이 과정을 계획합니다. (?: 구하고자 하는 것)

눈사람이 거울을 본 시각 □시 □분 : $\frac{\square+\triangle}{\square+\triangle}=\frac{\square}{6}$

?: 분자와 분모에 더해진 수(△)

**계획-풀기**

답

**6** 민이네 학교 5학년 학생들은 320명에서 360명 사이이고, 6학년 학생들은 400명에서 450명 사이라고 합니다. 다음과 같이 5학년과 6학년 학생들이 각 조를 이루어 학년별 경기를 한다고 할 때, 다음 대화에서 민이의 질문에 대한 답을 구하세요.

민이: 5학년과 6학년 학생들이 각각 12명이나 18명씩 조를 이루면 4명씩 남아.
5학년과 6학년 학생 수가 몇 명씩인지 알아야 조를 나누는데.
수정: 난 알겠어! 5학년 학생 수와 6학년 학생 수를 모두 말이야.
민이: 정말? 5학년과 6학년 학생 수는 각각 몇 명인데?

**문제 그리기** 문제를 읽고, □ 안에 알맞은 수를 써넣으면서 풀이 과정을 계획합니다. (?: 구하고자 하는 것)

320 < (5학년 학생 수) < □, □ < (6학년 학생 수) < 450

5학년과 6학년 학생들은 12명이나 18명씩 조를 이루면 모두 □명씩 남음

?: □학년 학생 수와 □학년 학생 수(명)

**계획-풀기**

답

**7** 미술 시간에 살고 싶은 집을 만들어 보았습니다. 각자 다양한 재료로 집을 만들어서 무게도 다양했습니다. 희진이네 조는 마을을 꾸미는 데 집을 무게 순서로 놓기로 했습니다. 현이의 집과 희진이의 집의 무게 차이는 몇 kg인지 구하세요.

- 희진이의 집은 수민이의 집보다 $1\frac{3}{4}$ kg 더 무겁습니다.
- 민철이의 집은 수민이의 집보다 $\frac{7}{15}$ kg 더 무겁습니다.
- 현이의 집은 민철이의 집보다 $2\frac{2}{3}$ kg 더 가볍습니다.

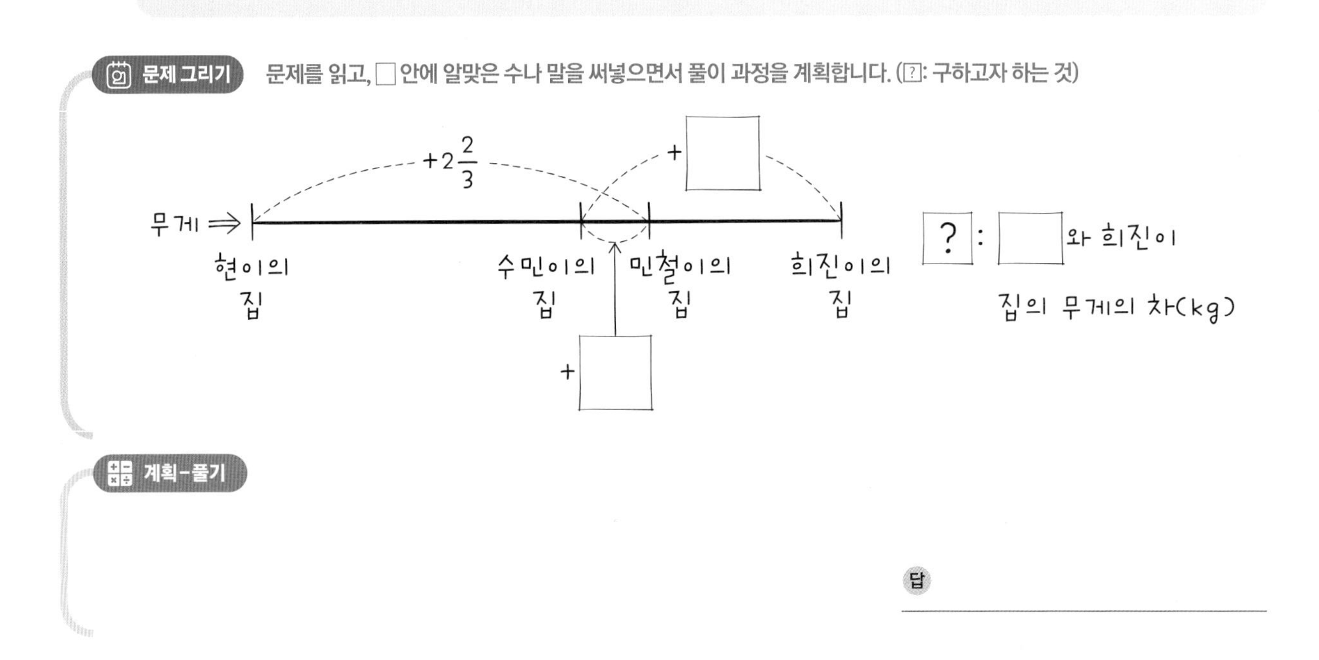


**8** 보라별에 사는 달 어머니는 추석날 밤에 떡 124개를 가방에 넣고 집으로 향했습니다. 전기 보드를 타고 여러 개의 산을 넘어야 하는데, 3의 배수 번째 산에는 떡을 좋아하는 호랑이가 살고 있습니다. 3번째 산에서 2개, 6번째 산에서 3개의 떡을 주고 이렇게 3개의 산을 넘을 때마다 떡 2개와 3개를 번갈아 주었습니다. 마지막 호랑이에게 준 떡이 3개였고 가방에 남은 떡이 14개일 때, 달 어머니는 지금까지 몇 개의 산을 넘은 것인지 구하세요.

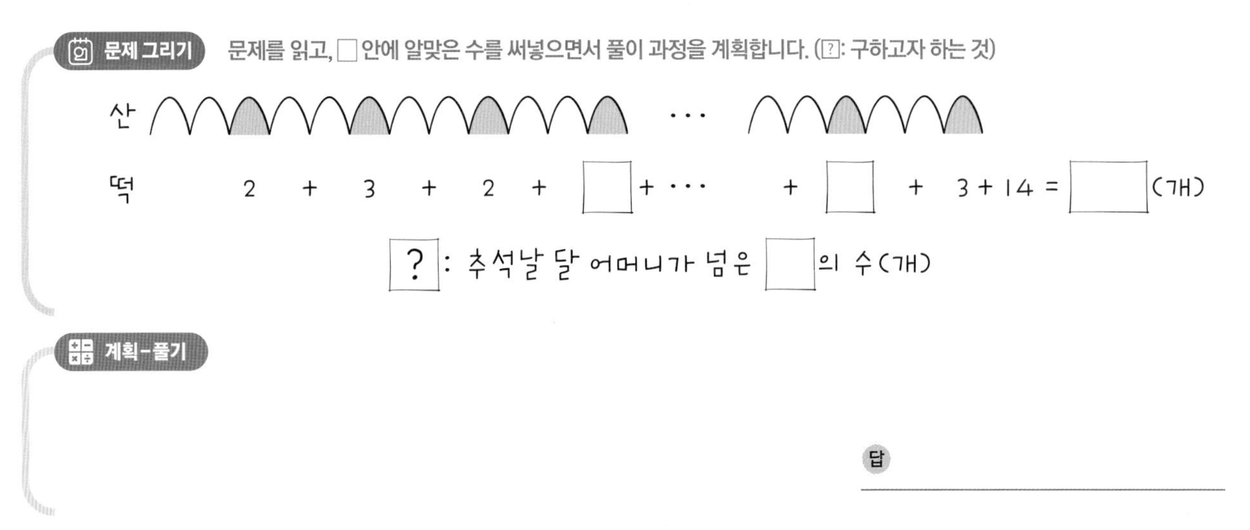

**9** 민지는 꿈에서 앨리스가 갔던 트럼프 제국의 언덕을 보았습니다. 이 언덕을 오르려면 분수 나라를 통과해야 하는데 분수 나라를 들어갈 때는 분자가 11이며 $\frac{5}{7}$보다 작은 분수들 중 가장 큰 분수를 제시하고, 나올 때는 분자가 31이며 $\frac{5}{7}$보다 큰 분수들 중 가장 작은 분수를 제시해야 합니다. 민지가 언덕을 오르기 위해 분수 나라에 제시해야 하는 두 분수의 합을 구하세요.

**문제 그리기** 문제를 읽고, □ 안에 알맞은 수나 말을 써넣으면서 풀이 과정을 계획합니다. (?: 구하고자 하는 것)

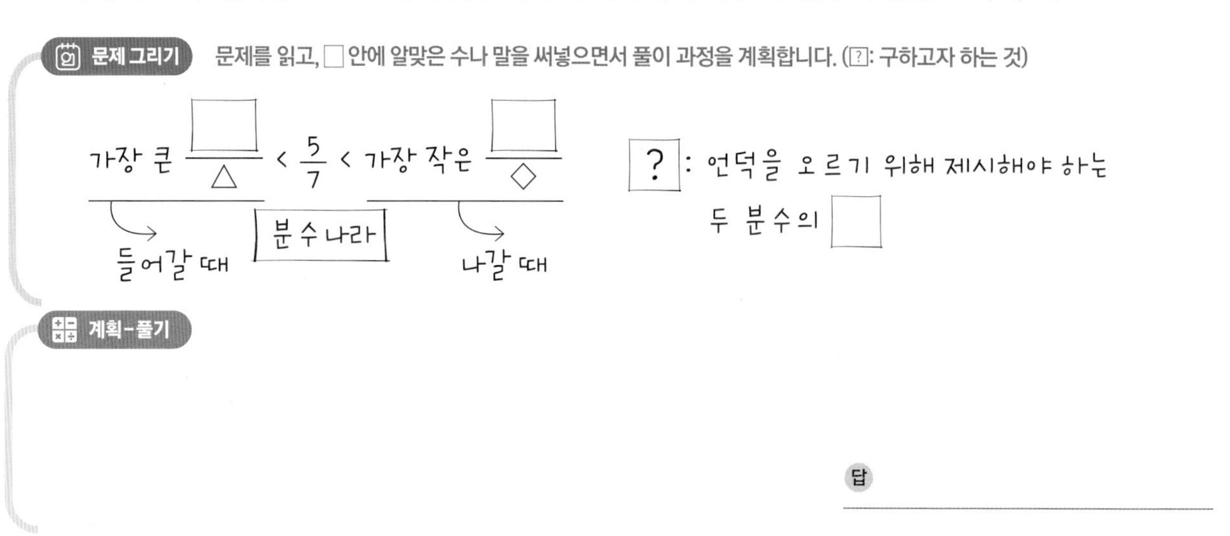


**계획-풀기**

답 ____________

**10** 별 학교 학생들은 취미를 조사하여 '그림 그리기'를 좋아하면 빨강 스티커를 붙이고, '운동하기'를 좋아하면 파랑 스티커를 붙였습니다. 빨강 스티커를 붙인 학생들은 전체 학생 수의 $\frac{3}{7}$이고, 파랑 스티커를 붙인 학생들은 전체 학생 수의 $\frac{5}{8}$였습니다. 그리고 두 스티커를 모두 붙인 학생들은 전체 학생 수의 $\frac{1}{8}$이었습니다. 빨강 스티커도 파랑 스티커도 붙이지 않은 학생들은 전체 학생 수의 몇 분의 몇인지 구하세요.

**문제 그리기** 문제를 읽고, □ 안에 알맞은 수를 써넣으면서 풀이 과정을 계획합니다. (?: 구하고자 하는 것)

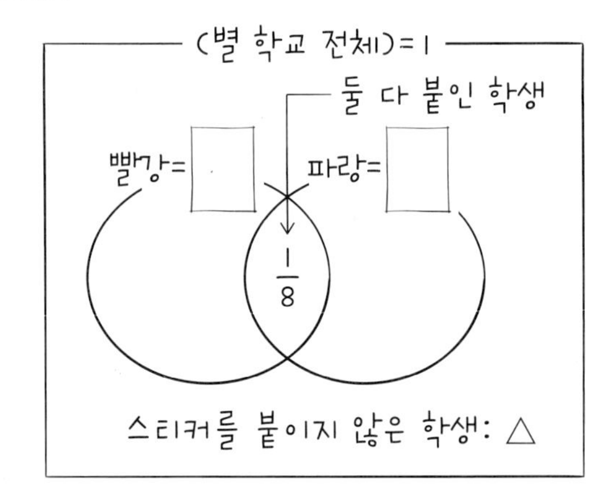


? : 어떤 스티커도 붙이지 않은 학생은 전체의 몇 분의 몇

**계획-풀기**

답 ____________

**11** 다음 식이 성립하도록 □ 안에 −, ×, ÷를 한 번씩 넣어야 합니다. 상진이는 예상하고 확인하는 과정을 4번 해서 4번만에 답을 구했습니다. 상진이의 답이 틀린 3번의 틀린 예상을 쓰고 4번째의 올바른 답을 구하세요.

44 □ 48 □ 8 □ 4=20

**문제 그리기** 문제를 읽고, □ 안에 알맞은 수나 기호를 써넣으면서 풀이 과정을 계속합니다. (?: 구하고자 하는 것)

−, ×, □를 ○에 넣기 ⟶ 44 ○ 48 ○ □ ○ □ = □

상진이는 □번의 예상하고 확인으로 답을 구함

? : 상진이의 답이 틀린 □번의 틀린 예상과 올바른 답

**계획-풀기**

답 ______________

**12** 오른쪽 주사위 각 면에 1에서 12까지의 자연수 중 6개를 골라서 써 놓았습니다. 마주 보는 면의 두 수로 만든 진분수를 기약분수로 나타내면 모두 같습니다. 6, 9, 4와 마주 보는 면에 쓰인 수를 차례대로 구하세요. (단, 6과 마주 보는 면의 수는 6보다 큽니다.)

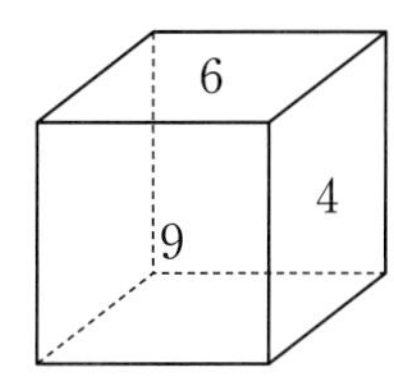


**문제 그리기** 문제를 읽고, □ 안에 알맞은 수나 말을 써넣으면서 풀이 과정을 계획합니다. (?: 구하고자 하는 것)

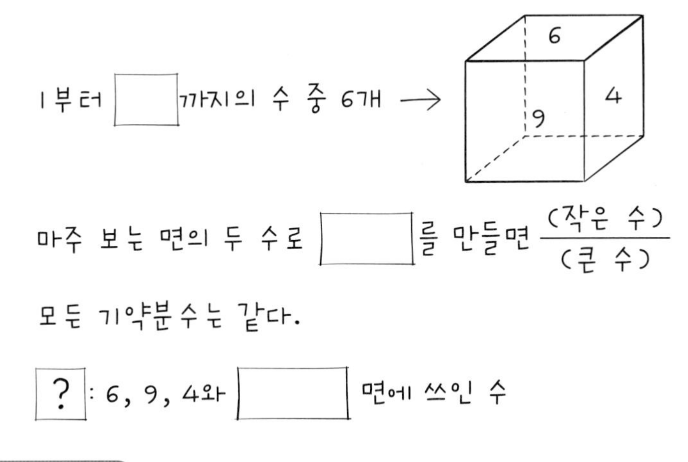


**계획-풀기**

답 ______________

**13** 인영이가 초콜릿 64개를 사려고 합니다. 집 앞 슈퍼에서는 낱개 1개에 200원이고, 4개씩 포장된 봉지는 750원이지만 1봉지뿐입니다. 버스를 타고 마트를 가면 4개씩 포장된 한 봉지가 480원입니다. 하지만 교통비가 집에서 마트를 가는 데 850원, 마트에서 집으로 돌아오는 데 850원입니다. 초콜릿 64개를 사는 데 슈퍼에서 살 때와 마트에서 살 때의 금액의 차는 얼마인지 구하세요.

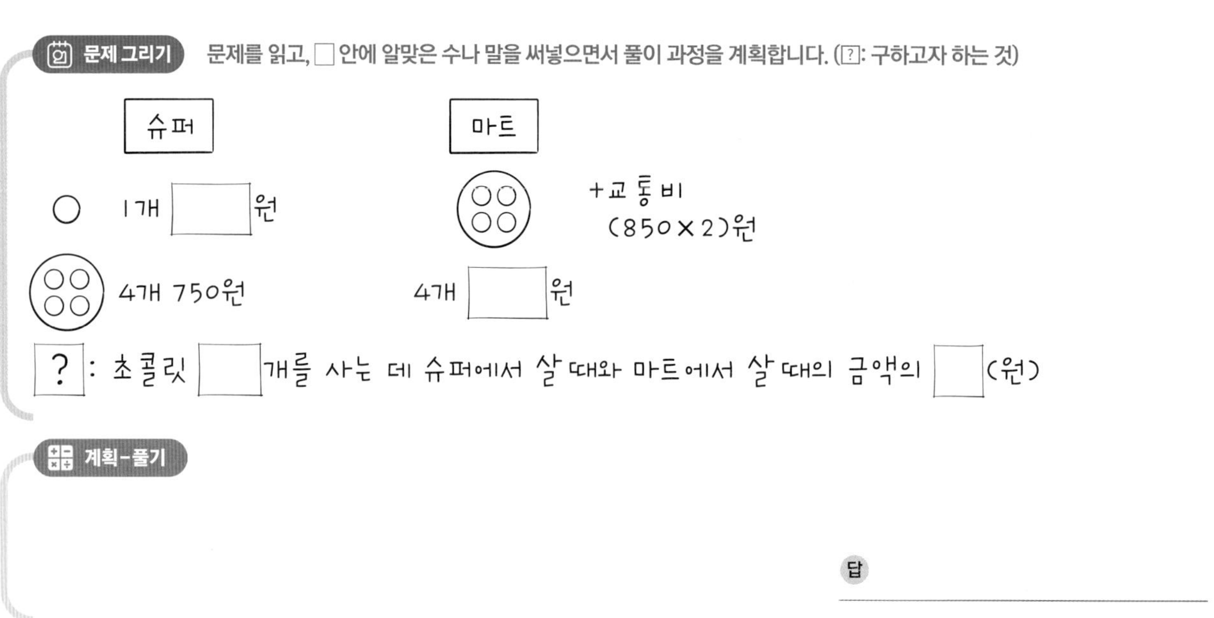


**14** 다음 두 분수의 ㉠과 ㉡의 분자의 합을 구하세요.

㉠ $\frac{7}{13}$과 크기가 같은 분수 중 분모가 가장 작은 세 자리 수인 분수

㉡ 분모와 분자에 9씩 더해서 약분하였더니 $\frac{7}{10}$이 된 분수들 중 분모가 가장 작은 자연수인 분수

**문제 그리기** 문제를 읽고, □ 안에 알맞은 말을 써넣으면서 풀이 과정을 계획합니다. (?: 구하고자 하는 것)

㉠ $\frac{7}{13} = \frac{7\times\triangle}{13\times\triangle\text{ (세 자리 수)}}$ 중 분모가 가장 □ 분수

㉡ (처음 분수) $= \frac{☆}{\triangledown}$일 때, ▽가 가장 □은 진분수

$\frac{☆+9}{\triangledown+\square}$ $\xrightarrow{\text{약분하면}}$ $\frac{\square}{10}$

? : ㉠의 분자와 ㉡의 □의 합

**계획-풀기**

답

**15** 현아는 계량컵으로 물 223 mL에 꿀 23 mL를 넣어서 꿀물을 만들었는데 더 달게 하기 위해 꿀과 물을 같은 양만큼 더 넣었습니다. 이 꿀물에서 물의 양을 분모, 꿀의 양을 분자로 하는 분수를 약분하면 $\frac{1}{6}$입니다. 더 넣은 꿀의 양은 몇 mL인지 구하세요.

**문제 그리기** 문제를 읽고, □ 안에 알맞은 수나 말을 써넣으면서 풀이 과정을 계획합니다. (?: 구하고자 하는 것)

처음 꿀물: (물 223mL) + (꿀 23mL) ⇒ $\frac{(꿀의\ 양)}{(물의\ 양)} = \frac{\square}{223}$

223mL ↓ + △mL, 23mL ↓ + △mL

꿀과 물을 더 넣어서 만든 꿀물: $\frac{23+\triangle}{223+\triangle} = \frac{1}{\square}$

? : 더 넣은 □의 양(△ mL)

**계획-풀기**

답 ____________

**16** 채민이가 음악을 너무 좋아해서 부모님께서 음악 사이트에 가입해 주셨습니다. 이용료는 하루에 400원이었습니다. 그런데 4월 어느 날 금액이 하루에 460원으로 올랐습니다. 4월 한 달의 결제 금액이 12720원이라면 음악 사이트의 이용료가 오른 날짜는 4월 며칠인지 구하세요. (단, 하나의 식으로 나타내어 구하고, 4월 이용료는 4월 1일부터 30일까지의 사용료입니다.)

**문제 그리기** 문제를 읽고, □ 안에 알맞은 수를 써넣으면서 풀이 과정을 계획합니다. (?: 구하고자 하는 것)

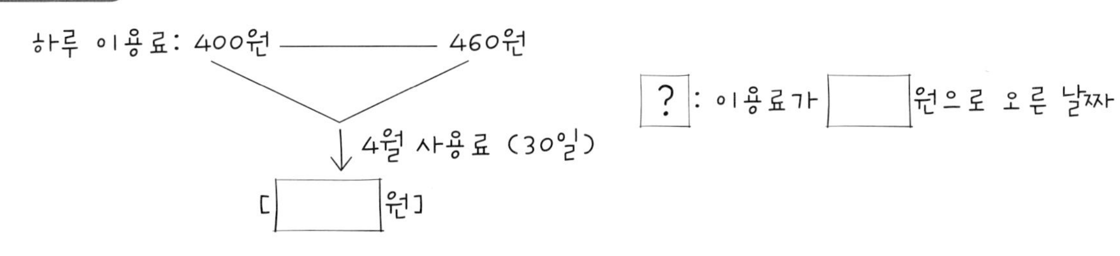


**계획-풀기**

답 ____________

## 내가 수학하기 거뜬히 해내기

**1** 모양 □, ♤, ▲, ●, ★은 0, 1, 2, 3, 6 중 서로 다른 숫자를 나타냅니다. 다음을 보고 각 모양이 나타내는 숫자를 구하여 □♤ + ●▲ × ★의 값을 구하세요. (단, □♤와 ●▲는 두 자리 수입니다.)

□×▲=▲, ★+♤=★, ▲+▲=●, ●÷★=▲

(　　　　　　　　　　)

**2** 별 언덕은 7개의 계단과 비탈이 교대로 반복되는 마법의 장소입니다. 그 꼭대기는 구름에 가려져 보이지 않고, 그곳에 오르면 하늘의 별을 만질 수 있다고 합니다. 한 칸의 높이가 50 cm인 계단을 7개 오르면 비탈이 있어 바로 땅으로 떨어집니다. 그렇지만 1분 30초만에 7개의 계단을 오르면 3 m만 떨어집니다. 바로 다시 7개의 계단을 올라갈 수 있고, 계속 1분 30초만에 7개의 계단을 오르면 매번 3 m씩만 떨어질 뿐입니다. 신기하게 비탈길은 보이게만 할 뿐 실제는 없어서 시간이나 높이와 상관없습니다. 별을 좋아하는 혜민이는 별 언덕으로 가서 별을 만져 보기로 결심했습니다. 혜민이가 계단 7개와 비탈길에 오르는 것을 계속 1분 30초만에 성공한다면 42분 동안 땅에서부터 몇 cm를 오르게 되는지 구하세요. (단, 별 언덕은 계단 7개 – 비탈 – 계단 7개 – 비탈 – 계단 7개 – 비탈 – ⋯이 반복되며, 그 꼭대기는 계단 7개를 몇 번 올라야 하는지는 아무도 모릅니다.)

(　　　　　　　　　　)

정답과 풀이 22쪽

**3** 수학시간에 현수와 연화와 유림이는 7개의 숫자 1, 2, 4, 5, 6, 7, 8을 각각 한 번씩만 사용하여 다음과 같이 진분수를 만들었는데 몇 개의 숫자가 지워졌습니다. 각 분수를 약분하였더니 모두 단위분수가 되었을 때, □ 안에 알맞은 수를 써넣어 연화와 유림이가 만든 분수를 완성하세요. (단, 3의 배수는 각 자리의 숫자들의 합이 3의 배수이고, 4의 배수는 끝의 두 자리 수가 00이거나 4의 배수입니다. 예 4311에서 $4+3+1+1=9$는 3의 배수이므로 4311은 3의 배수입니다. 78<u>24</u>와 11<u>00</u>은 4의 배수입니다.)

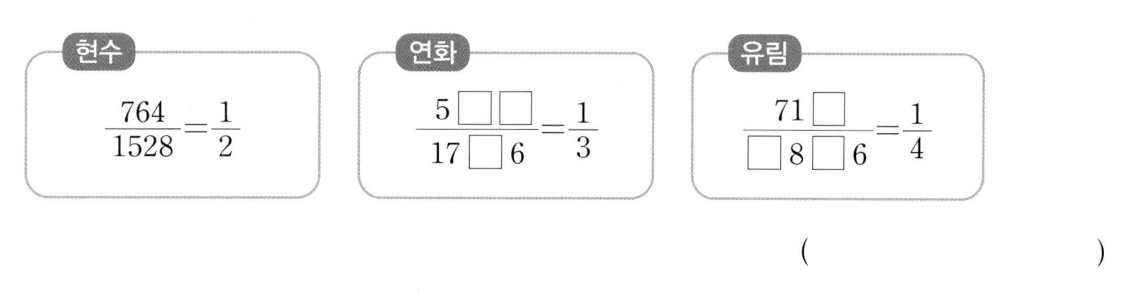


(　　　　　　　　　　)

**4** 현민이는 작은 토끼 굴로 자기가 들어갈 수 있다는 것에 놀랐습니다. 더욱 흥미로운 것은 그 옆 작은 문에 적힌 문제를 풀어서 답을 적었더니, 문이 열리며 오즈의 마법사의 허수아비가 손을 내밀었습니다. 현민이가 푼 문제는 다음과 같습니다. 현민이가 제시한 올바른 답을 구하세요.

> 트위들덤과 트위들디는 둘레가 1600 m인 호수를 한 바퀴 도는 경주를 하는 데 트위들덤은 트위들디보다 2배 빠르게 미끄러지듯 달려서 4분 차이로 이겼습니다. 트위들덤과 트위들디가 각각 1분 동안 달린 거리의 합은 몇 m인지 구하세요.

(　　　　　　　　　　)

핵심 역량 **말랑말랑 수학**

## 자연수? 분수? 연산을 알아보기

콤비네이션 피자 2판이 있습니다. 돼지 삐지는 피자 1판을 8등분 한 것 중 3조각, 쥐 찌욱이는 피자 1판을 24등분 한 것 중 3조각을 가졌습니다. 둘이 가진 피자의 합은 몇 조각이고, 차는 몇 조각일까요?

**1** 위 문제를 풀려고 합니다. □ 안에 알맞은 것을 보기 에서 찾아 기호를 써넣으세요.

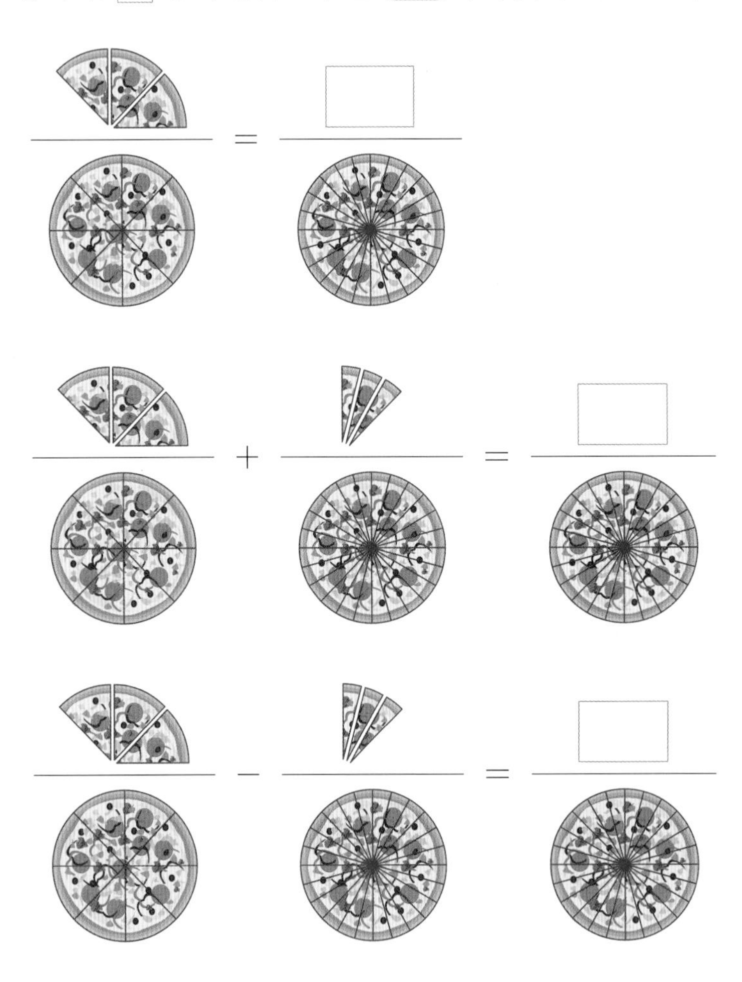

**보기**

ㄱ 8등분 한 피자 6조각

ㄴ 24등분 한 피자 6조각

ㄷ 8등분 한 피자 9조각

ㄹ 24등분 한 피자 9조각

ㅁ 8등분 한 피자 12조각

ㅂ 24등분 한 피자 12조각

정답과 풀이 23쪽

**2** 유미와 상수, 그리고 현지가 함께 마트에서 장을 보았습니다. 마트에서는 물건을 다음 그림과 같이 판매하고 있습니다. 유미는 과자 2봉지와 초콜릿 3봉지를 사고, 상수는 과자 1봉지와 초콜릿 2봉지를 샀습니다. 현지는 과자만 3봉지를 샀습니다. 또, 유미, 현지, 상수는 무를 한 묶음 사서 똑같이 나누었습니다. 상수와 현지는 두루마리 휴지를 한 묶음 사서 똑같이 나누고 세 사람은 각각 사과 한 상자와 감 한 줄씩을 샀으며, 유미와 현지는 토마토 2 kg을 한 상자 사서 똑같이 나누었습니다. 세 사람이 각각 돈을 얼마씩 내야 하는지 식을 하나로 나타내어 답을 구하세요.

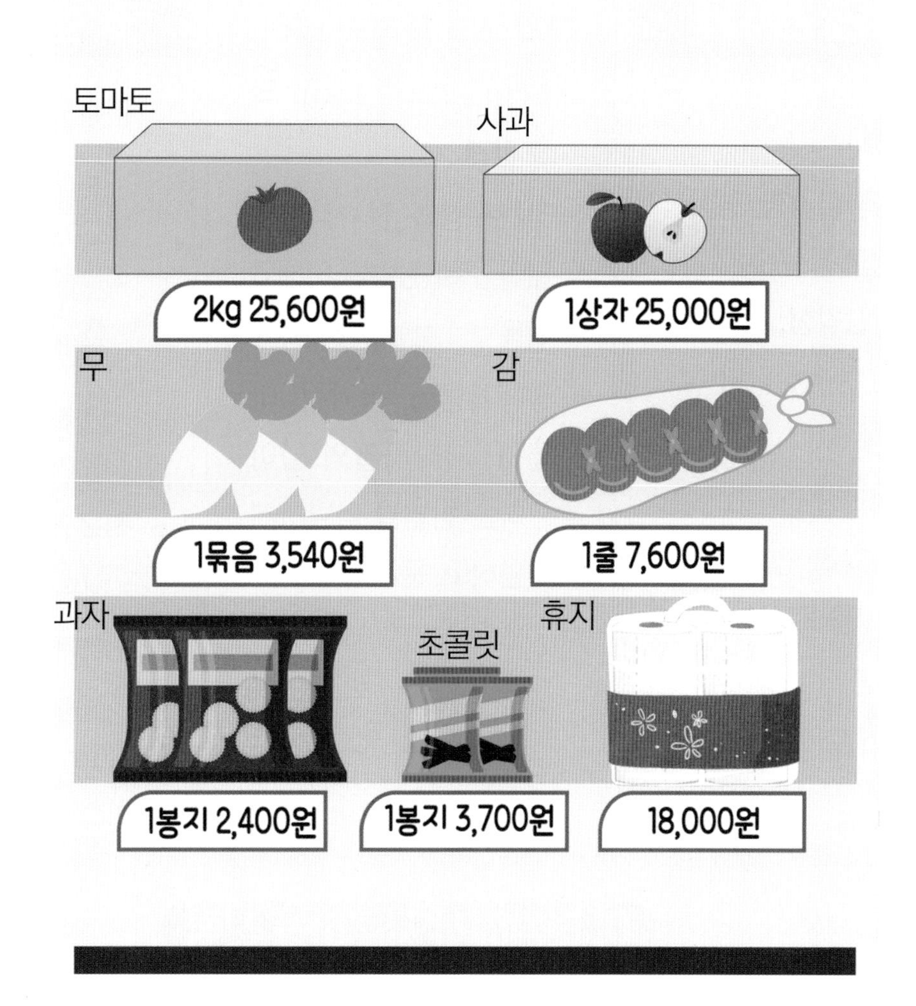


유미: ______________

상수: ______________

현지: ______________

## 단원 연계

### 4학년 2학기

**삼각형**
- 이등변삼각형, 정삼각형의 성질
- 직각삼각형, 예각삼각형, 둔각삼각형

**사각형**
- 수직과 평행
- 사다리꼴, 평행사변형, 마름모

**다각형**
- 다각형과 정다각형

### 5학년 1학기

**다각형의 둘레와 넓이**
- $1\ \text{cm}^2$, $1\ \text{m}^2$, $1\ \text{km}^2$와 그 관계
- 직사각형과 정사각형의 넓이 구하는 방법 이해와 적용
- 평행사변형, 삼각형, 마름모, 사다리꼴의 넓이 구하는 방법을 다양하게 추출하고, 문제 해결

### 5학년 2학기

**분수의 나눗셈**
- 도형의 합동, 합동인 도형의 성질 탐구 및 적용
- 실생활과 연결하여 선대칭도형과 점대칭도형 이해하고 그리기

**직육면체**
- 직육면체와 정육면체 개념과 성질 이해 및 설명
- 겨냥도와 전개도

## 이 단원에서 사용하는 전략

- 식 만들기
- 표 만들기
- 그림 그리기
- 단순화하기
- 문제정보를 복합적으로 나타내기

# PART 2

# 도형과 측정

다각형의 둘레와 넓이

# 개념 떠올리기

**직사각형의 둘레는 각 가로와 세로의 합인 건 알겠어. 그런데 여러 가지 사각형의 둘레는 그 사각형의 특징을 알면 쉽게 구할 수 있다고?**

**1** 한 변의 길이가 7 cm인 정사각형의 둘레는 몇 cm인지 구하세요.

(　　　　　　　　)

**2** 두 직사각형 가와 나의 둘레가 같을 때, □ 안에 알맞은 수를 써넣으세요.

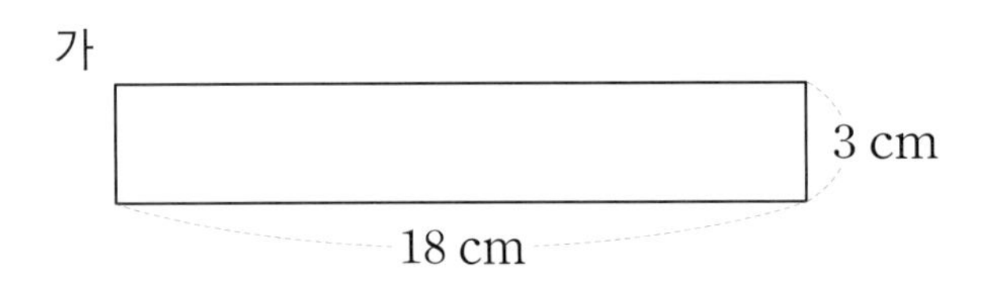


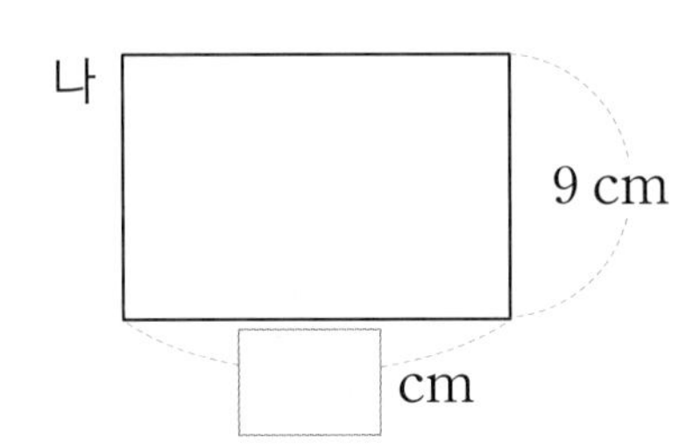


**3** 평행사변형의 둘레가 98 cm일 때, 변 ㄴㄷ의 길이는 몇 cm인지 구하세요.

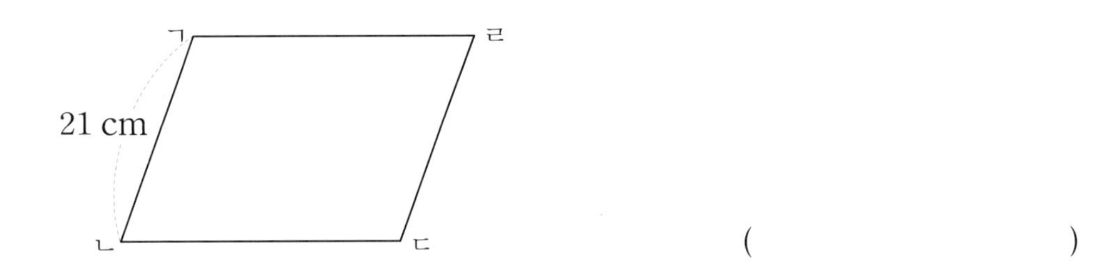


(　　　　　　　　)

**4** 둘레가 다른 하나를 찾아 기호를 쓰세요.

㉠ 한 변의 길이가 9 cm인 정사각형　　㉡ 한 변의 길이가 8 cm인 마름모

㉢ 가로가 12 cm, 세로가 6 cm인 직사각형　　㉣ 한 변의 길이가 12 cm인 정삼각형

(　　　　　　　　)

**개념 적용**

난 남방을 입으면 항상 목둘레가 맞지 않아요. 항상 너무 크단 말이죠. 그래서 엄마랑 다시 가서 입어 보고 사야 해요.

아하! 목둘레!! 줄자로 목둘레를 재어 길이를 알고 가야겠네요.

## 도형의 넓이의 단위가 제곱센티미터($cm^2$)만 있는 게 아니라고?

정답과 풀이 24쪽

**5** 민희와 수정이가 다니는 학교의 운동장은 직사각형 모양입니다. 민희와 수정이는 운동장의 넓이를 구하기 위해 운동장의 가로와 세로를 측정할 수 있는 적합한 자를 각자 가지고 만나기로 했습니다. 그런데 민희는 30 cm 길이의 자를 가지고 와서 수정이가 가져온 자가 운동장의 가로와 세로를 측정하기에 더 적합했습니다. 그렇다면 수정이는 어떤 자를 가지고 나왔을지 보기 에서 골라 기호를 쓰세요.

보기
㉠ 100 m 줄자　　㉡ 10 cm 길이의 자　　㉢ 15 cm 길이의 자

(　　　　　　　)

**6** $cm^2$, $m^2$, $km^2$ 중 알맞은 단위를 쓰세요.

책상의 넓이 → (　　　　　), 매장의 넓이 → (　　　　　), 서울시의 넓이 → (　　　　　)

**7** 오른쪽은 평행사변형 모양의 시립 운동장입니다. 친구들이 나눈 대화에서 잘못 말한 친구의 이름을 쓰고 그 이유를 설명하세요.

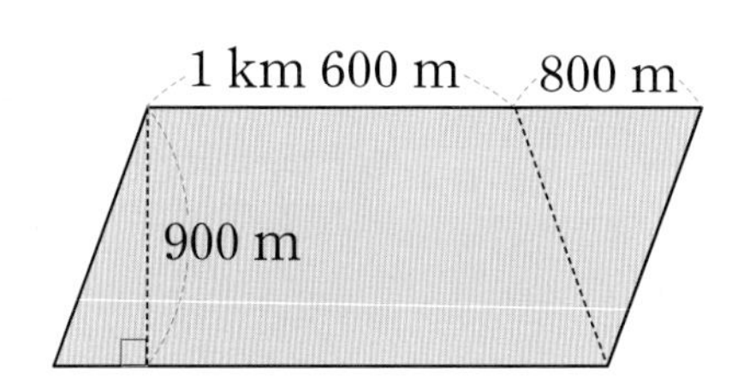


현정: 운동장이 사다리꼴과 삼각형 모양으로 구분되는데, 삼각형 모양에서 900 m를 높이라고 하면 밑변의 길이는 800 m야.
연정: 와! 삼각형 모양의 운동장의 넓이는 10 $km^2$보다 넓네.
윤정: 사다리꼴 모양의 운동장에서 아래에 있는 변의 길이는 2 km 400 m야.
수진: 사다리꼴 모양의 운동장에서 위에 있는 변의 길이는 1 km 600 m라는데 넓이가 그렇게 넓다고?

(　　　　　　　)

이유: ______________________

### 개념 적용

저도 우리 마을에 있는 공원의 넓이를 구해 보고 싶어요.

사각형이거나 다각형의 모양이면 각 변의 길이를 측정해서 넓이를 구할 수 있어요.

## 사각형의 넓이는 각 변의 길이를 알면 구할 수 있어?

**8** 넓이가 다른 도형을 찾아 번호를 쓰세요.

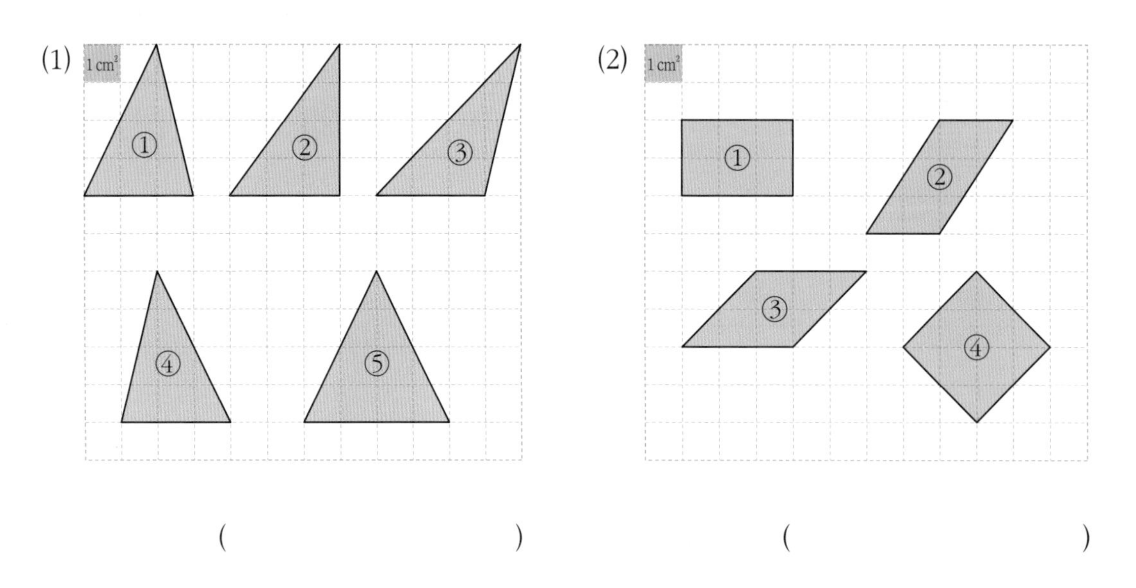


( ) ( )

**9** 사다리꼴과 삼각형의 넓이가 같을 때, 사다리꼴의 높이는 몇 cm인지 구하세요.

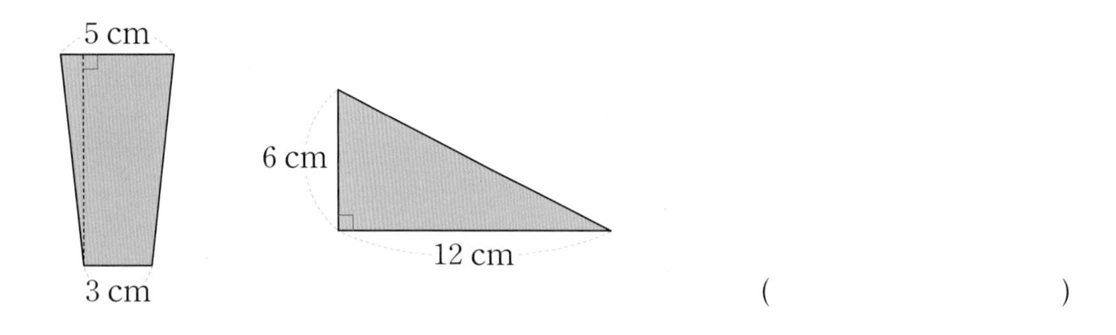


( )

**10** 오른쪽과 같은 마름모 모양의 넓이를 두 가지 단위 $cm^2$와 $m^2$로 각각 구하세요.

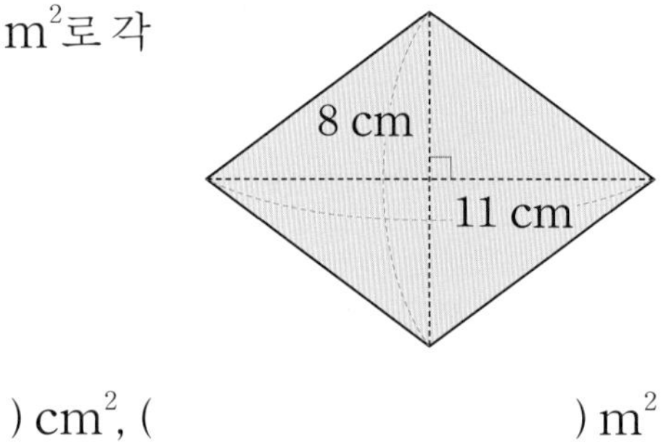


( ) $cm^2$, ( ) $m^2$

### 개념 적용

생일 잔치를 위해서 벽에 색종이를 붙이려고 해요. 자로 재어 보니 가로가 9 m이고 세로가 3 m인 직사각형 모양의 벽이에요. 우리가 준비한 색종이는 한 변의 길이가 11 cm인 정사각형 모양이면 색종이는 적어도 몇 장이 필요할까요?

직사각형 모양 벽면의 가로는 9 m=900 cm이고, 세로는 3 m=300 cm예요. 정사각형 모양 색종이의 가로가 11 cm이니까 빈틈없이 붙이려면 가로는 약 82장(900÷11=81…9) 필요하고, 세로는 약 28장(300÷11=27…3) 필요하겠죠? 한 장의 일부를 쓰면 남은 부분을 쓸 수 없다고 가정하면 적어도 2296장(82×28=2296)의 색종이가 필요하겠네요.

## 문제를 풀기 위해서 왜 식을 세워야 해요?

글로 제시된 문제를 문장제라고 하잖아요. 문제를 잘 읽고 그 문제를 풀기 위해서 더하거나 빼거나 곱하고 나누는 식의 연산을 이용해야 하는 경우, 많은 친구들이 생각을 하면서 계산만 노트에 쓰거나 머리로만 셈하고 답을 쓰잖아요. 그런데 맞다고 생각했는데 틀리는 경우가 많아요. 문제가 복잡하고 여러 연산이 필요한 경우는 더욱 그렇죠.
아주 쉬운 방법이 있어요! 문제를 어떻게 풀지 계획을 식으로 쓰는 거예요. 5학년 정도면 하나의 식으로 쓸 수도 있겠죠? 그렇게 식을 세워서 쓴 다음 계산을 하는 거죠.

난 쓰는 것이 귀찮아요. 그냥 문제를 읽으면서 계산해도 맞는데 식을 왜 세워요?

식을 쓰는 것이 귀찮아서 머리로만 계산하고 그러다 보면 빠뜨리는 과정도 많고, 복잡하면 못 풀고, 틀린 부분을 찾지 못하니 실수를 많이 하지 않을까요?

솔직히 실수가 많은 건 사실이에요. 어디서 틀렸는지도 모르겠고요!

식을 쓰면 다시 확인할 수 있으니 실수가 정말 많이 줄어들어요. 어디까지 했고, 그다음 계산은 무엇을 해야 하는지 알 수 있죠. 머리 혼자서 일을 하면 너무 힘들잖아요. 손이 도와 주면 세운 식을 보고 계산을 하니까 정확하죠.

**1** 환경부는 국립 공원 내에 사유지를 자연 생태계 보전을 위해 매수하고 있습니다. 어떤 국립 공원 내에 사유지가 몇 군데 있는데 그중 두 곳이 다음과 같은 정다각형 모양입니다. 두 사유지인 가와 나의 둘레의 차는 몇 km인지 구하세요.

11 km 가

13 km 나

**문제 그리기** 문제를 읽고, □ 안에 알맞은 수나 말을 써넣으면서 풀이 과정을 계획합니다. (?: 구하고자 하는 것)

가 나

한 변의 길이: □ km　　한 변의 길이: □ km

정사각형의 변의 개수: □ 개　　정육각형의 변의 개수: □ 개

? : 두 정다각형의 둘레의 □

**계획-풀기** 틀린 부분에 밑줄을 긋고, 그 부분을 바르게 고친 것을 화살표의 오른쪽에 씁니다.

❶ 정다각형은 모든 변의 길이가 같습니다.
따라서 정다각형 가의 변은 모두 5개이므로 둘레는 $11 \times 5 = 55$ (km)입니다.

→

❷ 정다각형 나의 변은 모두 6개이므로 둘레는 $12 \times 6 = 72$ (km)입니다.

→

❸ 따라서 두 정다각형 가와 나의 둘레의 합은 $55 + 72 = 127$ (km)입니다.

→

답

**확인하기** 문제를 풀기 위해 배워서 적용한 전략에 ○표 해 봅니다.

식 만들기 (　　)　　표 그리기 (　　)　　그림 그리기 (　　)

**2** 룰루 동물원은 동물들에게 행복감을 주기 위해 그들이 자유를 느낄 수 있는 증강 현실을 적용하기로 했습니다. 따라서 각 동물 마을의 일부 영역에 발을 디디면 초원이나 그들의 서식지 형태와 다른 생물들의 움직임을 현 마을 형태에 더해지는 형태로 느끼며 볼 수 있게 했습니다. 다음에서 색칠한 부분은 어느 동물의 마을에 설치한 증강 현실 구역입니다. 이 부분의 넓이는 몇 $m^2$인지 구하세요.

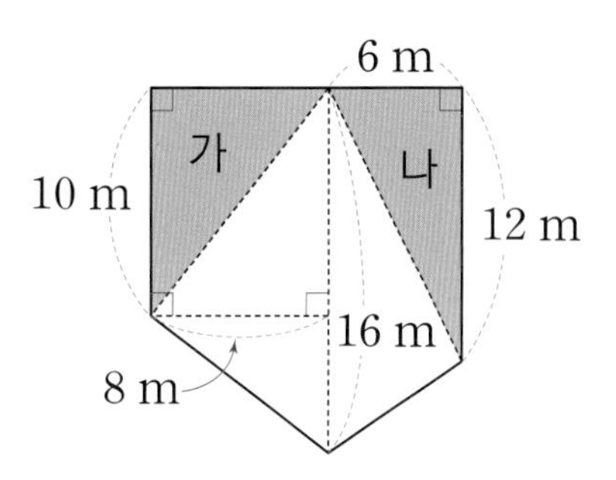

문제를 읽고, □ 안에 알맞은 수를 써넣으면서 풀이 과정을 계획합니다. (?: 구하고자 하는 것)

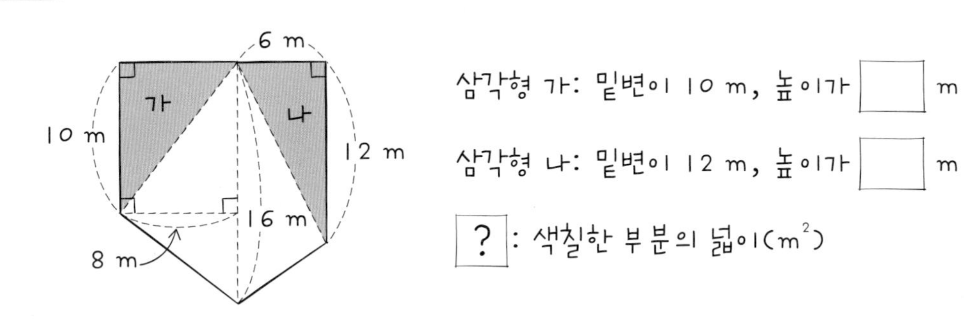


**계획-풀기** 틀린 부분에 밑줄을 긋고, 그 부분을 바르게 고친 것을 화살표의 오른쪽에 씁니다.

❶ (삼각형 가의 넓이)$=16\times8\div2=64$ $(m^2)$
(삼각형 나의 넓이)$=16\times6\div2=48$ $(m^2)$

→

❷ (증강 현실 구역의 넓이)=(삼각형 가의 넓이)+(삼각형 나의 넓이)
$=64+48=112$ $(m^2)$

→

답 ____________

**확인하기** 문제를 풀기 위해 배워서 적용한 전략에 ○표 해 봅니다.

식 만들기 (    )  표 그리기 (    )  그림 그리기 (    )

## 표를 만들어 문제를 풀어요?

문제를 풀 때 표를 사용한다는 것이 쉽지 않습니다. 그러면 어떤 경우에 표를 이용하여 문제를 풀 수 있을까요? 문제를 어떤 하나의 식으로 나타낼 수 없고 두 가지 양을 동시에 생각해야 하는 경우에 표를 이용하면 문제를 풀기 쉬워요.

두 가지 양을 동시에 생각하는 경우가 무슨 얘기예요?

예를 들면 가로와 세로의 합이 12 cm인 직사각형 중 넓이가 가장 큰 직사각형의 가로와 세로를 구하는 경우처럼 두 가지 양을 생각해야 하는 경우예요.

아하! 다양한 경우 중에서 두 가지 조건을 모두 만족하는 경우를 찾을 때 이용하면 되겠군요.

바로 그거예요!

**1** 밑면의 둘레가 96 cm인 직육면체 상자를 만들려고 합니다. 밑면의 넓이가 최대일 때 가로와 세로는 각각 몇 cm이고 그 넓이는 몇 $cm^2$인지 구하세요.

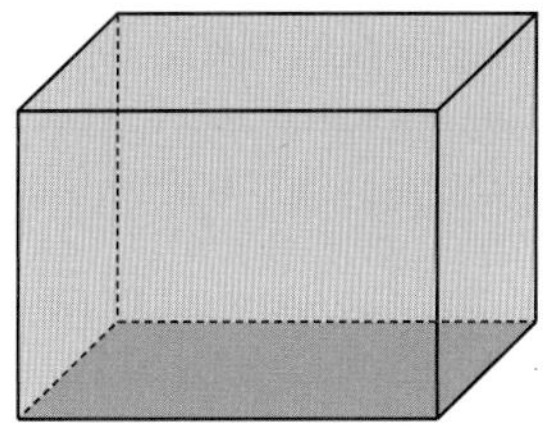

밑면의 둘레: 96 cm

**문제 그리기** 문제를 읽고, □ 안에 알맞은 수나 말을 써넣으면서 풀이 과정을 계획합니다. (?: 구하고자 하는 것)

밑면의 둘레: □ cm

? : 넓이가 최대일 때의 □와 □(cm), 넓이($cm^2$)

**계획-풀기** 틀린 부분에 밑줄을 긋고 그 부분을 바르게 고친 것을 화살표 오른쪽에 쓰고, 빈칸에 알맞은 수를 써넣으면서 답을 구합니다.

❶ (밑면의 둘레)=(가로)+(세로)=96 (cm)

→

❷ (가로)+(세로)=96 (cm)인 직사각형 중 가장 큰 넓이를 찾아봅니다.

| 가로(cm) | 18 | 19 | | | | | |
|---|---|---|---|---|---|---|---|
| 세로(cm) | 30 | | | | | | |
| 넓이($cm^2$) | | | | | | | |

→

❸ 밑면의 넓이가 최대인 경우는 가로와 세로가 각각 42 cm와 44 cm인 직사각형입니다.

→

❹ 밑면의 넓이가 최대일 때의 넓이는 $42 \times 44 = 1848(cm^2)$입니다.

→

답

**확인하기** 문제를 풀기 위해 배워서 적용한 전략에 ○표 해 봅니다.

식 만들기 (　　)　　표 만들기 (　　)　　그림 그리기 (　　)

**2** 넓이가 88 $cm^2$인 마름모의 한 대각선의 길이가 다른 대각선의 길이보다 5 cm 더 길 때, 이 마름모의 두 대각선의 길이는 몇 cm인지 구하세요.

**문제 그리기** 문제를 읽고, □ 안에 알맞은 수나 말을 써넣으면서 풀이 과정을 계획합니다. (?: 구하고자 하는 것)

♥+□

한 대각선의 길이: (♥+□) cm

다른 대각선의 길이: ♥ cm

마름모의 넓이: □ $cm^2$

?: 마름모의 두 대각선의 □(cm)

**계획-풀기** 틀린 부분에 밑줄을 긋고 그 부분을 바르게 고친 것을 화살표 오른쪽에 쓰고, 빈칸에 알맞은 수를 써넣으면서 답을 구합니다.

❶ 한 대각선의 길이가 다른 대각선의 길이보다 4 cm 더 긴 경우를 찾습니다.

→

❷ (마름모의 넓이)=(한 대각선의 길이)×(다른 대각선의 길이)

→

❸ 두 대각선의 길이와 마름모의 넓이에 대한 표를 만듭니다.

| 한 대각선의 길이 (cm) | 12 | 13 | 14 | | | |
|---|---|---|---|---|---|---|
| 다른 대각선의 길이 (cm) | 7 | | | | | |
| 두 대각선의 길이의 곱 (cm) | | | | | | |
| 마름모의 넓이 ($cm^2$) | | | | | | |

❹ 넓이가 88 $cm^2$인 마름모의 (한 대각선의 길이)=15 cm이고, (다른 대각선의 길이)=10 cm입니다.

→

답 한 대각선의 길이: , 다른 대각선의 길이:

**확인하기** 문제를 풀기 위해 배워서 적용한 전략에 ○표 해 봅니다.

식 만들기 ( ) 표 만들기 ( ) 그림 그리기 ( )

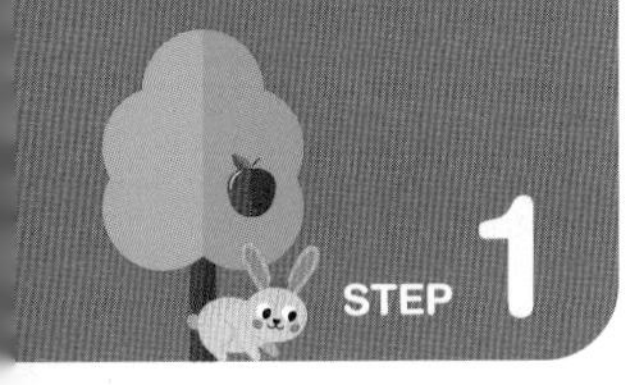

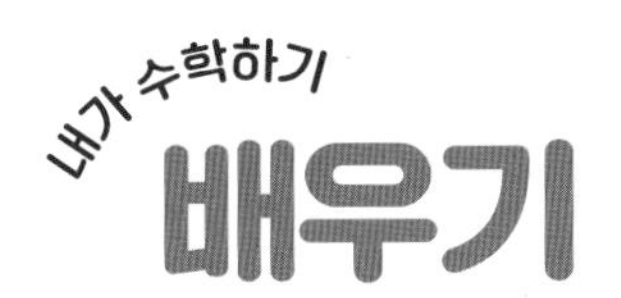


 정답과 풀이 26쪽

## 수학 문제를 푸는 데 그림을 그려요?

내가 문제를 읽고 그 문제가 도형이거나 아니면 복잡한 어떤 상황을 설명하는 경우는 '그림 그리기'를 문제 이해를 위해서만이 아니라 문제를 풀기 위한 방법으로 사용할 수 있어요. 계속 강조하는 것은 '문제에서 설명하고 있는 상황이나 그 장면'을 그림으로 그려 보면 문제를 어떻게 풀어야 할지를 계획하는 데 도움이 된다는 것! 하지만 중요한 것은 무엇을 구해야 하는지와 어떤 정보를 주었는지를 생각해야 해요.

문제를 읽었어요. 무엇을 그려요?

문제에서 주어진 정보들이 서로 연결이 되게 그려야 한다는 거예요. 사과값과 과자값을 합해야 하는 상황이면 그것이 합해지는 그림일 것이고, 둘의 차라면 그 차를 나타내는 그림이어야 할 거예요.

아하! 그러니까 그 정보만을 그냥 나열해서 그리는 것이 아니라 주어진 관계를 나타내면서 그리라는 거죠?

그렇죠!

**1** 가로가 64 cm, 세로가 48 cm인 직사각형 모양의 도화지와 한 변의 길이가 59 cm인 정사각형 모양의 도화지를 각각 잘라서 같은 크기의 가능한 한 큰 정사각형을 만들려고 합니다. 그렇게 만든 정사각형 2개의 한 변을 겹치지 않게 이어 붙여서 직사각형을 만들 때, 만든 직사각형의 둘레는 몇 cm인지 구하세요.

**문제 그리기** 문제를 읽고, □ 안에 알맞은 수나 말을 써넣으면서 풀이 과정을 계획합니다. (?: 구하고자 하는 것)

□ cm

□ cm

□ cm

□ cm

? : 직사각형과 정사각형 모양의 도화지를 각각 잘라서 같은 크기의 가능한 한 큰 □을 만들어 겹치지 않게 이어 붙여서 만든 직사각형의 □(cm)

**계획-풀기** □ 안에 알맞은 수를 써넣으면서 답을 구합니다.

❶ 각 도화지를 잘라서 같은 크기의 가장 큰 정사각형을 각각 한 개씩 만듭니다.

□ cm

□ cm

□ cm

□ cm

❷ 만든 두 정사각형을 겹치지 않게 이어 붙여서 직사각형을 만듭니다.

□ cm

□ cm

❸ (만든 직사각형의 둘레) $=$ ((가로) $+$ (세로)) $\times 2 =$ (□ $+$ □) $\times 2 =$ □ (cm)

답 ______

**확인하기** 문제를 풀기 위해 배워서 적용한 전략에 ○표 해 봅니다.

식 만들기 (    ) 표 만들기 (    ) 그림 그리기 (    )

**2** 가로의 길이가 세로의 길이보다 8 cm 더 긴 직사각형이 있습니다. 이 직사각형의 가로의 길이를 8 cm 줄였더니 마름모가 되었습니다. 이 마름모의 넓이는 처음 직사각형의 넓이보다 112 $cm^2$가 줄어들었을 때, 만든 마름모의 둘레는 몇 cm인지 구하세요.

**문제 그리기** 문제를 읽고, □ 안에 알맞은 수를 써넣으면서 풀이 과정을 계획합니다. (?: 구하고자 하는 것)

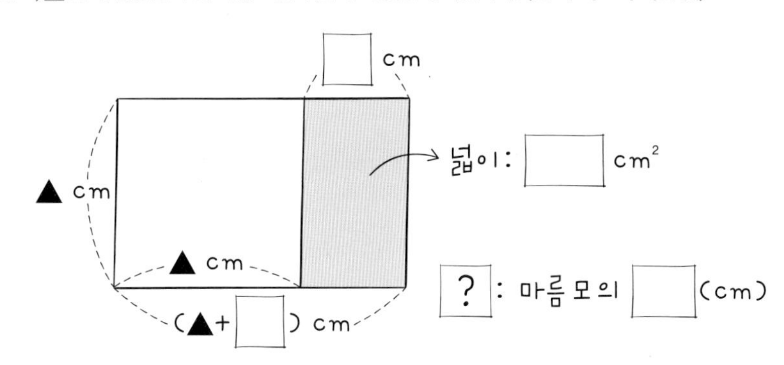


**계획-풀기** □ 안에 알맞은 수를 쓰고, 틀린 부분에는 밑줄을 긋고 그 부분을 바르게 고친 것을 화살표 오른쪽에 씁니다.

❶ 직사각형의 가로의 길이를 줄여서 만든 마름모를 그릴 때, □ 안에 알맞은 수나 기호를 써넣습니다.

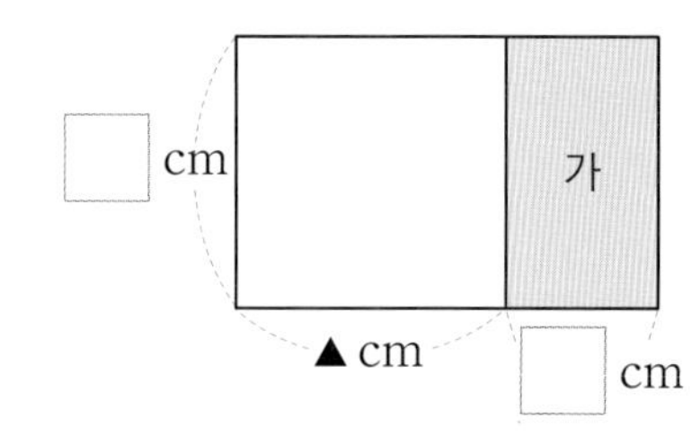


❷ 줄인 부분인 가의 넓이는 168 $cm^2$입니다.

→

❸ 마름모의 한 변의 길이를 ▲ cm라고 하면 가로에서 자른 부분의 길이가 7 cm이므로 줄인 부분은 직사각형입니다. 줄인 부분의 넓이를 구하면 $7 \times ▲ = 112$ ($cm^2$)입니다. 따라서 마름모의 한 변의 길이는 $▲ = 112 \div 7 = 16$입니다.

→

❹ (마름모의 둘레)=(한 변의 길이)$\times 4 = 16 \times 4 = 64$ (cm)

→

답

**확인하기** 문제를 풀기 위해 배워서 적용한 전략에 ○표 해 봅니다.

식 만들기 ( ) 표 만들기 ( ) 그림 그리기 ( )

# 내가 수학하기 해보기

식 만들기 | 표 만들기 | 그림 그리기 정답과 풀이 27쪽

**1** 두 도형 가와 나의 넓이의 차는 몇 $cm^2$인지 구하세요.

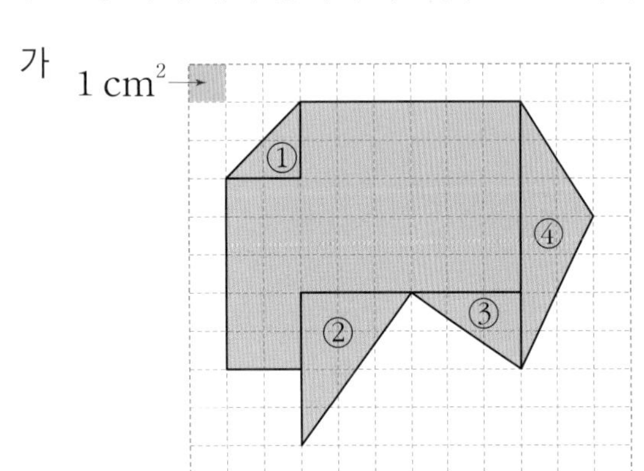


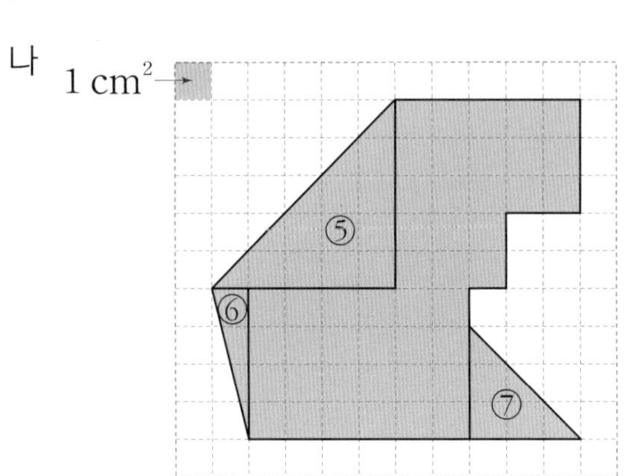


**문제 그리기** 문제를 읽고, □ 안에 알맞은 말을 써넣으면서 풀이 과정을 계획합니다. (?: 구하고자 하는 것)

도형을 잘라서 그 □의 합이나 차를 이용해서 구합니다. ? : 두 도형 가와 나의 넓이의 □($cm^2$)

**계획-풀기**

❶ 두 도형 가와 나의 넓이 각각 구하기

❷ 두 도형 가와 나의 넓이의 차 구하기

답 ________________

**2** 다음 중 둘레가 가장 긴 도형의 기호를 쓰세요.

㉠ 가로가 16 cm, 세로가 12 cm인 직사각형
㉡ 한 변의 길이가 16 cm인 마름모
㉢ 한 변의 길이가 15 cm, 다른 한 변의 길이가 14 cm인 평행사변형

**문제 그리기** 문제를 읽고, □ 안에 알맞은 수나 말을 써넣으면서 풀이 과정을 계획합니다. (?: 구하고자 하는 것)

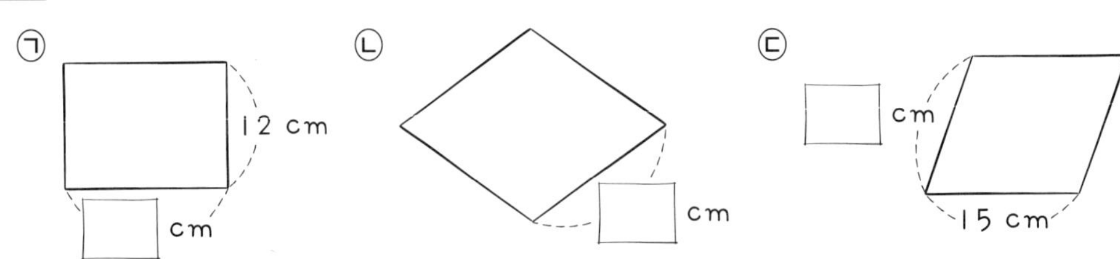


? : ㉠, ㉡, ㉢ 중 □가 가장 긴 도형

**계획-풀기**

답 ________________

**3** 모든 변의 길이가 5 cm인 팔각형이 있습니다. 색칠한 직사각형의 둘레가 32 cm일 때, 이 팔각형의 넓이는 몇 $cm^2$인지 구하세요.

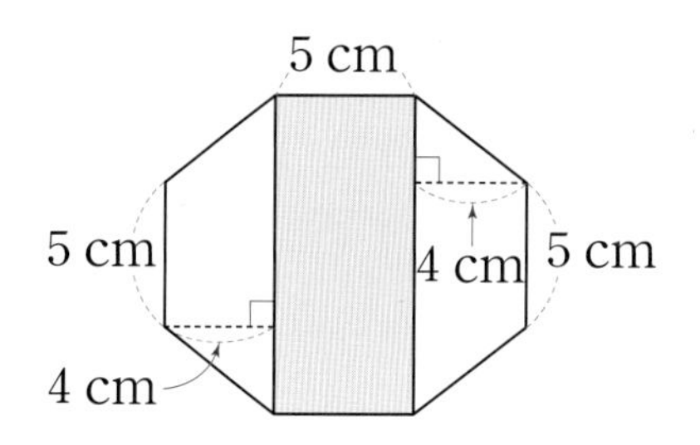


문제 그리기 문제를 읽고, □ 안에 알맞은 수나 말을 써넣으면서 풀이 과정을 계획합니다. (?: 구하고자 하는 것)

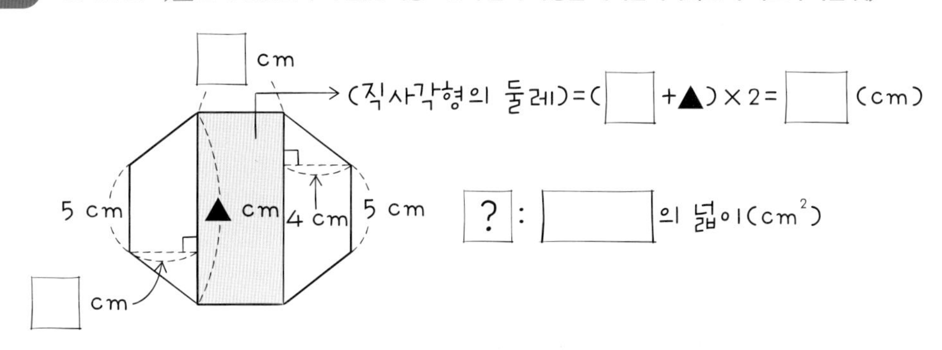


계획-풀기

① 색칠한 직사각형의 세로 구하기

② 팔각형의 넓이를 사다리꼴과 직사각형의 넓이의 합으로 구하기

답

**4** 색칠한 부분의 넓이는 몇 $cm^2$인지 구하세요.

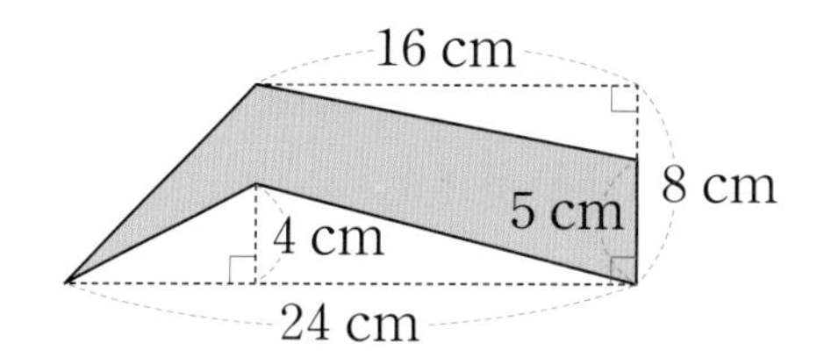


문제 그리기 문제를 읽고, □ 안에 알맞은 수나 말을 써넣으면서 풀이 과정을 계획합니다. (?: 구하고자 하는 것)

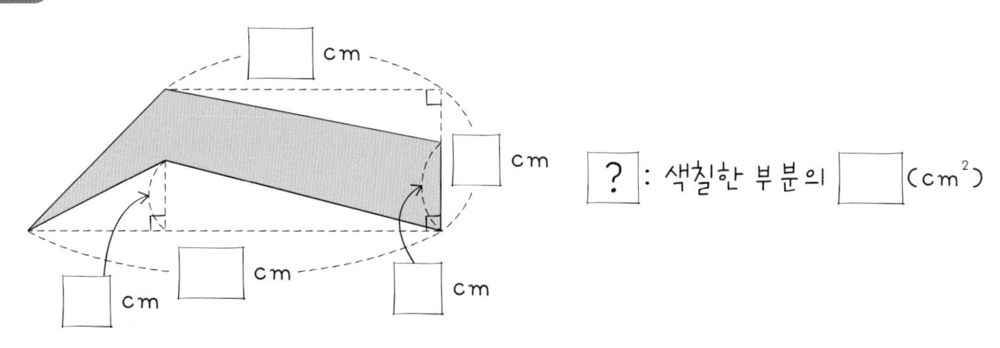


계획-풀기

답

**5** 살려살려 마녀가 인간 세계의 쓰레기를 넣어 둘 상자를 만들려고 합니다. 되도록 많은 쓰레기를 넣어서 재활용할 자재를 만들기 위해서는 밑면을 가장 넓은 직사각형 모양으로 만들어야 합니다. 다음 4개의 직사각형의 둘레는 모두 64 cm입니다. 이 중에서 넓이가 가장 큰 직사각형의 기호를 쓰고, 그 직사각형의 넓이는 몇 $cm^2$인지 구하세요.

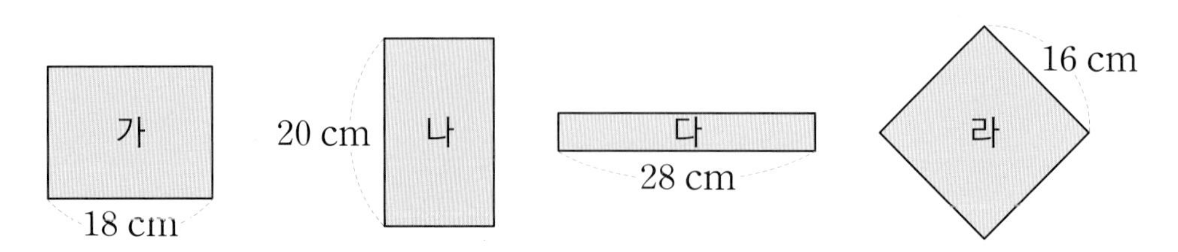


**문제 그리기** 문제를 읽고, □ 안에 알맞은 수나 말을 써넣으면서 풀이 과정을 계획합니다. (?: 구하고자 하는 것)

직사각형 가, 나, 다, 라의 둘레: □ cm

?: 넓이가 가장 □ 직사각형의 기호와 넓이($cm^2$)

**계획-풀기**

❶ 각 직사각형의 가로 또는 세로 구하기

❷ 직사각형 가, 나, 다, 라의 넓이 구하기

답 ,

**6** ㉠, ㉢, ㉣ 중 ㉡과 넓이가 같은 도형의 기호를 쓰고, ㉠, ㉡, ㉢, ㉣의 넓이의 합과 넓이가 같은 정사각형의 한 변의 길이는 몇 cm인지 구하세요.

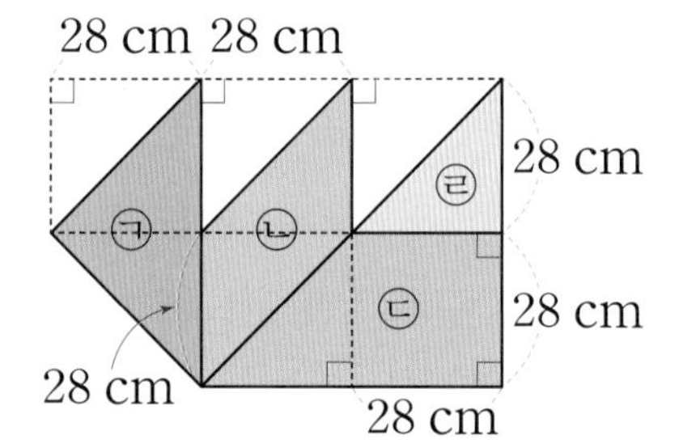


**문제 그리기** 문제를 읽고, □ 안에 알맞은 수나 말을 써넣으면서 풀이 과정을 계획합니다. (?: 구하고자 하는 것)

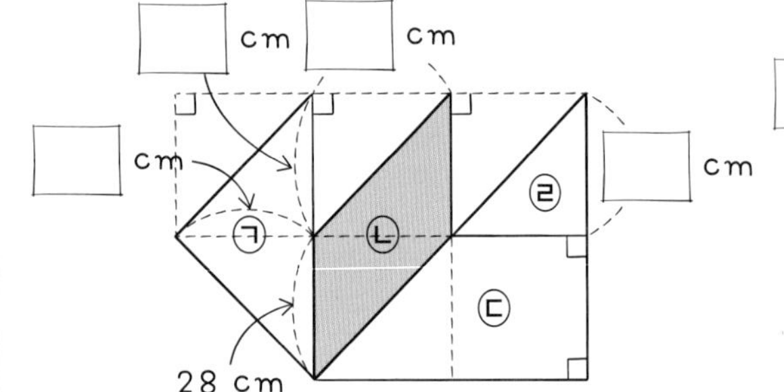


?: ㉠, ㉢, ㉣ 중 ㉡과 넓이와 같은 도형의 기호와 ㉠, ㉡, ㉢, ㉣의 넓이의 □과 넓이가 같은 정사각형의 □의 길이(cm)

**계획-풀기**

❶ 도형 ㉡과 넓이가 같은 도형 찾기

❷ ㉠, ㉡, ㉢, ㉣의 넓이의 합과 같은 정사각형의 한 변의 길이 구하기

답 ,

**7** 민영이는 사다리꼴 모양의 마우스 패드를 사용하고 있는데, 윗변의 길이는 16 cm, 아랫변의 길이는 32 cm이고, 넓이는 768 $cm^2$입니다. 민영이의 마우스 패드의 높이는 몇 cm인지 구하세요.

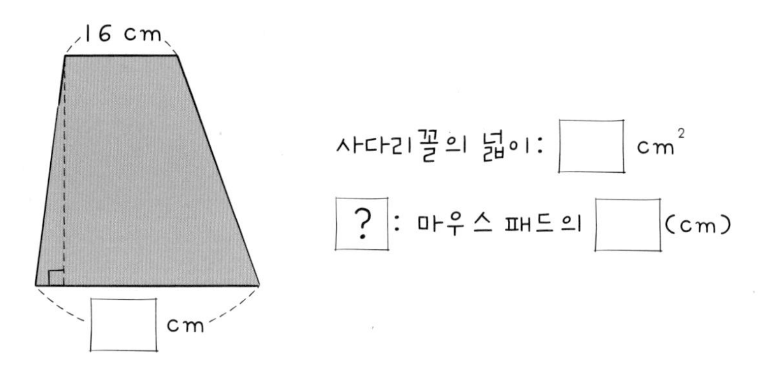


계획-풀기

답 ____________

**8** 오른쪽 사다리꼴은 평행사변형과 삼각형으로 이루어져 있습니다. 색칠한 삼각형의 넓이가 184 $cm^2$일 때, 사다리꼴의 넓이는 몇 $cm^2$인지 구하세요.

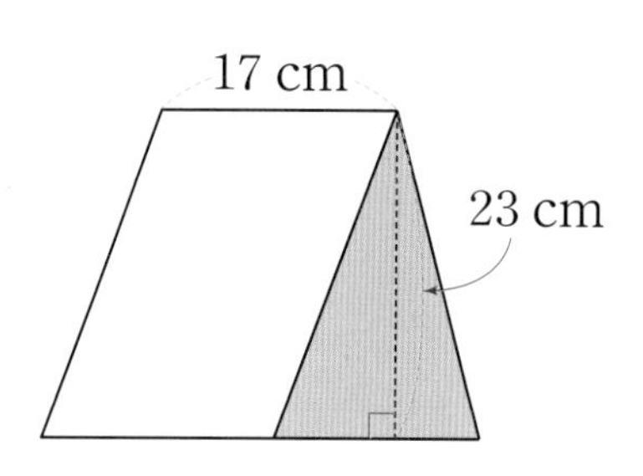


문제 그리기 문제를 읽고, □ 안에 알맞은 수나 말을 써넣으면서 풀이 과정을 계속합니다. (?: 구하고자 하는 것)

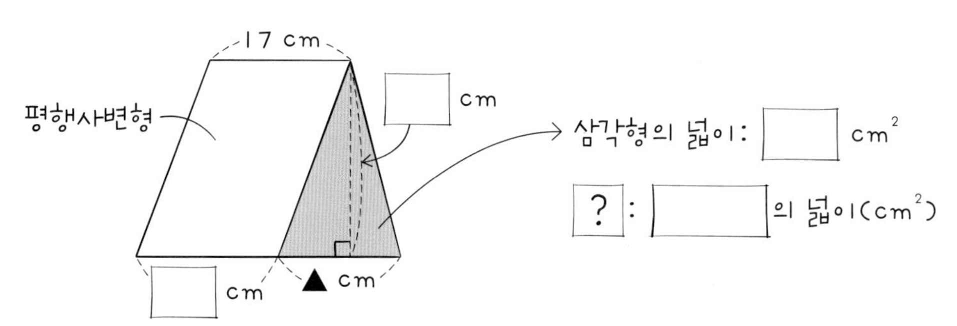


계획-풀기

❶ 삼각형의 밑변의 길이 구하기

❷ 사다리꼴의 넓이 구하기

답 ____________

**9** 한 변의 길이가 40 cm인 정사각형의 각 변의 길이를 똑같이 둘로 나누는 점을 연결하여 마름모를 만들었습니다. 마름모의 넓이는 몇 $cm^2$인지 구하세요.

문제 그리기 문제를 읽고, □ 안에 알맞은 수나 말을 써넣으면서 풀이 과정을 계획합니다. (?: 구하고자 하는 것)

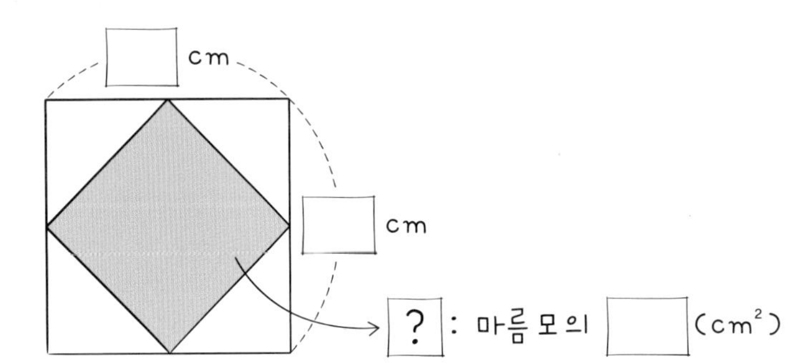


계획-풀기

❶ 문제 그리기에서 만든 마름모의 한 대각선의 길이 구하기

❷ 마름모의 넓이 구하기

답 ______

**10** 주희는 한 변의 길이가 48 cm인 정사각형 안에 가장 큰 원을 그리고, 다시 그 원 안에 가장 큰 정육각형을 그렸습니다. 주희가 그린 정육각형의 둘레는 몇 cm인지 구하세요.

문제 그리기 문제를 읽고, □ 안에 알맞은 수나 말을 써넣으면서 풀이 과정을 계획합니다. (?: 구하고자 하는 것)

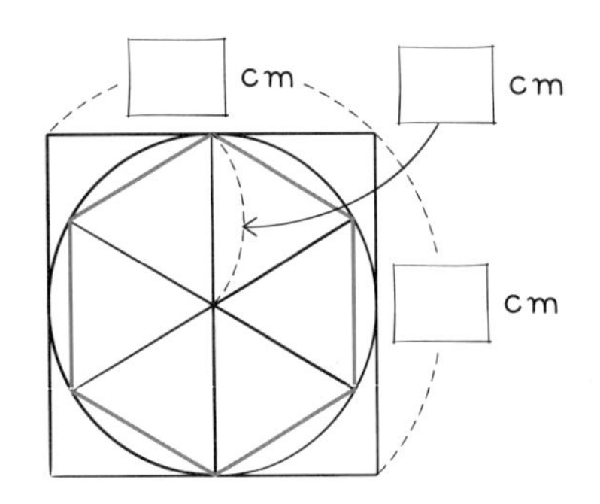


? : □의 둘레(cm)

계획-풀기

❶ 문제 그리기의 정육각형에서 대각선에 의해 나누어진 삼각형의 이름 쓰기

❷ 정육각형의 둘레 구하기

답 ______

## 11

한 변의 길이가 45 cm이고, 다른 변의 길이가 31 cm인 평행사변형 모양의 도화지를 잘라서 가장 큰 마름모를 만들고, 남은 도화지로 또 가장 큰 마름모를 만들려고 합니다. 각각 만든 두 마름모의 둘레의 차는 몇 cm인지 구하세요.

**문제 그리기** 문제를 읽고, □ 안에 알맞은 수나 말을 써넣으면서 풀이 과정을 계획합니다. (?: 구하고자 하는 것)

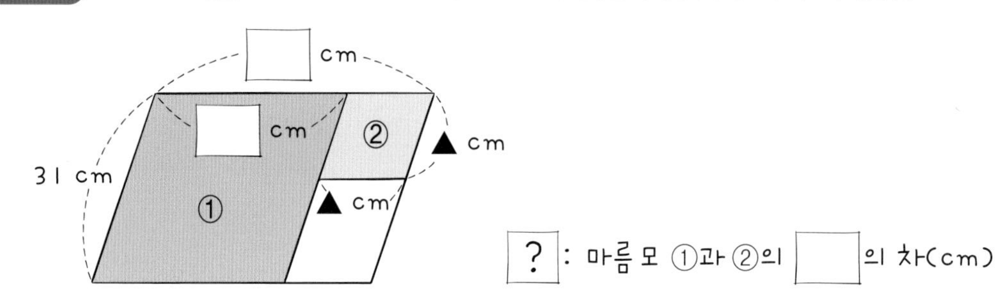


**계획-풀기**

❶ 문제 그리기 에서 만들 수 있는 가장 큰 마름모의 한 변의 길이와 남은 도화지로 만든 가장 큰 마름모의 한 변의 길이 구하기

❷ 두 마름모의 둘레의 차 구하기

답

## 12

둘레가 54 cm인 평행사변형이 있습니다. 이 평행사변형의 각 변의 길이를 3배로 늘인 평행사변형의 둘레는 몇 cm인지 구하고, 늘인 평행사변형의 넓이는 처음 평행사변형의 넓이의 몇 배인지 구하세요.

**문제 그리기** 문제를 읽고, □ 안에 알맞은 수나 말을 써넣으면서 풀이 과정을 계획합니다. (?: 구하고자 하는 것)

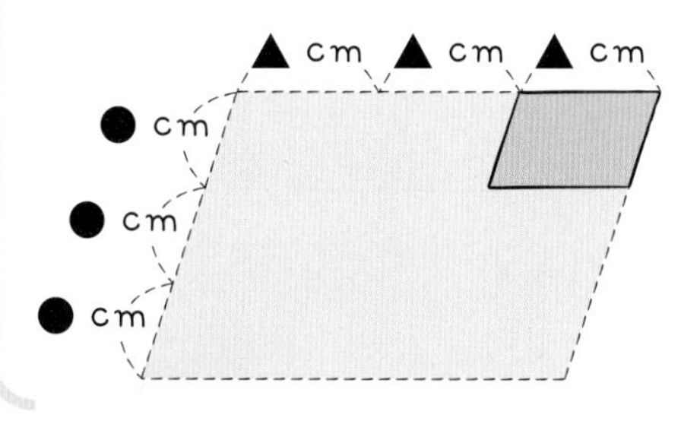


처음 평행사변형의 둘레: □ cm

? : 각 변을 □배로 늘인 평행사변형의 둘레(cm)와 늘인 평행사변형의 넓이는 □ 평행사변형의 넓이의 몇 배(배)

**계획-풀기**

❶ 늘인 평행사변형의 둘레 구하기

❷ 늘인 평행사변형의 넓이는 처음 평행사변형의 넓이의 몇 배인지 구하기

답

**13** 직사각형 모양의 꽃밭이 있습니다. 꽃밭의 둘레는 36 m이고, 가로는 세로의 2배일 때 꽃밭의 넓이는 몇 $m^2$인지 구하세요.

**문제 그리기** 문제를 읽고, □ 안에 알맞은 수나 말을 써넣으면서 풀이 과정을 계획합니다. (?: 구하고자 하는 것)

꽃밭의 둘레: □ m

? : 꽃밭의 □ ($m^2$)

**계획-풀기**

❶ 직사각형의 (가로)+(세로)를 이용하여 가로와 세로 구하기

| 세로(m) | | | | | |
|---|---|---|---|---|---|
| 가로(m) | | | | | |
| 가로와 세로의 합(m) | | | | | |

❷ 꽃밭의 넓이 구하기

답 ______________

**14** 한 변의 길이가 5 cm인 정삼각형 9개를 모두 사용하여 만든 큰 정삼각형의 둘레는 몇 cm인지 구하세요. (단, 정삼각형들은 서로 변끼리 완전히 맞대어지게 만듭니다. (예) (○) (×) (×))

**문제 그리기** 문제를 읽고, □ 안에 알맞은 수나 말을 써넣으면서 풀이 과정을 계획합니다. (?: 구하고자 하는 것)

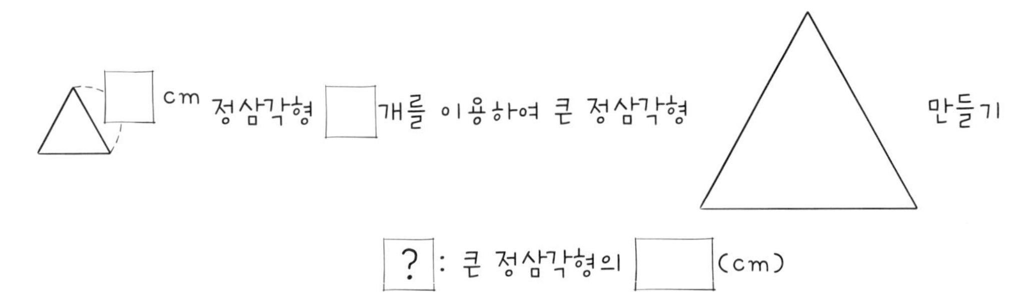


**계획-풀기**

❶ '1+3+5= 9'인 식을 생각하며 큰 정삼각형 만들기

**문제 그리기**의 큰 정삼각형 안에 작은 삼각형들을 그리면서 생각합니다.

❷ 큰 정삼각형의 둘레 구하기

답 ______________

**15** 진희네 집에는 오른쪽과 같은 모양의 어항이 있습니다. 진희는 파란색 투명 시트지를 직사각형 모양의 옆면과 정육각형 모양의 밑면에 붙이려고 합니다. 옆면과 밑면에 붙이는 시트지를 전개도로 만들어 붙일 때 그 전개도의 둘레는 몇 cm인지 구하세요. (단, 전개도에서 옆면끼리는 모두 변끼리 맞붙어있지 않으며 어항의 윗부분은 뚫려 있습니다.)

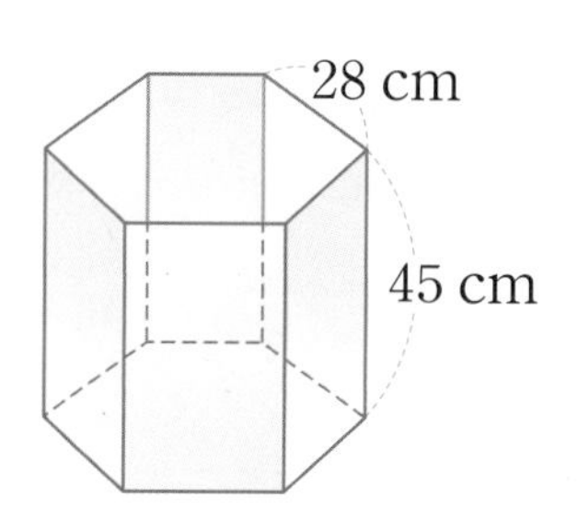


**문제 그리기** 문제를 읽고, □ 안에 알맞은 수나 말을 써넣으면서 풀이 과정을 계획합니다. (?: 구하고자 하는 것)

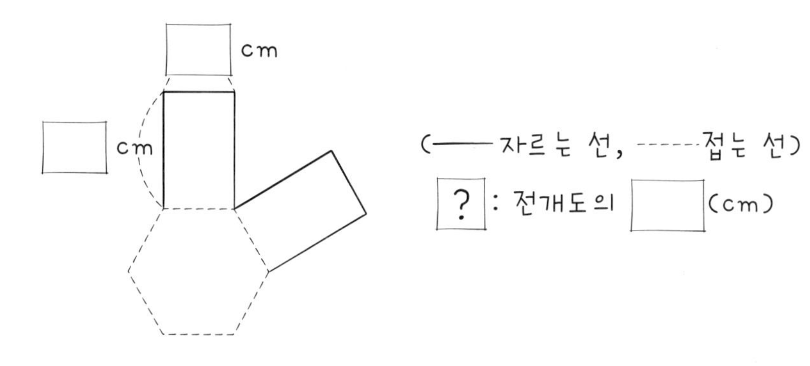


**계획-풀기**

❶ 위의 전개도 완성하기(문제 그리기에 표시)

❷ 전개도의 둘레 구하기

답 ______________

**16** 윤수의 어머니는 작은 방에 깔려 있는 정사각형 모양의 카펫보다 가로가 60 cm, 세로가 20 cm 만큼 더 긴 직사각형 모양의 카펫을 안방에 깔았습니다. 안방에 깐 카펫의 둘레가 360 cm일 때, 작은 방에 깔려 있는 카펫의 한 변의 길이는 몇 cm인지 구하세요.

**문제 그리기** 문제를 읽고, □ 안에 알맞은 수나 말을 써넣으면서 풀이 과정을 계획합니다. (?: 구하고자 하는 것)

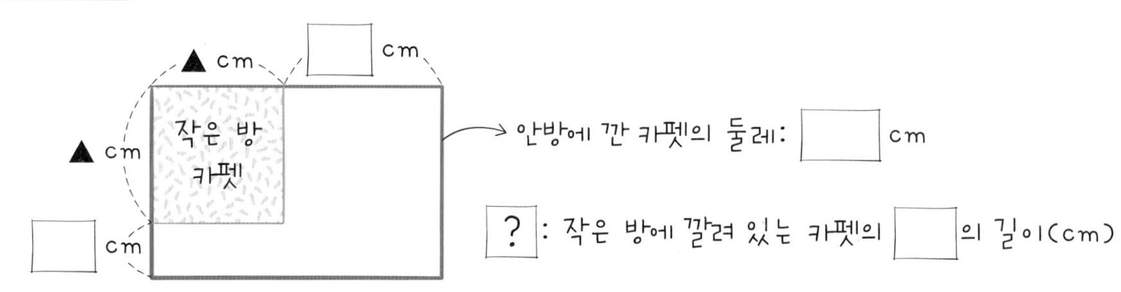


**계획-풀기**

❶ 작은 방에 깔려 있는 카펫의 한 변의 길이를 ▲ cm라고 할 때, 안방에 깐 카펫의 둘레를 식으로 나타내기

❷ 작은 방에 깔려 있는 카펫의 한 변의 길이 구하기

답 ______________

**17** 서아의 할아버지께서 직사각형 모양의 정원을 만드셨습니다. 이 정원의 둘레가 86 m이고 넓이가 442 $m^2$일 때, 정원의 가로와 세로는 각각 몇 m인지 구하세요. (단, 가로가 세로보다 깁니다.)

**문제 그리기** 문제를 읽고, □ 안에 알맞은 수나 말 또는 기호를 써넣으면서 풀이 과정을 계획합니다. (?: 구하고자 하는 것)

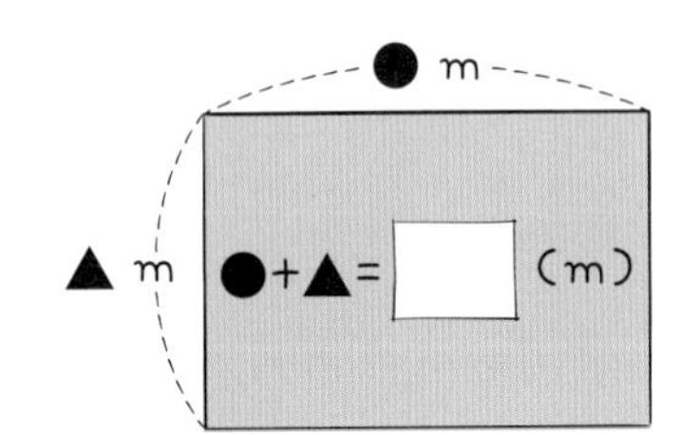


(정원의 둘레)=(●+▲)×2= □ (m)

(정원의 넓이)=●×▲= □ ($m^2$)

? : 정원의 □ 와 □ (m)(●>▲)

**계획-풀기**

❶ 가로와 세로의 합이 43 m인 표 만들기

| 가로(m) | 22 | 23 | 24 | 25 | 26 | |
|---|---|---|---|---|---|---|
| 세로(m) | 21 | 20 | 19 | | | |
| 넓이($m^2$) | 462 | | | | | |

❷ 정원의 가로와 세로 각각 구하기

답 ______________

**18** 사각형 1개와 또 다른 두 개의 다각형이 있습니다. 모든 다각형의 변의 개수는 다르고, 모든 변의 개수의 합은 18개입니다. 3개의 다각형이 될 수 있는 경우는 모두 몇 가지인지 구하세요.

**문제 그리기** 문제를 읽고, □ 안에 알맞은 수를 써넣으면서 풀이 과정을 계획합니다. (?: 구하고자 하는 것)

□ + (다각형1) + (다각형2)

변의 개수 : 4 + ☆ + △ = □ (개)

☆+△= □ (개)

? : □ 개의 다각형이 될 수 있는 경우의 수

**계획-풀기**

❶ 사각형이 아닌 다른 두 다각형의 변의 개수의 합이 14개인 경우를 표로 나타내기

| 다각형1 | 3각형 | 5각형 | 6각형 | |
|---|---|---|---|---|
| 다각형2 | 11각형 | | | |

❷ 사각형이 아닌 다른 두 다각형이 될 수 있는 경우는 모두 몇 가지인지 구하기

답 ______________

## 19 넓이가 72 $cm^2$인 직사각형 중에서 둘레가 가장 긴 직사각형과 가장 짧은 직사각형의 둘레의 차는 몇 cm인지 구하세요. (단, 직사각형의 가로와 세로는 자연수이고, 뒤집거나 돌려서 같은 모양이면 같은 도형입니다.)

**문제 그리기** 문제를 읽고, □ 안에 알맞은 수나 말을 써넣으면서 풀이 과정을 계획합니다. (?: 구하고자 하는 것)

넓이가 □ $cm^2$인 직사각형: □, □, ...

? : 둘레가 가장 긴 직사각형과 가장 짧은 직사각형의 둘레의 □(cm)

**계획-풀기**

❶ 넓이가 72 $cm^2$인 직사각형의 둘레로 가능한 경우 구하기

(직사각형의 둘레)=((가로)+(세로))×2

| 가로(cm) | 1 | 2 | 3 | 4 | 6 | 9 |
|---|---|---|---|---|---|---|
| 세로(cm) | 72 | 36 | | | | |
| 둘레(cm) | 146 | | | | | |

❷ 둘레가 가장 긴 직사각형의 둘레와 가장 짧은 직사각형의 둘레의 차 구하기

답 ______________

## 20 마름모의 두 대각선의 길이의 합이 26 cm일 때, 넓이가 가장 큰 마름모의 넓이는 몇 $cm^2$인지 구하세요. (단, 마름모의 대각선의 길이와 넓이는 모두 자연수입니다.)

**문제 그리기** 문제를 읽고, □ 안에 알맞은 수나 말을 써넣으면서 풀이 과정을 계획합니다. (?: 구하고자 하는 것)

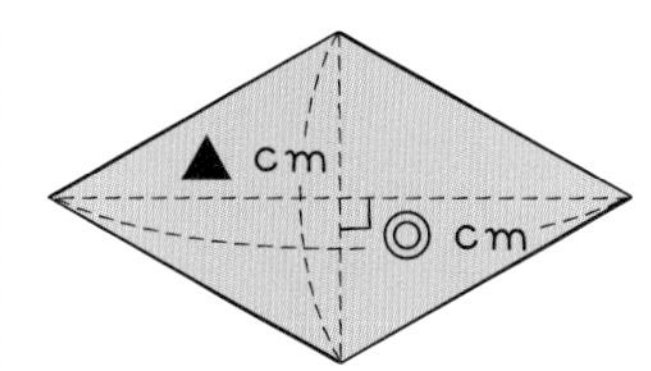


두 대각선의 길이의 합: ◎+▲=□(cm)

? : 넓이가 가장 □ 마름모의 넓이($cm^2$, 자연수)

**계획-풀기**

❶ 넓이가 자연수인 마름모의 두 대각선의 길이 구하기

| ◎(cm) | 14 | 16 | 18 | 20 | | |
|---|---|---|---|---|---|---|
| ▲(cm) | 12 | 10 | | | | |
| 넓이($cm^2$) | | | | | | |

❷ 넓이가 가장 큰 마름모의 넓이 구하기

답 ______________

**21** 넓이가 96 $cm^2$인 평행사변형의 높이는 밑변의 길이보다 길고, 밑변의 길이는 4 cm보다 깁니다. 가능한 높이는 몇 cm인지 모두 구하세요. (단, 밑변의 길이와 높이는 모두 자연수입니다.)

**문제 그리기** 문제를 읽고, □ 안에 알맞은 수나 말 또는 기호를 써넣으면서 풀이 과정을 계획합니다. (?: 구하고자 하는 것)

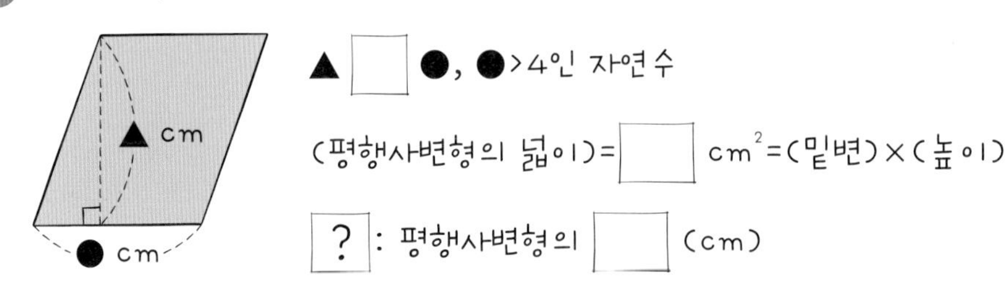


**계획-풀기**

❶ 표를 이용하여 넓이가 96 $cm^2$이며, 높이가 밑변의 길이보다 더 긴 평행사변형의 밑변과 높이 구하기

| 밑변(cm) | 1 | 2 | 3 | 4 | 6 | |
|---|---|---|---|---|---|---|
| 높이(cm) | 96 | 48 | | | | |

❷ 밑변의 길이가 4 cm보다 긴 경우 모두 구하기

답

**22** 영우네 반 선생님께서 넓이가 64 $cm^2$이고 가로와 세로가 자연수인 직사각형을 만들어 오라고 하셨습니다. 학생들이 만들어온 직사각형이 다 같지는 않았고, 선생님께서는 학생들이 가능한 직사각형의 경우를 다 만들어 왔다고 하셨습니다. 영우네 반 학생들이 만들어 온 직사각형 중 서로 다른 것은 모두 몇 가지인지 구하세요. (단, 뒤집거나 돌려서 같은 모양은 같은 직사각형입니다.)

**문제 그리기** 문제를 읽고, □ 안에 알맞은 수를 써넣으면서 풀이 과정을 계획합니다. (?: 구하고자 하는 것)

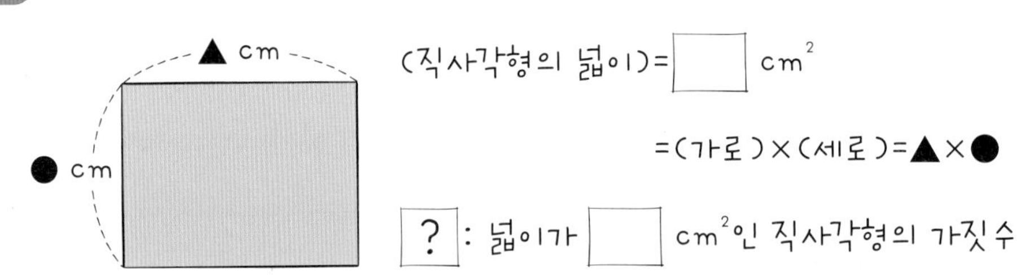


**계획-풀기**

❶ 넓이가 64 $cm^2$인 직사각형의 가로와 세로 구하기

| 가로(cm) | 1 | 2 | | | | | |
|---|---|---|---|---|---|---|---|
| 세로(cm) | 64 | | | | | | |

❷ 만들어 온 직사각형 중 서로 다른 것은 모두 몇 가지인지 구하기

답

## 23

길이가 76 cm인 리본을 모두 사용하여 직사각형의 둘레를 만들려고 합니다. 만들 수 있는 직사각형에서 넓이가 가장 큰 직사각형과 가장 작은 직사각형의 가로와 세로 중 가장 긴 길이와 가장 짧은 길이의 차는 몇 cm인지 구하세요. (단, 가로와 세로의 길이는 모두 자연수이고, 가로는 세로보다 깁니다.)

**문제 그리기** 문제를 읽고, □ 안에 알맞은 수나 말을 써넣으면서 풀이 과정을 계획합니다. (?: 구하고자 하는 것)

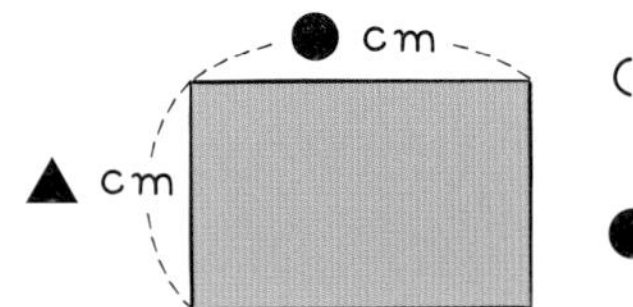


(직사각형의 둘레)=(●+▲)×2=□ (cm)

●+▲=□ cm, (직사각형의 넓이)=●×▲

? : 가로와 세로 중 가장 긴 길이와 가장 짧은 길이의 □ (cm)

**계획-풀기**

❶ 둘레가 76 cm인 직사각형의 가능한 넓이, 가로와 세로를 나타낸 표 만들기

| 가로(cm) | 20 | 21 | | | … | | 37 |
|---|---|---|---|---|---|---|---|
| 세로(cm) | 18 | | | | … | | |
| 넓이($cm^2$) | | | | | … | | |

❷ 넓이가 가장 큰 직사각형과 가장 작은 직사각형의 가로와 세로 각각 구하기

❸ 답 구하기

답 

## 24

넓이가 120 $cm^2$인 같은 삼각형 모양의 색 도화지 2장을 모두 사용하여 직사각형을 만들려고 합니다. 가로와 세로의 차가 가장 작은 직사각형의 가로와 세로의 차는 몇 cm인지 구하세요.
(단, 가로와 세로는 자연수이고, 색 도화지를 오리거나 이어 붙여 모두 사용합니다.)

**문제 그리기** 문제를 읽고, □ 안에 알맞은 수나 말을 써넣으면서 풀이 과정을 계획합니다. (?: 구하고자 하는 것)

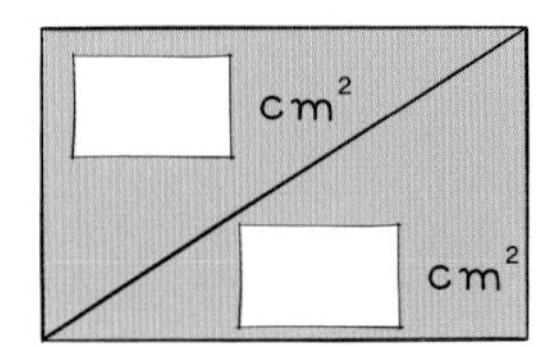


가로와 세로의 차가 가장 작은 직사각형

? : 넓이가 □ $cm^2$인 직사각형의 가로와 세로의 □

**계획-풀기**

❶ 다음 표를 이용하여 240의 약수 구하기 (●×▲=240)

| ● | 1 | 2 | 3 | 4 | | | | | | |
|---|---|---|---|---|---|---|---|---|---|---|
| ▲ | 240 | 120 | | | | | | | | |

❷ 넓이가 240 $cm^2$인 직사각형의 가로와 세로의 차가 가장 작은 경우 구하기

❸ 답 구하기

답 

## 단순화하기?

문제에서 조건으로 제시하는 상황이 여러 번 반복을 해야 한다거나 수가 너무 큰 경우, 또는 분수나 소수로 제시된 경우는 어렵다는 생각이 먼저 듭니다. 이런 경우 단순하게 생각을 해 보는 것이죠.

예를 들어 분수나 소수를 자연수로 바꿔서 생각을 해 보는 거예요.

아, 그럼 좀 쉽겠네요. 그런데 문제는 분수인데 어떻게 해요?

그 방법을 기억해서 그대로 분수에 적용하면 되는 거예요.

오호라! 더 익숙한 상황으로 바꿔서 생각을 해 보라는 거군요. 그래서 그 방법을 찾아서 수만 분수로 바꿔서, 혹은 소수나 큰 수를 사용해서 풀라는 거구요.

그렇죠! 바로 그거예요!

**1** 색칠한 도형의 둘레는 몇 cm인지 구하세요.

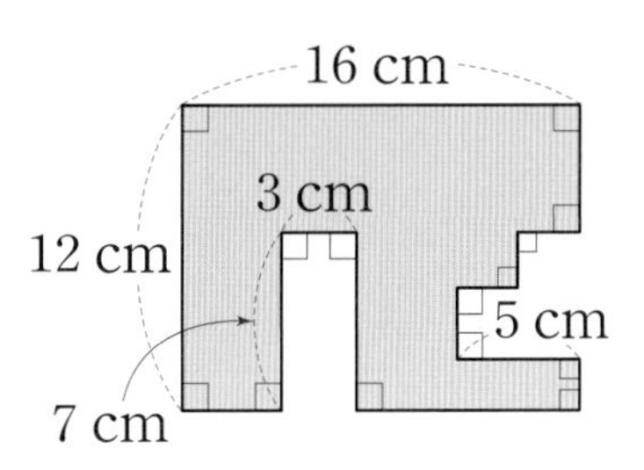


**문제 그리기** 문제를 읽고, □ 안에 알맞은 수나 말을 써넣으면서 풀이 과정을 계획합니다. (?: 구하고자 하는 것)

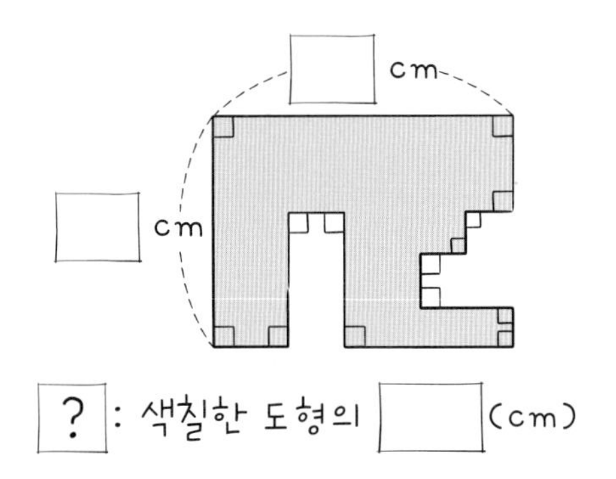


**계획-풀기** 틀린 부분에 밑줄을 긋고, 그 부분을 바르게 고친 것을 화살표의 오른쪽에 씁니다.

❶ 문제 그리기 의 도형의 둘레와 같은 길이가 왼쪽과 같이 생각하면 색칠한 도형의 둘레는 오른쪽 도형의 초록색 선의 길이와 같습니다.

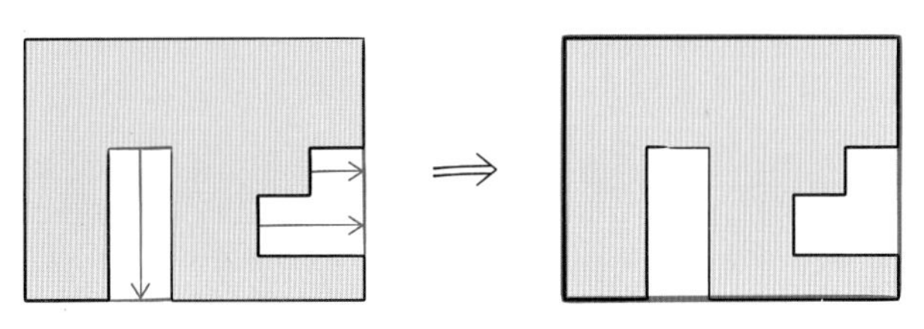

→

❷ (색칠한 도형의 둘레)=(직사각형의 둘레)=$(12+16)\times2=56$ (cm)

→

답

**확인하기** 문제를 풀기 위해 배워서 적용한 전략에 ○표 해 봅니다.

단순화하기 (　　) 문제정보를 복합적으로 나타내기 (　　) 규칙성 찾기 (　　)

**2** 다음과 같이 규칙대로 큰 사다리꼴의 색칠한 부분의 넓이가 변할 때 4번째 사다리꼴을 그리세요.

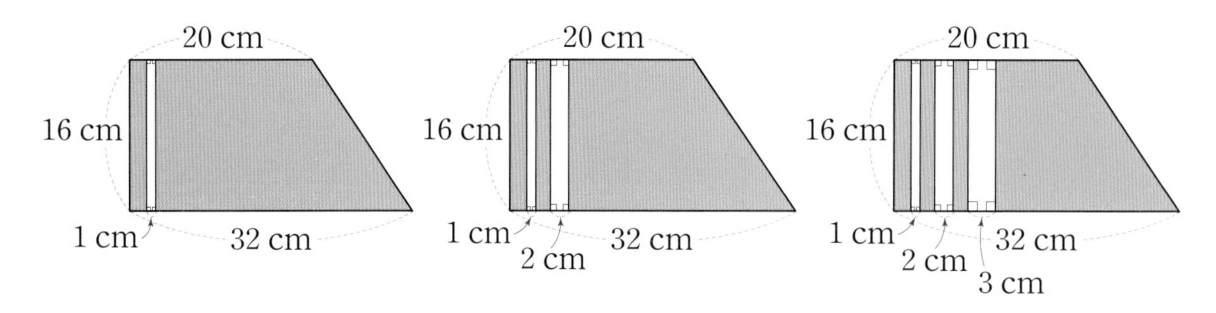


**문제 그리기** 문제를 읽고, □ 안에 알맞은 수를 써넣으면서 풀이 과정을 계획합니다. (?: 구하고자 하는 것)

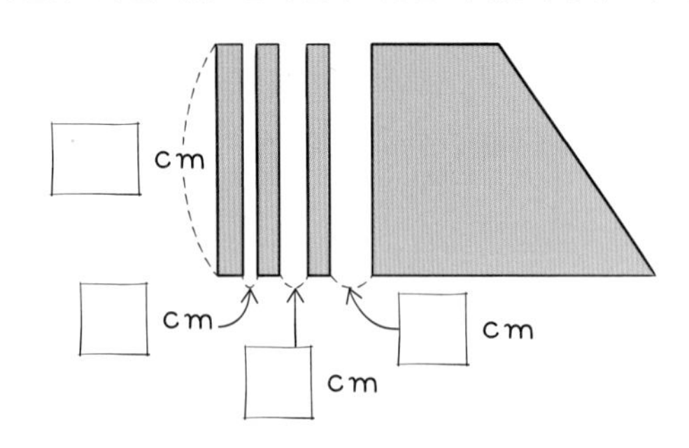


? : □번째 사다리꼴에서 색칠한 부분의 도형 그리기

**계획-풀기** 틀린 부분에 밑줄을 긋고, 그 부분을 바르게 고친 것을 화살표의 오른쪽에 씁니다.

❶ 색칠한 도형들의 규칙 찾기

1번째 도형은 사다리꼴이고 그 안에 세로가 16 cm, 가로가 1 cm인 직사각형 모양으로 뚫려 있습니다. 2번째 도형은 1번째와 같은 사다리꼴이고 그 안에 세로가 16 cm, 가로가 1 cm와 2 cm인 직사각형 모양으로 뚫려 있습니다. 3번째 도형은 1번째와 같은 사다리꼴이고 그 안에 세로가 16 cm, 가로가 1 cm, 2 cm, 3 cm인 직사각형 모양으로 뚫려 있습니다. 따라서 이 규칙에 따라 4번째 도형은 1번째와 같은 사다리꼴이고 그 안에 세로가 16 cm이고, 가로가 1 cm, 2 cm, 3 cm, 4 cm, 5 cm인 직사각형 모양으로 뚫려 있습니다.

→

❷ 4번째 사다리꼴에서 색칠한 부분의 도형 그리기

답

**확인하기** 문제를 풀기 위해 배워서 적용한 전략에 ○표 해 봅니다.

단순화하기 (　　) 문제정보를 복합적으로 나타내기 (　　) 규칙성 찾기 (　　)

**3** 초록 초등학교 근처에 있는 공터에 공원을 조성한다고 합니다. 공터는 한 변의 길이가 400 m인 정사각형 모양입니다. 공원 계획은 공터의 가로와 세로에 각각 폭이 3 m인 길을 4개씩 만들고 나머지 부분에는 모두 나무를 심는다는 것입니다. 나무를 심는 부분의 넓이는 몇 $m^2$인지 구하세요.

**문제 그리기** 문제를 읽고, □ 안에 알맞은 수나 말을 써넣으면서 풀이 과정을 계획합니다. (?: 구하고자 하는 것)

□ m □ m
□ m □ m
□ m
□ m
□ m
□ m
□ m
□ m

? : 나무를 심는 부분의 □ ($m^2$)

**계획-풀기** 틀린 부분에 밑줄을 긋고, 그 부분을 바르게 고친 것을 화살표의 오른쪽에 씁니다.

❶ 색칠한 부분을 겹치지 않게 변과 변을 이어 붙여서 비어 있는 공간이 없는 새로운 정사각형 모양 그리기

⟹

❷ (색칠한 부분의 넓이)$=400\times400=160000$ ($m^2$)

→

답

**확인하기** 문제를 풀기 위해 배워서 적용한 전략에 ○표 해 봅니다.

단순화하기 ( ) 문제정보를 복합적으로 나타내기 ( ) 규칙성 찾기 ( )

# 배우기



## '문제정보를 복합적으로 나타내기'라는 것이 뭐예요?

문제에서 제시하는 정보를 잘 이해해서 정보들 사이의 관계를 이용하면 문제 해결이 쉽다는 것이 참 멋지죠?

문제정보들 사이의 관계를 어떻게 이용하는데요?

문제에서 알려 주는 정보를 먼저 잘 이해하고, 그 관계라는 것은 예를 들어서 설명해 줄게요. 예를 들어 꽃밭의 넓이를 구하라는 문제인 경우, 꽃밭의 모양이 다각형이고, 그 도형의 각 변의 길이가 주어졌다면 우리는 그 도형을 그리고 각 변의 길이를 표시해서 꽃밭의 넓이를 구하게 되잖아요. 바로 그거예요. 문제에서 제시한 꽃밭의 모양과 길이를 도형으로 그려서 그 관계를 직접 문제를 해결하는 데 사용할 수 있어요. 그렇게 그림을 그릴 수도 있지만 식으로 나타내서 구할 수도 있어요.

진짜요? 그냥 그리는 거라고요?

반드시 그리는 것은 아니지만 조건이나 그 관계를 그려서 풀 수도 있고, 조건에 맞는 식을 세워서 답을 구할 수도 있어요. 그래서 문제 정보를 복합적으로 나타낸다는 전략인 거예요.

해 봐야 겠어요.

**1** 한 변의 길이가 3 cm인 정삼각형 24개를 겹치지 않게 이어 붙여 밑변의 길이가 12 cm인 평행사변형을 만들었습니다. 이렇게 만든 평행사변형의 둘레는 몇 cm인지 구하세요.

**문제 그리기** 문제를 읽고, □ 안에 알맞은 수나 말을 써넣으면서 풀이 과정을 계획합니다. (?: 구하고자 하는 것)

정삼각형의 개수: □개

□ cm

12 cm

? : 평행사변형의 □ (cm)

**계획-풀기** 틀린 부분에 밑줄을 긋고, 그 부분을 바르게 고친 것을 화살표의 오른쪽에 씁니다.

❶ 밑변을 이루는 작은 정삼각형의 한 변은 8개이고, 다른 변을 이루는 작은 정삼각형의 한 변은 6개입니다.

→

❷ 평행사변형은 마주 보는 변의 길이가 같으므로 평행사변형의 둘레를 이루는 작은 정삼각형의 한 변의 개수는 $(8+6)\times2=28$(개)입니다.

→

❸ (평행사변형의 둘레) = (정삼각형의 한 변의 길이) × (정삼각형의 한 변의 개수)

$=3\times28=84$ (cm)

→

답

**확인하기** 문제를 풀기 위해 배워서 적용한 전략에 ○표 해 봅니다.

단순화하기 (　　) 문제정보를 복합적으로 나타내기 (　　) 규칙성 찾기 (　　)

**2** 큰 정사각형의 한 대각선의 길이는 36 cm입니다. 한 대각선을 3등분 한 후 그중 1부분의 길이를 작은 마름모의 한 대각선으로 하고, 다른 한 대각선을 6등분 한 중 4부분의 길이를 다른 대각선의 길이로 하는 마름모를 정사각형 안에 다음과 같이 그렸습니다. 색칠한 부분의 넓이는 몇 $cm^2$인지 구하세요.

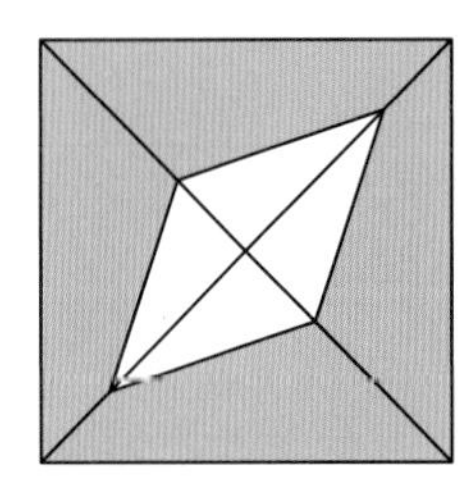

**문제 그리기** 문제를 읽고, □ 안에 알맞은 수나 말을 써넣으면서 풀이 과정을 계획합니다. (?: 구하고자 하는 것)

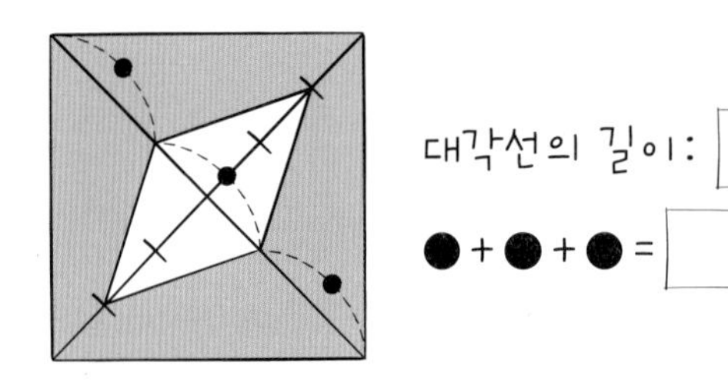


? : 색칠한 부분의 □ ($cm^2$)

**계획-풀기** 틀린 부분에 밑줄을 긋고, 그 부분을 바르게 고친 것을 화살표의 오른쪽에 씁니다.

❶ (큰 정사각형의 넓이)$=36\times36=1296$ ($cm^2$)

→

❷ 작은 마름모의 한 대각선의 길이는 $36\div3=12$ (cm)이고, 다른 대각선의 길이는 $36\div3=12$ (cm)이므로 작은 마름모의 넓이는 $12\times12\div2=72$ ($cm^2$)입니다.

→

❸ (색칠한 부분의 넓이)=(큰 정사각형의 넓이)−(작은 마름모의 넓이)$=1296-72=1224$ ($cm^2$)

→

답 ______________

**확인하기** 문제를 풀기 위해 배워서 적용한 전략에 ○표 해 봅니다.

단순화하기 (　　)　문제정보를 복합적으로 나타내기 (　　)　규칙성 찾기 (　　)

**1** 오른쪽 정사각형은 칠교판으로 이등변삼각형 5개와 작은 정사각형과 평행사변형으로 이루어져 있습니다. 큰 정사각형의 한 대각선의 길이가 60 cm일 때 파란색 선으로 둘러싸인 사다리꼴의 넓이는 몇 $cm^2$인지 구하세요.

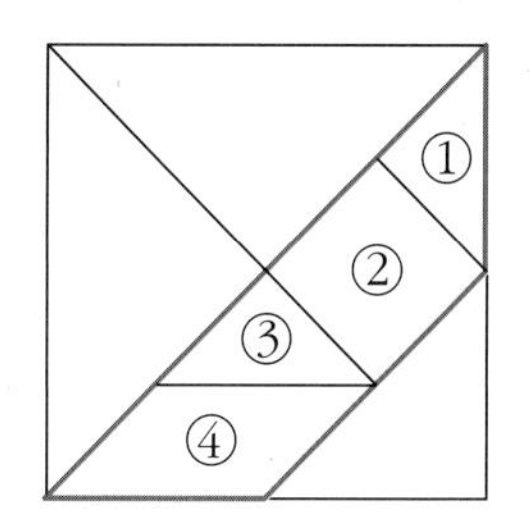


**문제 그리기** 문제를 읽고, □ 안에 알맞은 수나 말을 써넣으면서 풀이 과정을 계획합니다. (?: 구하고자 하는 것)

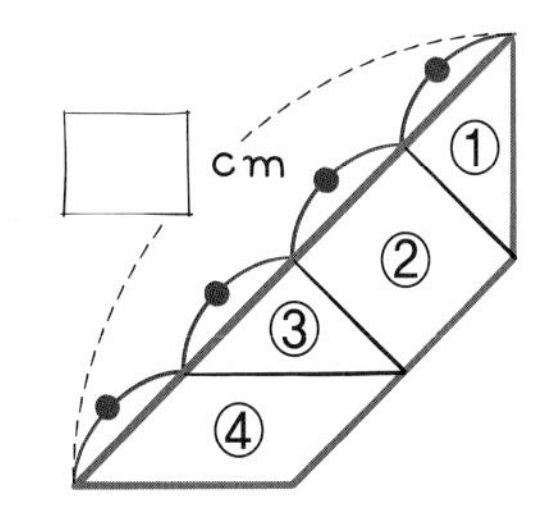


? : 파란색 선으로 둘러싸인 사다리꼴의 □ ($cm^2$)

**계획-풀기**

❶ 파란색 선으로 둘러싸인 사다리꼴을 직사각형으로 만들기

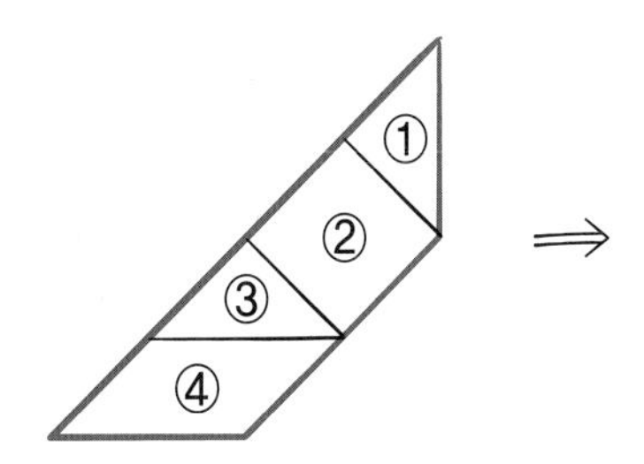


⟹

❷ 직사각형의 넓이 구하기

답

**2** 오른쪽 그림은 크기가 같은 정사각형들을 겹치지 않게 변들끼리 서로 부분적으로 맞대어 붙여 만든 도형입니다. 이 도형의 넓이가 160 $cm^2$일 때 도형의 둘레는 몇 cm인지 구하세요.

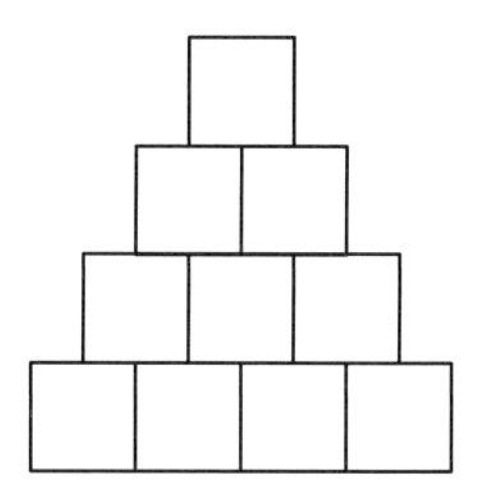

**문제 그리기** 문제를 읽고, □ 안에 알맞은 수나 말을 써넣으면서 풀이 과정을 계획합니다. (?: 구하고자 하는 것)

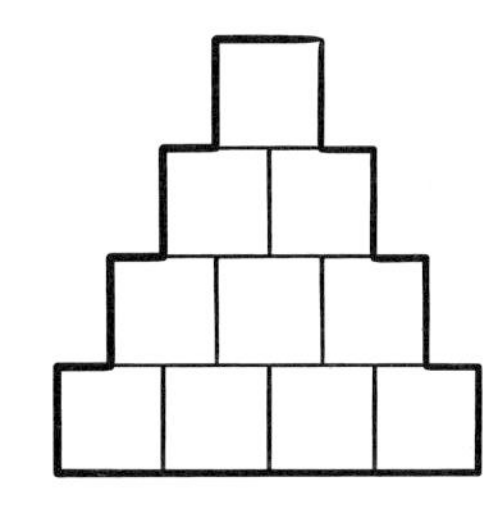

정사각형 □개의 넓이가 □ $cm^2$

? : 도형의 □ (cm)

**계획-풀기**

답

**3** 오른쪽 도형은 크기가 다른 정삼각형 5개를 겹치지 않게 이어 붙여서 만든 도형입니다. 가장 큰 정삼각형의 한 변의 길이가 18 cm이고 정삼각형 5개의 각 한 변의 길이를 모두 합하면 51 cm입니다. 도형의 둘레는 몇 cm인지 구하세요.

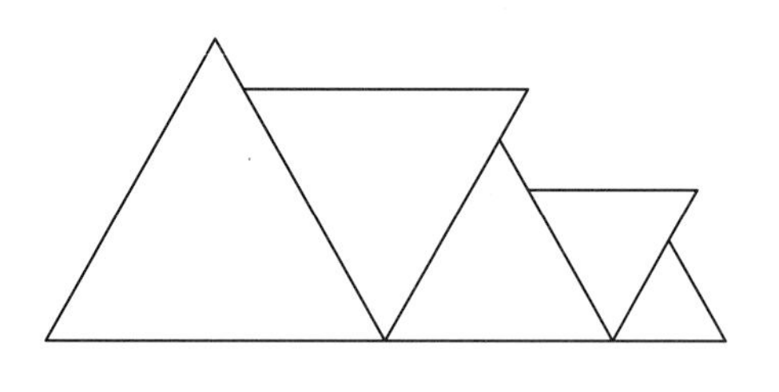

**문제 그리기** 문제를 읽고, □ 안에 알맞은 수나 말을 써넣으면서 풀이 과정을 계획합니다. (?: 구하고자 하는 것)

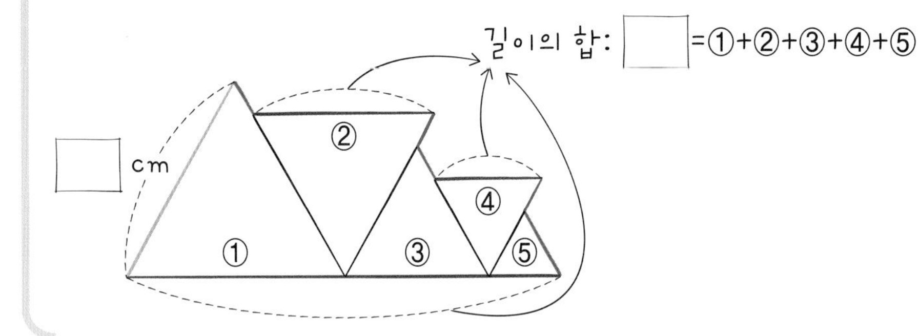


? : 도형의 □ (cm)

**계획-풀기**

❶ 도형의 변의 길이 알아보기

❷ 도형의 둘레 구하기

답

**4** 예솔이네는 오른쪽 그림과 같은 사다리꼴 모양의 텃밭을 가지고 있습니다. 그 텃밭에 폭이 6 m인 길을 일정하게 만들 때, 길을 제외한 텃밭의 넓이는 몇 $m^2$인지 구하세요.

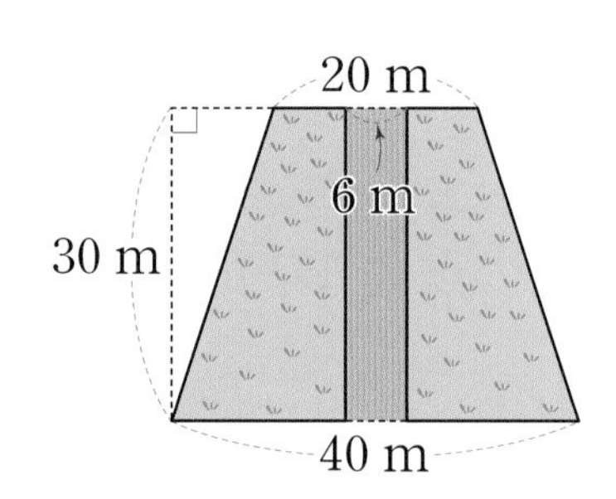


**문제 그리기** 문제를 읽고, □ 안에 알맞은 수나 말을 써넣으면서 풀이 과정을 계획합니다. (?: 구하고자 하는 것)

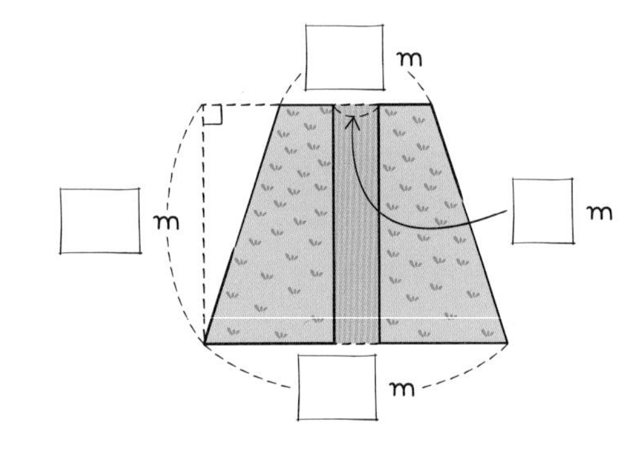


? : 길을 제외한 텃밭의 □  ($m^2$)

**계획-풀기**

❶ 길을 제외한 텃밭을 모았을 때 텃밭의 윗변과 아랫변의 길이 각각 구하기

❷ 길을 제외한 텃밭의 넓이 구하기

답

**5** 오른쪽 도형에서 색칠한 부분의 넓이는 몇 $cm^2$인지 구하세요.

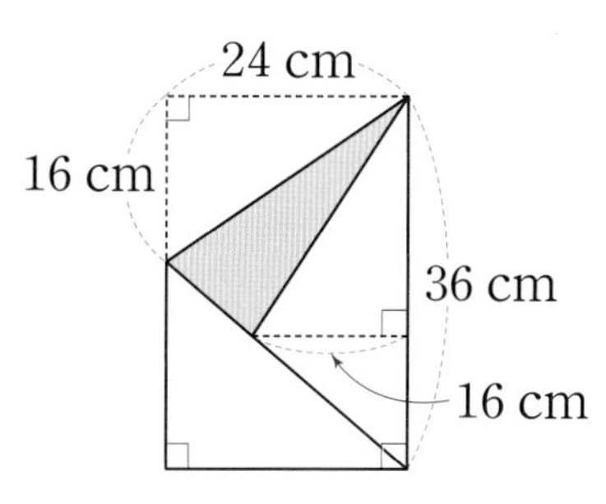


문제 그리기 문제를 읽고, □ 안에 알맞은 수나 말을 써넣으면서 풀이 과정을 계획합니다. (?: 구하고자 하는 것)

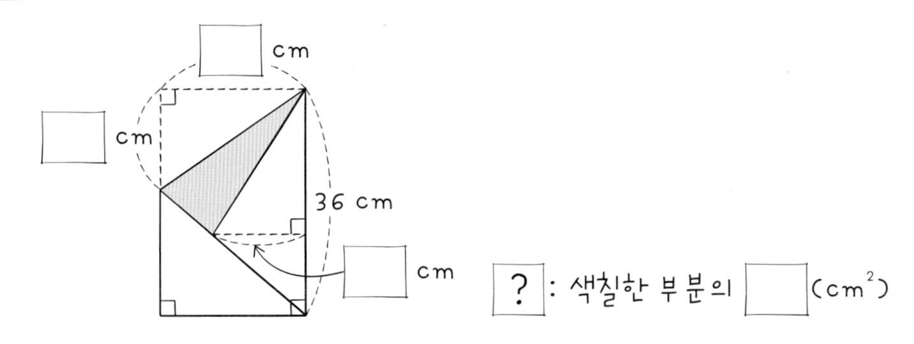


계획-풀기

❶ 사다리꼴의 넓이 구하기

❷ 색칠한 부분의 넓이 구하기

답

**6** 사다리꼴 ㄱㄴㄷㄹ과 사다리꼴 ㅁㅂㅅㅇ은 모양과 크기가 같습니다. 색칠한 부분의 넓이는 몇 $cm^2$인지 구하세요.

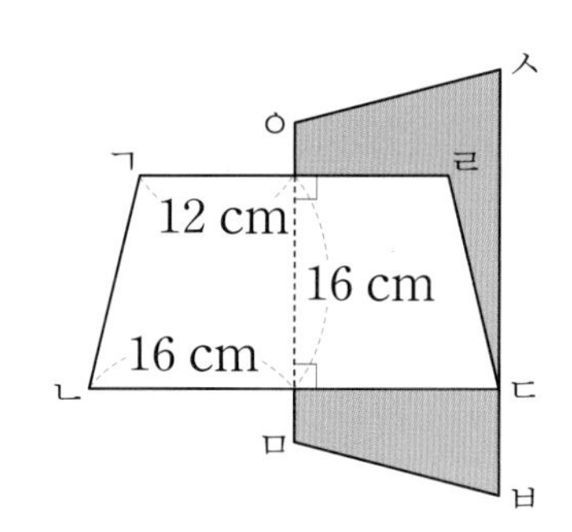


문제 그리기 문제를 읽고, □ 안에 알맞은 수나 말 또는 기호를 써넣으면서 풀이 과정을 계획합니다. (?: 구하고자 하는 것)

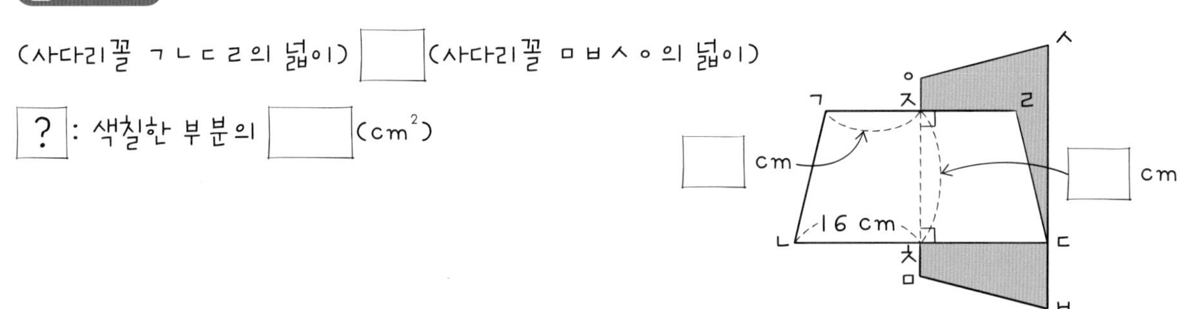


계획-풀기

답

**7** 민섭이 누나는 학교 행사로 학교 건물의 둘레에 리본으로 장식한다고 직사각형 도화지에 그려진 학교 도면을 보고 있습니다. 색칠한 건물의 둘레에 리본을 두른다면 리본은 최소한 몇 m가 필요한지 구하세요.

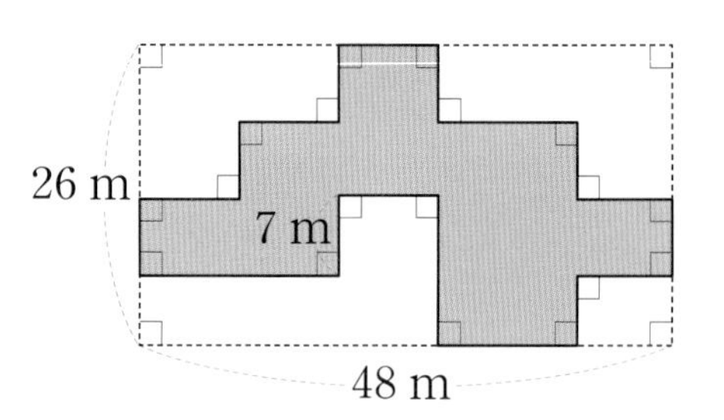


**문제 그리기** 문제를 읽고, □ 안에 알맞은 수나 말을 써넣으면서 풀이 과정을 계획합니다. (?: 구하고자 하는 것)

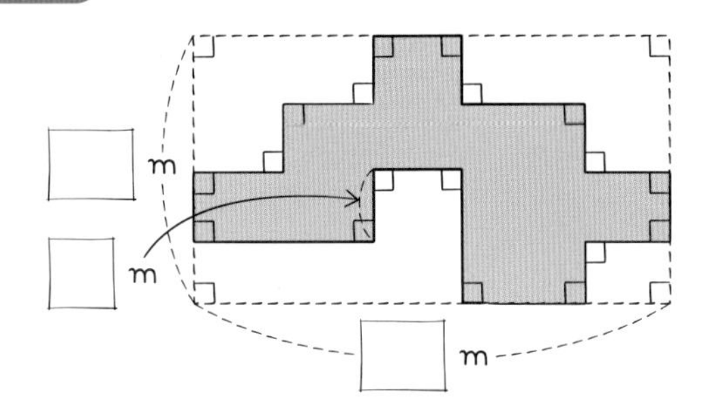


? : 최소한 필요한 리본의 □(m)

**계획-풀기**

❶ 직사각형의 둘레로 학교 도면의 변 옮기기(문제 그리기에 표시)

❷ 색칠한 도형의 둘레 구하기

답 ____________________

**8** 윤주의 어머니는 가로가 48 cm, 세로가 27 cm인 직사각형 모양의 빵을 구웠습니다. 오른쪽 그림과 같이 빵 위에 슈크림을 폭이 4 cm인 길처럼 일정하게 바르고, 색칠된 부분에는 초코 크림을 바르려고 합니다. 초코 크림을 바르는 부분의 넓이는 몇 $cm^2$인지 구하세요.

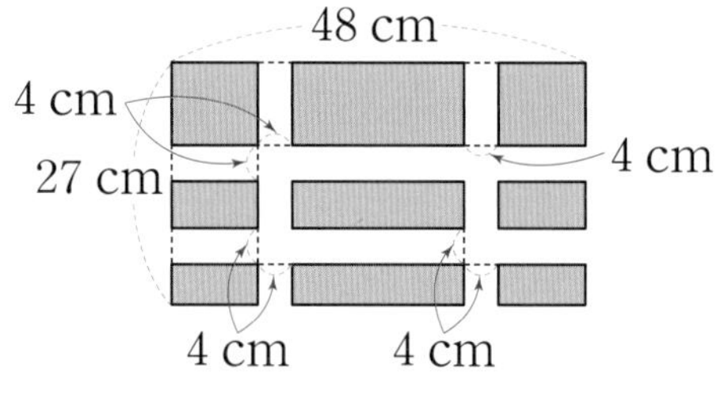


**문제 그리기** 문제를 읽고, □ 안에 알맞은 수나 말을 써넣으면서 풀이 과정을 계획합니다. (?: 구하고자 하는 것)

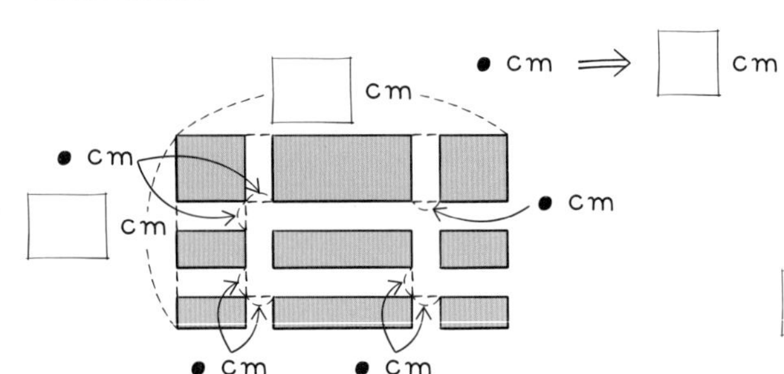


? : 초코 크림을 바르는 부분의 □($cm^2$)

**계획-풀기**

❶ 슈크림을 바르는 부분을 제외한 빵을 모았을 때 만들어지는 빵의 가로와 세로 구하기

❷ 초코 크림을 바르는 부분의 넓이 구하기

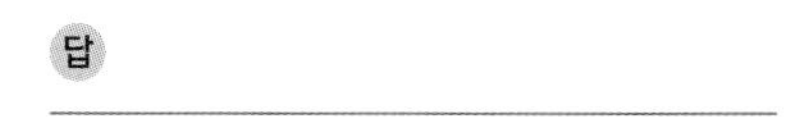

답 ____________________

**9** 오른쪽 그림은 둘레가 195 cm인 정삼각형 모양의 도화지를 한 변의 길이가 같은 정삼각형과 마름모로 나눈 모양입니다. 가장 작은 정삼각형의 둘레와 가장 작은 마름모의 둘레의 합은 몇 cm인지 구하세요.

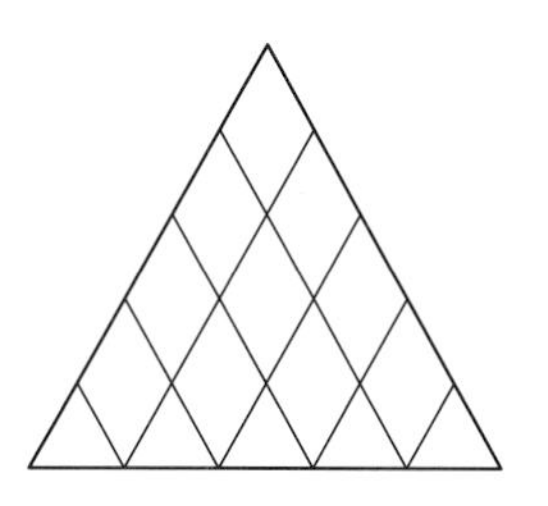

**문제 그리기** 문제를 읽고, □ 안에 알맞은 수나 말 또는 기호를 써넣으면서 풀이 과정을 계획합니다. (?: 구하고자 하는 것)

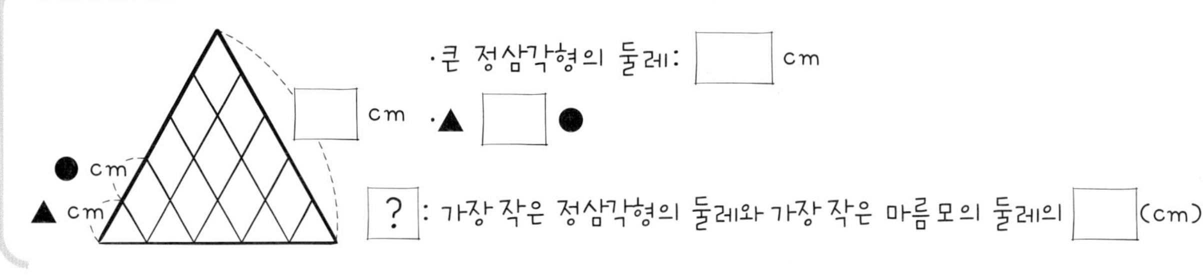


**계획-풀기**

❶ 가장 작은 정삼각형의 한 변의 길이와 가장 작은 마름모의 한 변의 길이 구하기

❷ 가장 작은 정삼각형의 둘레와 가장 작은 마름모의 둘레의 합 구하기

답 ____________

**10** 희철이네 할머니 댁에는 잔디밭과 꽃밭이 있습니다. 희철이는 잔디밭이 더 넓었으면 좋겠다고 할머니께 말씀드렸더니 두 부분의 넓이가 같다고 하셨습니다. 그래서 희철이는 직접 구해 보기 위해 아버지께 잔디밭과 꽃밭을 그려 달라고 하니 아버지께서는 오른쪽 그림과 같이 실제 땅의 $\frac{1}{100}$ 크기로 그려주셨습니다. 사다리꼴 모양의 꽃밭의 실제 높이는 몇 m인지 구하세요. (단, 잔디밭과 꽃밭을 합친 모양은 평행사변형입니다.)

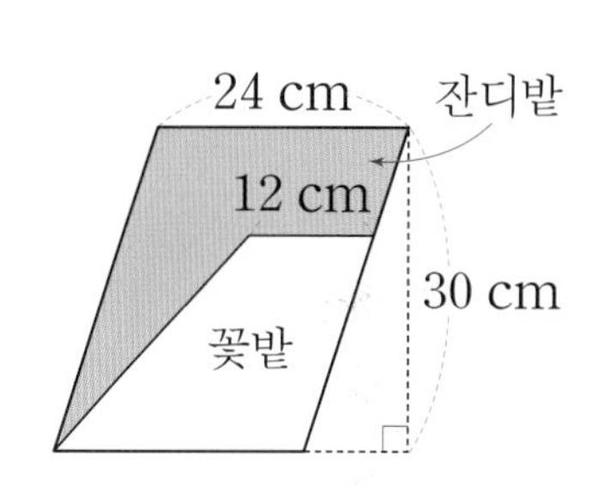


**문제 그리기** 문제를 읽고, □ 안에 알맞은 수나 말을 써넣으면서 풀이 과정을 계획합니다. (?: 구하고자 하는 것)

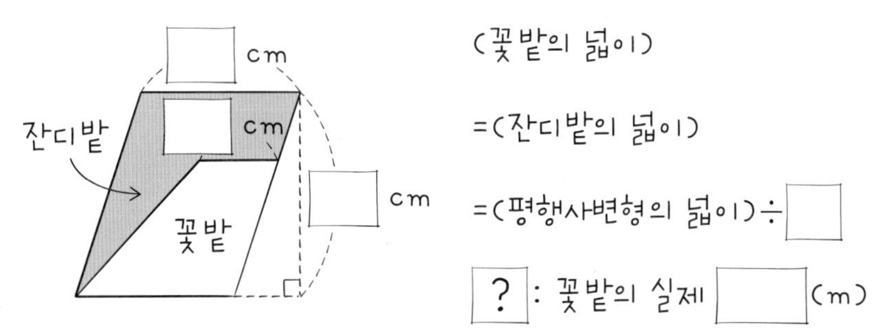


**계획-풀기**

❶ 꽃밭의 넓이 구하기

❷ 꽃밭의 실제 높이 구하기

답 ____________

**11** 오른쪽 그림과 같이 평행사변형을 모양과 크기가 같은 정삼각형 2개와 마름모 1개로 잘랐습니다. 자른 도형 3개를 겹치지 않게 이어 붙여 가장 큰 정삼각형을 만들 때 이 정삼각형의 둘레는 몇 cm인지 구하세요.

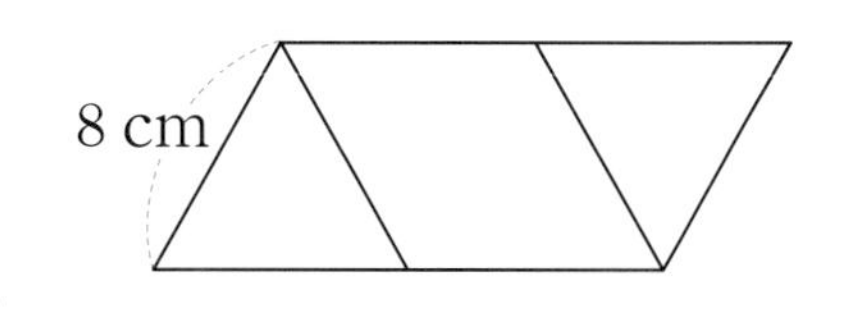


**문제 그리기** 문제를 읽고, □ 안에 알맞은 수나 말을 써넣으면서 풀이 과정을 계획합니다. (?: 구하고자 하는 것)

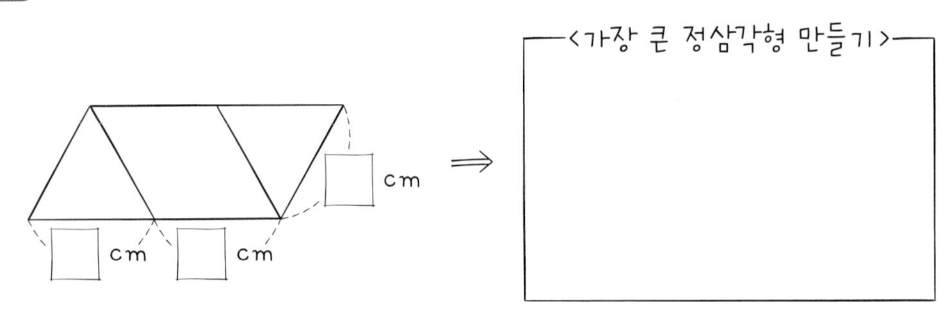


? : 가장 큰 정삼각형의 □(cm)

**계획-풀기**

❶ 가장 큰 정삼각형 만들기(문제 그리기에 표시)

❷ 가장 큰 정삼각형의 둘레 구하기

답

**12** 오른쪽 사다리꼴 ㄱㄴㅁㅂ에서 도형 가, 나, 다의 넓이는 같습니다. 이때 선분 ㅅㅂ의 길이는 몇 cm인지 구하세요.

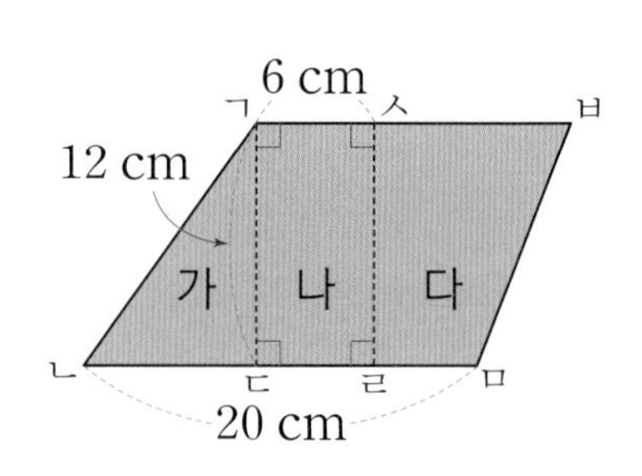


**문제 그리기** 문제를 읽고, □ 안에 알맞은 수나 기호를 써넣으면서 풀이 과정을 계획합니다. (?: 구하고자 하는 것)

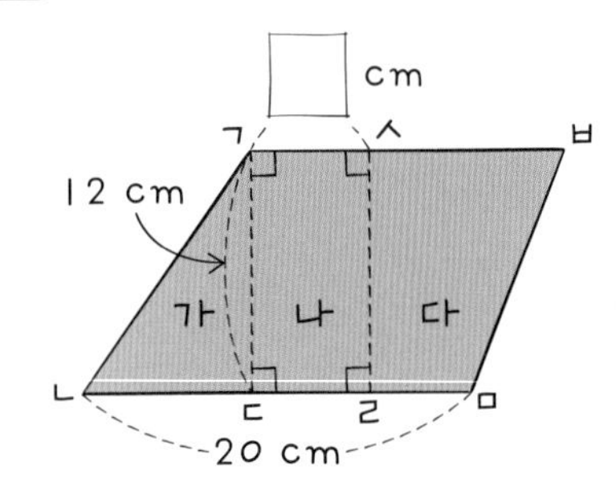


(가의 넓이)=(□의 넓이)=(□의 넓이)

? : 선분 □의 길이(cm)

**계획-풀기**

❶ 사다리꼴 ㄱㄴㅁㅂ의 넓이 구하기

❷ 선분 ㅅㅂ의 길이 구하기

답

**13** 한 변의 길이가 24 cm인 정사각형 안에 가장 큰 원을 그리고, 그 원 안에 가장 큰 마름모를 그렸습니다. 또, 그 마름모의 네 변의 한가운데 점을 이어서 정사각형을 그려서 색칠하였습니다. 이때 색칠한 부분의 넓이는 몇 $cm^2$인지 구하세요.

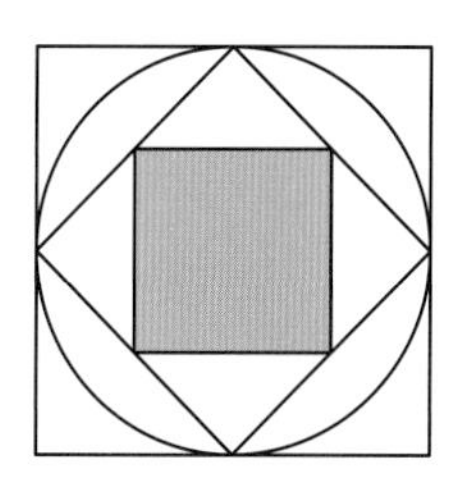

**문제 그리기** 문제를 읽고, □ 안에 알맞은 수나 말을 써넣으면서 풀이 과정을 계속합니다. (?: 구하고자 하는 것)

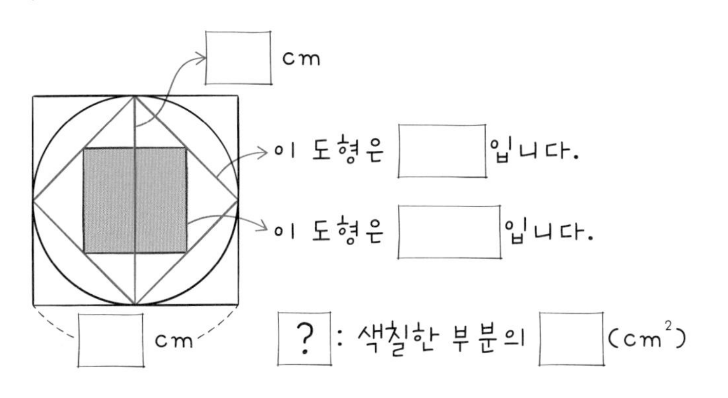


**계획-풀기**

❶ 두 번째로 그린 마름모의 넓이 구하기

❷ 색칠한 부분의 넓이 구하기

답

**14** 평행사변형과 삼각형을 겹치지 않게 이어 붙여서 오른쪽 사다리꼴 ㄱㄷㅁㅂ을 만들었습니다. 이때 선분 ㄴㄹ의 길이는 몇 cm인지 구하세요.

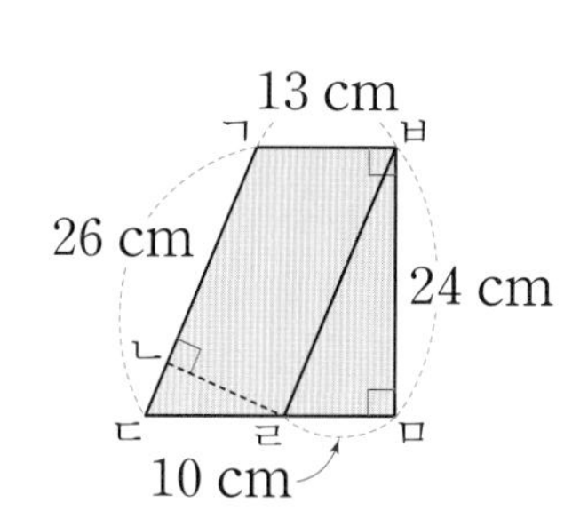


**문제 그리기** 문제를 읽고, □ 안에 알맞은 수나 기호를 써넣으면서 풀이 과정을 계획합니다. (?: 구하고자 하는 것)

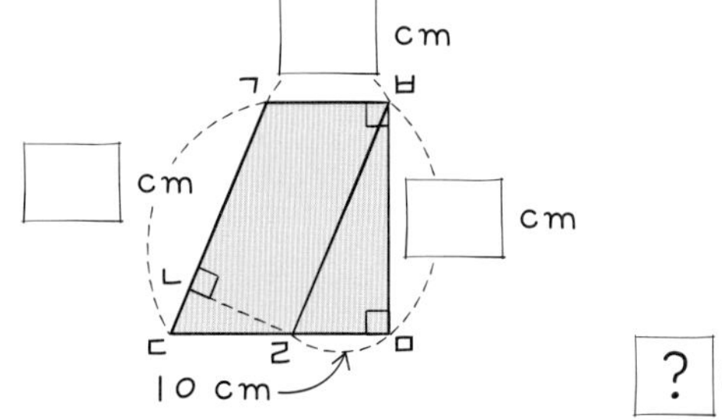


? : 선분 □의 길이(cm)

**계획-풀기**

❶ 사다리꼴의 넓이 구하기

❷ 선분 ㄴㄹ의 길이 구하기

답

**15** 대대로 소유하던 땅 ㉠, ㉡, ㉢을 물려받은 어떤 집안의 큰아들은 동생들과 그 땅을 나누어 가지려고 합니다. 큰아들이 가장 넓은 땅을, 둘째 아들은 그다음으로 넓은 땅을, 막내는 남은 땅을 가지려고 합니다. 땅 ㉠은 평행사변형 모양이고, 땅 ㉡은 마름모 모양, 땅 ㉢은 삼각형 모양일 때 각 땅을 형제들에게 어떻게 분배하면 되는지 구하세요.

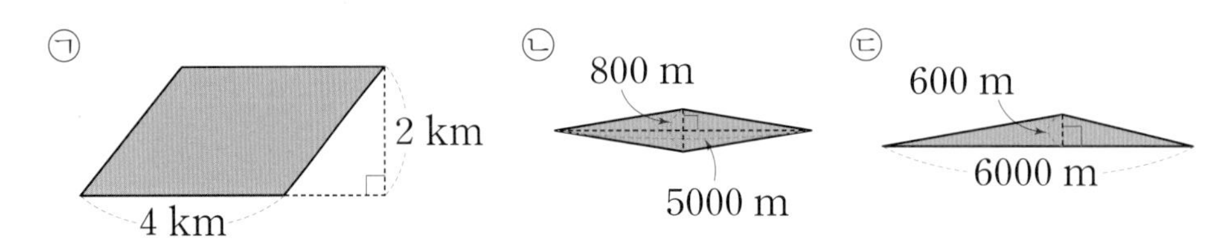


**문제 그리기** 문제를 읽고, □ 안에 알맞은 수나 말을 써넣으면서 풀이 과정을 계획합니다. (?: 구하고자 하는 것)

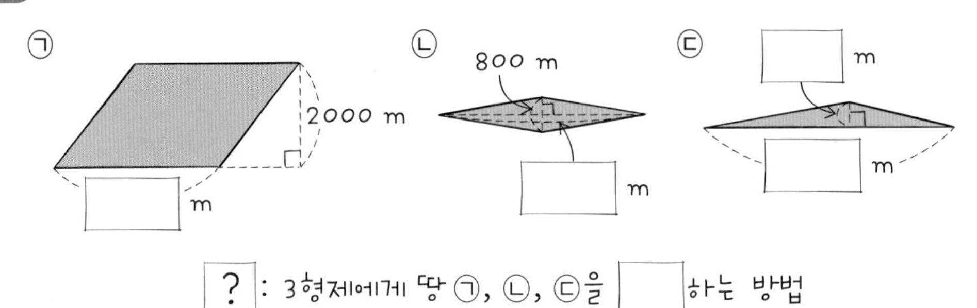


**계획-풀기**

답 맏형: , 둘째: , 막내:

**16** 가는 삼각형이고, 나는 마름모입니다. 주황색 선인 가의 밑변의 길이와 나의 ㉠의 길이가 같고, 가의 넓이가 1240 $cm^2$일 때, 나의 넓이는 몇 $cm^2$인지 구하세요.

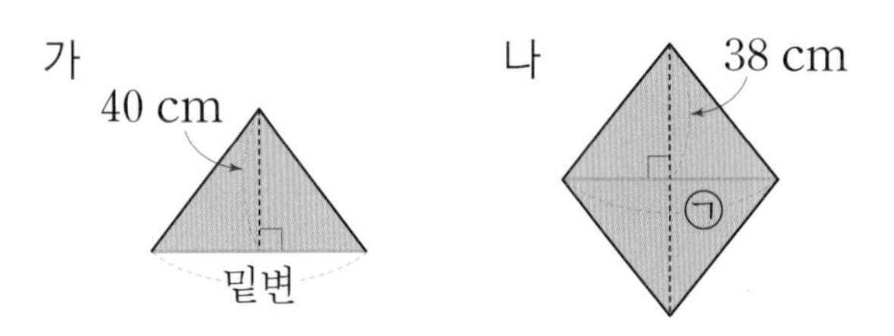


**문제 그리기** 문제를 읽고, □ 안에 알맞은 수나 말을 써넣으면서 풀이 과정을 계획합니다. (?: 구하고자 하는 것)

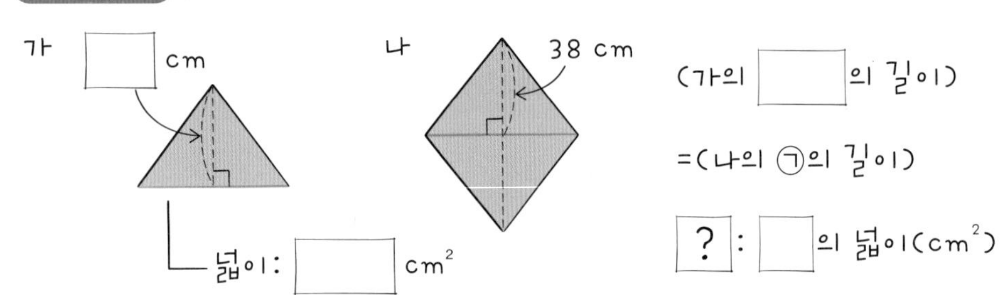


**계획-풀기**

❶ 삼각형의 밑변의 길이 구하기

❷ 마름모의 넓이 구하기

답

**17** 넓이가 8 cm$^2$인 마름모의 두 대각선의 길이가 같습니다. 이 마름모의 두 대각선의 길이를 똑같이 늘여서 처음 마름모의 넓이의 25배가 되는 마름모를 만들었습니다. 처음 마름모와 늘인 마름모의 한 대각선의 길이의 차는 몇 cm인지 구하세요.

문제 그리기 문제를 읽고, □ 안에 알맞은 수나 말을 써넣으면서 풀이 과정을 계획합니다. (?: 구하고자 하는 것)

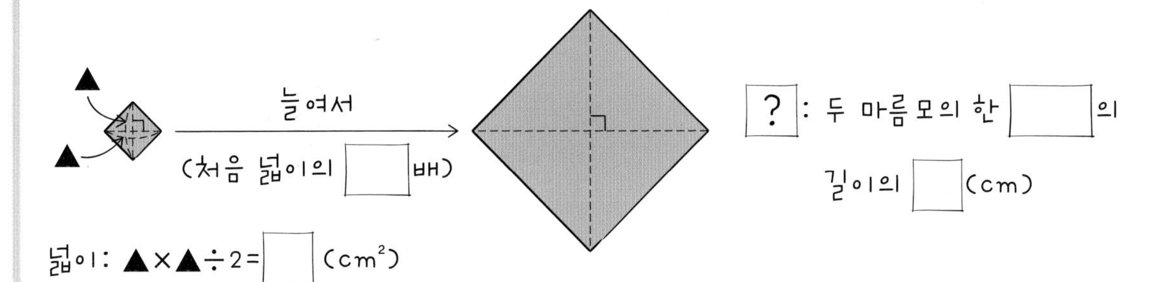


계획-풀기

❶ 처음 마름모의 대각선의 길이(▲ cm) 구하기

❷ 늘인 마름모의 대각선의 길이 구하기

❸ 두 마름모의 한 대각선의 길이의 차 구하기

답 ____________

**18** 다음은 ⊙를 약속한 방법에 따라 계산하여 도형을 구한 것입니다. 정다각형들은 모두 한 변의 길이가 3 cm일 때, 65 ⊙ 58로 만들어진 정다각형의 둘레는 몇 cm인지 구하세요.

9 ⊙ 7 = (9 − 7) × 3 ⇒ 정6각형

12 ⊙ 3 = (12 − 3) × 3 ⇒ 정27각형

문제 그리기 문제를 읽고, □ 안에 알맞은 수나 말을 써넣으면서 풀이 과정을 계획합니다. (?: 구하고자 하는 것)

9 ⊙ 7 = (□ − □) × □ = 6 → 정 □ 각형

12 ⊙ 3 = (□ − □) × □ = 27 → 정 □ 각형

? : 65 ⊙ □ 로 만들어진 정다각형의 □ (cm)

계획-풀기

❶ 65 ⊙ 58로 만들어진 정다각형 구하기

❷ 65 ⊙ 58로 만들어진 정다각형의 둘레 구하기

답 ____________

**19** 다음과 같이 분수 형태로 삼각형의 밑변의 길이와 높이를 나타내었습니다. 분모는 밑변의 길이, 분자는 높이를 나타내어 일정한 규칙으로 늘어놓을 때, 17번째 분수가 나타내는 삼각형의 넓이를 구하세요. (단, 넓이는 단위 없이 수로만 구합니다.)

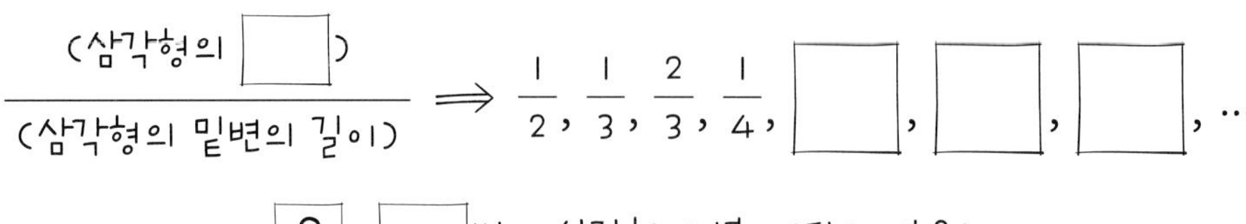


**문제 그리기** 문제를 읽고, □ 안에 알맞은 수나 말을 써넣으면서 풀이 과정을 계속합니다. (?: 구하려는 것)

$\frac{(\text{삼각형의 } \square)}{(\text{삼각형의 밑변의 길이})} \Rightarrow \frac{1}{2}, \frac{1}{3}, \frac{2}{3}, \frac{1}{4}, \square, \square, \square, \cdots$

? : □번째 삼각형의 넓이(단위 없음)

**계획-풀기**

❶ 나열된 분수의 규칙 찾아 17번째 분수 구하기

❷ 17번째 삼각형의 넓이 구하기

답 ____________

**20** 일정한 규칙으로 분수가 나열되어 있습니다. 이 분수를 기약분수로 나타내면 그 분수의 분모와 분자는 각각 삼각형의 높이와 밑변의 길이가 됩니다. 예를 들어 $\frac{4}{10}$에서 $\frac{4}{10}=\frac{2}{5}$이므로 이를 삼각형으로 그리면 밑변이 5 cm, 높이가 2 cm입니다. 다음과 같은 규칙으로 삼각형의 각 변의 길이를 나타낼 때, 7번째 삼각형의 높이와 밑변의 길이는 각각 몇 cm이고 넓이는 몇 $cm^2$인지 구하세요.

$\frac{4}{10}$, $\frac{6}{12}$, $\frac{8}{14}$, $\frac{10}{16}$, …

**문제 그리기** 문제를 읽고, □ 안에 알맞은 수나 말을 써넣으면서 풀이 과정을 계획합니다. (?: 구하고자 하는 것)

$\frac{(\text{삼각형의 } \square)}{(\text{삼각형의 } \square)} \Leftarrow \frac{2}{5}, \frac{1}{2}, \square, \square, \square, \cdots$

$= \quad = \quad = \quad = \quad =$

$\frac{4}{10}, \frac{6}{12}, \frac{8}{14}, \square, \square, \cdots$

? : □번째 삼각형의 □와 밑변의 길이(cm), □($cm^2$)

**계획-풀기**

❶ 7번째 분수 구하기

❷ 7번째 삼각형의 밑변의 길이와 높이, 넓이 구하기

답 ____________

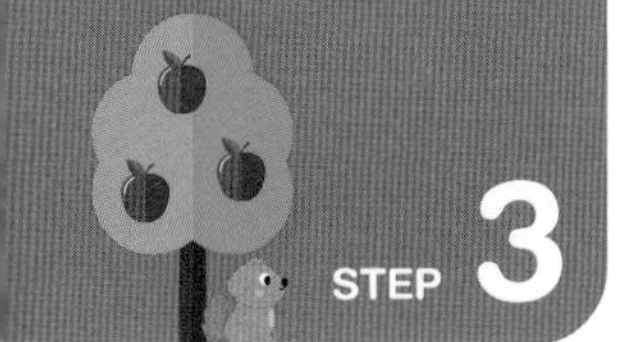


# 내가 수학하기 한 단계 UP!

식 | 표 | 그림
단순화 | 복합적

정답과 풀이 40쪽

**1** 둘레가 282 cm인 정육각형 모양의 도화지를 모양과 크기가 같은 정삼각형 2개와 모양과 크기가 같은 마름모 2개로 나누었습니다. 마름모 1개와 정삼각형 1개의 둘레의 합은 몇 cm인지 구하세요.

**문제 그리기** 문제를 읽고, □ 안에 알맞은 수나 말을 써넣으면서 풀이 과정을 계획합니다. (?: 구하고자 하는 것)

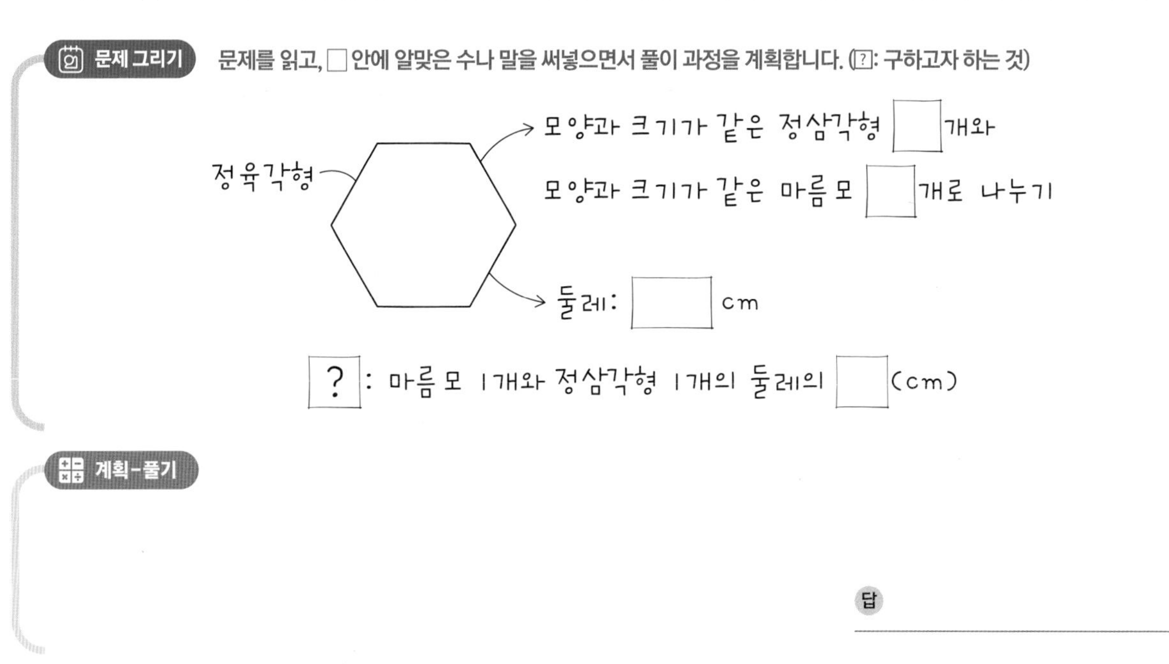


**계획-풀기**

답

**2** 오른쪽 오각형 모양의 피자를 모양과 크기가 같은 사다리꼴 모양 2개로 나누어서 형과 동생이 나누어 먹었습니다. 동생은 자기 피자를 사진으로 찍어서 실제 크기와 같게 인쇄했더니 둘레가 109 cm였습니다. 동생이 먹은 피자의 넓이는 몇 $cm^2$인지 구하세요.

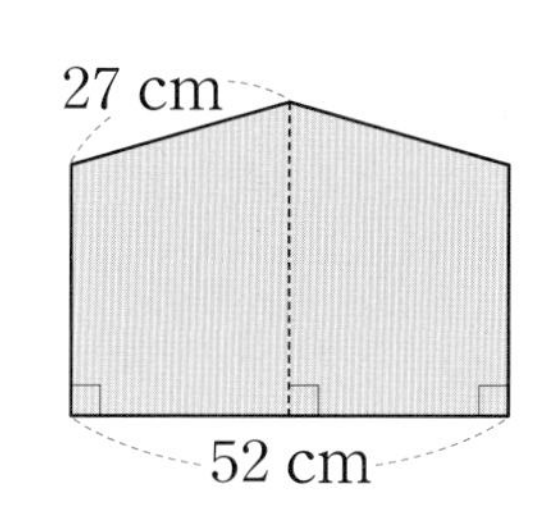


**문제 그리기** 문제를 읽고, □ 안에 알맞은 수나 말을 써넣으면서 풀이 과정을 계획합니다. (?: 구하고자 하는 것)

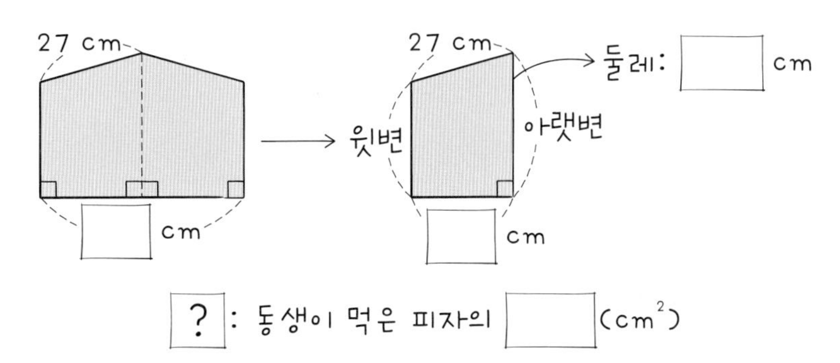


**계획-풀기**

답

**3** 오른쪽 사다리꼴의 둘레는 46 cm이고, 넓이는 120 cm²일 때 아랫변의 길이와 높이는 몇 cm인지 각각 구하세요.

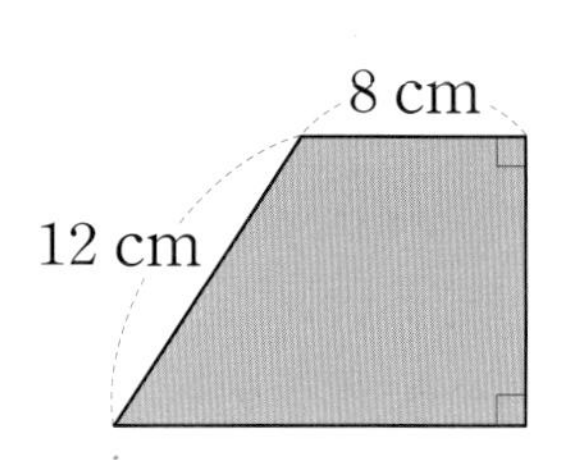


**문제 그리기** 문제를 읽고, □ 안에 알맞은 수를 써넣으면서 풀이 과정을 계획합니다. (?: 구하고자 하는 것)

□ cm, □ cm, ▲ cm, ● cm

(사다리꼴의 둘레)=□+□+●+▲=□ (cm)

●+▲=□ (cm)

(사다리꼴의 넓이)=(□+●)×▲÷2=□ (cm²)

? : ●와 ▲의 길이(cm)

**계획-풀기**

답 아랫변의 길이: , 높이:

**4** 다음 약속대로 14♥6의 값을 구하세요.

㉠♥㉡=(두 대각선의 길이가 모두 ㉠인 마름모의 넓이)의 ㉡배

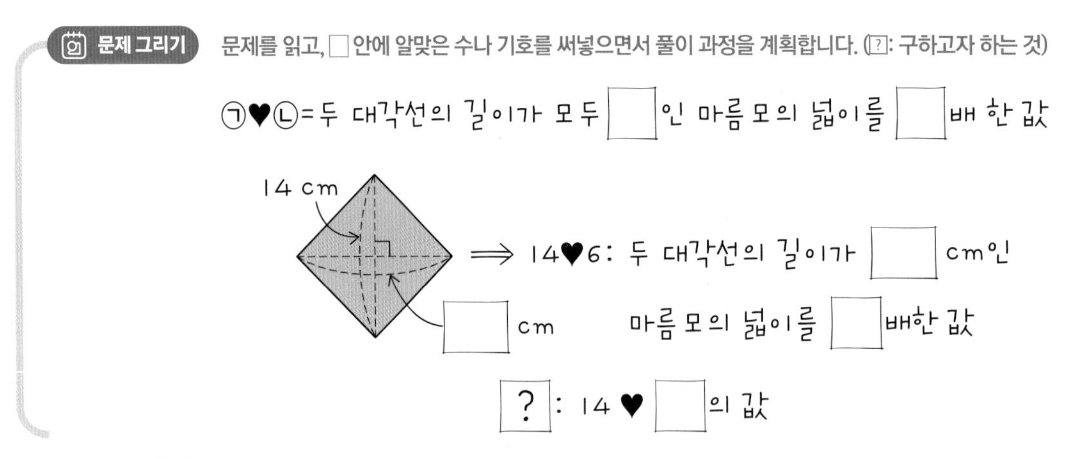


**계획-풀기**

답

**5** 오른쪽 그림과 같이 마름모 2개를 겹쳐 놓은 모양의 정원이 있습니다. 겹쳐진 부분에는 연못이 있고 색칠한 부분에는 꽃이 있습니다. 작은 마름모의 대각선의 길이는 모두 16 m이고, 큰 마름모는 작은 마름모의 각 변의 길이를 2배로 늘인 모양입니다. 꽃이 있는 부분의 넓이는 몇 $m^2$인지 구하세요.

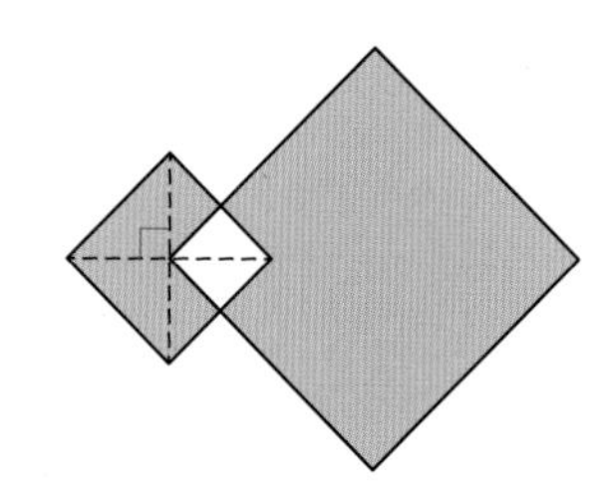

**문제 그리기** 문제를 읽고, □ 안에 알맞은 수나 말을 써넣으면서 풀이 과정을 계획합니다. (?: 구하고자 하는 것)

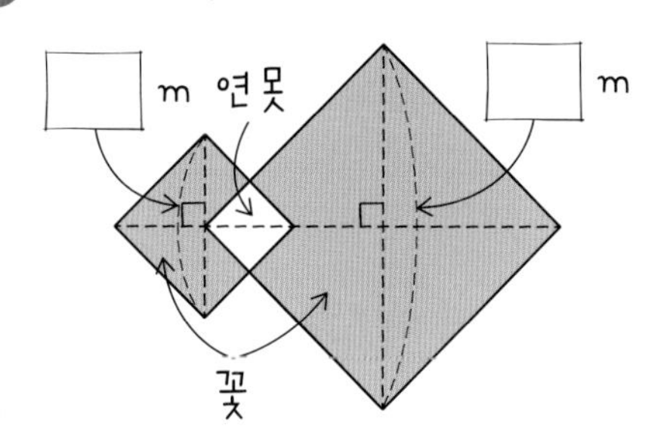


?: 꽃이 있는 부분의 □ ($m^2$)

**계획-풀기**

답

**6** 정인이는 할아버지와 함께 넓이가 56 $m^2$인 직사각형 모양의 목장 둘레에 동아줄을 한 번 둘러서 울타리를 만들려고 합니다. 울타리를 만드는 데 사용할 동아줄이 가장 많이 필요한 경우와 가장 적게 필요한 경우의 목장의 둘레는 몇 m 차이가 나는지 구하세요. (단, 변의 길이는 자연수입니다.)

**문제 그리기** 문제를 읽고, □ 안에 알맞은 수나 말을 써넣으면서 풀이 과정을 계획합니다. (?: 구하고자 하는 것)

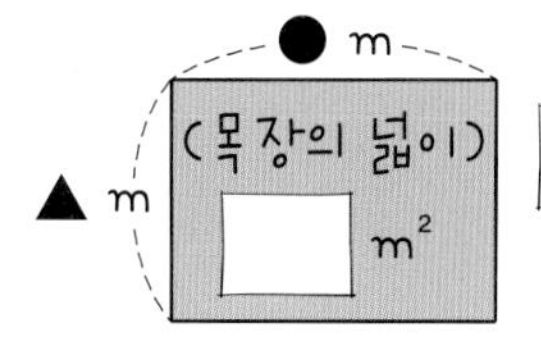


?: 둘레가 가장 큰 경우 / 둘레가 가장 작은 경우 의 목장 둘레의 □

**계획-풀기**

답

**7** 별 마을에는 12가구가 살고 각 집의 주소는 별1, 별2, 별3, …, 별12입니다. 나란하게 늘어선 집들은 모두 하늘에서 보면 일정한 규칙으로 나열되어 있습니다. 별1, 별2의 원의 반지름의 길이는 같고, 원의 반지름의 길이는 그림과 같이 두 집마다 1 m씩 늘어납니다. 다음 그림에서 색칠한 부분은 각각 집의 거실입니다. 별5의 집의 거실의 넓이는 몇 $m^2$인지 구하세요.

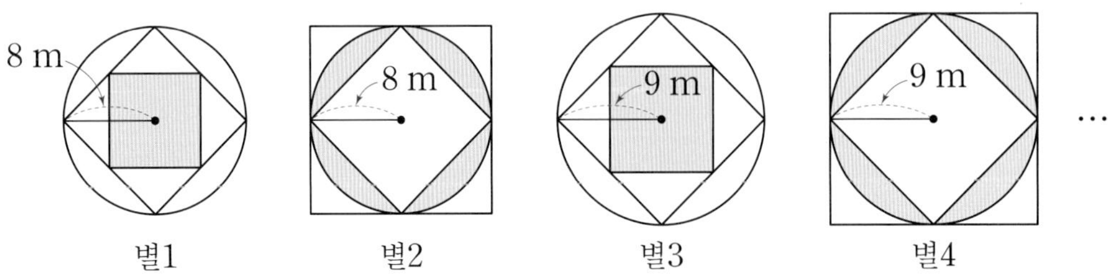


**문제 그리기** 문제를 읽고, □ 안에 알맞은 수를 써넣으면서 풀이 과정을 계획합니다. (?: 구하고자 하는 것)

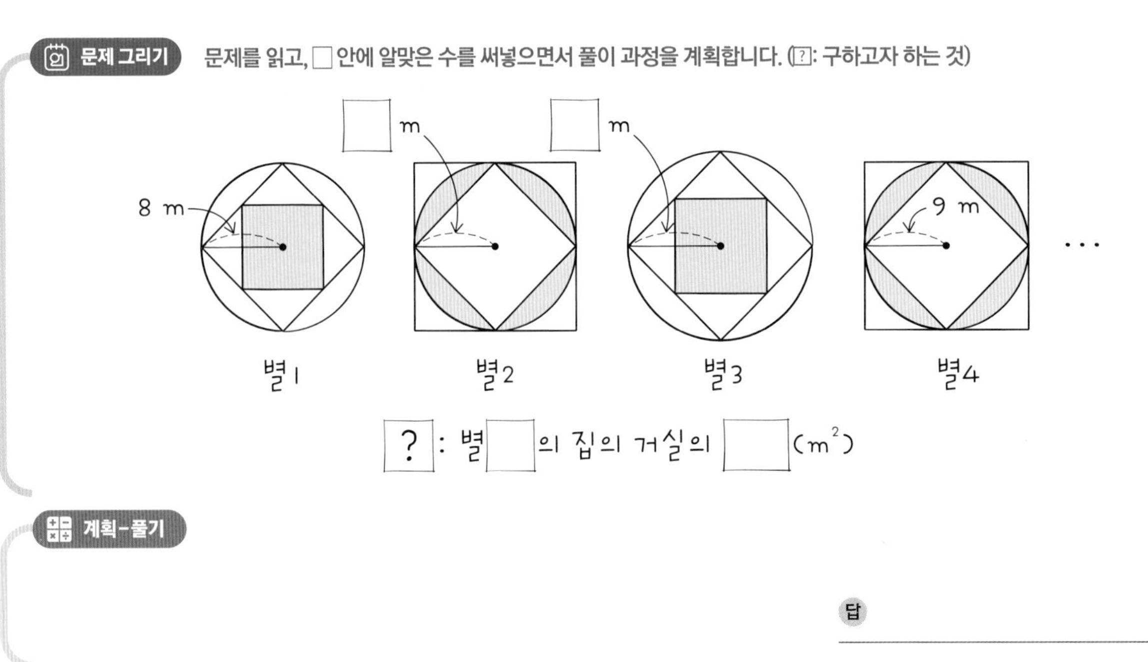


**계획-풀기**

답 ____________

**8** 오른쪽 수납장은 높이가 같은 삼각형과 평행사변형, 그리고 사다리꼴 모양의 수납 칸과 직사각형 서랍 1개로 구성되어 있습니다. 색칠한 부분에만 시트지를 붙이려고 합니다. 삼각형 ㉠의 넓이가 32 $cm^2$일 때, 필요한 시트지의 넓이는 몇 $cm^2$인지 구하세요.

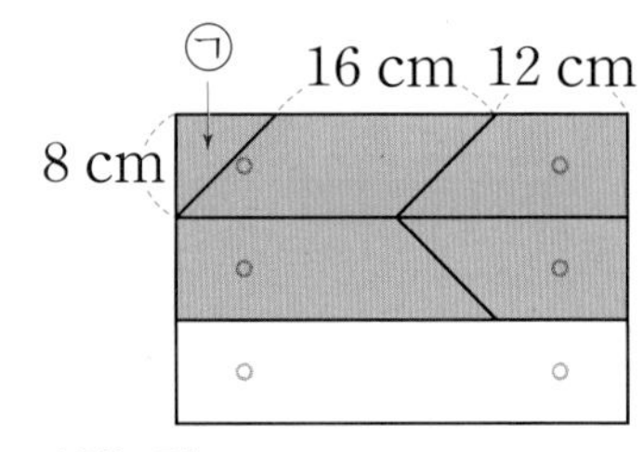


**문제 그리기** 문제를 읽고, □ 안에 알맞은 수를 써넣으면서 풀이 과정을 계획합니다. (?: 구하고자 하는 것)

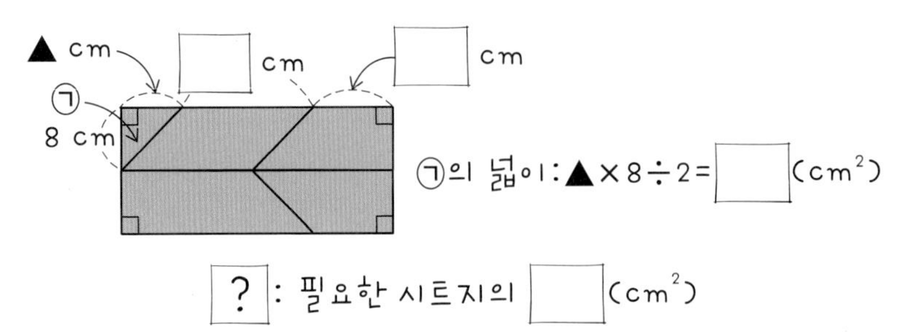


**계획-풀기**

답 ____________

**9** 오른쪽 그림은 크기가 같은 정사각형 2개의 일부를 겹쳐서 만든 도형입니다. 겹쳐진 부분은 높이가 4 cm인 직각삼각형일 때, 오른쪽 도형의 전체 넓이는 몇 $cm^2$인지 구하세요.

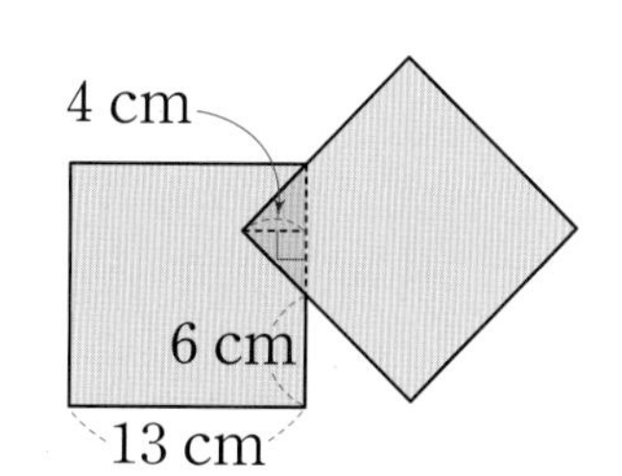


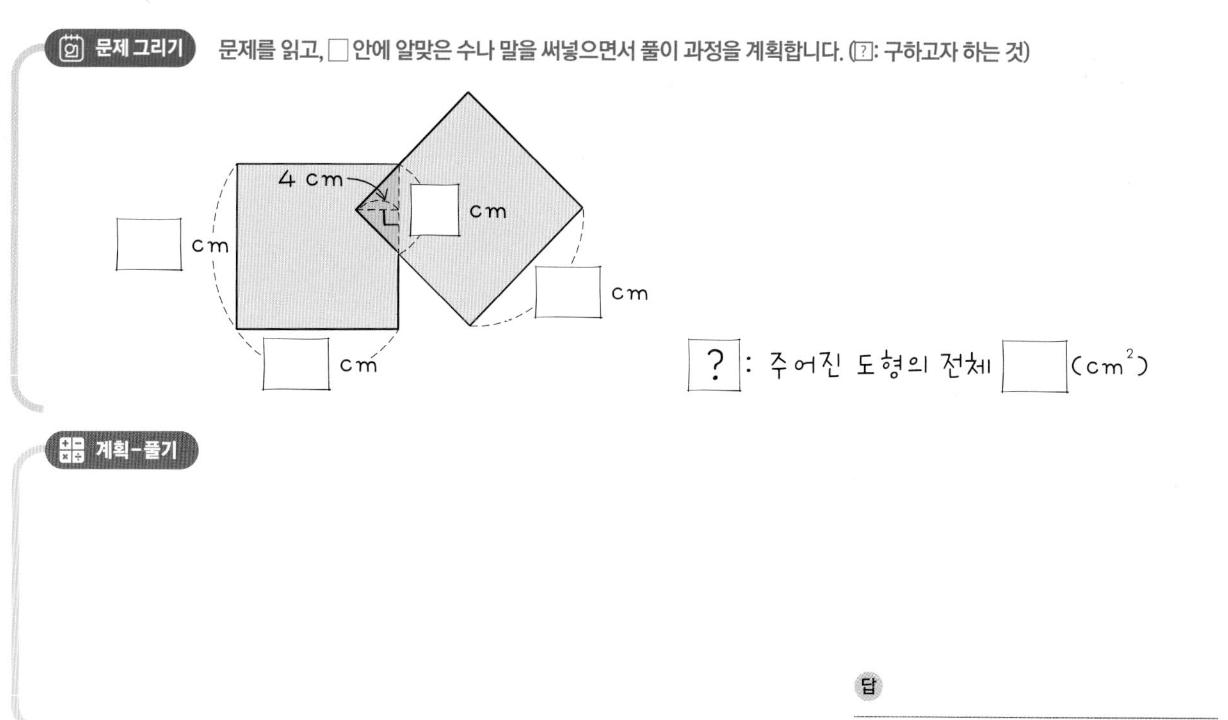


**10** 오른쪽 그림은 크기가 다른 정사각형 3개를 겹치지 않게 변끼리 이어 붙인 것입니다. 색칠한 부분의 넓이는 몇 $cm^2$인지 구하세요.

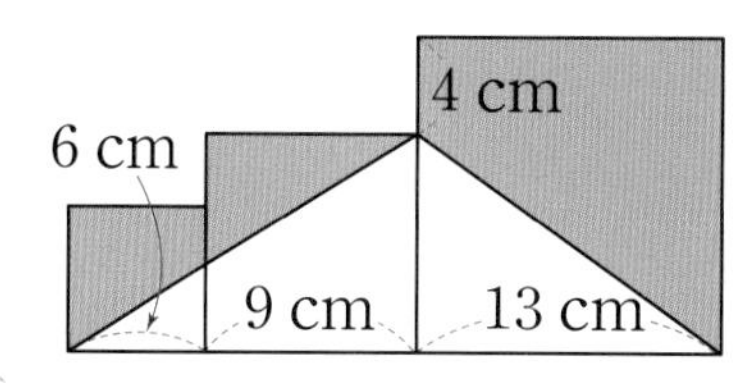


문제 그리기 문제를 읽고, □ 안에 알맞은 수나 말을 써넣으면서 풀이 과정을 계획합니다. (?: 구하고자 하는 것)

4 cm

□ cm

□ cm □ cm □ cm

? : 색칠한 부분의 □ ($cm^2$)

계획-풀기

답

**11** 오른쪽 그림은 넓이가 72 $cm^2$인 이등변삼각형을 모양과 크기가 같은 색칠한 가장 작은 삼각형 2개와 정사각형 1개, 평행사변형 1개, 이등변삼각형 1개로 나눈 것입니다. 색칠한 부분의 넓이는 몇 $cm^2$인지 구하세요.

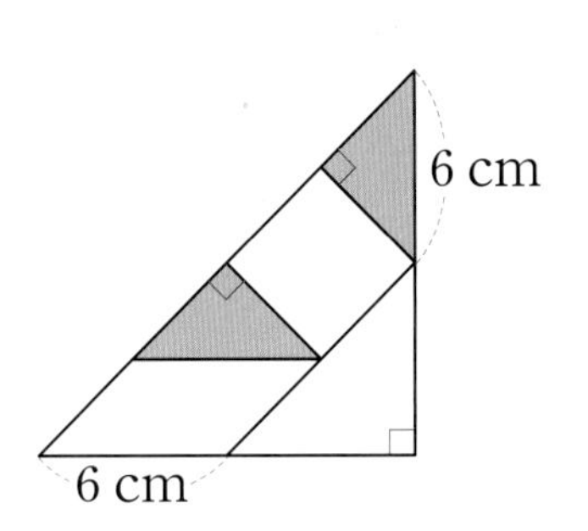


문제 그리기 문제를 읽고, □ 안에 알맞은 수나 말을 써넣으면서 풀이 과정을 계획합니다. (?: 구하고자 하는 것)

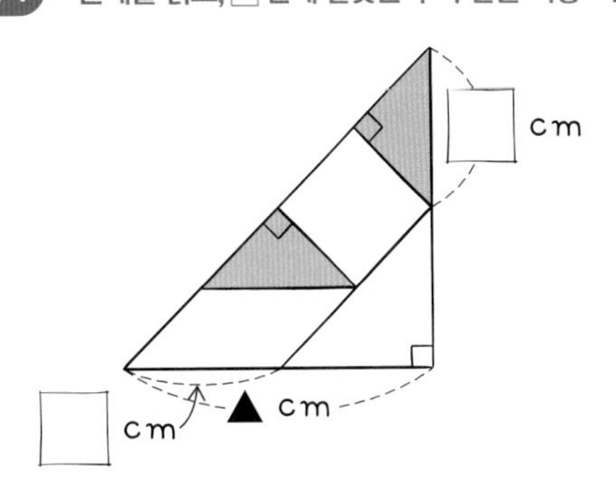


(가장 큰 삼각형의 넓이)=□ $cm^2$

?: 색칠한 부분의 □($cm^2$)

계획-풀기

답

**12** 오른쪽 오각형에서 색칠한 부분의 넓이는 몇 $cm^2$인지 구하세요.

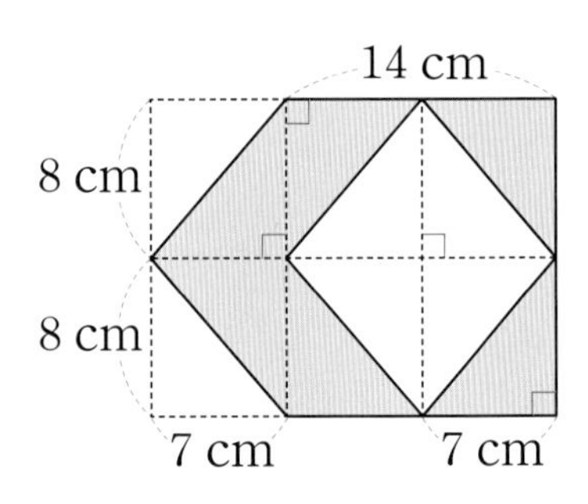


문제 그리기 문제를 읽고, □ 안에 알맞은 수나 말을 써넣으면서 풀이 과정을 계획합니다. (?: 구하고자 하는 것)

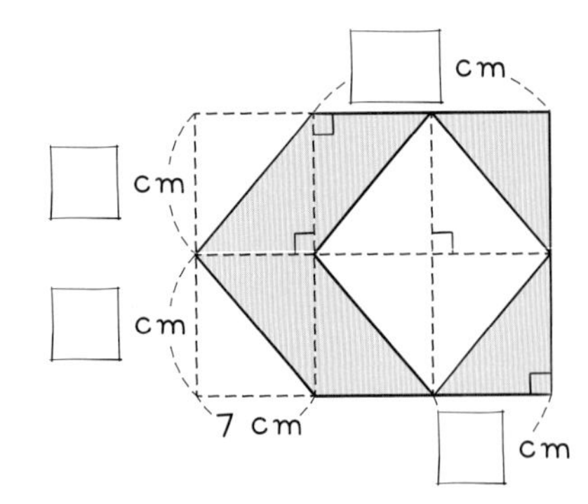


□ cm ?: □ 부분의 넓이($cm^2$)

계획-풀기

답

**13** 다음 그림에서 도형 가는 사다리꼴, 도형 나는 평행사변형이고, 높이는 모두 16 cm입니다. 가와 나의 넓이가 같고, 다와 라의 넓이가 같을 때, ㉠과 ㉡의 차를 구하세요.

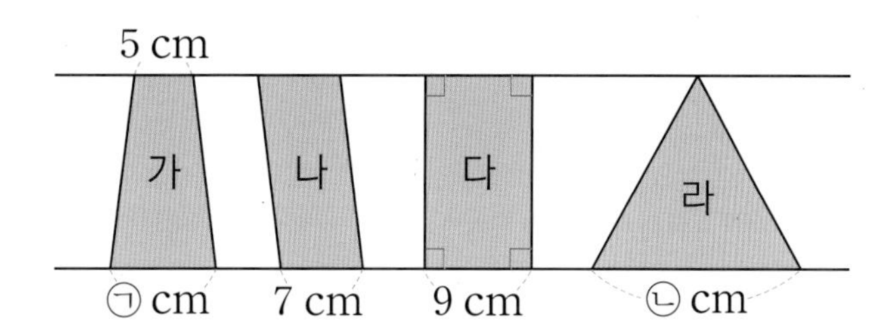


**문제 그리기** 문제를 읽고, □ 안에 알맞은 수나 말을 써넣으면서 풀이 과정을 계획합니다. (?: 구하고자 하는 것)

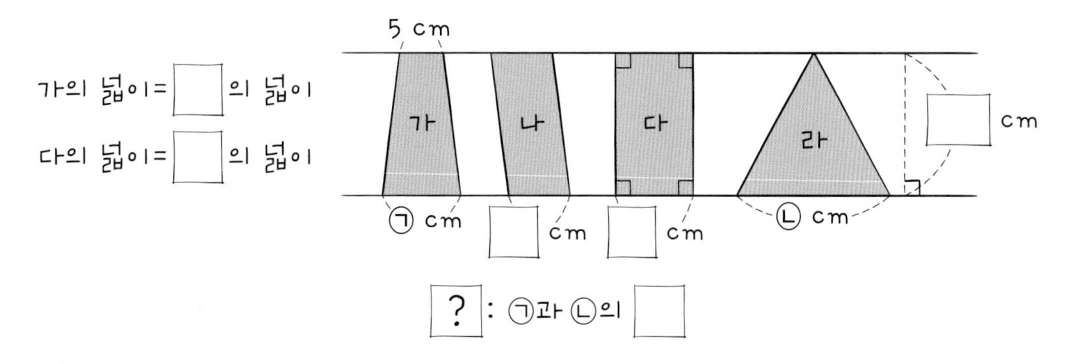


**계획-풀기**

**14** 오른쪽 그림은 크기가 같은 정육각형 모양을 이용하여 구성한 정원을 하늘에서 드론을 이용해서 찍은 모양입니다. 정원의 둘레는 252 m이고, 색칠한 정삼각형 모양의 화단에는 꽃이 있습니다. 이 색칠한 정삼각형 모양을 모두 변끼리 붙여서 만들 수 있는 1가지 정다각형의 둘레는 몇 m인지 구하세요.

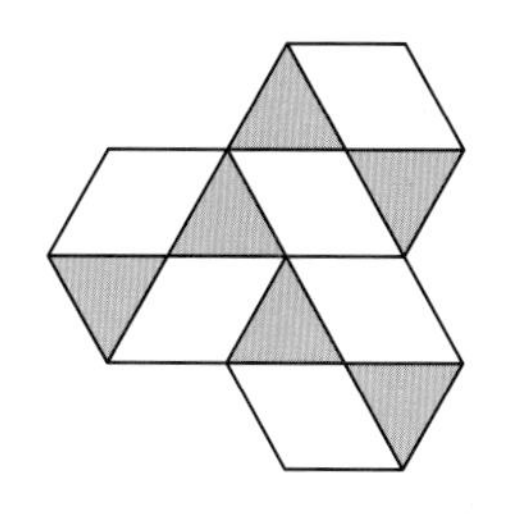

**문제 그리기** 문제를 읽고, □ 안에 알맞은 수를 써넣으면서 풀이 과정을 계획합니다. (?: 구하고자 하는 것)

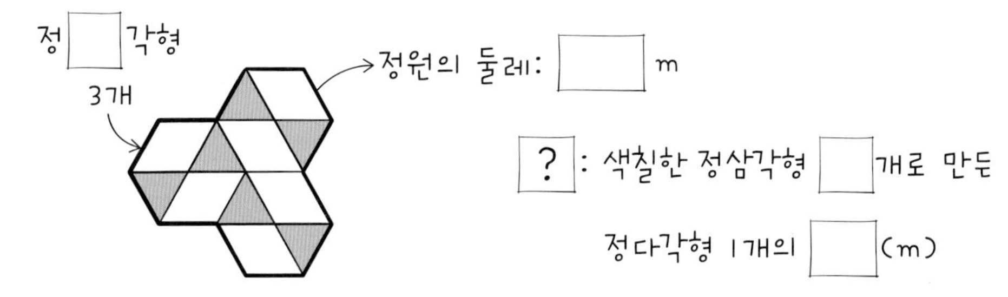


**계획-풀기**

답

**15** 오른쪽 그림과 같이 사다리꼴 ㄱㄴㄷㄹ을 삼각형과 평행사변형으로 나누었습니다. 변 ㅁㄹ의 길이는 변 ㄱㅁ의 길이의 2배입니다. 평행사변형 ㅁㄴㄷㄹ의 넓이는 96 $cm^2$일 때, 사다리꼴 ㄱㄴㄷㄹ의 넓이는 몇 $cm^2$인지 구하세요.

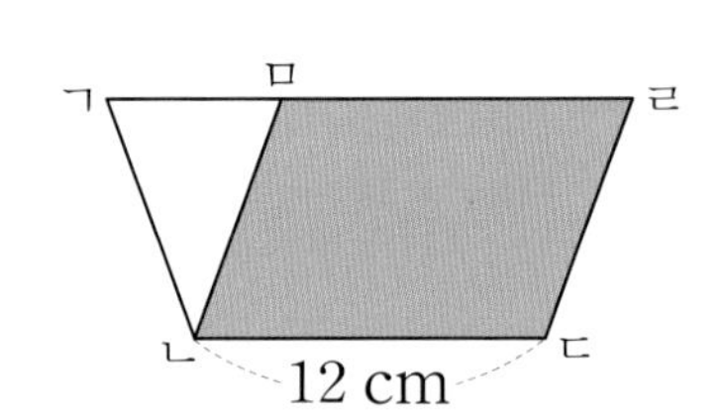


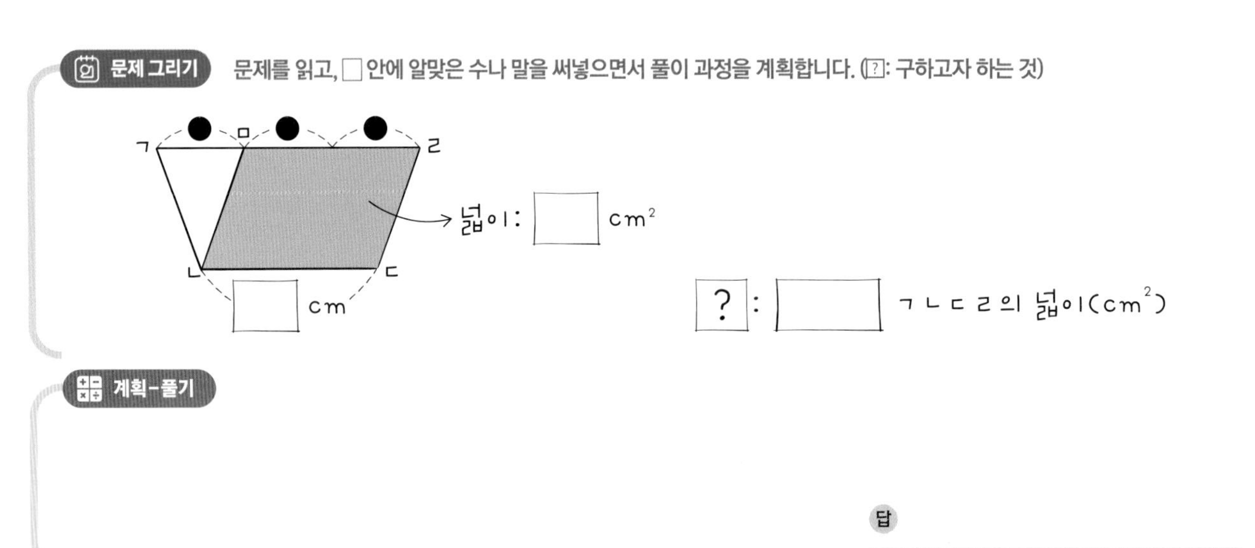


계획-풀기

답

**16** 다음과 같이 규칙에 따라 대분수를 늘어놓았습니다. 보기 에서와 같이 대분수는 사다리꼴을 나타냅니다. 사다리꼴에 대분수의 자연수는 높이, 분자는 윗변의 길이, 분모는 아랫변의 길이를 표시합니다. 9번째 분수가 나타내는 사다리꼴의 넓이를 구하세요. (단, 단위없이 넓이를 구합니다.)

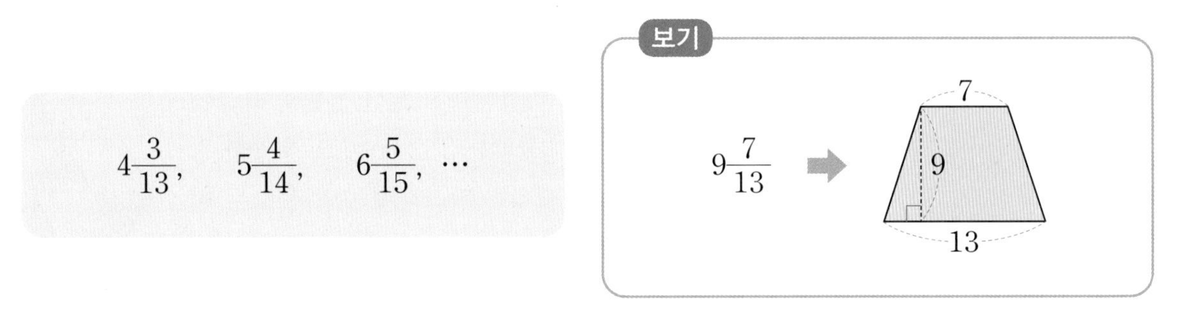


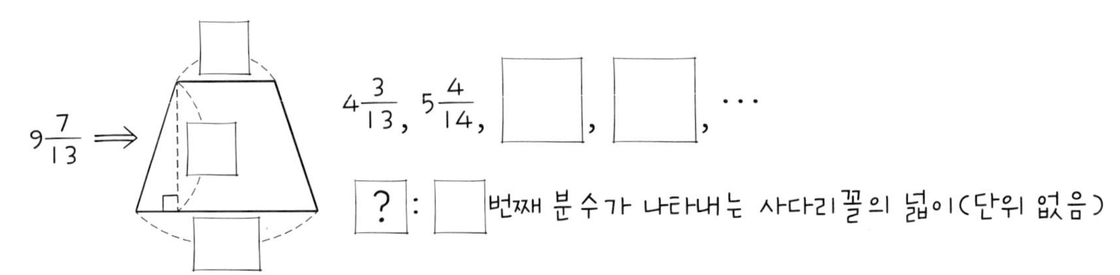


계획-풀기

답

내가 수학하기

# 거뜬히 해내기

정답과 풀이 44쪽

**1** ■, ▲에 대한 규칙이 다음과 같을 때, (64■3)＋(72▲2)의 값을 구하세요.

- 18■4는 한 변의 길이가 18인 정사각형의 각 변의 한가운데에 점을 찍어 연결하여 정사각형 만드는 것을 4번 반복해서 만들어진 가장 작은 정사각형의 넓이
- 16▲3은 한 변의 길이가 16인 정삼각형의 각 변의 한가운데에 점을 찍어 연결하여 정삼각형 만드는 것을 3번 반복해서 만들어진 가장 작은 정삼각형의 둘레

(                    )

**2** 가상 현실 체험관으로 들어갈 때는 아무런 문제가 없지만 체험관에서 밖으로 나오기 위해서는 ‘비밀의 문’이라는 방을 통과해야 합니다. 그 방의 바닥에는 물고기 모양이 그려져 있고, 주변에는 그 모양을 맞출 수 있는 조각들이 보기 의 수만큼씩 있습니다. 그 조각들로 물고기 모양을 맞추고 사용한 조각 수와 물고기 모양 도형의 넓이를 입력하면 방을 탈출할 수 있습니다. 조각 수가 적을수록 방을 빠져나가는 시간이 줄어듭니다. ‘비밀의 문’을 통과한 민영이가 가장 빨리, 수현이가 가장 늦게 빠져나왔다고 할 때, 민영이와 수현이가 입력한 수의 차를 구하세요.

보기

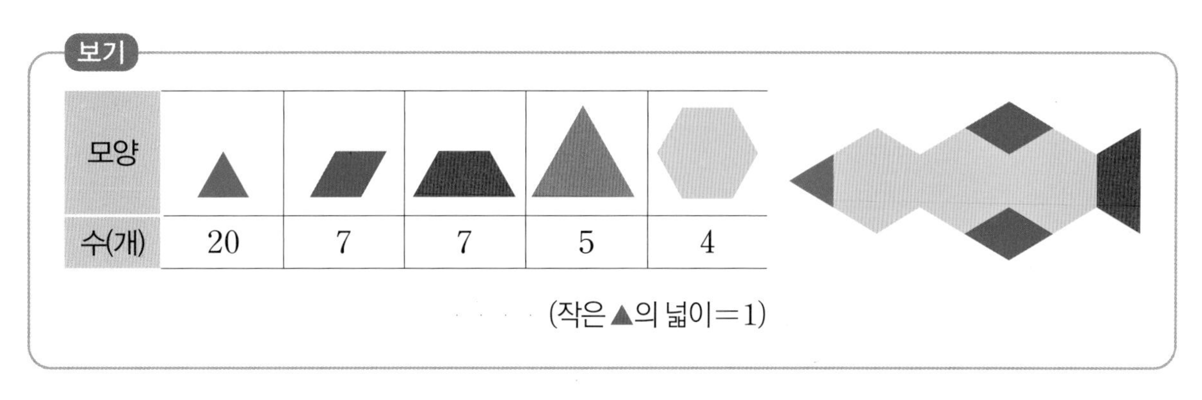

| 모양 | ▲ (작은 삼각형) | 평행사변형 | 사다리꼴 | 큰 삼각형 | 육각형 |
|---|---|---|---|---|---|
| 수(개) | 20 | 7 | 7 | 5 | 4 |

(작은 ▲의 넓이＝1)

(                    )

**3** 한 변의 길이가 20 cm인 정사각형 모양의 깔개가 10개 있습니다. 이 깔개는 매번 변과 변이 완전하게 맞닿게 10개를 맞붙이면 그 모양으로 연결되어 하나의 카페트가 됩니다. 변과 변이 어긋나거나 꼭짓점끼리만 만나면 카페트가 되지 않습니다. 만든 카페트의 둘레가 280 cm, 360 cm, 440 cm인 세 종류일 때, 각각의 모양을 그리고 넓이는 몇 $cm^2$인지 구하세요. (단, 10개의 깔개를 모두 사용하며, 둘레가 360 cm인 카페트는 보기 와 다른 모양이어야 합니다. 또, 모양을 돌리거나 뒤집기 한 모양이 같으면 같은 모양입니다.)

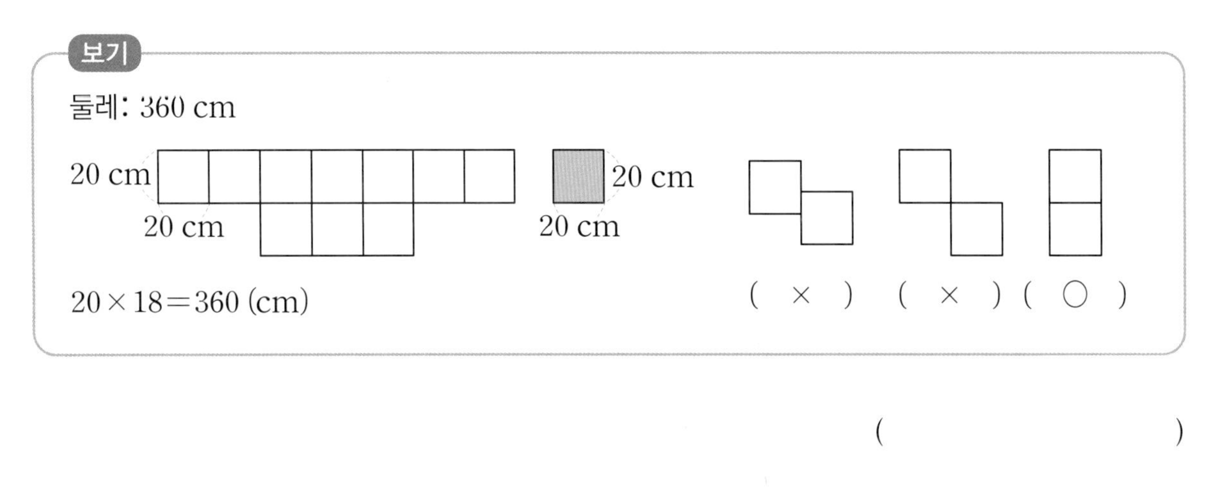


(　　　　　　　　)

**4** 다음은 정사각형 모양의 조각 13개를 붙여 만든 직사각형 모양의 벽걸이입니다. 이 벽걸이의 둘레가 322 cm일 때, ㉠ 조각의 둘레와 ㉡ 조각의 둘레의 합은 몇 cm인지 구하세요.

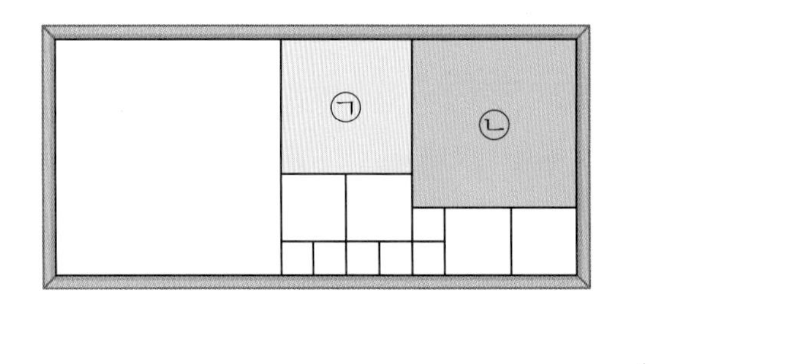


(　　　　　　　　)

**1** 다음 주어진 7개의 평면도형으로 로켓을 만들기 위해 친구들이 이야기 나누고 있습니다. 친구들 의견들 중 틀리게 말한 사람을 찾고, 그 의견을 바르게 고쳐 보세요.

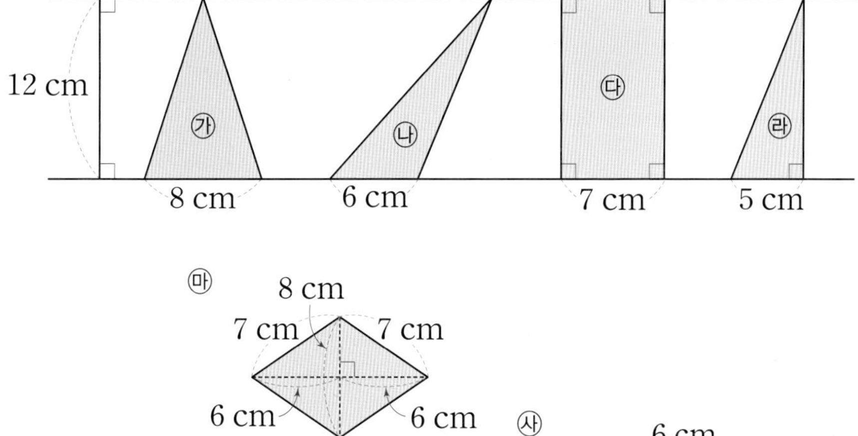


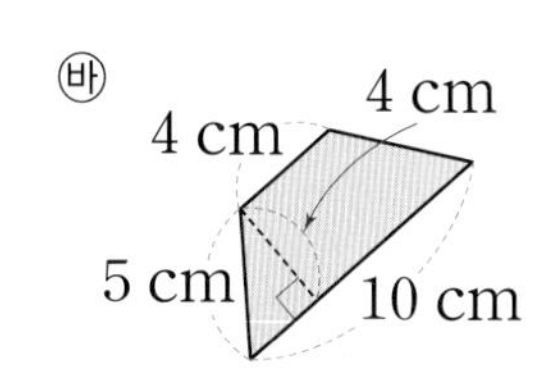


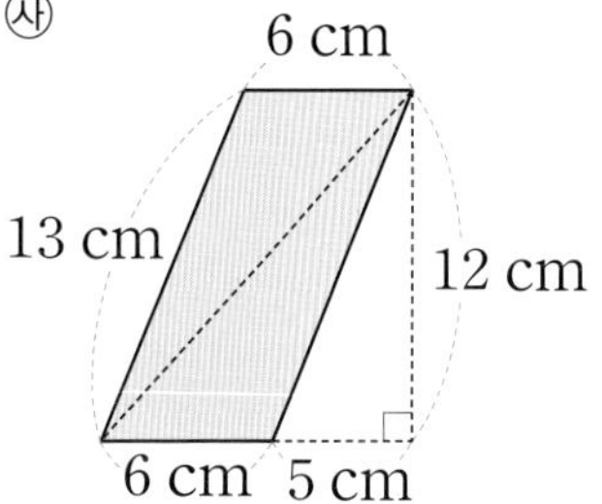


민이: 난 삼각형 ㉯의 넓이를 구할 수 있어. 밑변의 길이는 주어져 있고, 높이는 두 평행선 사이의 거리가 삼각형 ㉯의 높이잖아. 그래서 구할 수 있어.

수호: 평행사변형 ㉴에는 밑변의 길이와 높이가 주어져 있네. 그럼 넓이를 구할 수 있지.

민이: 도형 ㉲의 넓이를 구할 수 있을 것 같아. 한 변의 길이가 7 cm인 마름모니까 정사각형이야. 그러면 넓이는 (한 변의 길이)×(한 변의 길이)로 구하면 되지.

수호: 삼각형 ㉱에는 높이가 없지만 직사각형 ㉰의 세로와 삼각형 ㉱의 높이가 같아.

**2** 다음은 **1**의 ㉮~㉳ 도형을 모두 사용하여 만든 로켓입니다. 다음 로켓 안에 사용한 도형들을 그리고 넓이는 몇 $cm^2$인지 구하세요.

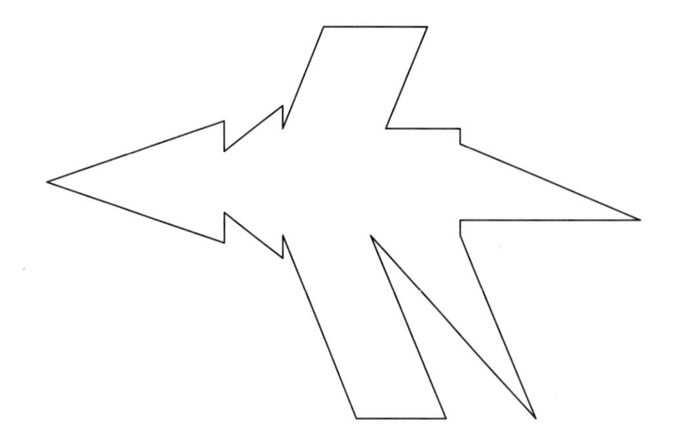

**3** 다음은 **1**의 ㉮~㉳ 도형 중 6개의 도형을 사용하여 만든 것입니다. 다음 그림에 사용한 도형들을 그리고 넓이는 몇 $cm^2$인지 구하세요.

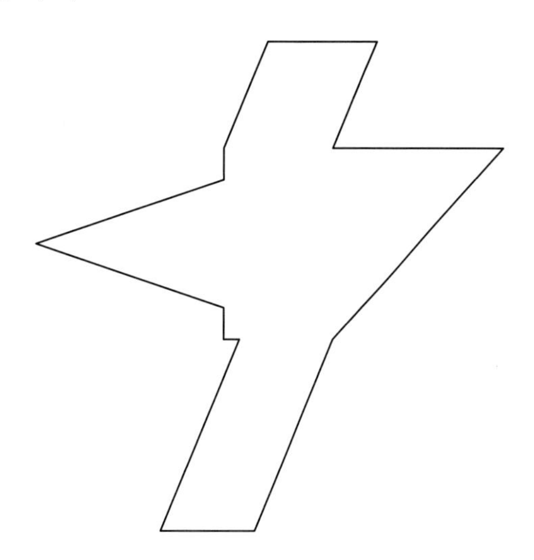

## 단원 연계

### 4학년 2학기

**꺾은선그래프**

- 꺾은선그래프의 표현과 해석

### 5학년 1학기

**규칙과 대응**

- 한 양이 변할 때 다른 양이 그와 연관되어 변하는 대응 관계를 나타낸 표에서 규칙 찾아 설명
- 규칙을 □, △ 등을 사용하여 식으로 표현

### 5학년 2학기

**평균과 가능성**

- 사건이 일어날 가능성을 말과 수로 표현 및 비교
- 자료를 통한 가능성의 예측, 가능성에 근거한 판단
- 평균의 의미 이해 및 계산과 적용

## 이 단원에서 사용하는 전략

- 식 만들기
- 표 만들기
- 규칙성 찾기

# PART 3

# 변화와 관계 자료와 가능성

관련 단원 규칙과 대응

# 개념 떠올리기

## 그다음이 무엇인고?

**1** 다음은 일정한 규칙으로 나열된 벽지 무늬의 일부분입니다. 다음에 이어질 모양을 그리세요.

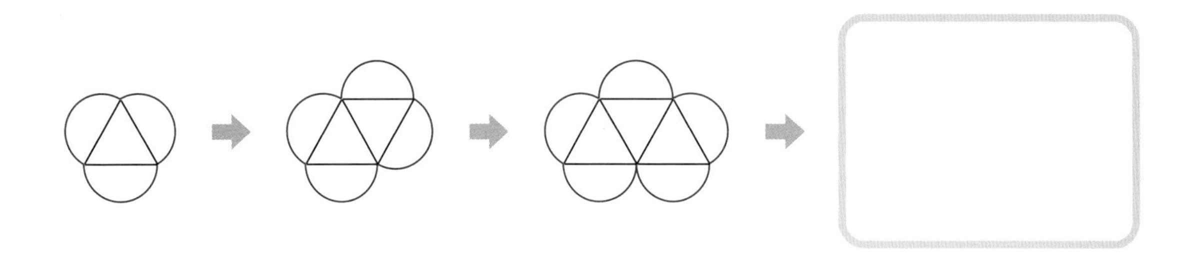

**[2~3]** 다음은 모든 초파리의 다리의 수가 6개인 경우에 대하여 초파리의 수와 다리의 수 사이의 대응 관계를 말로 나타낸 것입니다. □ 안에 알맞은 수를 써넣으세요.

**2**

놀이동산에서 사과파이를 먹다가 하품하면서 땅에 떨어뜨렸는데 한참을 놀다가 다시 그 자리에 와보니 초파리가 12마리나 모였습니다. 초파리 1마리의 다리의 수가 6개이므로 전체 다리의 수는 □개입니다. 초파리가 한 마리씩 늘어날 때마다 그 다리의 수는 □개씩 늘어납니다. 그러므로 초파리의 다리의 수는 초파리의 수의 □배씩 늘어납니다.

**3**

초파리의 다리의 수만 알아도 초파리의 수를 알 수 있습니다. 한 마리당 다리의 수가 □개이므로 다리의 수가 144개라면 초파리의 수는 □마리인 것을 알 수 있습니다.

**4** 다음은 영화관에서 상영되는 영화의 상영 시간을 나타낸 것입니다. □ 안에 알맞은 수를 써넣으세요.

어느 영화가 2시간 동안 상영됩니다. 이 영화 한 편이 시작하는 시각과 끝나는 시각은 □시간 차이가 납니다. 오전 9시에 시작한 영화는 오전 □시에 끝나고, 오후 9시에 끝난 영화는 오후 □시에 시작한 것입니다.

**[5~6]** 지수는 놀이공원에서 점수가 적힌 곰돌이를 공 3개를 던져서 모두 맞혔습니다. 물음에 답하세요. (단, 맞혀서 넘어진 곰돌이는 바로 다시 일어납니다.)

**5** 지수가 공을 3번 던져서 얻을 수 있는 점수를 표로 완성하세요.

| 7점을 맞힌 공의 수(개) | 3 | 2 | 2 | 1 | 1 | 1 | 0 | 0 | | |
|---|---|---|---|---|---|---|---|---|---|---|
| 5점을 맞힌 공의 수(개) | 0 | 1 | 0 | 2 | 1 | 0 | 3 | 2 | | |
| 3점을 맞힌 공의 수(개) | 0 | 0 | 1 | 0 | 1 | 2 | | | | |
| 점수(점) | 21 | 19 | | | | | | | | |

**6** 지수가 얻을 수 있는 점수는 모두 몇 가지인지 구하세요.

( )

**개념 적용**

한 사람당 필요한 색종이 수가 6장이에요. 5학년의 다섯 반의 학생들의 수가 각각 25명이라고 할 때, 5학년 학생들에게 필요한 색종이는 모두 몇 장일까요?

학생은 한 반에 25명씩 5반이므로 모두 25×5=125(명)이네요.
그럼 색종이는 125×6=750(장) 필요하겠어요.

## 이렇게 간단하게 식으로 나타낼 수 있다니!!

**7** 다음과 같이 일정한 규칙으로 바둑돌이 배열될 때 열다섯째에 놓이는 바둑돌을 그리고 바둑돌은 몇 개인지 구하세요.

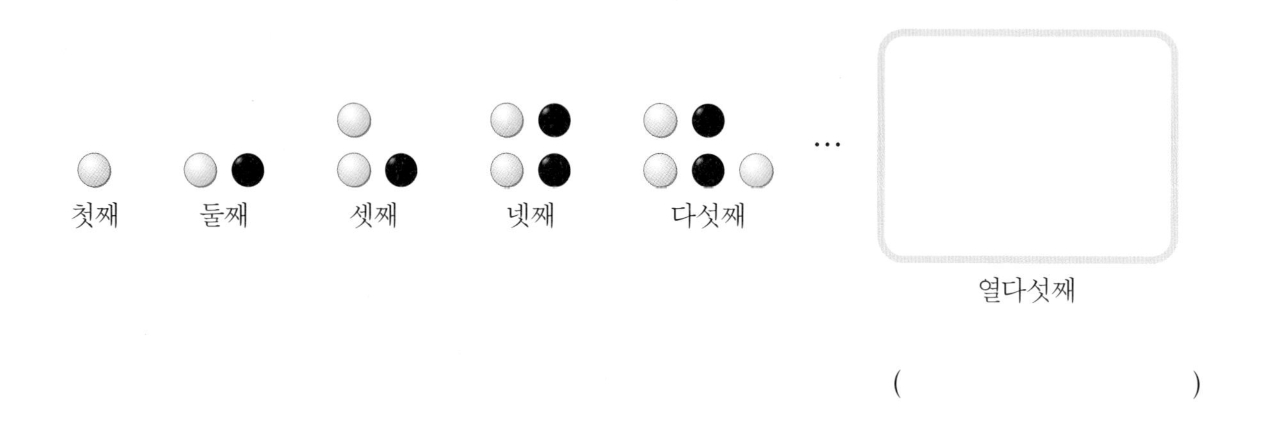


( )

**8** 마름모의 수를 ■, 변의 수를 ★로 나타낼 때, □ 안에 알맞은 수를 써넣으세요.

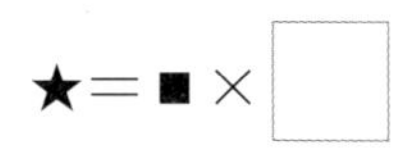


**[9~10]** 누름 못을 사용하여 다음과 같이 게시판에 삼각형 모양의 사진을 붙였습니다. 물음에 답하세요.

…

**9** 사진의 수와 누름 못의 수 사이의 대응 관계를 표를 이용하여 나타내세요.

| 사진의 수(장) | 1 | 2 | 3 | 4 | … |
|---|---|---|---|---|---|
| 누름 못의 수(개) | 3 | | | | … |

**10** 사진의 수와 누름 못의 수 사이의 대응 관계를 식으로 나타내고, 사진이 16장일 때 필요한 누름 못은 몇 개인지 구하세요.

### 개념 적용

이사한 집에 액자를 걸어야 하는데 작은 액자는 못이 1개, 큰 액자는 못이 2개 필요해요. 우리는 작은 액자가 7개, 큰 액자가 3개 있으니까 필요한 못은 모두 7+3×2=13(개)예요.

## 식을 만들어서, 식을 세워서 문제를 풀어요?

문제를 잘 읽고 어떻게 풀어야 할지를 계획하는데 그 과정을 식으로 표현하는 전략을 '식 만들기'라고 합니다. 식을 만들면 그 식을 풀어서 답을 구할 수 있으므로 어떻게 답을 구했는지도 확인할 수 있고, 계산 과정에서 실수도 줄일 수 있는 전략입니다.

식을 세우는 것이 귀찮아서 그냥 계산한다고요?

네! 쓰는 것이 귀찮아서 그냥 계산해서 답을 써요. 식을 꼭 써야 하나요?

계산이 복잡하거나 조건이 여러 개인 경우는 계산하느라 몇 가지 과정을 놓칠 수 있어요. 그래서 식을 세우면 내가 계산을 어떻게 해야 하는지 계획하고 맞는지 확인 할 수 있어요.

계획이요??

문제를 푸는 과정이 복잡해도 식을 세우면 어떻게 풀어야 할지도 한눈에 보이는 경우가 많거든요.

그럼 이제부터 식을 세워 봐야 겠어요.

**1** 소연이의 몸무게는 40 kg입니다. 소연이가 자전거 타기를 1분 하면 6킬로칼로리, 계단 오르기를 1분 하면 5킬로칼로리가 소모된다고 합니다. 소연이는 매일 자전거 타기를 30분, 계단 오르기를 20분씩 3월과 4월 두 달 동안 했습니다. 소연이가 두 달 동안 자전거 타기와 계단 오르기로 소모한 열량은 모두 몇 킬로칼로리인지 구하세요.

**문제 그리기** 문제를 읽고, □ 안에 알맞은 수나 말을 써넣으면서 풀이 과정을 계획합니다. (?: 구하고자 하는 것)

(3월 ⇒ □일) + (4월 ⇒ □일)

자전거 타기(1분: 6킬로칼로리) ⇒ 30분

계단 오르기(1분: □킬로칼로리) ⇒ □분

? : □달 동안 자전거 타기와 계단 오르기로 소모한 □(킬로칼로리)

**계획-풀기** 틀린 부분에 밑줄을 긋고 그 부분을 바르게 고쳐 화살표 오른쪽에 쓰거나 □ 안에 알맞은 수를 써넣으면서 답을 구합니다.

❶ 자전거 타기와 계단 오르기로 하루에 소모한 열량을 각각 구하기

소연이가 1분에 6킬로칼로리를 소모하는 자전거 타기를 매일 20분 동안 했으므로 하루에 소모하는 열량은 6×20=120(킬로칼로리)입니다. 따라서 자전거 타기를 한 날수가 1일 늘어날 때마다 소모한 열량은 120킬로칼로리씩 늘어납니다.

→

소연이가 1분에 5킬로칼로리를 소모하는 계단 오르기를 매일 30분 동안 했으므로 하루에 소모하는 열량은 5×30=150(킬로칼로리)입니다. 따라서 계단 오르기를 한 날수가 1일 늘어날 때마다 소모한 열량은 150킬로칼로리씩 늘어납니다.

→

❷ 운동한 날수와 소모한 열량 사이의 관계를 식으로 나타내어 답 구하기

❶에서 자전거 타기는 1일에 □킬로칼로리씩, 계단 오르기는 □킬로칼로리씩 소모된다고 했으므로 운동한 날수를 ◎일이라고 하고, 소모한 총 열량을 △킬로칼로리라고 하면 두 양 사이의 관계는 (총 열량)=((1일 자전거 타기 소모 열량)+(1일 계단 오르기 소모 열량))×(운동한 날수)이므로

△=(□+□)×◎입니다.

이때 3월은 □일이고, 4월은 □일이므로 소연이가 운동한 날수는 모두 □일입니다.

따라서 소모한 총 열량은 (□+□)×□=□×□=□(킬로칼로리)입니다.

답 ______

**확인하기** 문제를 풀기 위해 배워서 적용한 전략에 ○표 해 봅니다.

식 만들기 (　　)　　표 만들기 (　　)　　규칙성 찾기 (　　)

**2** 어느 쇼핑몰에서 물건을 배송하는 우편물 개수와 그 요금 사이의 대응 관계를 표로 나타내었습니다. 이 표를 보고 36000원으로 우편물을 몇 개 보낼 수 있는지 구하세요.

| 우편물의 개수(개) | 1 | 2 | 3 | 4 | … |
|---|---|---|---|---|---|
| 우편 요금(원) | 2400 | 4800 | 7200 | 9600 | … |

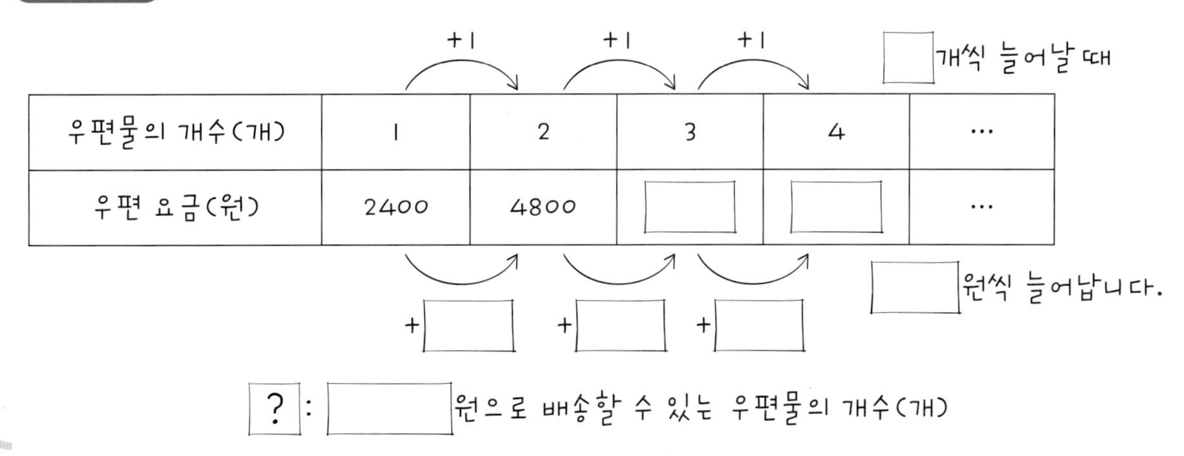


**계획-풀기** 틀린 부분에 밑줄을 긋고, 그 부분을 바르게 고친 것을 화살표 오른쪽에 씁니다.

❶ 우편물의 개수 △(개), 우편 요금 ○(원)라고 할 때, 두 양 사이의 대응 관계를 식으로 나타내기

우편물이 1개씩 늘어날 때마다 우편 요금은 2600원씩 늘어납니다.

→

따라서 우편물의 개수에 2600을 곱하면 우편 요금을 구할 수 있습니다. ○=△×2600

→

또한 우편 요금을 2600으로 나누면 우편물의 개수를 구할 수 있습니다. △=○ ÷ 2600

→

❷ 우편 요금 36000원으로 배송할 수 있는 우편물의 개수 구하기

△=○ ÷ 2600에서 우편 요금인 ○가 36000일 때, 우편물의 개수인 △를 구하는 식을 완성하면 다음과 같습니다.

△=36000 ÷ 2600=13 … 2200이므로 우편물을 13개 보낼 수 있습니다.

→

답

**확인하기** 문제를 풀기 위해 배워서 적용한 전략에 ○표 해 봅니다.

식 만들기 (    ) 표 만들기 (    ) 규칙성 찾기 (    )

# 배우기



## 표 만들기?

문제에서 변화되는 양이 2개일 때, 그 변화되는 양들을 표로 나타내면 문제에서 구하고자 하는 것을 어떻게 구해야 할지를 발견하게 됩니다. 또는 어떻게 답을 구할 수 있는지를 발견하게 되는 보조 전략으로 사용될 수 있습니다.

두 양 사이의 어떤 규칙성을 찾아서 그것을 이용해서 답을 구할 때 표를 사용하면 편해요.

두 양이 뭐예요?

물건을 살 때 그 물건을 1개, 2개, 3개, ... 사면 그 가격도 달라지잖아요. 여기서 두 양이라는 것은 물건의 개수와 가격이고, 어떤 규칙성이라는 것은 물건의 개수에 따라 그 가격이 2배, 3배, ...로 변화되는 관계가 규칙성이에요. 일정한 변화 같은 것!

아하. 알겠어요. 그러면 그것을 어떻게 찾아요? 규칙성을 말이에요.

문제를 잘 읽고, 먼저 변화되는 것들을 찾아야 해요. 그다음 어떻게 변화되는지를 생각하는 거예요. 그것을 기록할 칸을 미리 정하는 것이 바로 표를 그리는 것이죠!

**1** 다음과 같이 리본을 1번, 2번, 3번, ⋯ 회전하여 한 번 잘라서 여러 도막으로 나누려고 합니다. 12번 회전하고 자르면 몇 도막이 되는지 구하세요.

⋯

**문제 그리기** 문제를 읽고, □ 안에 알맞은 수를 써넣으면서 풀이 과정을 계획합니다. (?: 구하고자 하는 것)

⋯

❶번 돌리면 → 2×2　❷번 돌리면 → 3×2　❸번 돌리면 → □×2

? : 리본을 □번 회전하고 잘랐을 때 도막 수(도막)

**계획-풀기** 빈칸에 알맞은 수를 써넣으면서 답을 구합니다.

❶ 리본의 도막 수와 회전 수 사이의 대응 관계를 표를 이용해서 알아내기

| 회전 수(번) | 1 | 2 | 3 | 4 | ⋯ | 12 | ⋯ |
|---|---|---|---|---|---|---|---|
| 도막 수(도막) | 4 | | | | ⋯ | ★ | ⋯ |

↓ 2×2　↓ 3×□　↓ 4×□　↓ □×□　⋯

❷ 리본을 12번 회전하고 잘랐을 때 도막 수 구하기

(도막 수)=((회전 수)+1)×2이고 회전 수가 □번이므로 도막 수(★)는

(□+1)×2=□(도막)입니다.

답 ______________

**확인하기** 문제를 풀기 위해 배워서 적용한 전략에 ○표 해 봅니다.

식 만들기 (　　)　　표 만들기 (　　)　　규칙성 찾기 (　　)

**2** 다음과 같은 규칙으로 삼각형 모양의 사진과 스티커를 게시판에 붙일 때, 사진이 17장이면 스티커는 몇 장 필요한지 구하세요.

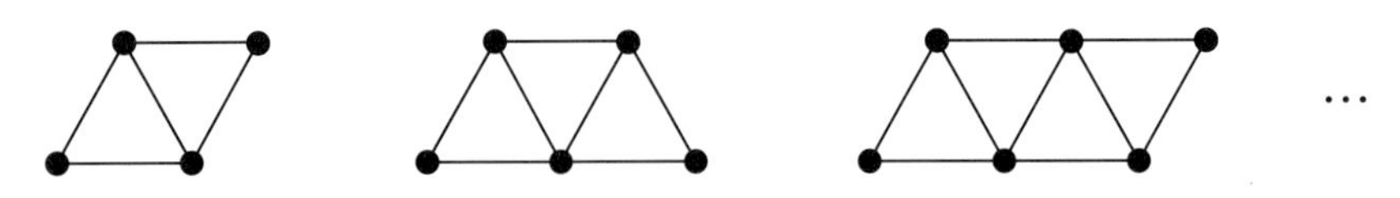

**문제 그리기** 문제를 읽고, □ 안에 알맞은 수나 말을 써넣으면서 풀이 과정을 계획합니다. (?: 구하고자 하는 것)

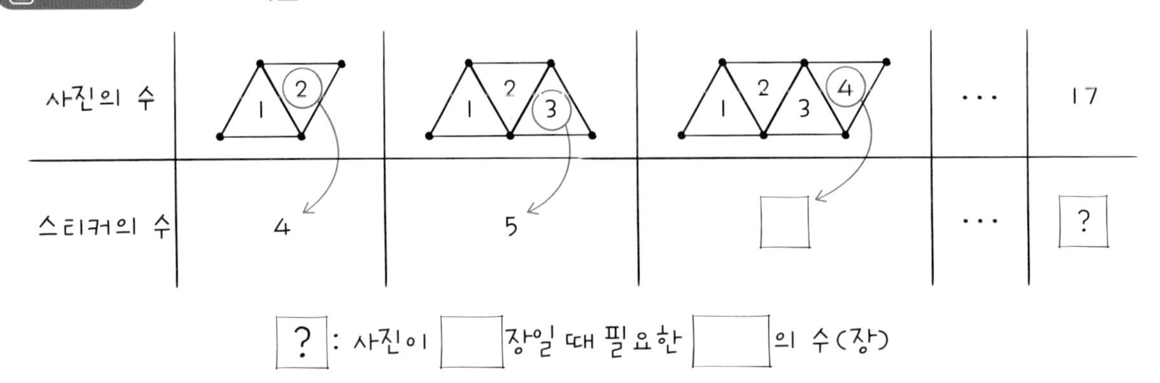


**계획-풀기** 빈칸에 알맞은 수를 쓰고, 틀린 부분에 밑줄을 긋고 그 부분을 바르게 고친 것을 화살표 오른쪽에 씁니다.

**1** 사진의 수와 스티커의 수 사이의 대응 관계를 표를 이용해서 알아내기

| 사진의 수(장) | 2 | 3 | 4 | 5 | … | 17 | … |
|---|---|---|---|---|---|---|---|
| 스티커의 수(장) | 4 | | | | … | ★ | … |

2+2　3+□　4+□　□+□

**2** 사진이 17장일 때 필요한 스티커의 수 구하기

(스티커의 수)=(사진의 수)×2입니다.

따라서 사진이 17장일 때 필요한 스티커의 수는 17×2=34(장)입니다.

→

답

**확인하기** 문제를 풀기 위해 배워서 적용한 전략에 ○표 해 봅니다.

식 만들기 (　　)　　표 만들기 (　　)　　규칙성 찾기 (　　)

# 배우기



## 규칙성 찾기

수나 그림, 도형 등의 나열에서 일정한 규칙을 찾는 방법입니다. 규칙을 적용하여 문제를 풀고 답을 찾는 전략입니다.

봐요! 2, 4, 6, 8, 그리고 그다음 수는 무엇일까요?

10이요. 그건 알겠는데 규칙을 찾으라고 하면 모르겠어요!

어떻게 '10'이라고 답을 한 거예요? 그 계산 방법을 떠올려봐요. 어떻게 알았어요?

2부터 2씩 커지잖아요. 그러니까 8 다음 수도 2만큼 커지는 …
와~ 이게 규칙이네요?

맞아요! 바로 '2씩 커진다.'가 규칙이에요.
그런 규칙을 찾으면 몇 번째든 상관없이 구할 수 있겠지요.

**1** 다음과 같은 규칙으로 삼각형이 나열될 때, 아홉째 삼각형을 구하세요.

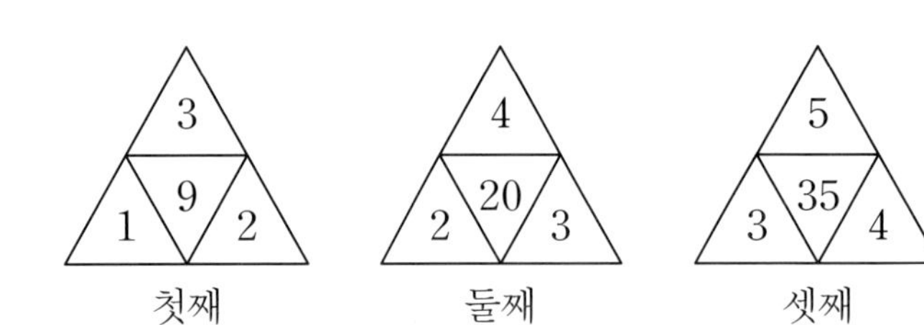


**문제 그리기** 문제를 읽고, □ 안에 알맞은 수나 말을 써넣으면서 풀이 과정을 계획합니다. (?: 구하고자 하는 것)

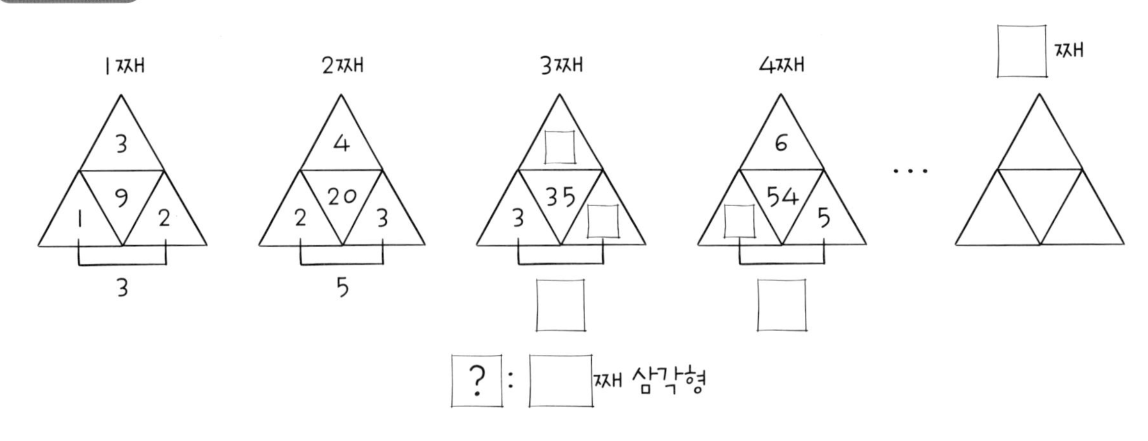


**계획-풀기** 틀린 부분에 밑줄을 긋고 그 부분을 바르게 고치면서 답을 구합니다.

❶ 삼각형 안에 적힌 수의 규칙성 찾기

1째 ⇨ 꼭짓점에 있는 수: (왼쪽부터) 1, 2, 3 / 가운데 수: $(1+2)\times3=9$

2째 ⇨ 꼭짓점에 있는 수: (왼쪽부터) 2, 3, 4 / 가운데 수: $(1+2)\times3=9$

3째 ⇨ 꼭짓점에 있는 수: (왼쪽부터) 3, 4, 5 / 가운데 수: $(1+2)\times3=9$

4째 ⇨ 꼭짓점에 있는 수: (왼쪽부터) 5, 6, 7 / 가운데 수: $(5+6)\times7=77$

→

❷ 9째 삼각형 구하기

9째 ⇨ 꼭짓점에 있는 수: (왼쪽부터)10, 11, 12 / 가운데 수: $(10+11)\times12=252$

→

답 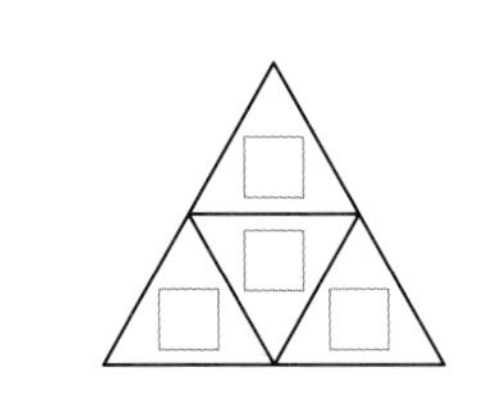

**확인하기** 문제를 풀기 위해 배워서 적용한 전략에 ○표 해 봅니다.

식 만들기 (　　)　　표 만들기 (　　)　　규칙성 찾기 (　　)

## 2 다음과 같이 7을 곱하고 있습니다. 7을 71번 곱했을 때 곱의 일의 자리 숫자를 구하세요.

| | |
|---|---|
| $7$ | $7\times7\times7\times7=2401$ |
| $7\times7=49$ | $7\times7\times7\times7\times7=16807$ |
| $7\times7\times7=343$ | ⋮ |

**문제 그리기** 문제를 읽고, □ 안에 알맞은 수를 써넣으면서 풀이 과정을 계획합니다. (?: 구하고자 하는 것)

| | |
|---|---|
| 7 | 7 |
| 7×7 | 49 |
| 7×7×7 | 343 |
| 7×7×7×7 | □ |
| 7×7×7×7×7 | □ |

⬅ 곱의 일의 자리 숫자만 나열하면

7, 9, 3, □, □, …

? : 7을 □번 곱했을 때 곱의 일의 자리 숫자

**계획-풀기** 틀린 부분에 밑줄을 긋고 그 부분을 바르게 고치면서 답을 구합니다.

❶ 7을 여러 번 곱할 때 곱의 일의 자리 숫자의 규칙 찾기

7을 1번, 2번, 3번, …과 같이 여러 번 곱하면 곱의 일의 자리 숫자는 다음과 같이 나열됩니다.

7, 9, 3, 1, 7, …이므로 반복되는 숫자는 7, 9, 4, 1입니다.

→

❷ 7을 71번 곱했을 때 곱의 일의 자리 숫자 구하기

반복되는 숫자가 4개이므로 그 4개의 숫자가 몇 번 들어가고 몇 개가 남는지를 구하면 됩니다.

$71\div4=17\cdots3$이므로 곱의 일의 자리 숫자인 7, 9, 4, 1이 3번 반복되고 17번째 숫자인 2가 7을 71번 곱했을 때 곱의 일의 자리 숫자입니다.

→

답 ____________

**확인하기** 문제를 풀기 위해 배워서 적용한 전략에 ○표 해 봅니다.

식 만들기 (　　) 표 만들기 (　　) 규칙성 찾기 (　　)

**3** 같은 길이의 보라색과 회색 테이프 그리고 스티커로 교실 뒤에 있는 직사각형 모양의 게시판 테두리의 윗변과 아랫변을 꾸미려고 합니다. 보라색 테이프 도막과 회색 테이프 도막을 번갈아 가며 붙이고, 다른 색 테이프가 만나는 곳마다 스티커를 붙였습니다. 한 변에 스티커를 25장씩 붙인다면 각 테이프는 몇 도막씩 필요한지 구하세요. (단, 스티커는 두 테이프 위에 붙이고, 처음과 끝에는 붙이지 않습니다).

**문제 그리기** 문제를 읽고, □ 안에 알맞은 수나 말을 써넣으면서 풀이 과정을 계획합니다. (?: 구하고자 하는 것)

스티커 □장

? : 게시판의 윗변과 □에 붙일 보라색과 회색 테이프의 수(도막)

**계획-풀기** 틀린 부분에 밑줄을 긋고 그 부분을 바르게 고치면서 답을 구합니다.

❶ 한 변에 스티커 3장을 붙이는 경우 필요한 색 테이프 도막의 수 각각 구하기

한 변에 스티커 3장을 붙일 때 필요한 색 테이프 도막의 수는 $3-1=2$(도막)이므로 보라색 1도막, 회색 1도막이 필요합니다.

→

❷ 한 변에 스티커 4장을 붙이는 경우 필요한 색 테이프 도막의 수 각각 구하기

한 변에 스티커를 4장 붙일 때 필요한 색 테이프 도막의 수는 $4-1=3$(도막)이므로 보라색 2도막, 회색 2도막이 필요합니다.

→

❸ 한 변에 스티커 25장을 붙일 때 필요한 색 테이프 도막의 수 각각 구하기

한 변에 붙이는 스티커의 수가 ❶과 같이 홀수인 ▲장인 경우 한 변에 필요한 색 테이프 도막의 수는 (▲$-1$) 도막이고 보라색과 회색 테이프 도막의 수는 각각 (▲$-1$)$\div 2$ (도막)입니다.

→

한 변에 붙이는 스티커가 25장이므로 한 변에 필요한 색 테이프 도막은 $25-1=24$(도막)이고, 보라색 테이프는 12도막, 회색 테이프는 12도막 필요합니다.

→

답

**확인하기** 문제를 풀기 위해 배워서 적용한 전략에 ○표 해 봅니다.

식 만들기 (   )　　표 만들기 (   )　　규칙성 찾기 (   )

# 내가 수학하기 해보기

**1** 엄마는 한 달 동안 내가 마시는 바나나 우유와 딸기 우유는 각각 12병과 8병이라고 말씀하셨습니다. 내가 1년 동안 바나나 우유와 딸기 우유를 모두 몇 병 마시는 건지 구하세요.

**문제 그리기** 문제를 읽고, □ 안에 알맞은 수를 써넣으면서 풀이 과정을 계획합니다. (?: 구하고자 하는 것)

한 달 동안 [ 바나나 우유 □병 / 딸기 우유 □병 ] → ? : 1년(□개월) 동안 마신 모든 우유의 병의 수(병)

**계획-풀기**

❶ 한 달 동안 마시는 우유의 양 구하기

❷ 1년 동안 마시는 우유의 양 구하기

답 ______________________

**2** 어느 작은 공장은 선물 상자를 만드는 데 리본을 상자에 붙이는 기계가 13대 있습니다. 그 기계들은 모두 하루 8시간 작동하는데, 기계 1대당 1분에 6개의 리본을 상자에 붙입니다. 그 공장에서 4월 한 달 동안 필요한 리본은 몇 개인지 구하세요.

**문제 그리기** 문제를 읽고, □ 안에 알맞은 수를 써넣으면서 풀이 과정을 계획합니다. (?: 구하고자 하는 것)

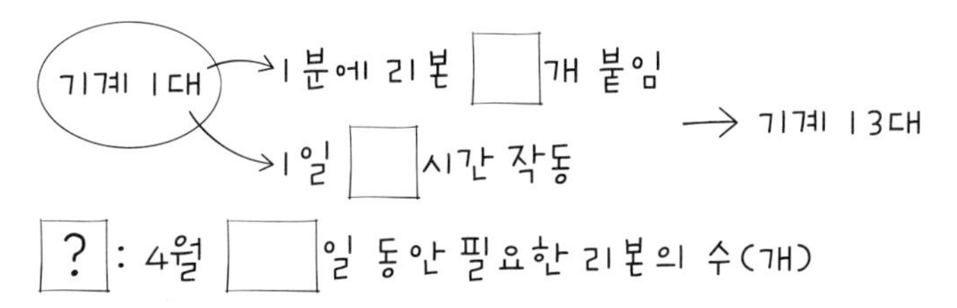


**계획-풀기**

❶ 기계 1대가 4월 한 달 동안 붙이는 리본의 수 구하기

❷ 기계 13대가 4월 한 달 동안 붙이는 전체 리본의 수 구하기

답 ______________________

**3** 다음 표는 같은 날 서울의 시각과 바르셀로나의 시각 사이의 대응 관계를 나타낸 것입니다. 바르셀로나가 2월 3일 오후 5시라면 서울은 몇 월 며칠 몇 시인지 구하세요.

| 서울의 시각 | 오전 11시 | 낮 12시 | 오후 1시 | 오후 2시 | … |
|---|---|---|---|---|---|
| 바르셀로나의 시각 | 오전 3시 | 오전 4시 | 오전 5시 | 오전 6시 | … |

**문제 그리기** 문제를 읽고, □ 안에 알맞은 수나 말을 써넣으면서 풀이 과정을 계획합니다. (?: 구하고자 하는 것)

| 서울 | 오전 11시 | 낮 12시 | 오후 □시 | 오후 2시 |
|---|---|---|---|---|
| 바르셀로나 | 오전 3시 | 오전 4시 | 오전 5시 | 오전 □시 |

? : 바르셀로나가 2월 3일 오□ □시일 때, 서울은 몇 월 며칠 몇 시인지

**계획-풀기**

❶ 서울과 바르셀로나의 시각 차 구하기

❷ 서울의 날짜와 시각 구하기

답 ______________________

**4** 칫솔 살균기를 1번 충전해서 매일 5분씩 2번 사용하면 20일 동안 사용할 수 있습니다. 이 칫솔 살균기를 매일 10분씩 4번 사용하면 며칠을 사용할 수 있는지 구하세요.

**문제 그리기** 문제를 읽고, □ 안에 알맞은 수를 써넣으면서 풀이 과정을 계획합니다. (?: 구하고자 하는 것)

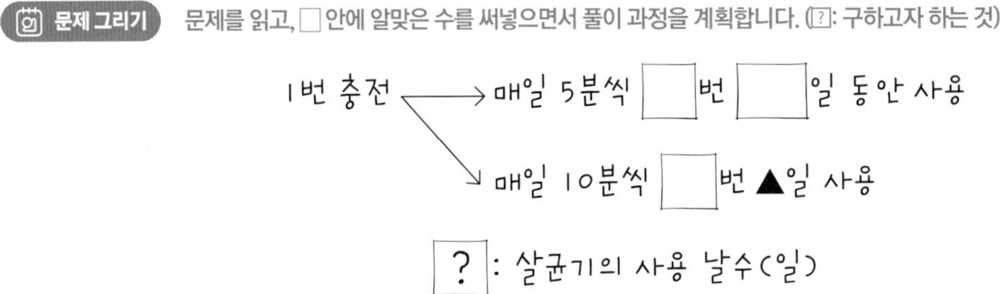


**계획-풀기**

❶ 칫솔 살균기를 1번 충전해서 사용할 수 있는 시간은 몇 분인지 구하기

❷ 매일 10분씩 4번 사용하면 며칠을 사용할 수 있는지 구하기

답 ______________________

**5** 다음 표는 준섭이와 어머니의 나이 변화를 나타낸 것입니다. 준섭이의 나이와 어머니의 나이 사이의 관계를 식으로 나타내고 다음 표를 완성하세요.

| 준섭이의 나이(살) | 11 | 12 | 24 | 36 | … |
|---|---|---|---|---|---|
| 어머니의 나이(살) | 38 | 39 | | | … |

**문제 그리기** 문제를 읽고, □ 안에 알맞은 수나 말을 써넣으면서 풀이 과정을 계획합니다. (?: 구하고자 하는 것)

| 준섭 | □ | 12 | 24 | 36 | … |
|---|---|---|---|---|---|
| 어머니 | 38 | □ | ▲ | ● | … |

?: 준섭이의 나이와 어머니의 나이 사이의 □에 대한 식과 표

**계획-풀기**

❶ 준섭이의 나이와 어머니의 나이 사이의 관계를 식으로 나타내기

❷ 표 완성하기

답

**6** 한 사람에게 색종이를 6장씩 나누어 주려고 합니다. 학생 수와 색종이 수 사이의 대응 관계를 잘못 말한 학생을 찾아 쓰고, 바르게 고치세요.

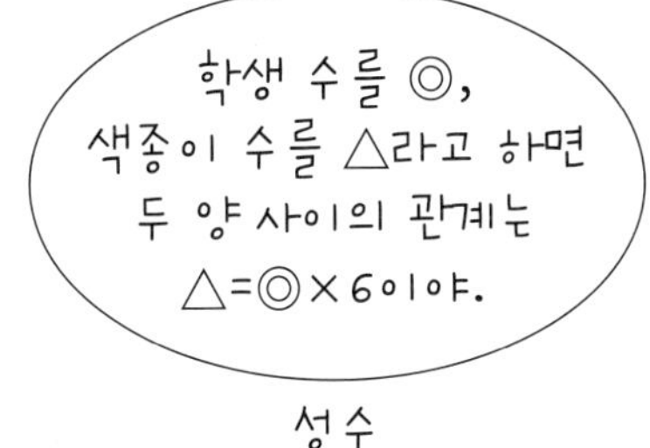


성수

학생이 24명이면
색종이는 144장이
필요해.

예은

학생 수를 ■,
색종이 수를 ★라고 하면
두 양 사이의 관계는
■=★÷5야.

서연

**문제 그리기** 문제를 읽고, □ 안에 알맞은 수나 말을 써넣으면서 풀이 과정을 계획합니다. (?: 구하고자 하는 것)

학생 1명당 색종이 □장씩 나눠 주기 ⇒ 색종이가 6장이면 학생이 1명

?: 성수, 예은, 서연 중 □ 말한 학생과 바르게 고친 풀이

**계획-풀기**

❶ 학생 수와 색종이 수 사이의 관계를 식으로 나타내기

❷ 답 구하기

답

**7** 수민이네 가족은 여행을 가서 벽난로를 피웠습니다. 벽난로에 불이 계속 타게 하기 위해서는 30분마다 나무토막 6개를 넣어야 합니다. 벽난로에 불을 붙인 후 4시간 30분이 지났습니다. 지금까지 벽난로에 더 넣은 나무토막은 모두 몇 개인지 구하세요.

**문제 그리기** 문제를 읽고, □ 안에 알맞은 수나 말을 써넣으면서 풀이 과정을 계획합니다. (?: 구하고자 하는 것)

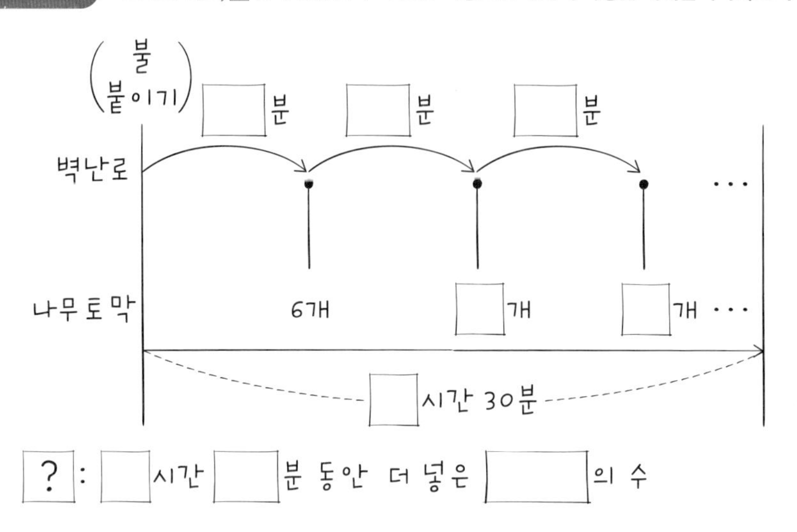


**계획-풀기**

① 표를 완성하여 규칙 찾기

| 시간(분) | 30 | 60 | 90 | 120 | 150 | 180 | 210 | | | … |
|---|---|---|---|---|---|---|---|---|---|---|
| 나무토막 수(개) | 6 | 12 | 18 | | | | | | | … |

② 답 구하기

답

**8** 짜장면 한 그릇의 열량은 700킬로칼로리입니다. 줄넘기를 1분 동안 하면 소모되는 열량이 8킬로칼로리입니다. 짜장면 한 그릇을 먹은 열량을 모두 소비하려면 줄넘기를 적어도 몇 시간 몇 분 몇 초 동안 해야 하는지 구하세요.

**문제 그리기** 문제를 읽고, □ 안에 알맞은 수를 써넣으면서 풀이 과정을 계획합니다. (?: 구하고자 하는 것)

짜장면 한 그릇의 열량은 □ 킬로칼로리

줄넘기를 1분 동안 했을 때 소모되는 열량은 □ 킬로칼로리

? : 짜장면 한 그릇의 열량을 모두 소비하기 위한 최소한의 줄넘기 운동 시간(몇 시간 몇 분 몇 초)

**계획-풀기**

**9** 다음과 같이 배열 순서에 맞게 수 카드를 놓고, 쌓기나무가 규칙적인 배열을 만들고 있습니다. 9째에 필요한 쌓기나무는 몇 개인지 구하세요.

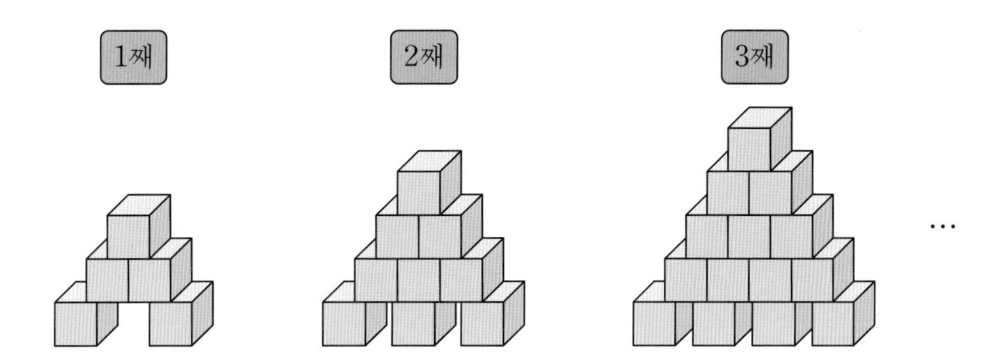


**문제 그리기** 문제를 읽고, □ 안에 알맞은 수를 써넣으면서 풀이 과정을 계획합니다. (?: 구하고자 하는 것)

| 1 | 2 | 3 | … | 9 |
|---|---|---|---|---|
| 2+2+1 | 3+3+2+1 | □+□+□+2+1 | … | ? |

? : □째 쌓기나무의 수

**계획-풀기**

답

**10** 민지의 고모는 커피를 너무 좋아해서 매일 커피 2잔과 스콘 1개를 먹는다고 합니다. 민지의 고모가 30일 동안 먹은 커피와 스콘은 각각 몇 잔과 몇 개인지 구하세요.

**문제 그리기** 문제를 읽고, □ 안에 알맞은 수를 써넣으면서 풀이 과정을 계획합니다. (?: 구하고자 하는 것)

민지의 고모는 매일 커피 □잔과 스콘 □개를 먹습니다.

? : 민지의 고모가 □일 동안 먹은 커피의 잔 수와 스콘의 수

**계획-풀기**

답

**11** 긴 종이띠를 똑같은 길이로 접고 그 접은 선으로 자르려고 합니다. 1번 접어서 접을 선을 자르면 2도막, 2번 접어서 접은 선들을 모두 자르면 4도막이 됩니다. 그렇게 접은 선을 모두 잘라서 64도막이 되게 하려면 몇 번을 접어야 하는지 구하세요.

**문제 그리기** 문제를 읽고, □ 안에 알맞은 수를 써넣으면서 풀이 과정을 계획합니다. (?: 구하고자 하는 것)

1번 접어서 접은 선을 자르면 □도막

2번 접어서 접은 선을 자르면 □도막

⋮

? : 접은 선을 모두 잘라 □도막이 되게 접은 횟수(번)

**계획-풀기**

답

**12** 어느 유기견 센터에 강아지가 모두 22마리 있습니다. 강아지가 있는 공간은 크기별로 3종류이고 모두 10곳입니다. 가장 작은 공간은 각 1마리씩 2곳이었고, 가장 큰 공간에는 3마리씩, 중간 공간은 2마리씩 있습니다. 가장 큰 공간과 중간 공간은 각각 몇 곳씩 있는지 구하세요.

**문제 그리기** 문제를 읽고, □ 안에 알맞은 수나 말을 써넣으면서 풀이 과정을 계획합니다. (?: 구하고자 하는 것)

가장 큰 공간 / 중간 공간 / 가장 작은 공간

□마리씩 ▲곳 ··· □마리씩 ●곳 ··· 1마리씩 □곳

모두 □곳 ⟸ 강아지는 모두 □마리

? : 가장 큰 공간의 수와 □공간의 수(곳)

**계획-풀기**

❶ 가장 큰 공간과 중간 공간의 수의 합과 이 두 공간에 있는 강아지 수의 합 각각 구하기

❷ 답 구하기

답

## 13 큰 수도꼭지는 1분에 15 L씩, 작은 수도꼭지는 1분에 9 L씩 물이 나옵니다. 두 수도꼭지를 합하여 16분 동안 틀어 210 L의 물을 받았습니다. 큰 수도꼭지와 작은 수도꼭지를 틀어 놓은 시간은 각각 몇 분인지 구하세요. (단, 두 수도꼭지를 동시에 틀어 놓지는 않습니다.)

**문제 그리기** 문제를 읽고, □ 안에 알맞은 수를 써넣으면서 풀이 과정을 계획합니다. (?: 구하고자 하는 것)

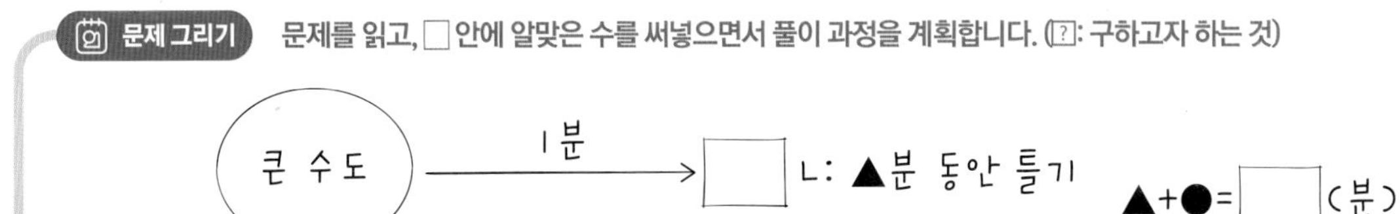


? : 큰 수도꼭지(▲)와 작은 수도꼭지(●)를 튼 각각의 시간(분)

**계획-풀기**

❶ 두 수도꼭지를 틀어 놓은 시간의 합이 16분이 되도록 표 완성하기

| 큰 수도꼭지(분) | 1 | 2 | | 4 | … | | | |
|---|---|---|---|---|---|---|---|---|
| 작은 수도꼭지(분) | 15 | 14 | | | … | 7 | | |
| 전체 물의 양(L) | 150 | | | | … | | | |

❷ 큰 수도꼭지와 작은 수도꼭지를 틀어 놓은 시간 각각 구하기

답

## 14 현지는 검은 돌을, 주은이는 흰 돌을 사용해서 게임을 했습니다. 처음에는 책상 위에 흰 돌과 검은 돌을 각각 10개씩 놓았습니다. 그다음 가위바위보를 해서 이기면 바둑돌을 2개 올리고, 지면 바둑돌을 1개 내립니다. 가위바위보를 12번 한 뒤 책상 위에는 검은 돌의 수가 흰 돌의 수보다 6개 더 많았습니다. 현지는 가위바위보를 몇 번 이긴 것인지 구하세요. (단, 비기는 경우는 없습니다.)

**문제 그리기** 문제를 읽고, □ 안에 알맞은 수나 말을 써넣으면서 풀이 과정을 계획합니다. (?: 구하고자 하는 것)

처음에 각각 □개씩 두고, 이기면 바둑돌 +□개, 지면 −□개

현지 ●, 주은 ○ □번 가위바위보 → ●가 ○보다 □개 더 많습니다.

? : □가 이긴 횟수(번)

**계획-풀기**

답

## 15 다음과 같이 삼각형의 각 변의 가운데 점을 찍고 연결하여 작은 삼각형들로 나누는 과정을 반복해 나갈 때, 가장 작은 삼각형이 4096개 되는 단계는 몇 단계인지 구하세요.

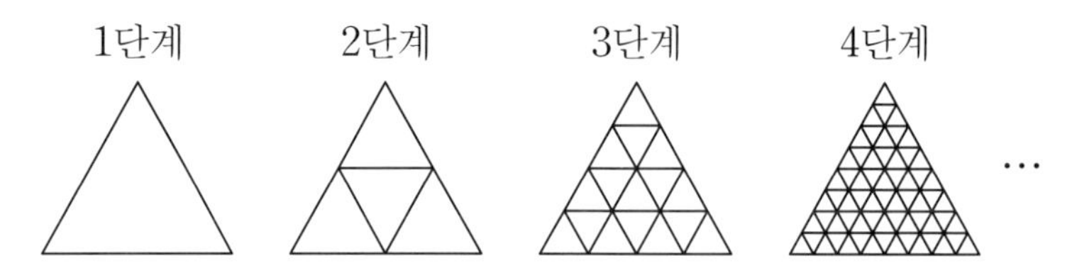


문제 그리기 문제를 읽고, □ 안에 알맞은 수를 써넣으면서 풀이 과정을 계획합니다. (?: 구하고자 하는 것)

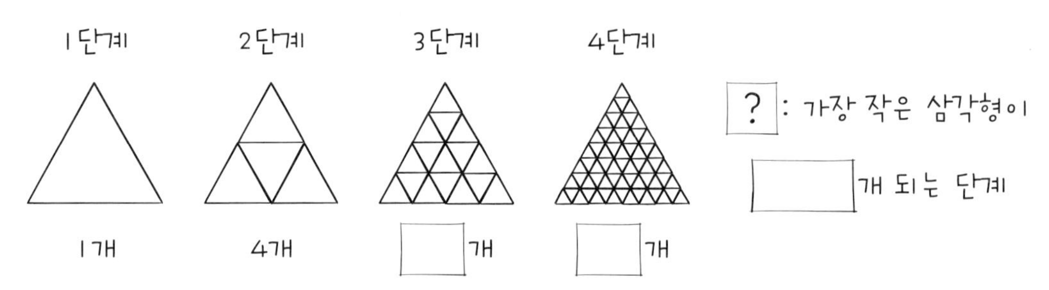


계획-풀기

❶ 각 단계와 가장 작은 삼각형의 수 사이의 관계를 표로 나타내기

| 단계 | 1 | 2 | 3 | 4 | 5 | … |
|---|---|---|---|---|---|---|
| 가장 작은 삼각형의 수(개) | 1 | 4<br>$(1\times4)$ | 16<br>$(4\times4)$ | | | … |

❷ 답 구하기

## 16 다음과 같이 막대사탕으로 오각형을 만들고 있습니다. 오각형을 42개 만들기 위해 필요한 막대사탕은 몇 개인지 구하세요. (단, 막대사탕과 막대사탕 사이가 좀 떨어져 있어도 한 변으로 봅니다.)

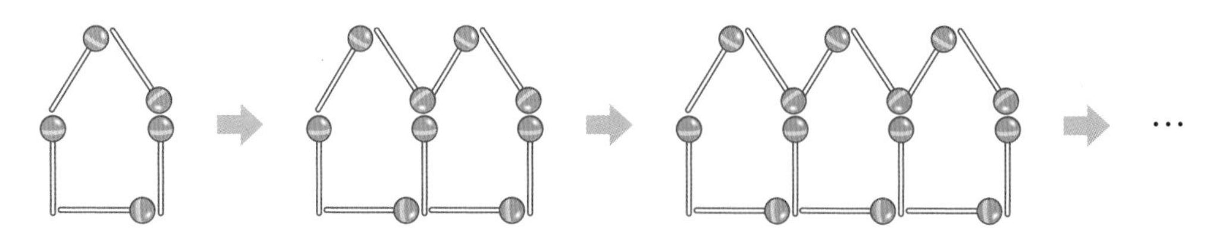

문제 그리기 문제를 읽고, □ 안에 알맞은 수를 써넣으면서 풀이 과정을 계획합니다. (?: 구하고자 하는 것)

오각형의 수 ⇒ 1 2 3 …

막대사탕의 수 ⇒ 5 □ □ …

? : 오각형을 □개 만들기 위해 필요한 막대사탕의 수(개)

계획-풀기

답

**17** 다음은 ■와 ★의 대응 관계를 표로 나타낸 것입니다. □ 안에 알맞은 수를 구하세요.

| ■ | 1 | 2 | 3 | 4 | … | □ | 12 |
|---|---|---|---|---|---|---|---|
| ★ | 5 | 9 | 13 | □ | … | 45 | □ |

문제 그리기 문제를 읽고, □ 안에 알맞은 수를 써넣으면서 풀이 과정을 계획합니다. (?: 구하고자 하는 것)

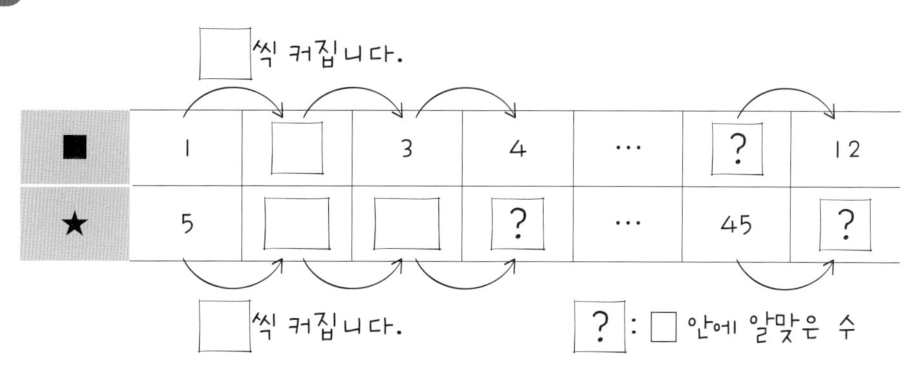


계획-풀기

❶ ■와 ★ 사이의 규칙을 말과 식으로 나타내기

❷ 표의 빈칸 채우기

답

**18** 채민이는 구슬로 목걸이를 구성할 배열을 생각하다가 다음과 같은 규칙적인 배열을 만들었습니다. 배열 순서와 구슬 수 사이의 대응 관계를 찾아서 66째에 필요한 구슬이 몇 개인지 구하세요.

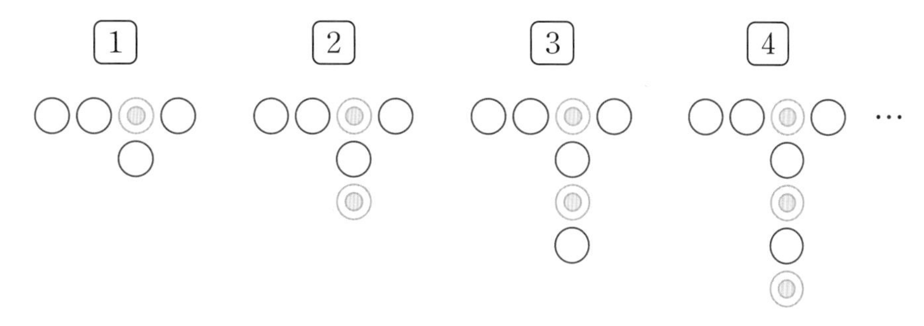


문제 그리기 문제를 읽고, □ 안에 알맞은 수를 써넣으면서 풀이 과정을 계획합니다. (?: 구하고자 하는 것)

아래로 놓이는 구슬의 수는 □개씩 늘어나고,

가로로 놓이는 구슬 수는 □개로 그대로입니다.

?: □째에 필요한 구슬 수(개)

계획-풀기

답

**19** 수현이의 드론 프로펠러는 1분에 10000회 회전합니다. 다음 수현이의 드론 프로펠러의 회전 수와 시간(분) 사이의 대응 관계에 대한 내용에서 잘못된 부분을 찾아 바르게 고치세요.

> 비행 시간을 ■분, 프로펠러의 회전 수를 ★회라고 할 때, ★=■÷10000입니다.

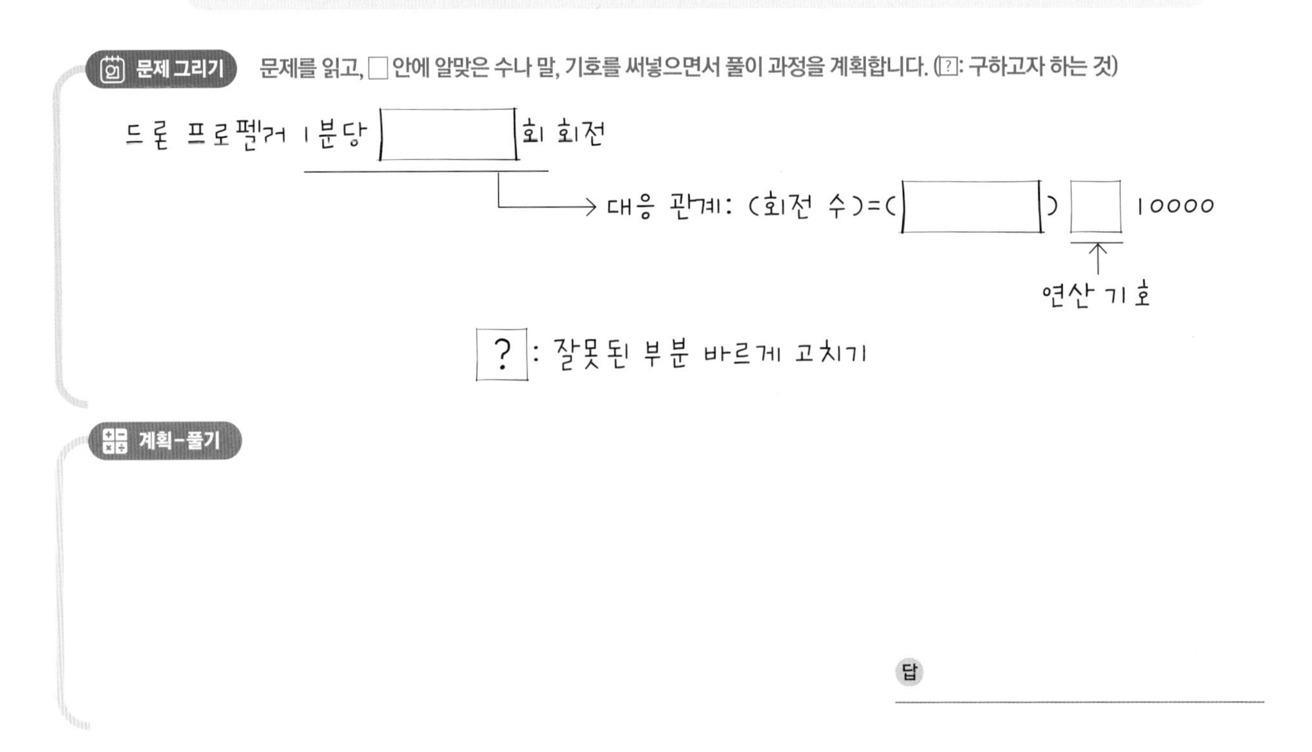


**20** 다음은 ◇과 ◎의 대응 관계를 표로 나타낸 것입니다. ㉡은 ㉠보다 1 큰 수일 때 ㉠, ㉡, ㉢에 알맞은 수를 각각 구하세요.

| ◇ | 7 | 8 | 9 | ··· | ㉠ | ㉡ |
|---|---|---|---|---|---|---|
| ◎ | 24 | 25 | 26 | ··· | 33 | ㉢ |

**문제 그리기** 문제를 읽고, □ 안에 알맞은 수나 말 또는 기호를 써넣으면서 풀이 과정을 계획합니다. (?: 구하고자 하는 것)

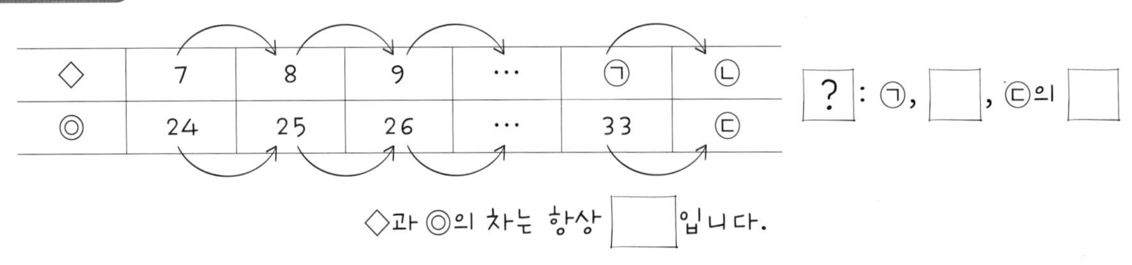


**계획-풀기**

❶ ◎과 ◇의 대응 관계를 말과 식으로 나타내기

❷ ㉠, ㉡, ㉢에 알맞은 수 구하기

답

## 21 한 변의 길이가 1인 단위 정사각형으로 서로 다른 크기의 정사각형을 만들려고 합니다. 한 변의 길이가 1, 2, 3, …이 되도록 순서대로 정사각형을 나열할 때, 8째 정사각형은 단위 정사각형 몇 개로 만든 것인지 구하세요.

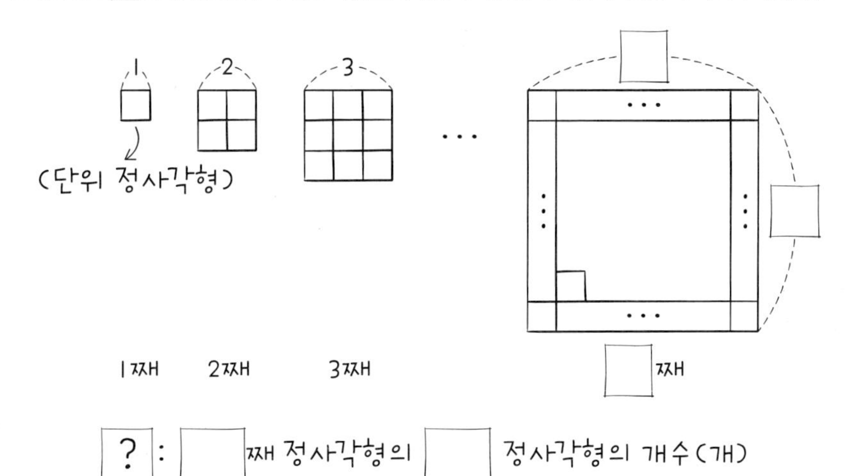


**계획-풀기**

❶ 정사각형을 만드는 규칙 찾기

❷ 답 구하기

## 22 입체도형의 옆면에 있는 수들에 대하여 일정한 규칙에 따라 밑면(초록면)에 수를 써넣었습니다. 그 규칙을 설명하고 ㉠에 알맞은 수를 구하세요.

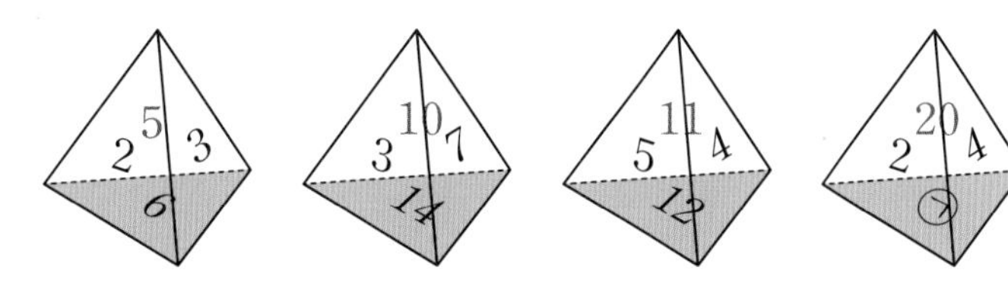


**문제 그리기** 문제를 읽고, □ 안에 알맞은 수나 기호를 써넣으면서 풀이 과정을 계획합니다. (?: 구하고자 하는 것)

(5, 2, 3) → 6

(10, 3, 7) → □

(11, 5, □) → □

(20, □, 4) → ㉠

? : □에 알맞은 수

**계획-풀기**

❶ 규칙을 말로 설명하기

❷ ㉠에 알맞은 수 구하기

답

## 23 다음 계산을 보고 8을 38번 곱했을 때 곱의 일의 자리 숫자를 구하세요.

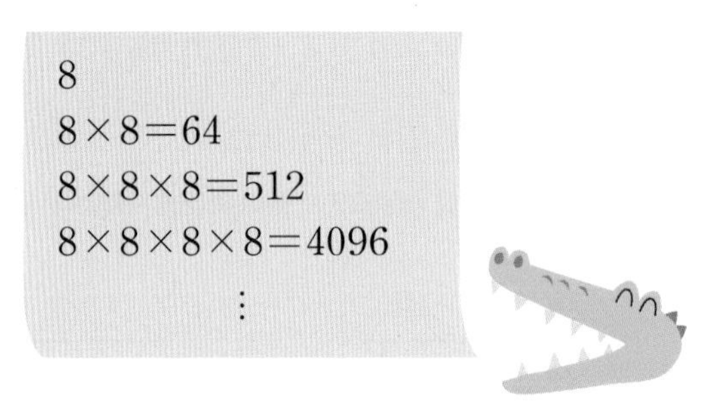


**문제 그리기** 문제를 읽고, □ 안에 알맞은 수나 말을 써넣으면서 풀이 과정을 계획합니다. (?: 구하고자 하는 것)

8을 1번, 2번, 3번, 4번, … 곱할 때 일의 자리 숫자가 어떻게 변하는지 써 봅니다.

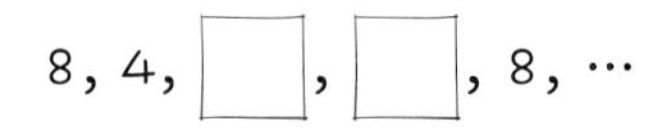


? : 8을 □번 곱했을 때 곱의 □의 자리 숫자

**계획-풀기**

❶ 곱의 일의 자리 숫자의 규칙 찾기

❷ 8을 38번 곱했을 때 곱의 일의 자리 숫자 구하기

## 24 준수는 수학 마술 상자를 선물로 받았습니다. 이 상자는 다음 그림과 같이 한 면에 어떤 수를 쓰면 마주 보는 면에 다른 수가 나타납니다. 마주 보는 두 수 사이의 대응 관계를 찾아서 16을 쓰면 마주 보는 면에 어떤 수가 나타날지 구하세요.

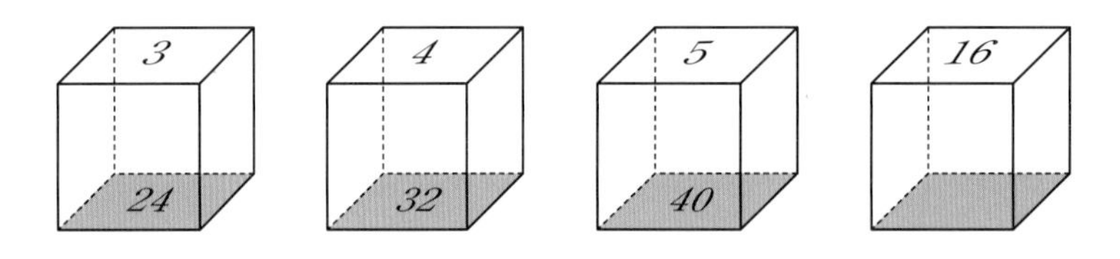


**문제 그리기** 문제를 읽고, □ 안에 알맞은 수를 써넣으면서 풀이 과정을 계획합니다. (?: 구하고자 하는 것)

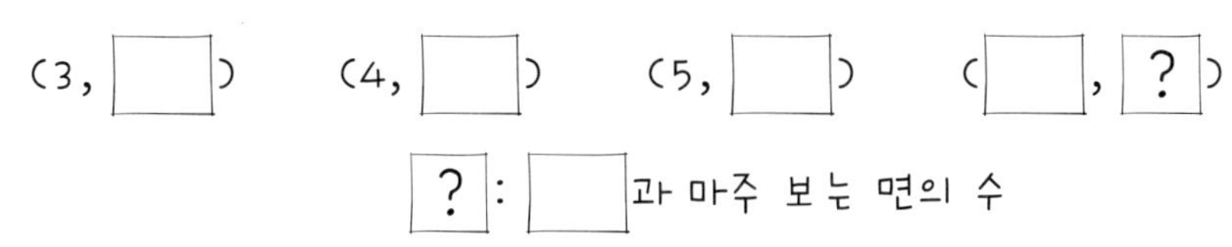


? : □과 마주 보는 면의 수

**계획-풀기**

❶ 마주 보는 두 수 사이의 대응 규칙을 말로 설명하기

❷ 16을 쓰면 마주 보는 면에 나타나는 수 구하기

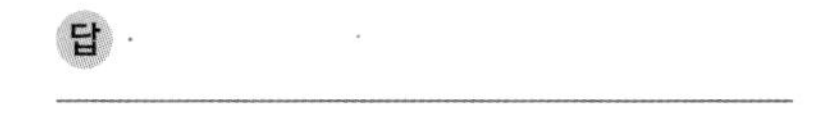

# 내가 수학하기 한 단계 UP!



**1** 다음은 어느 극장의 뮤지컬 공연 시간표입니다. 이 뮤지컬이 오후 10시 20분에 끝난다면 시작하는 시각은 오후 몇 시 몇 분인지 구하세요.

| 시작하는 시각 | 오전 10시 | 오후 2시 | 오후 5시 10분 |
|---|---|---|---|
| 끝나는 시각 | 오후 12시 15분 | 오후 4시 15분 | 오후 7시 25분 |

**문제 그리기** 문제를 읽고, □ 안에 알맞은 수를 써넣으면서 풀이 과정을 계획합니다. (?: 구하고자 하는 것)

| 시작하는 시각 | 오전 10시 | 오후 □시 | 오후 5시 10분 |
|---|---|---|---|
| 끝나는 시각 | 오후 12시 15분 | 오후 4시 15분 | 오후 □시 □분 |

? : 오후 □시 □분에 끝나는 뮤지컬의 시작 시각

**계획-풀기**

답 ____________

**2** 다음은 ▲와 ● 사이의 대응 관계를 나타낸 표입니다. ㉠과 ㉡의 합을 구하세요.

| ▲ | 1 | 2 | 3 | … | ㉠ | 10 |
|---|---|---|---|---|---|---|
| ● | 7 | 15 | 23 | … | 71 | ㉡ |

**문제 그리기** 문제를 읽고, □ 안에 알맞은 수나 말을 써넣으면서 풀이 과정을 계획합니다. (?: 구하고자 하는 것)

| ▲ | 1 | 2 | 3 | … | ㉠ | □ |
|---|---|---|---|---|---|---|
| ● | 7 | 15 | □ | … | 71 | ㉡ |

? : ㉠과 ㉡의 □

**계획-풀기**

답 ____________

**3** 일요일에 간식으로 엄마가 우유 크림빵을 만들어 주시려고 합니다. 우유 크림빵을 5개 만드는 데 밀가루 160 g과 우유 120 g이 필요하다고 하셨습니다. 집에 밀가루 3.4 kg과 우유 196 g이 남아있다고 합니다. 정확하게 재료량을 모두 지켜 빵을 만들 때, 집에 있는 재료로 만들 수 있는 우유 크림빵은 최대 몇 개인지 구하세요.

문제 그리기 문제를 읽고, □ 안에 알맞은 수를 써넣으면서 풀이 과정을 계획합니다. (?: 구하고자 하는 것)

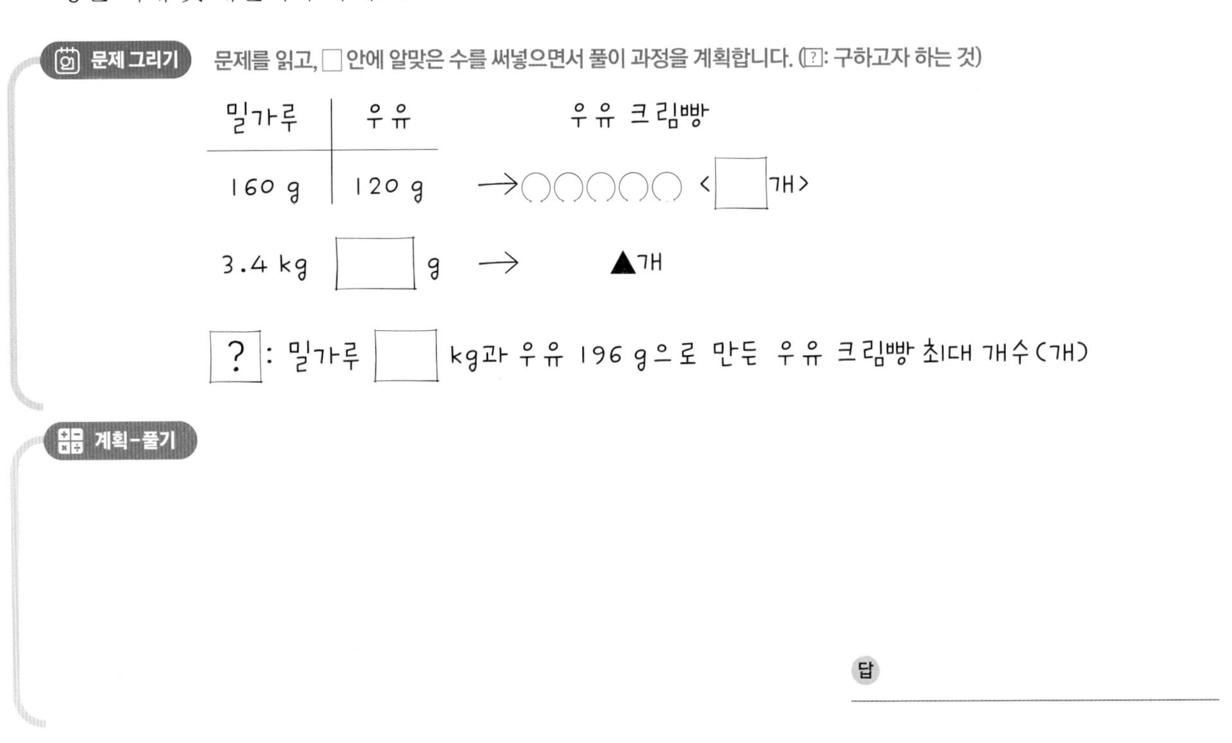


계획-풀기

답

**4** 2009년 베를린 세계 선수권 대회 100 m 경기에서 자메이카의 육상 선수인 우사인 볼트는 9.58초라는 기록을 세웠습니다. 상진이는 꿈에서 우사인 볼트와 자기가 135 m 거리를 마주 보며 달렸다는 이야기를 신나서 했습니다. 상진이 꿈에서 우사인 볼트는 1초에 10.4 m를 달리고 상진이는 1초에 4.6 m를 달린다고 할 때 상진이와 우사인 볼트가 동시에 출발하여 몇 초만에 만났는지 구하세요.

문제 그리기 문제를 읽고, □ 안에 알맞은 수나 말을 써넣으면서 풀이 과정을 계획합니다. (?: 구하고자 하는 것)

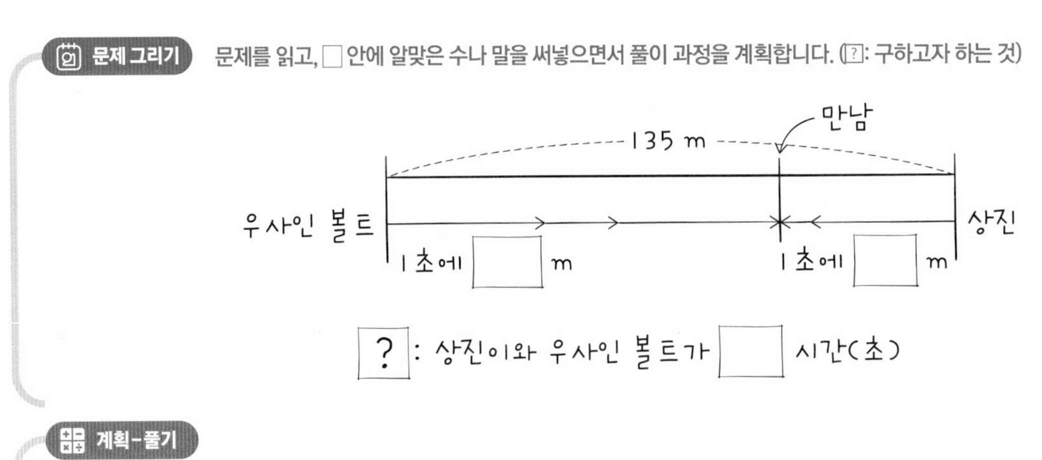


계획-풀기

답

**5** 수민이는 책에서 비행기의 속력은 사람의 걷는 속력의 225배이며, 1시간에 약 800 km를 간다는 정보를 얻게 되었습니다. 올해 아빠가 회사 일로 네덜란드 암스테르담으로 가시게 되어 그곳까지 비행 시간이 약 11시간이란 것을 알게 되었다면 한국 인천 공항에서 암스테르담 스히폴 공항까지의 거리가 약 몇 km인지 구하세요.

**문제 그리기** 문제를 읽고, □ 안에 알맞은 수나 말을 써넣으면서 풀이 과정을 계획합니다. (?: 구하고자 하는 것)

비행기 1시간 → 약 □ km

→ 한국 □ 공항에서 암스테르담 □ 공항까지 약 □ 시간

?: 인천 공항에서 암스테르담 스히폴 공항까지의 □ (km)

**계획-풀기**

답 ______

**6** 까마귀 섬은 가상 현실 속에만 있습니다. 그 섬에는 흰 까마귀 1마리와 검은 까마귀 12마리가 한 무리를 지어 삽니다. 한 무리를 이루는 까마귀들은 항상 해가 질 시각이면 서로 날개들을 한 번씩 모두 번갈아 가며 맞댑니다. 신기한 것은 날개를 맞댈 때마다 맞댄 까마귀들의 깃털이 하나씩 빠진다고 합니다. 한 무리의 까마귀들이 해 질 무렵에 날개 맞대기를 하고 나면 모두 몇 개의 깃털이 빠져 있는지 구하세요.

**문제 그리기** 문제를 읽고, □ 안에 알맞은 수나 말을 써넣으면서 풀이 과정을 계획합니다. (?: 구하고자 하는 것)

검은 까마귀

흰 까마귀

□ ① ② ③ ④ ··· ⑪ ⑫

서로 날개 맞대기 ⟹ 깃털 □ 개

?: 까마귀들이 서로 날개 맞개기를 모두 한 후 □ 깃털 수(개)

**계획-풀기**

답 ______

**7** 다음과 같은 규칙으로 삼각형이 배열될 때, 12째에 놓이는 삼각형 판에서 주황색 삼각형 수와 흰색 삼각형 수의 차는 몇 개인지 구하세요.

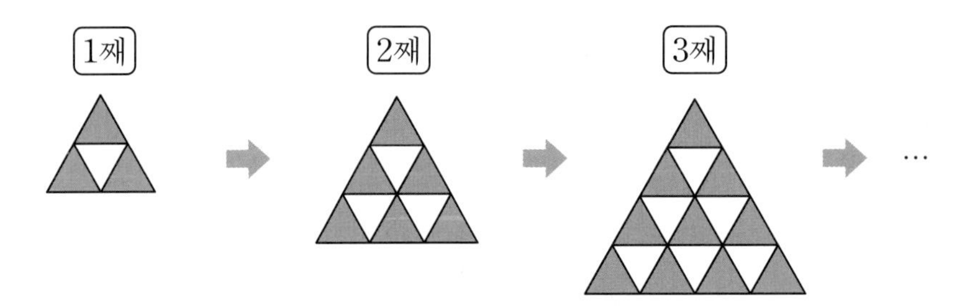


**문제 그리기** 문제를 읽고, □ 안에 알맞은 수나 말을 써넣으면서 풀이 과정을 계획합니다. (?: 구하고자 하는 것)

| 주황 | 1+□ | 1+2+3 | 1+2+3+4 | … |
|---|---|---|---|---|
| 흰 | 1 | 1+□ | 1+□+□ | … |

? : □째에 놓이는 주황색 삼각형 수와 흰색 삼각형 수의 □(개)

**계획-풀기**

답

**8** 현우는 지난 주말에 아빠와 강원도로 가서 하천에서 그물을 만들어 낚시를 했습니다. 다음과 같이 끈을 각각 같은 수로 왼쪽과 오른쪽으로 기울어지게 놓고 끈끼리 겹쳐지는 부분을 접착제로 고정했습니다. 256개의 끈을 모두 사용했다면 접착제로 고정한 곳은 모두 몇 군데인지 구하세요.

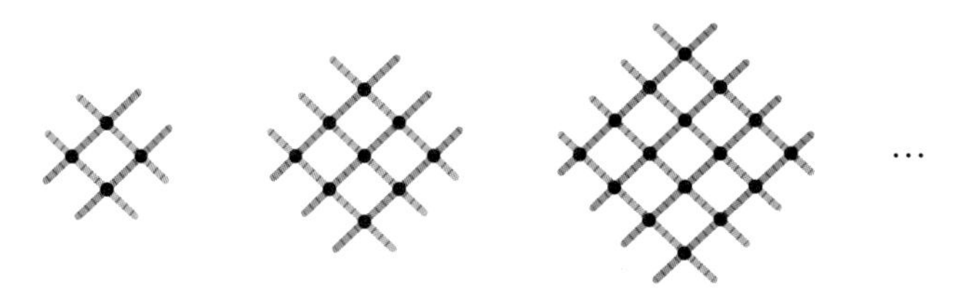


**문제 그리기** 문제를 읽고, □ 안에 알맞은 수나 말을 써넣으면서 풀이 과정을 계획합니다. (?: 구하고자 하는 것)

| 끈의 수 | 2+□ | 3+□ | 4+□ | … |
|---|---|---|---|---|
| 고정한 곳 | 2×□ | 3×□ | 4×□ | … |

? : □개의 끈으로 그물을 만들 때 □로 고정한 부분의 수(군데)

**계획-풀기**

답
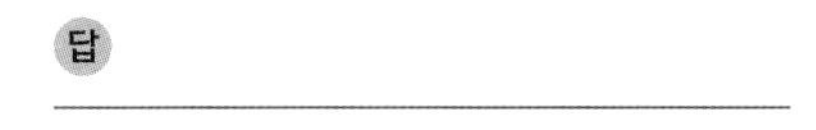

**9** 수 배열에서 ♥, ◆, ●에 알맞은 수를 각각 구하세요.

| 10854 | 3618 | ♥ | 402 | | | |
|---|---|---|---|---|---|---|
| | | | 402 | 804 | 1608 | ◆ |
| 252 | 302 | ● | 402 | | | |

**문제 그리기** 문제를 읽고, □ 안에 알맞은 수를 써넣으면서 풀이 과정을 계획합니다. (?: 구하고자 하는 것)

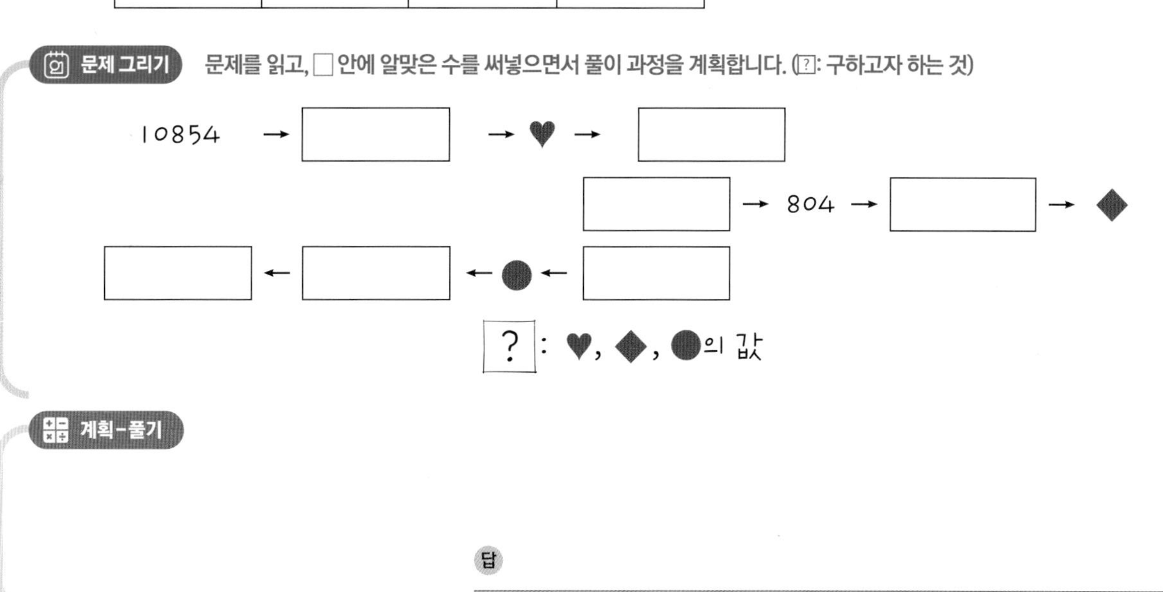


**계획-풀기**

답

**10** 소민이의 집은 어느 45층 주상 복합 건물의 44층입니다. 그곳 엘리베이터는 1층에서 5층까지 쉬지 않고 올라가는 데 8초가 걸리며, 어떤 층에서 누군가 내리거나 타는 경우는 6초가 걸린다고 합니다. 소민이는 2층에 사는 친구 집에서 놀다가 집으로 올라갔습니다. 소민이가 2층에서 44층까지 엘리베이터를 타고 올라가는 데 2번 멈춰서 사람이 내렸다면 소민이가 엘리베이터를 타고 올라가는 데 몇 분 몇 초 걸렸는지 구하세요.

**문제 그리기** 문제를 읽고, □ 안에 알맞은 수를 써넣으면서 풀이 과정을 계획합니다. (?: 구하고자 하는 것)

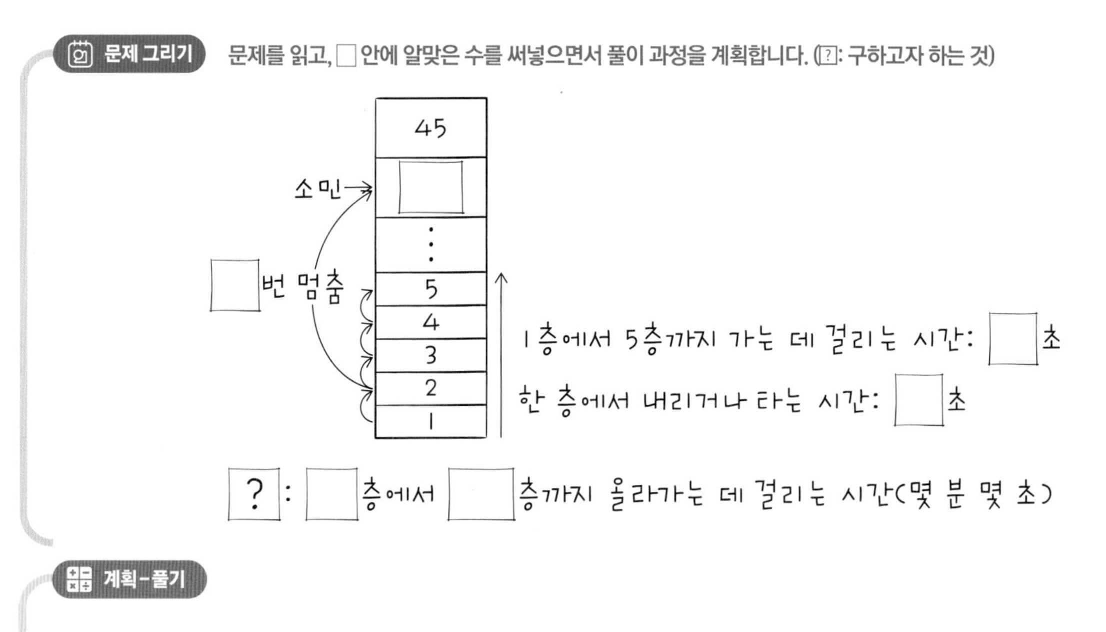


**계획-풀기**

답

**11** 다음과 같은 규칙으로 원 안에 크기가 같은 정사각형을 겹쳐 그릴 때, 9째 도형에서 색칠된 부분의 넓이는 몇 $cm^2$인지 구하세요.

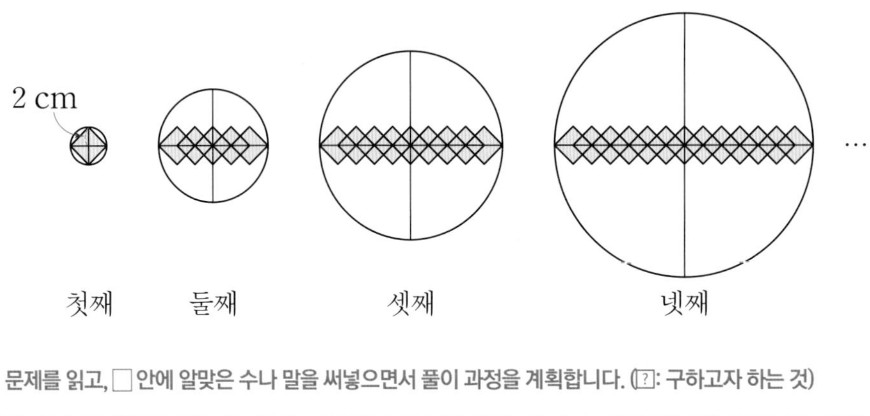


문제 그리기 문제를 읽고, □ 안에 알맞은 수나 말을 써넣으면서 풀이 과정을 계획합니다. (?: 구하고자 하는 것)

| 순서 | 1 | 2 | 3 | 4 | … | □ |
|---|---|---|---|---|---|---|
| 정사각형 수 | 1 | 5 | □ | □ | … | ▲ |

? : □째 도형에서 색칠된 부분의 □($cm^2$)

계획-풀기

답

**12** 어느 식당에 테이블이 다음과 같이 1개, 2개, 3개, …를 붙여서 배열되어 있었습니다. 테이블과 테이블이 연결된 곳마다 냅킨과 컵 등이 놓여 있는 노란 쟁반이 하나씩 있었고, 의자는 테이블의 오른쪽에는 놓여 있지 않았습니다. 8번째 테이블에 필요한 의자와 노란 쟁반은 각각 몇 개인지 구하세요.

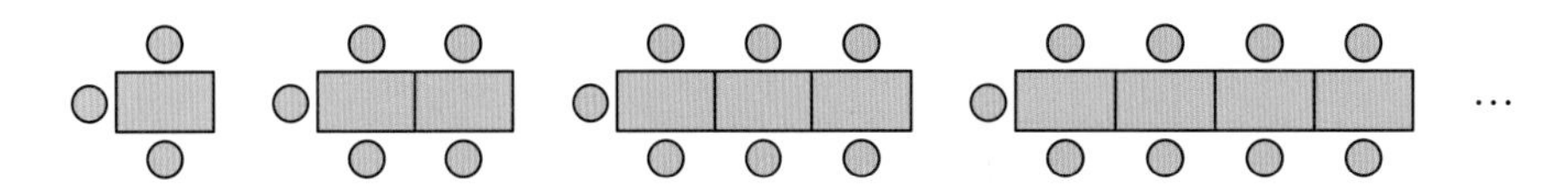

문제 그리기 문제를 읽고, □ 안에 알맞은 수를 써넣으면서 풀이 과정을 계획합니다. (?: 구하고자 하는 것)

| 테이블 수(순서) | 1 | 2 | 3 | 4 | … | □ |
|---|---|---|---|---|---|---|
| 의자 수 | 3 | □ | □ | □ | … | ▲ |
| 노란 쟁반 수 | 0 | □ | □ | □ | … | ● |

? : □번째 의자 수(▲)와 노란 쟁반 수(●)

계획-풀기

답 의자: , 노란 쟁반:

**13** 양을 키우는 초록 농장은 다른 동물들도 키우기 위해서 농장을 구간들로 나누고, 각 구간에 규칙적으로 나무로 울타리 모양을 만들어 가로와 세로가 겹치는 곳에 못을 박았습니다. 9째 구간에 박은 못의 수는 몇 개인지 구하세요.

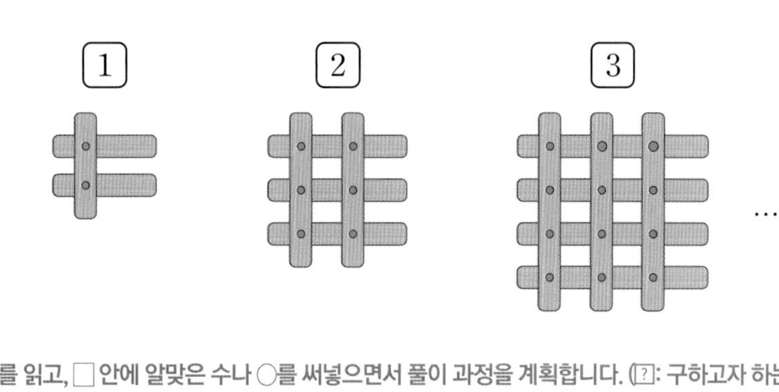


**문제 그리기** 문제를 읽고, □ 안에 알맞은 수나 ○를 써넣으면서 풀이 과정을 계획합니다. (?: 구하고자 하는 것)

1 2 3 4

? : □째 구간에 박은 못의 수(개)

**계획-풀기**

답 ____________________

**14** 다음 보기 는 연산 ⁂에 대한 규칙을 설명합니다. 5 ⁂ 4 의 값을 구하세요.

**보기**

♥ ⁂ ♠ =(한 변의 길이가 ♥ cm인 정사각형을 맨 아랫줄은 ♠개, 그 윗줄은 (♠−1)개, ⋯, 2개, 1개와 같이 한 줄씩 올라갈 때마다 1개씩 줄여 맨 윗줄에는 정사각형 1개가 놓이는 도형 전체의 둘레)
예를 들면, 4 ⁂ 3 =(한 변의 길이가 4 cm인 정사각형을 맨 아랫줄은 3개, 그 윗 줄은 2개, 그 윗 줄은 1개인 도형 전체의 둘레)$=4\times12=48$ (cm)입니다.

**문제 그리기** 문제를 읽고, □ 안에 알맞은 수를 써넣으면서 풀이 과정을 계획합니다. (?: 구하고자 하는 것)

→ □ cm

? : □ ⁂ □의 값

**계획-풀기**

답 ____________________

**15** 다음은 한 변의 길이가 3 cm인 정사각형으로 이루어진 도화지에 규칙적으로 변화되는 도형을 색칠한 것입니다. 다섯째에 알맞은 도형을 색칠하고, 색칠한 도형의 넓이는 몇 $cm^2$인지 구하세요.

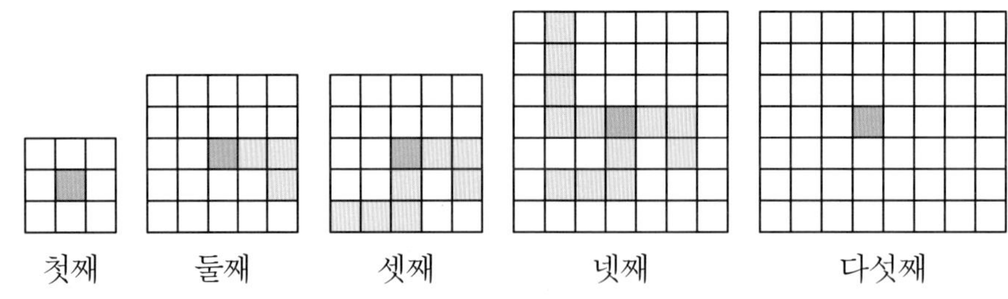


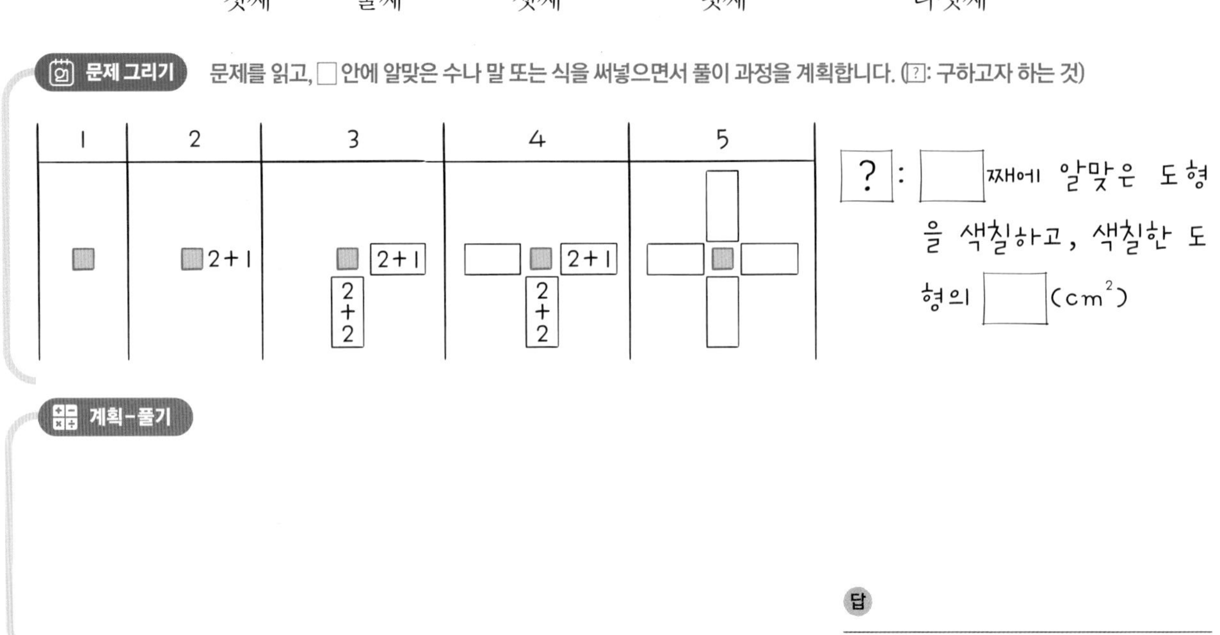


**16** 식물성 딸기 마시멜로가 신제품으로 나오면서 다음과 같이 광고를 했습니다. 마시멜로는 봉지가 아니라 딸기 모양의 병에 담겨 있고 마시멜로 1병당 1300원이라면 19500원으로 살 수 있는 딸기 마시멜로는 최대 몇 병인지 구하세요.

> 식물성 딸기 마시멜로 행사
> 딸기 모양의 빈 병을 3개 가져 오면 새 딸기 마시멜로 1병과 교환해 드립니다.

**문제 그리기** 문제를 읽고, □ 안에 알맞은 수를 써넣으면서 풀이 과정을 계획합니다. (?: 구하고자 하는 것)

→1병당 □원

(빈 병)× □ ⟹ □병으로 교환

? : □원으로 최대 살 수 있는 딸기 마시멜로의 병의 개수(병)

**계획-풀기**

답

# 거뜬히 해내기

정답과 풀이 60쪽

**1** 다음과 같은 규칙에 따라 카드 300장을 늘어놓을 때, (♡ ♡♡) 카드는 몇 장 필요한지 구하세요.

( )

**2** 다음과 같은 규칙으로 삼각형을 그리고 색칠하였습니다. 4째 삼각형에서 색칠한 작은 삼각형 수와 5째 삼각형에서 색칠하지 않은 작은 삼각형 수의 합은 몇 개인지 구하세요.

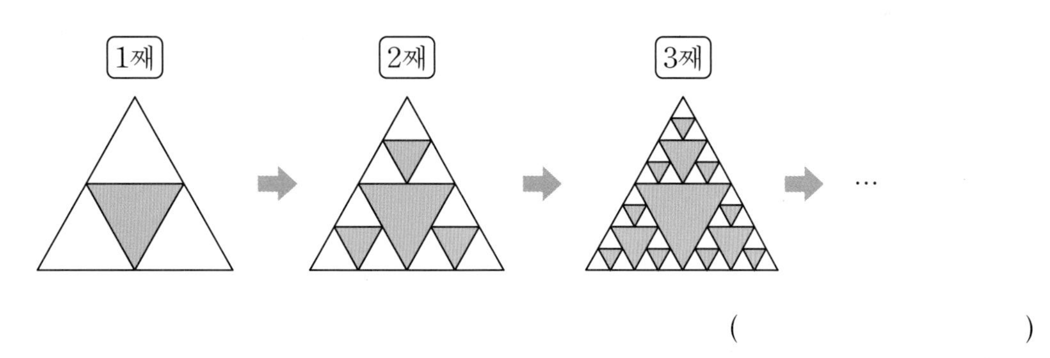


( )

**3** 잭은 하늘까지 자란 콩나무에 올라가 거인의 성에 도착했습니다. 거인이 잠든 사이 황금알을 낳는 거위를 들고 집으로 돌아가기 위해 콩나무를 타고 내려가는데 첫날인 1일째에는 14꾸꾸(거인나라의 길이 단위)를 내려갔습니다. 그다음 날부터는 전날의 3배만큼씩 내려갔습니다. 쉬지 않고 그렇게 4일을 내려가서야 땅에 도착했을 때 콩나무의 길이는 몇 꾸꾸이며, 2일째 되는 날까지는 전체 콩나무 길이의 몇분의 몇을 내려온 것인지 구하세요.

( )

**4** 도형의 배열을 보고 다음에 이어질 모양을 그리세요.

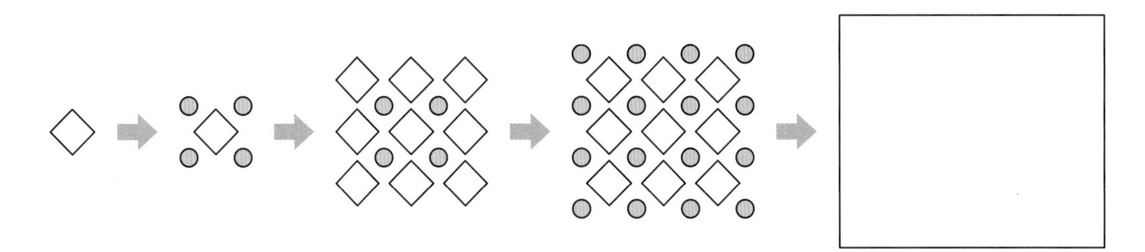

정답과 풀이 61쪽

**1** 토끼는 느림보라고 놀리면서 거북을 괴롭혔습니다. 결국 토끼는 벌을 받았어요. 스스로 어디로 갈 것인지 명령어를 엉덩이로 써야만 움직이게 되고 말았지요.
이렇게요!

명령문

△5 ⇒ 앞으로 5걸음 가기(앞은 처음에는 ↑ 방향이고, 방향을 바꿔야 할 때는 돌기)

◑90° ⇒ 시계 방향으로 90°만큼 돌기

◐90° ⇒ 시계 반대 방향으로 90°만큼 돌기

위와 같이 엉덩이로 적으면 그만큼 움직이게 된 토끼는 아무리 급해도 그냥 움직일 수 없게 되었습니다. 그래서 토끼는 거북보다 느리게 되었죠. 그러나 토끼는 절망하지 않고 움직이는 훈련을 하기 시작했습니다.

토끼는 자기가 사는 동네의 지도를 그리기 시작했습니다. 그리고 가장 좋아하는 당근 사탕 상점(★)에 가기 위해 어떻게 움직여야 하는지를 이리저리 해 본 후에 알게 되었지요.

다음에서 가장 작은 사각형 한 칸이 한 걸음이며 토끼(●)는 현재 ↑ 방향으로 갈 수 있습니다. 방향을 바꾸기 위해서는 돌기를 한 후 움직여야 합니다. 토끼(●)가 상점(★)에 가려면 어떻게 움직여야 하는지 차례대로 명령문을 쓰세요.

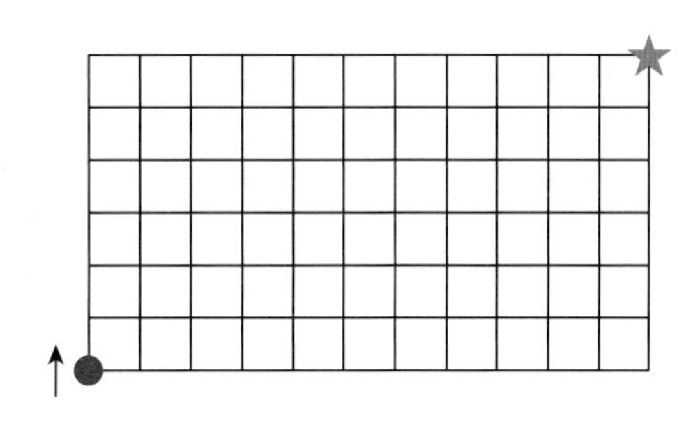

**2** 토끼는 그다음 훈련으로 도형을 그리기로 했습니다.

토끼는 ● 자리에서 출발해서 움직인 모양으로 도형을 그립니다. 토끼는 현재 ↑ 방향으로 서 있습니다. 방향을 바꾸기 위해서는 돌기를 해야 합니다. 한 변의 길이가 10걸음인 정사각형을 그리세요.

**3** 토끼는 ● 자리에서 출발해서 움직인 모양으로 도형을 그립니다. 토끼는 현재 ↑방향으로 서 있고, 방향을 바꾸기 위해서는 돌기를 해야 합니다. 가로 12걸음, 세로 7걸음인 직사각형을 그리세요.

# 매쓰 두잉

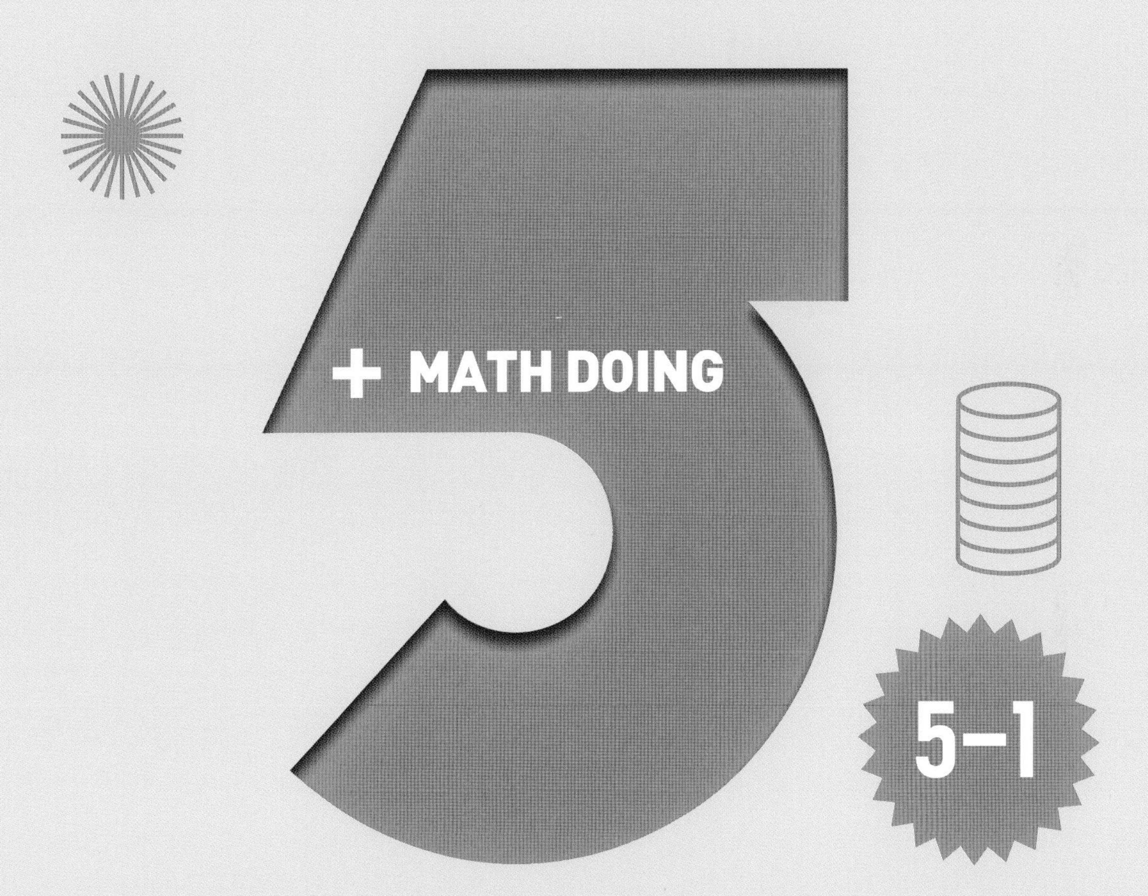


## 정답과 풀이

# 정답과 풀이

PART 1
# 수와 연산

**자연수의 혼합 계산 | 약수와 배수**
**약분과 통분 | 분수의 덧셈과 뺄셈**

## 개념 떠올리기 12~15쪽

1 답 ( ○ )(  )

2 ㉠ $47+56-6\times8\div4=91$
㉡ $47+(56-6)\times8\div4=147$
㉢ $47+(56-6\times8)\div4=49$
가장 큰 값은 147이고, 가장 작은 값은 49이므로 두 값의 차는 $147-49=98$입니다.

답 98

3 답 $(18+36)\div6\times3-6\times2=15$

4 ㉠ 28의 약수: 6개, ㉡ 36의 약수: 9개,
㉢ 42의 약수: 8개, ㉣ 57의 약수: 4개

답 ㉡, ㉢, ㉠, ㉣

5 답 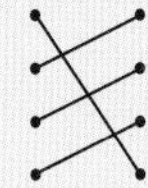

6 답 연정, 수진 /
12와 18의 최대공약수는 6입니다. 12와 18의 공배수는 12와 18의 최소공배수의 배수입니다.

7 답 (앞, 위에서부터)
2, 4, 8 / 2, 2, 16, 28 / 4, 4, 8, 14 / 8, 8, 4, 7

8 $\frac{15\div3}{36\div3}=\frac{5}{12}$
➡ $12-5=7$

답 7

9 $\frac{17}{20}=\frac{17\times3}{20\times3}=\frac{51}{60}$, $1.9=\frac{19}{10}=\frac{19\times6}{10\times6}=\frac{114}{60}$
$\frac{51}{60}<\frac{\square}{60}<\frac{114}{60}$
따라서 51과 114 사이의 자연수의 개수는 $114-51-1=62$(개)입니다.

답 62개

10 $1-\left(\frac{2}{5}+\frac{1}{7}\right)=\frac{35}{35}-\left(\frac{2\times7}{5\times7}+\frac{1\times5}{7\times5}\right)$
$=\frac{35}{35}-\left(\frac{14}{35}+\frac{5}{35}\right)=\frac{35}{35}-\frac{19}{35}=\frac{16}{35}$

답 $\frac{16}{35}$

11 ㉠ $1\frac{1}{2}-\frac{2}{3}=1\frac{3}{6}-\frac{4}{6}=\frac{9}{6}-\frac{4}{6}=\frac{5}{6}$
㉡ $3\frac{7}{12}-2\frac{5}{6}=2\frac{19}{12}-2\frac{5}{6}=(2-2)+\left(\frac{19}{12}-\frac{5}{6}\right)$
$=\frac{19}{12}-\frac{10}{12}=\frac{9}{12}=\frac{3}{4}$
㉢ $7\frac{1}{9}-6\frac{2}{3}=6\frac{10}{9}-6\frac{2}{3}=(6-6)+\left(\frac{10}{9}-\frac{2}{3}\right)$
$=\frac{10}{9}-\frac{6}{9}=\frac{4}{9}$
$\frac{5}{6}=\frac{10}{12}$, $\frac{3}{4}=\frac{9}{12}$ ➡ ㉠>㉡,
$\frac{5}{6}=\frac{15}{18}$, $\frac{4}{9}=\frac{8}{18}$ ➡ ㉠>㉢
따라서 ㉠이 가장 큽니다.

답 ㉠, $\frac{5}{6}$

12 ㉠ $1\frac{1}{4}-\frac{2}{3}=\frac{15}{12}-\frac{8}{12}=\frac{7}{12}$
㉡ $\frac{1}{2}+\frac{3}{8}=\frac{4}{8}+\frac{3}{8}=\frac{7}{8}$
㉢ $\frac{4}{9}+\frac{3}{5}=\frac{20}{45}+\frac{27}{45}=1\frac{2}{45}$ (○)
㉣ $4\frac{3}{8}-3\frac{2}{3}=3\frac{33}{24}-3\frac{16}{24}=\frac{17}{24}$
㉤ $\frac{5}{13}+\frac{7}{11}=\frac{55}{143}+\frac{91}{143}=\frac{146}{143}=1\frac{3}{143}$ (○)

답 ㉢, ㉤에 ○표

## STEP 1 내가 수학하기 배우기
식 만들기
17~19쪽

1
문제 그리기
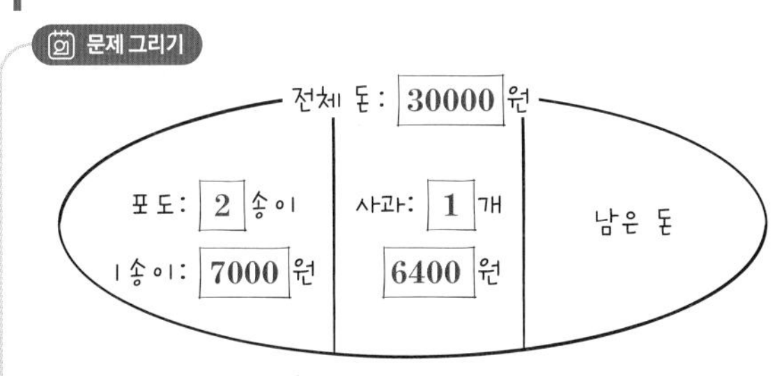

계획-풀기

❶ (거스름돈)=(낸 돈)−(산 포도의 값)

→ ((산 포도의 값)+(산 사과의 값))

❷ (거스름돈)$=30000-(7000\times3)=30000-21000=9000$(원)

→ $30000-(7000\times2+6400)$

$=30000-20400=9600$(원)

❸ 따라서 거스름돈은 9000원입니다.

→ 9600원

**답 9600원**

확인하기

식 만들기 ( ○ )

## 2

문제 그리기

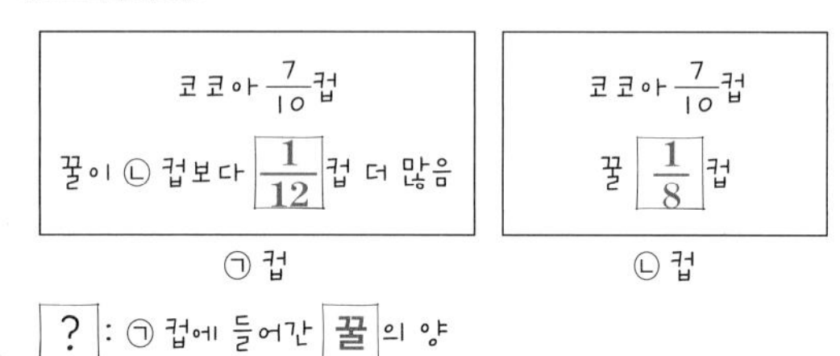


? : ㉠ 컵에 들어간 꿀의 양

계획-풀기

❶ (㉠ 컵의 꿀의 양)=(㉡ 컵의 꿀의 양)−$\left(\frac{1}{12}\text{컵}\right)$

→ (㉡ 컵의 꿀의 양)+$\left(\frac{1}{12}\text{컵}\right)$

❷ (㉠ 컵의 꿀의 양)$=\frac{1}{8}-\frac{1}{12}=\frac{3}{24}-\frac{2}{24}=\frac{1}{24}$(컵)

→ $\frac{1}{8}+\frac{1}{12}=\frac{3}{24}+\frac{2}{24}=\frac{5}{24}$(컵)

❸ 따라서 ㉠ 컵에 들어간 꿀의 양은 $\frac{1}{24}$컵입니다.

→ $\frac{5}{24}$컵

**답 $\frac{5}{24}$컵**

확인하기

식 만들기 ( ○ )

## 3

문제 그리기

전체: 1

| 노란색 | 분홍색 | 회색 | 흰색과 녹색 ▲ |
|---|---|---|---|

? : 흰색과 녹색 떡의 양은 전체의 몇 분의 몇(▲)

계획-풀기

❶ 각 색깔 떡의 양들을 나타내는 분수의 분모를 공통으로 하는 분모는 세 분모의 곱으로 하는 것이 가장 간단한 계산입니다. 따라서 노란색 떡, 분홍색 떡, 회색 떡의 양을 나타내는 분수의 분모는 $\frac{3}{12}, \frac{4}{36}, \frac{8}{32}$의 기약분수의 분모들의 곱으로 합니다.

→ 최소공배수, $\frac{7}{28}, \frac{10}{36}, \frac{4}{32}$의 기약분수의 분모의 최소공배수로

❷ $\frac{3}{12}=\frac{1}{4}, \frac{4}{36}=\frac{1}{9}, \frac{8}{32}=\frac{1}{4}$이므로 공통분모 $4\times9\times4=144$로 통분하여 나타내면 $\frac{1}{4}=\frac{1\times36}{4\times36}=\frac{36}{144}$, $\frac{1}{9}=\frac{1\times16}{9\times16}=\frac{16}{144}, \frac{1}{4}=\frac{1\times36}{4\times36}=\frac{36}{144}$입니다.

→ $\frac{7}{28}=\frac{1}{4}, \frac{10}{36}=\frac{5}{18}, \frac{4}{32}=\frac{1}{8}$이므로 공통분모는 4, 18, 8의 최소공배수인 72,

$\frac{1}{4}=\frac{1\times18}{4\times18}=\frac{18}{72}, \frac{5}{18}=\frac{5\times4}{18\times4}=\frac{20}{72}$,

$\frac{1}{8}=\frac{1\times9}{8\times9}=\frac{9}{72}$

❸ 나머지 떡인 흰색 떡과 녹색 떡의 합은 전체 1과 나머지 떡의 양과의 합을 구하는 것입니다. 따라서 그 양은

$1+\left(\frac{36}{144}+\frac{16}{144}+\frac{36}{144}\right)=1+\frac{88}{144}=1\frac{88}{144}=1\frac{11}{18}$

입니다.

→ 차를, $1-\left(\frac{18}{72}+\frac{20}{72}+\frac{9}{72}\right)=\frac{72}{72}-\frac{47}{72}=\frac{25}{72}$

**답 $\frac{25}{72}$**

확인하기

식 만들기 ( ○ )

# STEP 1 내가 수학하기 배우기

거꾸로 풀기

21~23쪽

## 1

문제 그리기

처음 분수: $\frac{\triangle}{\bigcirc}$, $\left(\frac{\triangle+3}{\bigcirc+5}\right)$ [+] $\frac{5}{12}$ = [$\frac{37}{48}$]

? : 주하가 처음 생각한 분수$\left(\frac{\triangle}{\bigcirc}\right)$

계획-풀기

❶ $◎+\frac{5}{12}=\frac{37}{48}$, $◎=\frac{37}{48}+\frac{5}{12}=\frac{37}{48}+\frac{20}{48}=\frac{57}{48}$

→ $◎=\frac{37}{48}-\frac{5}{12}=\frac{37}{48}-\frac{20}{48}=\frac{17}{48}$

❷ $\frac{\triangle+3}{\bigcirc+5}=\frac{57}{48}$ ⇨ $\frac{\triangle}{\bigcirc}=\frac{57-3}{48-5}=\frac{54}{43}$

→ $\frac{\triangle+3}{\bigcirc+5}=\frac{17}{48}$ ⇨ $\frac{\triangle}{\bigcirc}=\frac{17-3}{48-5}=\frac{14}{43}$

❸ 따라서 주하가 처음 생각한 분수는 $\frac{54}{43}$입니다.

→ $\frac{14}{43}$

**답 $\frac{14}{43}$**

확인하기

거꾸로 풀기 ( ○ )

## 2

문제 그리기

■=(어떤 수)

(■-5) × 8 ÷ 9 + 2 = 18, ? : 어떤 수

계획-풀기

❶ 어떤 수를 ■라 하면 ■$-5\times8\div9+2=18$

→ (■$-5$)

❷ ■$-5\times8\div9+2=18$에서 ■를 구하기 위해 거꾸로 계산합니다.

■$-5\times8\div9=18-2$

■$-5\times8\div9=16$

■$-5\times8=16\times9$

■$-5\times8=144$

■$-40=144$

■$=144+40=184$

→ (■$-5$), (■$-5$), (■$-5$), (■$-5$), (■$-5$),

■$-5=144\div8=18$, ■$=18+5=23$

❸ 따라서 어떤 수는 184입니다.

→ 23

답 23

확인하기

거꾸로 풀기 ( ○ )

## 3

문제 그리기

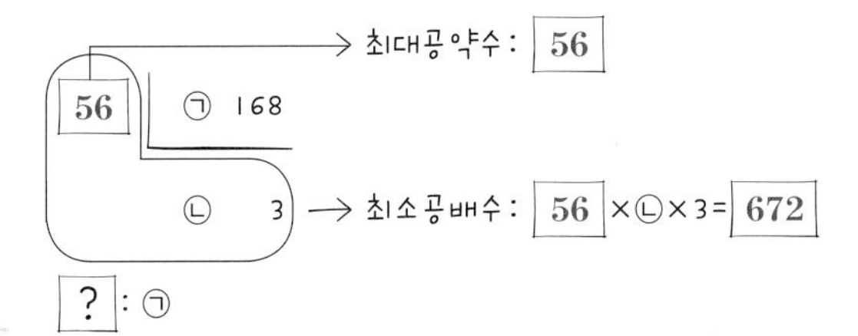


계획-풀기

❶ 최소공배수가 1344이므로 $56\times$㉡$\times3=1344$,
㉡$\times168=1344$, ㉡$=1344\div168=8$
따라서 ㉡은 8입니다.

→ 672, $56\times$㉡$\times3=672$, ㉡$\times168=672$,
㉡$=672\div168=4$, ㉡은 4입니다.

❷ ㉡=8이므로 다음과 같습니다.

56 ) ㉠ 168
8 3

따라서 ㉠$=56\times8=448$입니다.

→ 4, 4, ㉠$=56\times4=224$

답 224

확인하기

거꾸로 풀기 ( ○ )

STEP 1 내가 수학하기 배우기 그림 그리기

25~26쪽

## 1

문제 그리기

바구니와 곰 인형 4마리 바구니와 곰 인형 2 마리

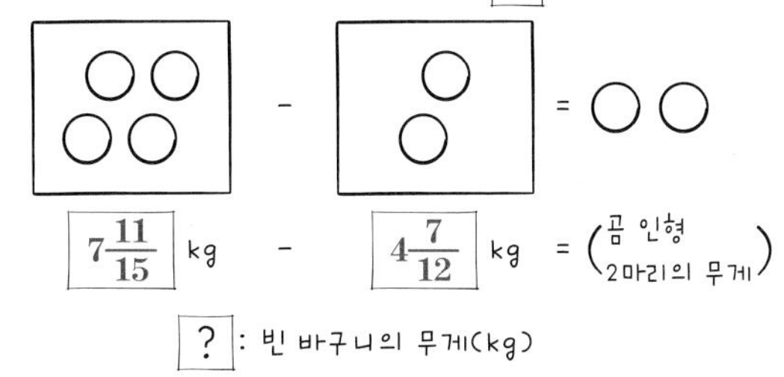


계획-풀기

❶ $5\frac{11}{15}$ kg − $3\frac{7}{12}$ kg = (곰 인형 2마리의 무게)

→ $7\frac{11}{15}$ kg$-4\frac{7}{12}$ kg

❷ ❶을 식으로 나타내면 곰 인형 1마리의 무게를 구할 수 있습니다.

$5\frac{11}{15}-3\frac{7}{12}=5\frac{44}{60}-3\frac{35}{60}=2\frac{9}{60}$(kg)

→ 2마리,

$7\frac{11}{15}-4\frac{7}{12}=7\frac{44}{60}-4\frac{35}{60}=3\frac{9}{60}\left(\text{또는 } 3\frac{3}{20}\right)$(kg)

❸ (빈 바구니의 무게)

=(바구니와 곰 인형 1마리의 무게)−(곰 인형 1마리의 무게)

$=3\frac{7}{12}-3\frac{9}{60}=3\frac{35}{60}-3\frac{9}{60}=\frac{26}{60}=\frac{13}{30}$(kg)

→ (바구니와 곰 인형 2마리의 무게)−(곰 인형 2마리의 무게)

$=4\frac{7}{12}-3\frac{9}{60}\left(\text{또는 } 3\frac{3}{20}\right)=4\frac{35}{60}-3\frac{9}{60}$

$=1\frac{26}{60}=1\frac{13}{30}$(kg)

답 $1\frac{13}{30}$ kg

확인하기

그림 그리기 ( ○ )

## 2

**문제 그리기**

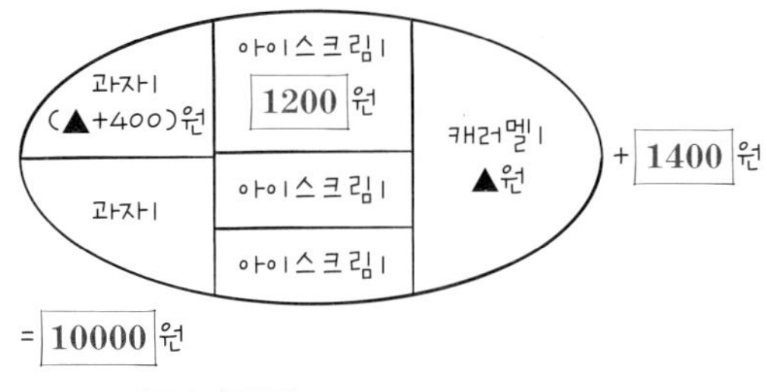


? : 과자 1개의 가격(원)

**계획-풀기**

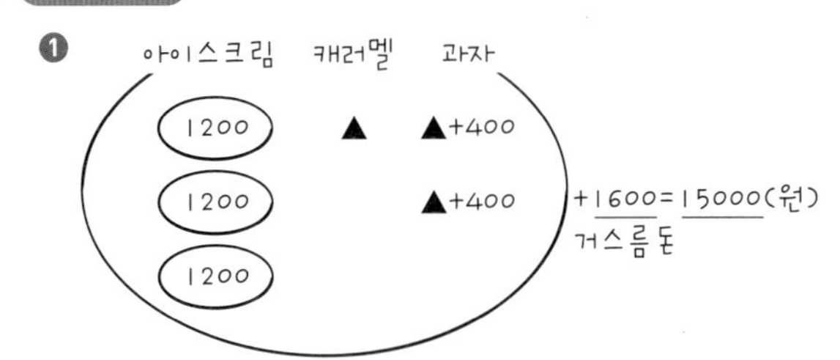


(▲: 카라멜 가격)

→ 1400, 10000

❷ 1200×3+▲+(▲+400)+(▲+400)+1600=15000

3600+▲×3+2400=15000

▲×3+6000=15000, ▲×3=15000−6000=9000

▲=9000÷3=3000

→ 1400=10000, 2200=10000

▲×3+5800=10000,

▲×3=10000−5800=4200,

▲=4200÷3=1400

❸ (과자 1개의 가격)=(캐러멜 1개의 가격)+400

=3000+400=3400(원)

→ 1400+400=1800(원)

**답** 1800원

**확인하기**

그림 그리기 ( ○ )

## STEP 2 내가 수학하기 해보기

식 | 거꾸로 | 그림

27~38쪽

## 1

**문제 그리기**

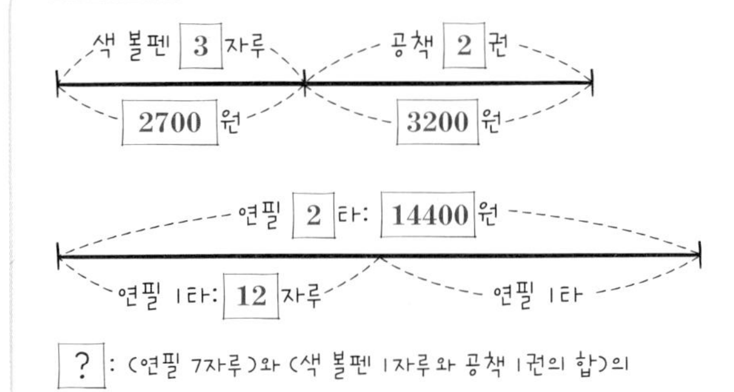


? : (연필 7자루)와 (색 볼펜 1자루와 공책 1권의 합)의 가격 차 (하나의 식으로 구하기)

**계획-풀기**

❶ 연필 한 자루의 가격을 구하는 식 만들기

(연필 한 자루의 가격)=(연필 2타의 가격)÷(연필 2타의 자루 수)

=14400÷(12×2)

❷ 색 볼펜 1자루와 공책 1권의 가격의 합을 구하는 식 만들기

(색 볼펜 1자루의 가격)+(공책 1권의 가격)

=2700÷3+3200÷2

❸ 하나의 식으로 나타내어 답 구하기

14400÷(12×2)×7−(2700÷3+3200÷2)

=4200−2500=1700(원)

**답** 1700원

## 2

**문제 그리기**

소영: 12 살, 큰 오빠: (12 +5)살, 작은 오빠: (12 +3)살

(아버지의 나이)=((소영)+(큰 오빠))×2 −(작은 오빠)+6

? : 아버지의 나이

**계획-풀기**

❶ 소영의 나이를 이용하여 큰 오빠의 나이와 작은 오빠의 나이를 구하는 식 만들기

(큰 오빠의 나이)=(소영의 나이)+5=12+5,

(작은 오빠의 나이)=(소영의 나이)+3=12+3

❷ 하나의 식으로 나타내어 아버지의 나이 구하기

(아버지의 나이)

=((소영의 나이)+(소영의 나이)+5)×2

−((소영의 나이)+3)+6

=(12+12+5)×2−(12+3)+6

=58−15+6=49(살)

**답** 49살

## 3

**문제 그리기**

36− 96 ÷ 6 ×2=4

18+99−21= 96

28−11×2= 6

? : 세 식을 1 개의 식으로 나타내기

**계획-풀기**

❶ 나머지 2개 식의 계산 결과인 수를 포함하고 있는 식 찾기

36−96÷6×2=4

❷ 하나의 식으로 나타내기

36−(18+99−21)÷(28−11×2)×2=4

**식** 36−(18+99−21)÷(28−11×2)×2=4

## 4

문제 그리기

남학생 16 명 ⟶ 한 모둠에 4 명

여학생 15 명 ⟶ 한 모둠에 3 명

? : 여 학생 모둠은 남 학생 모둠보다 몇 모둠 더 많은가?

계획-풀기

❶ 남학생 모둠 수와 여학생 모둠 수를 구하는 식 만들기

남학생 모둠 수: $16\div4$, 여학생 모둠 수: $15\div3$

❷ 하나의 식으로 나타내어 답 구하기

(여학생 모둠 수)$-$(남학생 모둠 수)

$=15\div3-16\div4=5-4=1$(모둠)

답 **1모둠**

## 5

문제 그리기

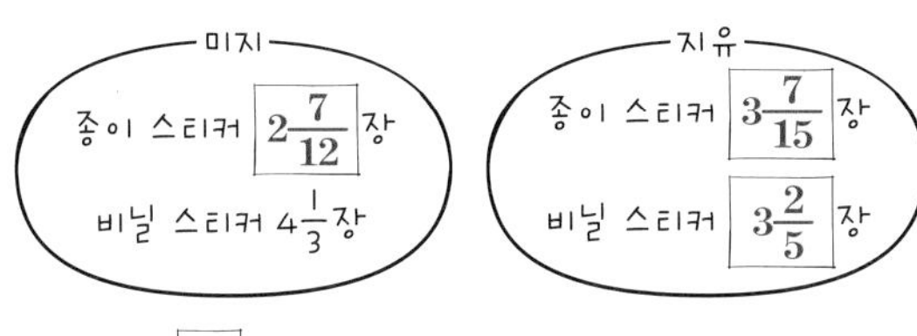


? : 누가 스티커를 몇 장 더 사용했는가?

계획-풀기

❶ 미지와 지유가 각각 사용한 스티커는 몇 장씩인지 구하기

미지가 사용한 스티커 수: $2\frac{7}{12}+4\frac{1}{3}=(2+4)+\left(\frac{7}{12}+\frac{4}{12}\right)$

$=6\frac{11}{12}$(장)

지유가 사용한 스티커 수: $3\frac{7}{15}+3\frac{2}{5}=(3+3)+\left(\frac{7}{15}+\frac{6}{15}\right)$

$=6\frac{13}{15}$(장)

❷ 누가 스티커를 몇 장 더 사용했는지 구하기

(미지가 사용한 스티커 수)$-$(지유가 사용한 스티커 수)

$=6\frac{11}{12}-6\frac{13}{15}=6\frac{55}{60}-6\frac{52}{60}=\frac{3}{60}=\frac{1}{20}$(장)

답 **미지, $\frac{1}{20}$장**

## 6

문제 그리기

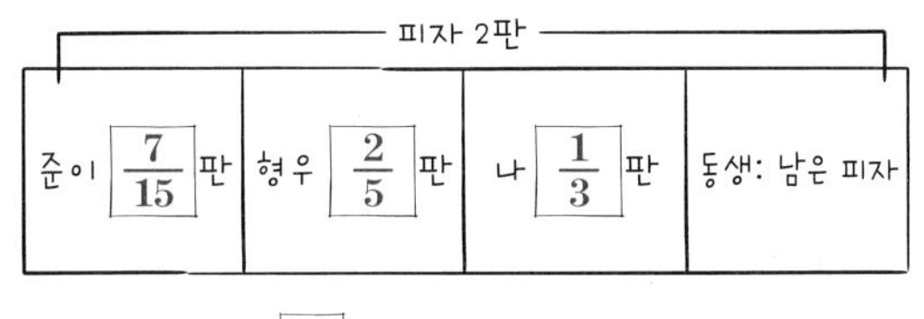


? : 동생이 먹은 피자(판)

계획-풀기

❶ 준이와 형우와 내가 먹은 피자의 합은 몇 판인지 구하기

(준이가 먹은 피자)$+$(형우가 먹은 피자)$+$(내가 먹은 피자)

$=\frac{7}{15}+\frac{2}{5}+\frac{1}{3}=\frac{7}{15}+\frac{6}{15}+\frac{5}{15}=\frac{18}{15}=1\frac{3}{15}=1\frac{1}{5}$(판)

❷ 동생이 먹은 피자는 몇 판인지 구하기

(동생이 먹은 피자)

$=$(어머니께서 주문해 주신 피자)

$-$(준이와 형우와 내가 먹은 피자)

$=2-1\frac{1}{5}=\frac{4}{5}$(판)

답 **$\frac{4}{5}$판**

## 7

문제 그리기

지하철역 ⟶ 베이커리 ⟶ 할아버지 댁

지하철역 ⟶ 꽃집 ⟶ 할아버지 댁

? : 베이커리와 꽃집 중 어디를 거쳐서 가는 것이 몇 km 더 가까운가?

계획-풀기

❶ 각각의 경로가 몇 km인지 구하기

베이커리를 거쳐서 가는 거리:

$\frac{10}{21}+\frac{2}{3}=\frac{10}{21}+\frac{14}{21}=\frac{24}{21}=1\frac{3}{21}=1\frac{1}{7}$(km)

꽃집을 거쳐서 가는 거리:

$\frac{6}{7}+\frac{5}{6}=\frac{36}{42}+\frac{35}{42}=\frac{71}{42}=1\frac{29}{42}$(km)

❷ 어디를 거쳐서 가는 것이 몇 km 더 가까운지 구하기

베이커리를 거쳐서 간 거리 : $1\frac{1}{7}$ km$=1\frac{6}{42}$ km,

꽃집을 거쳐서 간 거리: $1\frac{29}{42}$ km

(꽃집을 거쳐서 간 거리)$-$(베이커리를 거쳐서 간 거리)

$=1\frac{29}{42}-1\frac{6}{42}=\frac{23}{42}$(km)

답 **베이커리, $\frac{23}{42}$ km**

## 8

문제 그리기

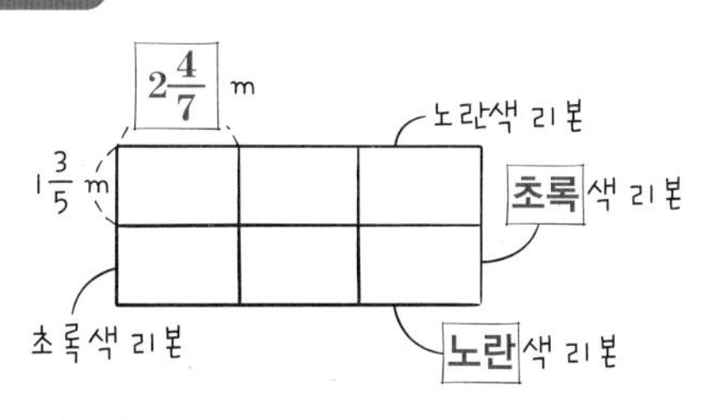


? : 필요한 노란색 리본과 초록색 리본의 각각의 길이 (cm)

**계획-풀기**

❶ 필요한 노란색 리본의 길이 구하기

$2\frac{4}{7}+2\frac{4}{7}+2\frac{4}{7}+2\frac{4}{7}+2\frac{4}{7}+2\frac{4}{7}$

$=2\times6+\left(\frac{4}{7}+\frac{4}{7}+\frac{4}{7}+\frac{4}{7}+\frac{4}{7}+\frac{4}{7}\right)$

$=12+\frac{24}{7}=15\frac{3}{7}$(m)

❷ 필요한 초록색 리본의 길이 구하기

$1\frac{3}{5}+1\frac{3}{5}+1\frac{3}{5}+1\frac{3}{5}=1\times4+\left(\frac{3}{5}+\frac{3}{5}+\frac{3}{5}+\frac{3}{5}\right)$

$=4+\frac{12}{5}=6\frac{2}{5}$(m)

**답 노란색 리본: $15\frac{3}{7}$ m, 초록색 리본: $6\frac{2}{5}$ m**

## 9

**문제 그리기**

어떤 수: △

바르게 계산: (96−△)÷3

잘못된 계산: (96+△)×3= 342

? : 바르게 계산한 값

**계획-풀기**

❶ 어떤 수 구하기

어떤 수를 ▲라 하면

(96+▲)×3=342, 96+▲=342÷3=114,

▲=114−96=18

❷ 바르게 계산한 값 구하기

(96−▲)÷3=(96−18)÷3=78÷3=26

**답 26**

## 10

**문제 그리기**

어떤 기약 분수들을 통분한 분수들이 다음과 같습니다.

$\frac{16}{54}$ → 기약분수, $\frac{24}{54}$ → 기약분수

? : 통분하기 전 기약분수들

**계획-풀기**

❶ 두 분수의 분모와 분자의 최대공약수 각각 구하기

2 ) 54 16
  27 8

2 ) 54 24
3 ) 27 12
  9 4

54와 16의 최대공약수: 2   54와 24의 최대공약수: 6

❷ 윤우가 말해야 하는 기약분수들 구하기

$\frac{16}{54}=\frac{16\div2}{54\div2}=\frac{8}{27}$, $\frac{24}{54}=\frac{24\div6}{54\div6}=\frac{4}{9}$

**답 $\frac{8}{27}$, $\frac{4}{9}$**

## 11

**문제 그리기**

(처음 과일 사탕의 수)+ $3\frac{3}{7}$ − $2\frac{5}{21}$ = $1\frac{2}{3}$ (개)

? : 처음 과일 사탕의 수

**계획-풀기**

❶ 처음 과일 사탕의 수를 □로 하여 식으로 나타내기

처음 주머니에 넣었던 과일 사탕의 수를 □라고 하면

$\square+3\frac{3}{7}-2\frac{5}{21}=1\frac{2}{3}$입니다.

❷ 처음 주머니에 넣었던 과일 사탕의 수 구하기

$\square+3\frac{3}{7}=1\frac{2}{3}+2\frac{5}{21}$

$\square+3\frac{3}{7}=(1+2)+\left(\frac{2}{3}+\frac{5}{21}\right)=3+\left(\frac{14}{21}+\frac{5}{21}\right)=3\frac{19}{21}$

$\square=3\frac{19}{21}-3\frac{3}{7}=(3-3)+\left(\frac{19}{21}-\frac{9}{21}\right)=\frac{10}{21}$(개)

**답 $\frac{10}{21}$개**

## 12

**문제 그리기**

쓴 분수: $\frac{▲}{●}$

→ $\frac{▲}{●}$의 분모에 7을 더하고 분자에서 8을 뺀 후, 6으로 약분

$\frac{(▲-8)\div6}{(●+7)\div6}=\frac{4}{11}$

? : 명현이가 쓴 분수

**계획-풀기**

❶ 명현이가 쓴 분수의 분자 구하기

(▲−8)÷6=4, ▲−8=6×4=24

▲=24+8=32

❷ 명현이가 쓴 분수의 분모 구하기

(●+7)÷6=11, ●+7=11×6=66

●=66−7=59

❸ 명현이가 쓴 분수 구하기

$\frac{▲}{●}=\frac{32}{59}$

**답 $\frac{32}{59}$**

## 13

**문제 그리기**

서연 풀이: (34−28)×4+18÷3=(34−28)×(4+18)÷3
                6        22

=6× 22 ÷3= 44

? : 서연이의 풀이와 답이 틀린 이유와 바르게 계산한 값

계획-풀기

틀린 이유: 4+18을 먼저 계산했습니다.

$(34-28)\times4+18\div3=6\times4+18\div3$

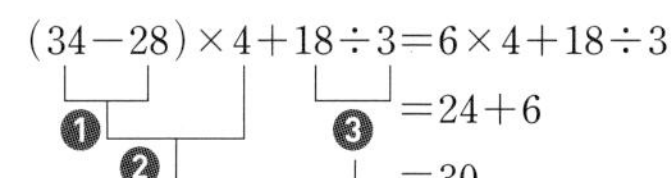


$=24+6$

$=30$

답 4+18을 먼저 계산했습니다.
**30**

## 14

문제 그리기

최대공약수: 16

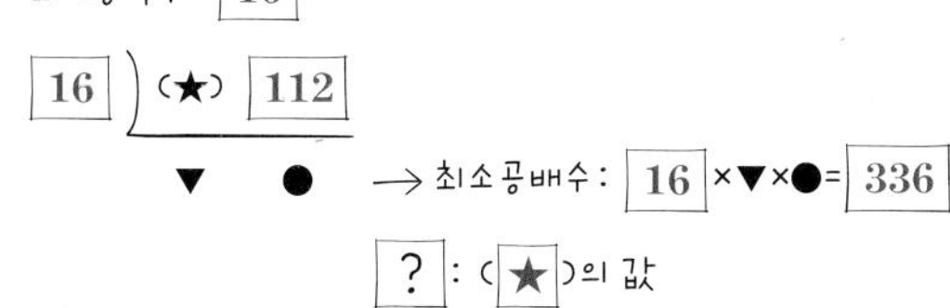


계획-풀기

❶ 다음에서 □의 값 구하기

16 ) (★) 112

　　□　 7

$16\times\square\times7=336$

$112\times\square=336$, $\square=336\div112=3$

❷ (★)의 값 구하기

$(★)=16\times\square=16\times3=48$

답 **48**

## 15

문제 그리기

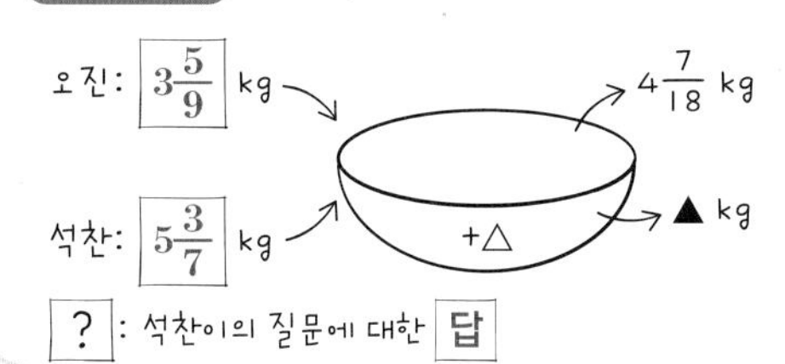


? : 석찬이의 질문에 대한 답

계획-풀기

❶ 황금 바구니에서 더해지는 분수 구하기

황금 바구니에서 더해지는 분수를 △라 하면

$3\frac{5}{9}+\triangle=4\frac{7}{18}$, $\triangle=4\frac{7}{18}-3\frac{5}{9}=3\frac{25}{18}-3\frac{10}{18}=\frac{15}{18}=\frac{5}{6}$

❷ 석찬이의 질문에 대한 답 구하기

$5\frac{3}{7}+\triangle=5\frac{3}{7}+\frac{5}{6}=5\frac{18}{42}+\frac{35}{42}=5\frac{53}{42}=6\frac{11}{42}$(kg)

답 **$6\frac{11}{42}$ kg**

## 16

문제 그리기

어떤 수: ▲

바른 계산: $▲+4\frac{5}{8}-1\frac{2}{3}$

잘못된 계산: $▲-4\frac{5}{8}+1\frac{2}{3}=10$

? : 어떤 수와 바르게 계산한 값

계획-풀기

❶ 어떤 수 구하기

어떤 수를 ▲라 하면

$▲-4\frac{5}{8}+1\frac{2}{3}=10$

$▲-4\frac{5}{8}=10-1\frac{2}{3}=9\frac{3}{3}-1\frac{2}{3}=8\frac{1}{3}$

$▲=8\frac{1}{3}+4\frac{5}{8}=8\frac{8}{24}+4\frac{15}{24}=12\frac{23}{24}$

❷ 바르게 계산한 값 구하기

$▲+4\frac{5}{8}-1\frac{2}{3}=12\frac{23}{24}+4\frac{5}{8}-1\frac{2}{3}$

$=12\frac{23}{24}+4\frac{15}{24}-1\frac{16}{24}$

$=15\frac{22}{24}=15\frac{11}{12}$

답 **어떤 수: $12\frac{23}{24}$, 바르게 계산한 값: $15\frac{11}{12}$**

## 17

문제 그리기

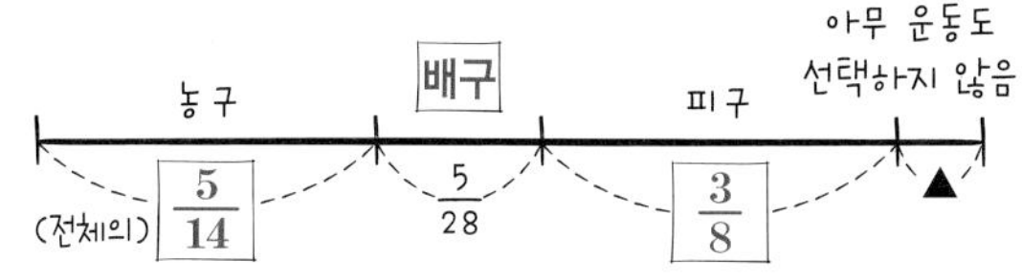


? : 가장 많은 학생이 좋아하는 운동과 아무 운동도 선택하지 않은 학생은 전체의 몇 분의 몇

계획-풀기

$(농구)=\frac{5}{14}=\frac{20}{56}$, $(배구)=\frac{5}{28}=\frac{10}{56}$, $(피구)=\frac{3}{8}=\frac{21}{56}$

$\frac{10}{56}<\frac{20}{56}<\frac{21}{56}$이므로 가장 많은 학생이 좋아하는 운동은 피구입니다.

(농구)+(배구)+(피구)+(아무 운동도 선택하지 않은 학생)=1

(아무 운동도 선택하지 않은 학생)

$=1-\left(\frac{20}{56}+\frac{10}{56}+\frac{21}{56}\right)=1-\frac{51}{56}=\frac{56}{56}-\frac{51}{56}=\frac{5}{56}$

답 **피구, $\frac{5}{56}$**

## 18

문제 그리기

$\frac{19}{36}=\frac{1}{●}+\frac{1}{▲}+\frac{1}{■}+\frac{1}{⊙}$

(●, ▲, ■, ⊙는 1이 아닌 서로 다른 자연수)

? : $\frac{19}{36}$를 서로 다른 4개의 단위분수의 합으로 나타내기

계획-풀기

❶ $\frac{19}{36}$가 되기 위한 분수를 모눈에 색칠하기

(각각 약분하면 단위분수)

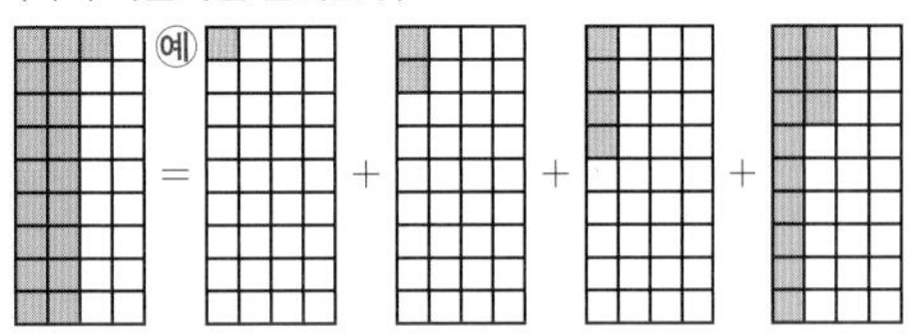


❷ $\frac{19}{36}$를 서로 다른 네 단위분수의 합으로 나타내기

$\frac{19}{36}=\frac{1}{36}+\frac{2}{36}+\frac{4}{36}+\frac{12}{36}=\frac{1}{36}+\frac{1}{18}+\frac{1}{9}+\frac{1}{3}$

$\frac{19}{36}=\frac{1}{36}+\frac{3}{36}+\frac{6}{36}+\frac{9}{36}=\frac{1}{36}+\frac{1}{12}+\frac{1}{9}+\frac{1}{4}$

답 $\frac{19}{36}=\frac{1}{36}+\frac{1}{18}+\frac{1}{9}+\frac{1}{3}$

(또는 $\frac{19}{36}=\frac{1}{36}+\frac{1}{12}+\frac{1}{9}+\frac{1}{4}$)

## 19

문제 그리기

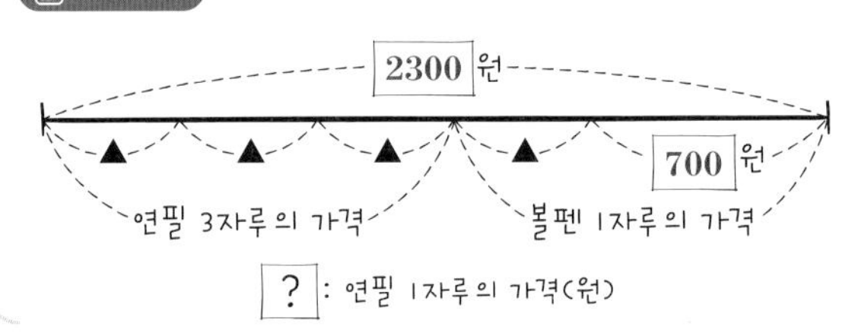


? : 연필 1자루의 가격(원)

계획-풀기

❶ 문제 그리기를 보고 연필 1자루의 가격이 ▲원일 때 ▲를 이용하여 식 세우기

(연필 1자루의 가격)=▲

(볼펜 1자루의 가격)=▲+700

(연필 3자루 가격)+(볼펜 1자루 가격)=2300

▲+▲+▲+▲+700=2300

❷ ❶의 식을 이용하여 답 구하기

▲+▲+▲+▲+700=2300

▲+▲+▲+▲=2300−700=1600

▲=1600÷4=400

답 **400원**

## 20

문제 그리기

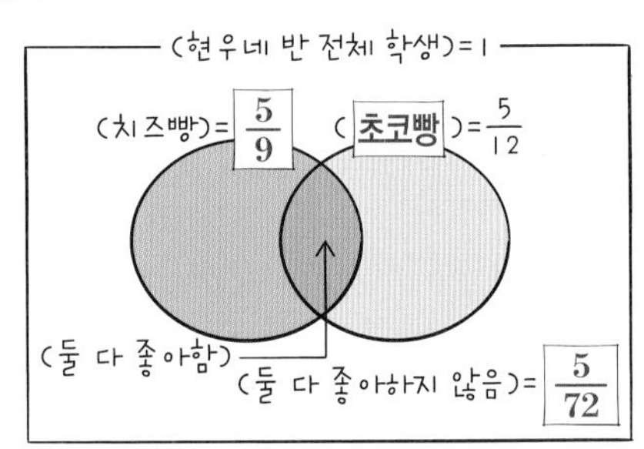


? : 초코빵과 치즈빵을 둘 다 좋아하는 학생은 현우네 반 전체 학생의 몇 분의 몇

계획-풀기

초코빵과 치즈빵을 좋아하는 학생이 전체의 □라고 하면

(초코빵과 치즈빵을 좋아하는 학생)+(둘 다 좋아하지 않는 학생)

=1

$\square+\frac{5}{72}=1, \square=1-\frac{5}{72}=\frac{72}{72}-\frac{5}{72}=\frac{67}{72}$입니다.

⇨ 초코빵과 치즈빵을 좋아하는 학생은 전체의 $\frac{67}{72}$입니다.

초코빵과 치즈빵을 둘 다 좋아하는 학생이 전체의 △라고 하면

(초코빵과 치즈빵을 좋아하는 학생)

=(초코빵을 좋아하는 학생)+(치즈빵을 좋아하는 학생)

−(초코빵과 치즈빵을 둘 다 좋아하는 학생)

$\frac{67}{72}=\frac{5}{9}+\frac{5}{12}-\triangle, \frac{67}{72}=\frac{40}{72}+\frac{30}{72}-\triangle,$

$\frac{67}{72}=\frac{70}{72}-\triangle, \triangle=\frac{70}{72}-\frac{67}{72}=\frac{3}{72}=\frac{1}{24}$

답 $\frac{1}{24}$

## 21

문제 그리기

▲: 부은 물 1컵의 양

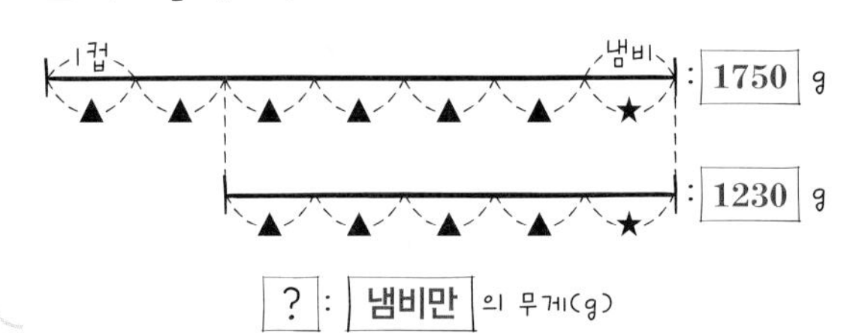


? : 냄비만의 무게(g)

계획-풀기

❶ 부은 물 1컵의 무게 구하기

(부은 물 1컵의 무게)=▲ g, (냄비만의 무게)=★ g

▲+▲+▲+▲+▲+▲+★=1750

−) ▲+▲+▲+▲+★=1230

▲+▲ =520

▲=520÷2=260(g)

❷ 냄비만의 무게 구하기

❶에서 ▲+▲+▲+▲+★=1230을 이용하면 다음과 같습니다.

(부은 물 4컵의 무게)+(냄비만의 무게)=1230

(냄비만의 무게)=1230−(▲+▲+▲+▲)

=1230−260×4=1230−1040=190(g)

답 **190 g**

## 22

문제 그리기

<조건1> (어떤 분수)=$\frac{\triangle}{\bigcirc}=\frac{\triangle\div\triangle}{\bigcirc\div\triangle}=\frac{1}{3}$

<조건2> $\frac{\triangle\div\triangle}{(\bigcirc+44)\div\triangle}=\frac{1}{7}$

? : 어떤 분수$\left(\frac{\triangle}{\bigcirc}\right)$

계획-풀기

❶ 〈조건1〉을 이용하여 어떤 분수의 분모(○)와 분자(△) 사이의 관계를 식으로 나타내기

어떤 분수를 $\frac{\triangle}{\bigcirc}$라 하면

분모에서 $\bigcirc \div \triangle = 3$이므로 $\bigcirc = 3 \times \triangle$입니다.

❷ 〈조건2〉와 ❶을 이용하여 어떤 분수 구하기

(어떤 분수)$=\frac{\triangle}{\bigcirc}=\frac{\triangle}{3\times\triangle}$이고 〈조건2〉를 이용하면

분모에서 $(\triangle+\triangle+\triangle+44)\div\triangle=7$이므로

$\triangle+\triangle+\triangle+44=7\times\triangle$입니다.

$(\triangle+\triangle+\triangle+\triangle+\triangle+\triangle+\triangle)-(\triangle+\triangle+\triangle)=44$

$\triangle+\triangle+\triangle+\triangle=44$

⇨ $\triangle=44\div4=11$

따라서 어떤 분수는 $\frac{\triangle}{3\times\triangle}=\frac{11}{3\times11}=\frac{11}{33}$입니다.

답 $\frac{11}{33}$

## 23

문제 그리기

(석고 해바라기 4개의 무게: 🌻🌻🌻🌻)= 540 g

(나무 부엉이 1개의 무게: 🦉)=240 g

(철 호랑이 1개의 무게)

=((🌻🌻🌻🌻🌻🌻🌻🌻)+(🦉🦉🦉🦉)− 400 ) g

? : 철 호랑이 1개의 무게(g)

계획-풀기

(철 호랑이 1개)=(석고 해바라기 8개)+(나무 부엉이 4개)$-400$

$=(🌻🌻🌻🌻)+(🌻🌻🌻🌻)+(🦉🦉🦉🦉)-400$

$=540+540+240\times4-400$

$=1080+960-400$

$=2040-400$

$=1640(\text{g})$

답 1640 g

## 24

문제 그리기

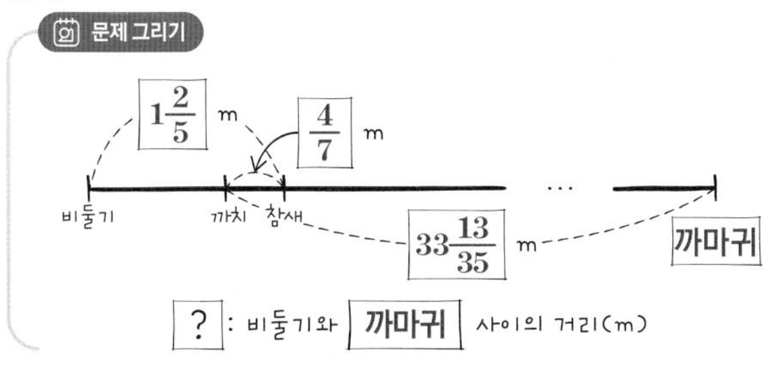


? : 비둘기와 까마귀 사이의 거리(m)

계획-풀기

❶ 비둘기와 까치 사이의 거리 구하기

(비둘기와 까치 사이의 거리)

=(비둘기와 참새 사이의 거리)−(까치와 참새 사이의 거리)

$=1\frac{2}{5}-\frac{4}{7}=1\frac{14}{35}-\frac{20}{35}=\frac{49}{35}-\frac{20}{35}=\frac{29}{35}(\text{m})$

❷ 비둘기와 까마귀 사이의 거리 구하기

(비둘기와 까마귀 사이의 거리)

=(비둘기와 까치 사이의 거리)+(까치와 까마귀 사이의 거리)

$=\frac{29}{35}+33\frac{13}{35}$

$=33\frac{42}{35}=34\frac{7}{35}=34\frac{1}{5}(\text{m})$

답 $34\frac{1}{5}$ m

## STEP 1 내가 수학하기 배우기

단순화하기

40~41쪽

## 1

문제 그리기

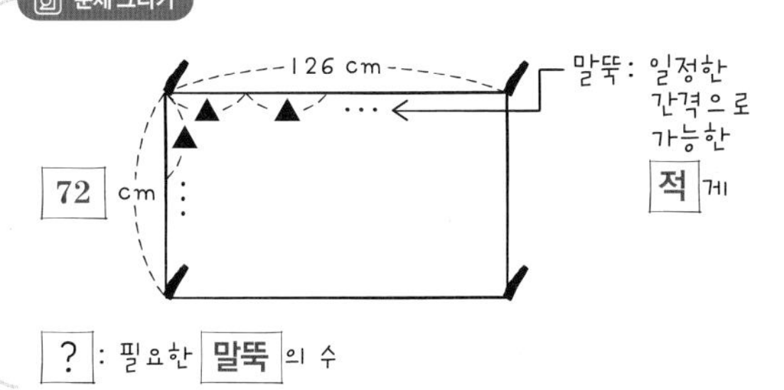


? : 필요한 말뚝의 수

계획-풀기

❶ "일정한 간격으로 말뚝을 가능한 한 적게"는 "같은 간격으로 간격을 좁게"하라는 의미이므로 126과 72의 최소공배수를 이용해서 말뚝의 수와 간격을 구해야 합니다.

2 ) 126 72
3 ) 63 36
3 ) 21 12
7 4

따라서 말뚝 사이의 간격은

$2\times3\times3\times7\times4=504(\text{cm})$입니다.

→ 넓게, 최대공약수, $2\times3\times3=18(\text{cm})$

❷ 

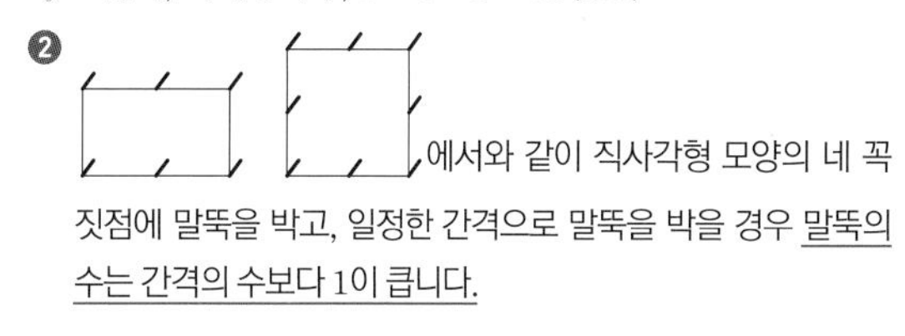

에서와 같이 직사각형 모양의 네 꼭짓점에 말뚝을 박고, 일정한 간격으로 말뚝을 박을 경우 말뚝의 수는 간격의 수보다 1이 큽니다.

⇨ (말뚝의 수)=(간격의 수)+1

→ 말뚝의 수는 간격의 수와 같습니다.

(말뚝의 수)=(간격의 수)

❸ 말뚝 사이의 일정한 간격은 504 cm입니다. 따라서 가로의 간격의 수는 $504\div126=4$(개)이고, 세로의 간격의 수는 $504\div72=7$(개)이므로 전체 간격의 수는 $4+7=11$(개)입니다. 따라서 말뚝의 개수는 $11+1=12$(개)입니다.

→ 18 cm, $(126\div18)\times2=14$(개),

$(72\div18)\times2=8$(개), $14+8=22$(개), 22개

답 22개

**확인하기**

단순화하기 ( ○ )

## 2

**문제 그리기**

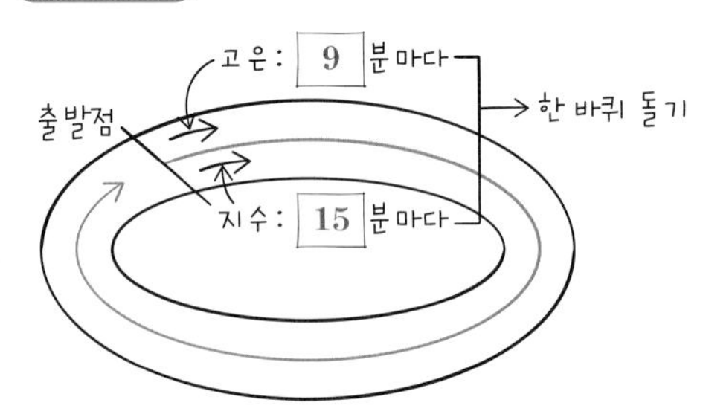


20 일 동안 매일 2 시간씩 같은 방향으로 동시에 출발

? : 고은이와 지수가 교환한 스티커의 수

**계획-풀기**

❶ 공원을 고은이는 9분마다, 지수는 15분마다 한 바퀴를 돌기 때문에 서로 출발점에서 다시 만나는 데 걸리는 시간은 다음과 같이 구합니다.

3 ) 9 15
3 5

9와 15의 최대공약수는 3이므로 다시 만나는 데 걸리는 시간은 3분입니다.

→ 9와 15의 최소공배수는 $3 \times 3 \times 5 = 45$이므로 다시 만나는 데 걸리는 시간은 45분입니다.

❷ 고은이와 지수는 공원의 출발점에서 3분마다 다시 만났습니다. 1시간은 60분이므로 하루에 두 사람이 출발점에서 다시 만나는 횟수는 $60 \div 3 = 20$(번)입니다.

→ 45분, 2시간은 120분이므로 하루에 두 사람이 출발점에서 다시 만나는 횟수는 2번입니다.

❸ 20일 동안 고은이가 지수와 교환해서 받은 스티커의 수는 함께 돌 때 공원의 출발점에서 만나는 횟수와 같습니다. 따라서 20일 동안 함께 운동했으므로 고은이가 지수와 교환해서 받은 스티커의 수는 $20 \times 20 = 400$(장)입니다.

→ 20일 동안 함께 운동했으므로 고은이가 지수와 교환해서 받은 스티커의 수는 $2 \times 20 = 40$(장)입니다.

답 40장

**확인하기**

단순화하기 ( ○ )

## STEP 1 내가 수학하기 배우기

문제정보를 복합적으로 나타내기

43~44쪽

## 1

**문제 그리기**

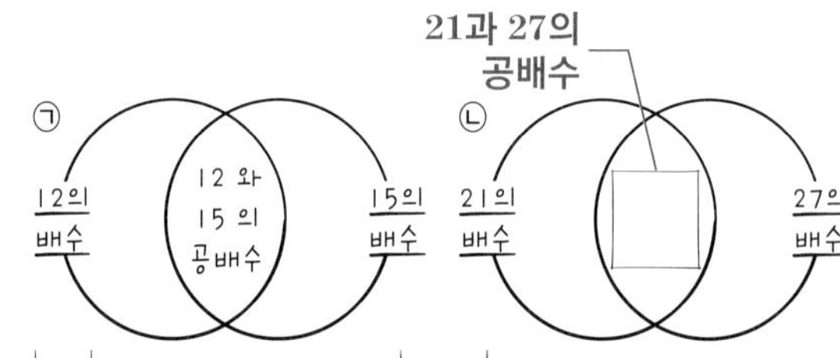


? : 각각의 공배수 중에서 200 에 가장 가까운 수가 있는 기호를 찾아 쓰고, 그 200에 가장 가까운 공배수가 200 보다 크면 그 수에 ㉠ 의 최소공배수를 더한 값 또는 200 보다 작으면 그 수에 ㉡ 의 최소공배수를 더한 값

**계획-풀기**

❶ 3 ) 12 15
4 5

최소공배수는 60이므로 12와 15의 공배수는 60, 120, 180, 240, …입니다.

❷ 3 ) 21 27
7 9

최소공배수는 189이므로 21과 27의 공배수는 189, 378, …입니다.

❸ 200에 가장 가까운 공배수는 ㉡의 189이며 이 수는 200보다 작은 수이므로 이 수에 ㉡의 최소공배수 189을/를 더하면 378입니다.

답 ㉡, 378

**확인하기**

문제정보를 복합적으로 나타내기 ( ○ )

## 2

**문제 그리기**

수 카드 2, 5, 6, 7 중에서 3 장을 뽑아 한 번씩만 사용하여 대분수 만들기 ⇒ $○\frac{☆}{△}$

? : 가장 큰 대분수와 가장 작은 대분수의 차

계획-풀기

❶ 수 카드에 적힌 숫자는 2, 5, 6, 7이므로 가장 큰 대분수는 $6\frac{2}{5}$이고 가장 작은 대분수는 $2\frac{5}{6}$입니다.

→ $7\frac{5}{6}$, $2\frac{5}{7}$

❷ $6\frac{2}{5}-2\frac{5}{6}=6\frac{12}{30}-2\frac{25}{30}=3\frac{17}{30}$

→ $7\frac{5}{6}-2\frac{5}{7}=(7-2)+\left(\frac{5}{6}-\frac{5}{7}\right)$

$=5+\left(\frac{35}{42}-\frac{30}{42}\right)=5\frac{5}{42}$

답 $5\frac{5}{42}$

확인하기

문제정보를 복합적으로 나타내기 ( ○ )

STEP 1 내가 수학하기 배우기 — 규칙성 찾기

46~47쪽

## 1

문제 그리기

| 순서 | 1 | 2 | 3 | 4 | 5 | … | 12 |
|---|---|---|---|---|---|---|---|
| 수 | 1 | [2] | $\frac{3}{[5]}$ | $\frac{4}{[7]}$ | [5] | … | $\frac{12}{5}+\frac{[12]}{7}$ |

| 12 | … | ▲ |
|---|---|---|
| $\frac{12}{5}+\frac{[12]}{7}$ | … | $\frac{▲}{5}+\frac{[▲]}{7}$ |

참새는 3과 4의 공배수 중 [5]번째

[?]: 순서가 3과 4의 [공배수] 중 [5]번째에 있는 참새의 순서(▲)와 가슴에 적힌 숫자

계획-풀기

❶ 3과 4의 최소공배수는 10이므로 3과 4의 공배수를 작은 수부터 순서대로 쓰면 10, 20, 30, 40, 50, 60, …입니다. 5번째 수는 50이므로 참새는 50번째에 있습니다.

→ 12 / 12, 24, 36, 48, 60, 72, … / 60 / 60번째

❷ 50은 3과 4의 공배수이기 때문에 분모가 5인 수 $\frac{50}{5}$과 분모가 7인 수 $\frac{50}{7}$의 합입니다.

$\frac{50}{5}+\frac{50}{7}=17\frac{1}{7}$이므로 참새에 $17\frac{1}{7}$이 적혀 있습니다.

→ 60, $\frac{60}{5}$, $\frac{60}{7}$, $\frac{60}{5}+\frac{60}{7}=20\frac{4}{7}$이므로

참새에 $20\frac{4}{7}$가 적혀 있습니다.

답 60번째, $20\frac{4}{7}$

확인하기

규칙성 찾기 ( ○ )

## 2

문제 그리기

$\frac{10}{3}$, $\frac{11}{6}$, $\frac{12}{9}$, $\frac{[13]}{[12]}$, $\frac{[14]}{[15]}$, …, $\frac{■}{▲}$, …, $\frac{●}{★}$, …

[9]번째 15번째

⇒ $\frac{■}{▲}+\frac{●}{★}$ 구하기

[?]: [9]번째 분수와 [15]번째 분수의 합의 분모와 분자를 바꾼 분수

계획-풀기

❶ 〈분모〉는 3, 6, 9, 12, 15, …이므로 3부터 4씩 커지는 규칙이고, 〈분자〉는 10, 11, 12, 13, 14, …이므로 10부터 1씩 커지는 규칙입니다.

→ 3씩 커지는 규칙

❷ 9번째 분수의 분모는 3부터 4씩 8번 커진 수이므로 $3+4\times8=35$이고, 분자는 10부터 1씩 8번 커진 수이므로 $10+1\times9=19$입니다.

따라서 9번째 분수는 $\frac{19}{35}$입니다.

→ 3씩 8번 커진 수이므로 $3+3\times8=27$, $10+1\times8=18$, $\frac{18}{27}=\frac{2}{3}$

❸ 15번째 분수의 분모는 3부터 4씩 14번 커진 수이므로 $3+4\times14=59$이고, 분자는 10부터 1씩 14번 커진 수이므로 $10+1\times15=25$입니다.

따라서 15번째 분수는 $\frac{25}{59}$입니다.

→ 3씩 14번 커진 수이므로 $3+3\times14=45$, $10+1\times14=24$, $\frac{24}{45}=\frac{8}{15}$.

❹ $\frac{19}{35}+\frac{25}{59}=\frac{19\times59}{35\times59}+\frac{25\times35}{59\times35}=\frac{1121}{2065}+\frac{875}{2065}=\frac{1996}{2065}$

분수의 분모와 분자를 바꾸면 $\frac{2065}{1996}=1\frac{69}{1996}$입니다.

→ $\frac{2}{3}+\frac{8}{15}=\frac{10}{15}+\frac{8}{15}=\frac{18}{15}=\frac{6}{5}$

분수의 분모와 분자를 바꾸면 $\frac{5}{6}$입니다.

답 $\frac{5}{6}$

확인하기

규칙성 찾기 ( ○ )

## 1

문제 그리기

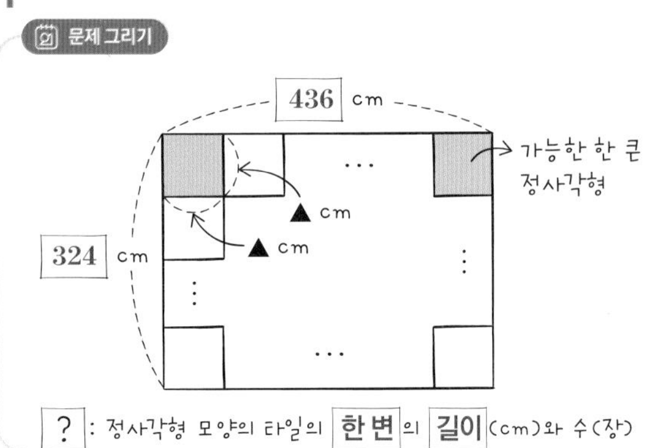


? : 정사각형 모양의 타일의 한 변의 길이(cm)와 수(장)

계획-풀기

❶ 정사각형 모양의 타일의 한 변의 길이 구하기

정사각형은 가로와 세로의 길이가 같습니다. 따라서 타일의 한 변의 길이는 436과 324의 공약수이며, 가능한 한 큰 정사각형이어야 하므로 최대공약수가 한 변의 길이입니다.

2 ) 436 324
2 ) 218 162
109 81

⇒ 최대공약수: $2\times2=4$

따라서 타일의 한 변의 길이는 4 cm입니다.

❷ 벽면을 장식하기 위해 필요한 정사각형 모양의 타일의 수 구하기

가로로 $436\div4=109$(장), 세로로 $324\div4=81$(장) 필요하므로 필요한 타일의 수는 모두 $109\times81=8829$(장)입니다.

**답 4 cm, 8829장**

## 2

문제 그리기

? : 게시판의 한 변의 길이(cm)와 필요한 카드의 수(장)

계획-풀기

❶ 게시판의 한 변의 길이 구하기

(게시판의 한 변의 길이)
=(카드의 가로)×(가로에 놓인 카드의 수)
=12×(가로에 놓인 카드의 수)

(게시판의 한 변의 길이)
=(카드의 세로)×(세로에 놓인 카드의 수)
=16×(세로에 놓인 카드의 수)

따라서 (게시판의 한 변의 길이)는 12와 16의 공배수입니다.
게시판은 가능한 한 작은 정사각형 모양이므로 한 변의 길이는 12와 16의 최소공배수입니다.

2 ) 12 16
2 ) 6 8
3 4

⇒ 최소공배수: $2\times2\times3\times4=48$

따라서 게시판의 한 변의 길이는 48 cm입니다.

❷ 필요한 카드의 수 구하기

가로로 $48\div12=4$(장), 세로로 $48\div16=3$(장)이 있어야 하므로 필요한 카드의 수는 모두 $4\times3=12$(장)입니다.

**답 48 cm, 12장**

## 3

문제 그리기

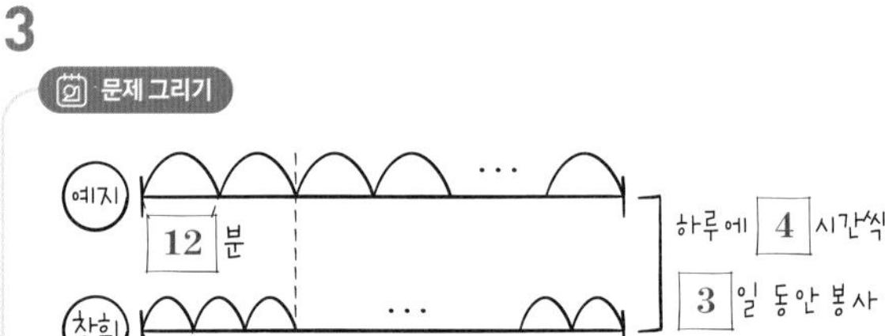


? : 한 사람당 봉사하는 동안 붙인 꽃 스티커의 수(장)

계획-풀기

❶ 두 사람이 동시에 포장이 끝나서 꽃 스티커를 붙이는 시간의 간격 구하기

둘이 포장을 완성하는 시간은 12분과 8분마다이므로 12와 8의 공배수에 함께 끝나게 됩니다. 12와 8의 공배수는 최소공배수의 배수로 구합니다.

2 ) 12 8
2 ) 6 4
3 2

12와 8의 최소공배수는 $2\times2\times3\times2=24$이므로
예지와 창희는 24분마다 꽃 스티커를 붙입니다.

❷ 한 사람당 붙인 꽃 스티커의 수 구하기

하루에 4시간씩 3일 동안 봉사를 하므로 하루에
$60\times4=240$(분)씩 하는 것입니다.
24분마다 꽃 스티커를 붙이므로 하루에 $240\div24=10$(장)을 붙이고, 3일 동안에는 $10\times3=30$(장)을 붙입니다.

**답 30장**

## 4

**문제 그리기**

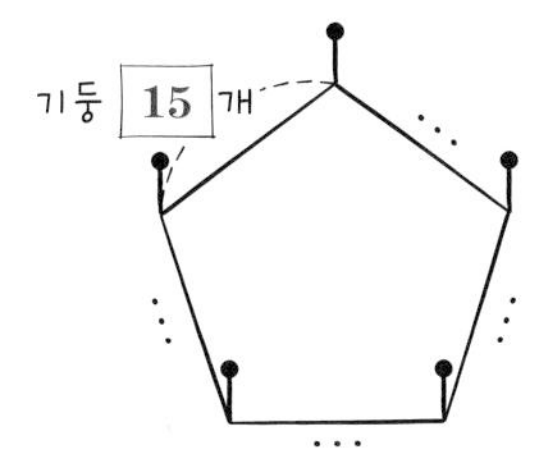


? : 정오각형 모양의 울타리를 만들기 위해 한 변에 기둥을 15 개씩 세울 때 필요한 기둥의 수

**계획-풀기**

❶ 한 변에 기둥을 3개씩 세운다고 할 때 필요한 기둥의 수 구하기
$(3-1)\times 5=10$(개)

❷ 한 변에 기둥을 4개씩 세운다고 할 때 필요한 기둥의 수 구하기
$(4-1)\times 5=15$(개)

❸ 한 변에 기둥을 15개씩 세운다고 할 때 필요한 기둥의 수 구하기
한 변에 기둥을 ●개씩 세우면 (●$-1)\times 5$(개) 필요합니다.
따라서 한 변에 15개씩 기둥을 세운다고 할 때 필요한 기둥은 모두 $(15-1)\times 5=70$(개)입니다.

답 **70개**

## 5

**문제 그리기**

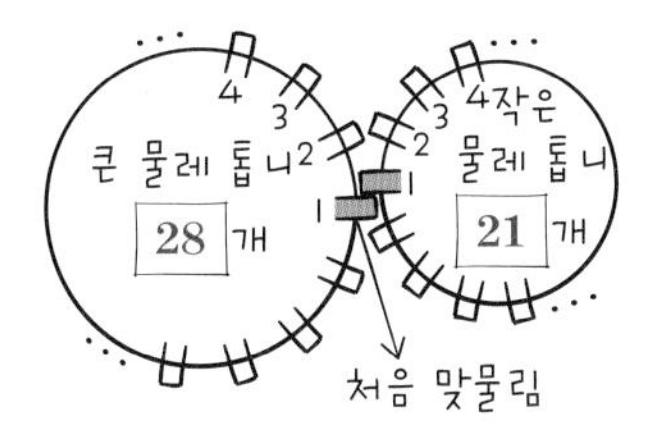


? : 처음 맞물렸던 두 물레의 톱니가 다시 같은 자리에서 12 번째 만나기 위한 작은 물레의 최소 회전수(바퀴)

**계획-풀기**

❶ 톱니가 몇 개만큼 맞물려야 다시 같은 자리에서 만나는지 구하기
1바퀴를 돌면 큰 물레의 톱니는 28개, 작은 물레의 톱니는 21개가 서로 맞물립니다. 물레가 1, 2, 3, …바퀴를 돌면 서로 맞물리는 톱니의 수는 큰 물레의 톱니는 28, 56, 84, …와 같이 28의 배수로, 작은 물레의 톱니는 21, 42, 63, 84,…와 같이 21의 배수로 맞물립니다.
따라서 두 물레가 다시 같은 자리에서 개수는 28과 21의 최소공배수인 84개입니다.

❷ 같은 자리에서 12번째로 만나려면 작은 물레는 최소한 몇 바퀴를 돌아야 하는지 구하기
28과 21의 최소공배수는 84이므로 1번 만나는 데 톱니 84개가 만납니다. 따라서 작은 물레는 $84\div 21=4$(바퀴)를 돕니다.
따라서 같은 자리에서 12번째로 만나기 위해서는 작은 물레가 $4\times 12=48$(바퀴)를 돌아야 합니다.

답 **48바퀴**

## 6

**문제 그리기**

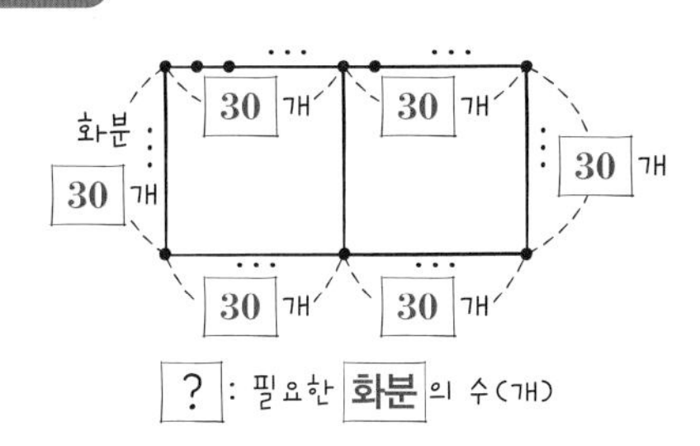


**계획-풀기**

❶ 정사각형의 한 변에 3개씩 화분을 놓는다고 할 때 필요한 화분의 수 구하기

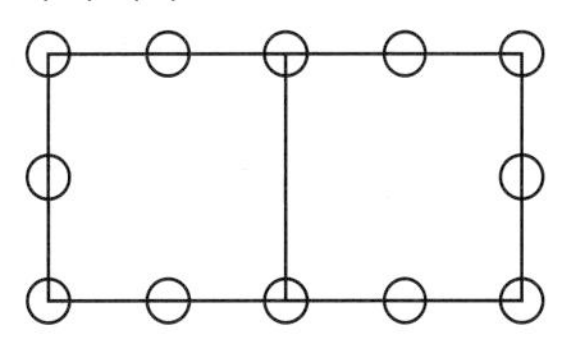

정사각형 한 변에 3개의 화분을 놓는 경우 필요한 화분의 수는 $(3-1)\times 6=12$(개)입니다.

❷ 정사각형 한 변에 4개의 화분을 놓는다고 할 때 필요한 화분의 수 구하기

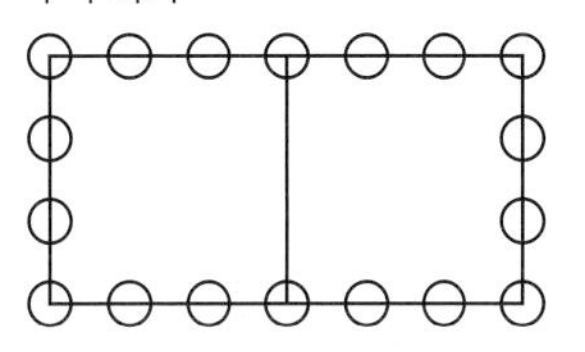

정사각형 한 변에 4개의 화분을 놓는 경우 필요한 화분의 수는 $(4-1)\times 6=18$(개)입니다.

❸ 정사각형 한 변에 30개의 화분을 놓을 때 필요한 화분의 수 구하기
한 변에 화분을 ●개씩 놓으면, 필요한 화분의 수는 (●$-1)\times 6$(개)입니다.
따라서 한 변에 30개씩 화분을 놓으면 필요한 화분의 수는 $(30-1)\times 6=174$(개)입니다.

답 **174개**

## 7

**문제 그리기**

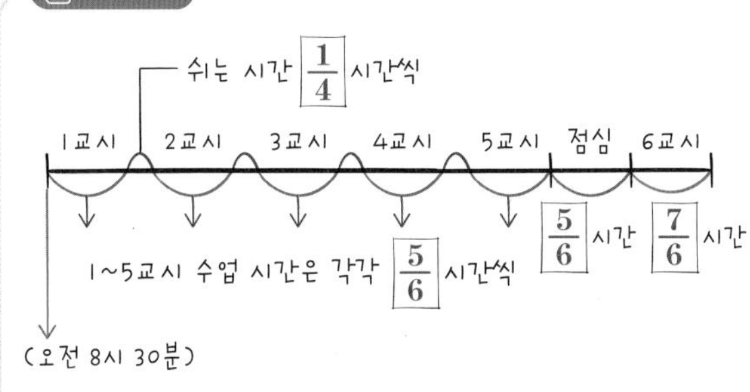


? : 6 교시가 끝나는 시각(몇 시 몇 분)

계획-풀기

❶ 1교시 수업을 시작해서 6교시가 끝나려면 수업과 점심 시간, 그리고 쉬는 시간은 각각 몇 번 있는지 구하기
1~5교시 수업과 점심 시간을 합하면 6번, 6교시 수업 1번, 그리고 쉬는 시간은 4번입니다.

❷ 6교시가 끝나는 시각 구하기
6교시가 끝나려면 $\frac{5}{6}$시간인 1~5교시 수업과 점심 시간 6번, $\frac{7}{6}$시간인 6교시 수업 1번, 그리고 $\frac{1}{4}$시간인 쉬는 시간 4번입니다.

$\frac{5}{6}+\frac{5}{6}+\frac{5}{6}+\frac{5}{6}+\frac{5}{6}+\frac{5}{6}+\frac{7}{6}+\frac{1}{4}+\frac{1}{4}+\frac{1}{4}+\frac{1}{4}$
$=\frac{37}{6}+1=7\frac{1}{6}$(시간)

1시간은 60분이므로 $\frac{1}{6}$시간은 10분입니다.

따라서 6교시가 끝나는 시각은 오전 8시 30분부터 7시간 10분 후인 오후 3시 40분입니다.

답 **오후 3시 40분**

## 8

문제 그리기

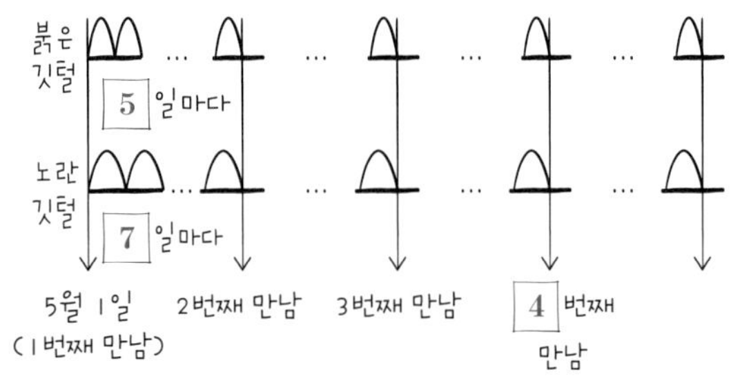


? : 붉은 깃털 오리와 노란 깃털 오리가 4 번째로 동시에 하천을 찾게 되는 날(몇 월 며칠)

계획-풀기

붉은 깃털 오리는 5, 10, 15, …일마다 하천을 찾고,
노란 깃털 오리는 7, 14, 21, …일마다 하천을 찾습니다.
두 오리가 만나게 되는 날은 각 오리가 하천을 찾는 날의 간격인 5와 7의 공배수인 경우입니다. 공배수는 최소공배수의 배수이므로 5와 7의 최소공배수를 이용합니다.
최소공배수는 $5\times7=35$이므로 두 오리가 동시에 하천을 찾는 날의 간격은 35일입니다.
두 오리가 동시에 하천을 찾게 되는 날의 간격이 35일이므로 4번째로 만나게 되는 날은 $35\times3=105$(일) 후입니다.
5월이 31일, 6월이 30일, 7월이 31일까지 있으므로 7월까지는 $31+30+31=92$(일)입니다. 두 오리가 1번째로 동시에 하천을 찾은 날이 5월 1일이고, $105-92=13$이므로 두 오리가 4번째로 동시에 하천을 찾게 되는 날은 $13+1=14$에서 8월 14일입니다.

답 **8월 14일**

## 9

문제 그리기

6◆3=( 6 +3)×( 6 - 3 )= 27
9◆4=( 9 + 4 )×(9- 4 )= 65
? : 24◆ 14 의 값

계획-풀기

❶ ◆의 약속을 말로 표현하기 위해서 □ 안에 알맞은 수나 말 써넣기
가◆나는 가와 나의 합과 가와 나의 차를 곱하는 약속입니다.

❷ 24◆14의 값 구하기
$24◆14=(24+14)\times(24-14)=38\times10=380$

답 **380**

## 10

문제 그리기

4의 배수는 끝의 두 자리 수가 '00'이거나 4 의 배수
235▲▲는 4 의 배수
? : 가장 큰 235▲▲와 가장 작은 235▲▲의 차

계획-풀기

❶ 가장 큰 수와 가장 작은 수 구하기
235□□가 4의 배수가 되기 위해서는 □□가 00 또는 4의 배수이면 됩니다. 두 자리 수 중 가장 큰 4의 배수는 96이므로 가장 큰 수는 23596이고, 가장 작은 수는 23500입니다.

❷ 가장 큰 수와 가장 작은 수의 차 구하기
$23596-23500=96$

답 **96**

## 11

문제 그리기

1206은 3 의 배수, 1+2+0+6=9이므로 9는 3 의 배수
3의 배수는 각 자리의 숫자의 합이 3 의 배수
5▲▲46은 3 의 배수
? : 가장 큰 5▲▲46과 가장 작은 5▲▲46의 합

계획-풀기

❶ 가장 큰 수와 가장 작은 수 구하기

$5+\square+\square+4+6=(5+4+6)+\square+\square=15+\square+\square$가 3의 배수가 되어야 합니다. 15는 3의 배수이므로 $\square+\square$는 0이거나 3의 배수이면 됩니다.

$\square$는 한 자리 수이므로 $\square$ 안에 들어갈 수 있는 수는 0, 1, 2, 3, 4, 5, 6, 7, 8, 9입니다.

따라서 3의 배수이면서 가장 큰 수는 $\square+\square=9+9=18$에서 59946이고, 가장 작은 수는 50046입니다.

❸ 가장 큰 수와 가장 작은 수의 합 구하기

$59946+50046=109992$

답 109992

## 12

문제 그리기

수 카드 2, 3, 5, 7, 9 중에서 3장을 뽑아 $\triangle\frac{○}{☆}$ 만들기

?: 가장 큰 대분수와 가장 작은 대분수의 합

계획-풀기

❶ 가장 큰 대분수와 가장 작은 대분수 구하기

가장 큰 대분수: $9\frac{5}{7}$, 가장 작은 대분수: $2\frac{3}{9}$

❷ 가장 큰 대분수와 가장 작은 대분수의 합 구하기

$9\frac{5}{7}+2\frac{3}{9}=9\frac{5}{7}+2\frac{1}{3}=(9+2)+\left(\frac{5}{7}+\frac{1}{3}\right)$

$=11+\frac{22}{21}=12\frac{1}{21}$

답 $12\frac{1}{21}$

## 13

문제 그리기

$\frac{3}{16}<\frac{▲}{80}<\frac{19}{40}$

?: 기약분수인 $\frac{▲}{80}$의 개수

계획-풀기

❶ $\frac{3}{16}$, $\frac{19}{40}$를 80을 공통분모로 하여 통분하기

$\left(\frac{3}{16}, \frac{19}{40}\right)=\left(\frac{3\times5}{16\times5}, \frac{19\times2}{40\times2}\right)$

$=\left(\frac{15}{80}, \frac{38}{80}\right)$

❷ 분모가 80인 기약분수의 개수 구하기

$\frac{15}{80}<\frac{\square}{80}<\frac{38}{80} \Rightarrow 15<\square<38$

80의 약수는 1, 2, 4, 5, 8, 10, 16, 20, 40, 80입니다.

$\frac{\square}{80}$가 기약분수가 되기 위해서는 $\square$와 80의 공약수는 1뿐이어야 하므로 분자는 17, 19, 21, 23, 27, 29, 31, 33, 37의 9개입니다.

답 9개

## 14

문제 그리기

현수 휴대 전화의 비밀번호는 6으로 나누면 4가 남고, 9로 나누면 7이 남는 네 자리 수

6 ) 비밀번호 (몫) … 4

9 ) 비밀번호 (몫) … 7

?: 가장 큰 네 자리 수인 비밀번호

계획-풀기

$6-4=2$, $9-7=2$이므로 비밀번호는 6으로 나누거나 9로 나누어 떨어지는 수보다 2가 작습니다.

따라서 비밀번호는 6과 9의 공배수보다 2가 작은 수 중 가장 큰 네 자리 수입니다.

$(비밀번호)=(6\times●)-2$

$=(9\times▲)-2$ (●과 ▲는 서로 다른 자연수)

6과 9의 공배수는 최소공배수 18의 배수입니다.

18의 배수 중 가장 큰 네 자리 수는 $18\times555=9990$입니다.

따라서 비밀번호는 $9990-2=9988$입니다.

답 9988

## 15

문제 그리기

수 카드 2, 3, 5, 7 중에서 3장을 뽑아 대분수 $\triangle\frac{☆}{○}$ 만들기

?: 합이 12보다 크고 13보다 작은 두 대분수의 합

계획-풀기

❶ 3장을 뽑아 만들 수 있는 대분수 모두 구하기

$2\frac{3}{5}, 2\frac{3}{7}, 2\frac{5}{7}, 3\frac{2}{5}, 3\frac{2}{7}, 3\frac{5}{7}, 5\frac{2}{3}, 5\frac{2}{7}, 5\frac{3}{7}, 7\frac{2}{3}, 7\frac{2}{5}, 7\frac{3}{5}$

❷ 합이 12보다 크고 13보다 작은 두 대분수의 합 모두 구하기

① $5\frac{2}{7}+7\frac{2}{3}=(5+7)+\left(\frac{2}{7}+\frac{2}{3}\right)=12+\frac{20}{21}=12\frac{20}{21}$

② $5\frac{2}{7}+7\frac{2}{5}=(5+7)+\left(\frac{2}{7}+\frac{2}{5}\right)=12+\frac{24}{35}=12\frac{24}{35}$

③ $5\frac{2}{7}+7\frac{3}{5}=(5+7)+\left(\frac{2}{7}+\frac{3}{5}\right)=12+\frac{31}{35}=12\frac{31}{35}$

④ $5\frac{3}{7}+7\frac{2}{5}=(5+7)+\left(\frac{3}{7}+\frac{2}{5}\right)=12+\frac{29}{35}=12\frac{29}{35}$

답 $12\frac{20}{21}, 12\frac{24}{35}, 12\frac{31}{35}, 12\frac{29}{35}$

## 16

문제 그리기

어떤 수는 14로도, 16으로도 나누어떨어짐

200 < (어떤 수) < 600

?: 어떤 수 중 두 수를 골라 만들 수 있는 가장 큰 진분수

**계획-풀기**

❶ 200보다 크고 600보다 작은 수 중에서 14로도 나누어떨어지고 16으로도 나누어떨어지는 어떤 수 구하기

$2\,)\,\underline{14 \quad 16}$
$\quad\;\; 7 \quad\; 8$ ⇒ 최소공배수: $2\times7\times8=112$

14로도, 16으로도 모두 나누어떨어지는 수는 14와 16의 공배수인 112, 224, 336, 448, 560, 672, …이고, 이 중 200보다 크고 600보다 작은 수는 224, 336, 448, 560입니다.

❷ 가장 큰 진분수 구하기

224, 336, 448, 560에서 두 수를 골라 만들 수 있는 진분수는 $\frac{224}{336}, \frac{224}{448}, \frac{336}{448}, \frac{224}{560}, \frac{336}{560}, \frac{448}{560}$입니다.

$\Rightarrow \frac{2}{3}, \frac{1}{2}, \frac{3}{4}, \frac{2}{5}, \frac{3}{5}, \frac{4}{5}$

따라서 가장 큰 진분수는 $\frac{448}{560}\left(=\frac{4}{5}\right)$입니다.

답 $\frac{448}{560}\left(\text{또는 } \frac{4}{5}\right)$

## 17

**문제 그리기**

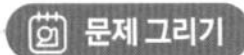

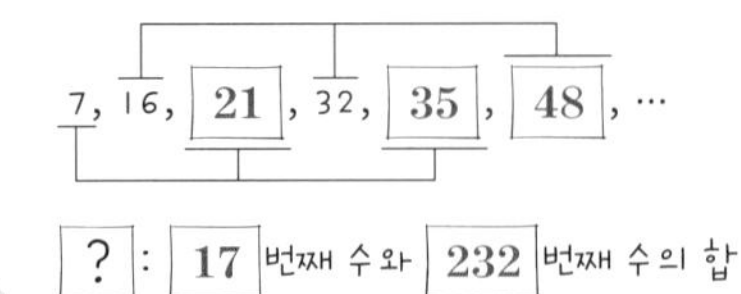

7, 16, 21, 32, 35, 48, …

? : 17번째 수와 232번째 수의 합

**계획-풀기**

홀수 번째 수들인 7, 21, 35, …는 7의 배수입니다.
짝수 번째 수들인 16, 32, 48, …은 16의 배수입니다.
홀수 번째인 17번째 수는 $7\times17=119$입니다.
짝수 번째인 232번째 수는
$16\div2\times232=1856$입니다.
따라서 $119+1856=1975$입니다.

답 1975

## 18

**문제 그리기**

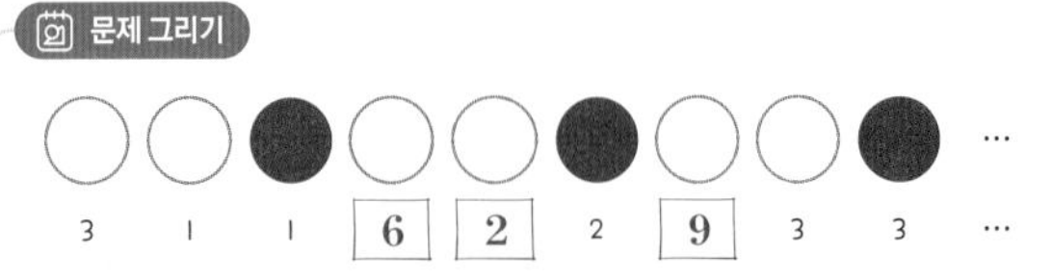


? : 288번째 닭의 색과 번호

**계획-풀기**

❶ 닭의 색과 순서 사이의 규칙 찾기

3, 6, 9, …번째 닭은 붉은색입니다. 따라서 3의 배수 번째 닭은 붉은색이고, 나머지 닭들은 모두 흰색입니다.

❷ 번호와 순서 사이의 규칙을 찾아 답 구하기

(3, 1, 1), (6, 2, 2), (9, 3, 3), …과 같이 나열된 번호를 3개씩 묶으면 그 묶음의 첫 번째 수들은 3, 6, 9, …이며 3의 배수입니다. 그리고 그 묶음의 나머지 수들은 그 묶음이 몇 번째 묶음인가를 나타내는 수들입니다. (3, 1, 1)은 1번째 묶음이므로 $(3\times1, 1, 1)$이고, (6, 2, 2)는 2번째 묶음이므로 $(3\times2, 2, 2)$입니다.

$288\div3=96$이므로 288번째 수는 96번째 묶음의 3번째 수입니다. 그 묶음의 수들을 나타내면 (288, 96, 96)이므로 288번째 닭은 붉은색이고, 번호는 96입니다.

답 붉은색, 96

## 19

**문제 그리기**

$\frac{1}{2}, \frac{1}{4}, \frac{2}{4}, \frac{3}{4}, \frac{1}{6}, \boxed{\frac{2}{6}}, \boxed{\frac{3}{6}}, \boxed{\frac{4}{6}}, \boxed{\frac{5}{6}}, \boxed{\frac{1}{8}}, \cdots$

? : 36번째 분수

**계획-풀기**

❶ 규칙 찾기

분모가 2, 4, 6, 8, …인 진분수를 작은 수부터 늘어놓은 규칙입니다.

나열된 분수들을 다음과 같이 묶어서 생각할 수 있습니다.

$\left(\frac{1}{2}\right), \left(\frac{1}{4}, \frac{2}{4}, \frac{3}{4}\right), \left(\frac{1}{6}, \frac{2}{6}, \frac{3}{6}, \frac{4}{6}, \frac{5}{6}\right), \left(\frac{1}{8}, \cdots\right.$

따라서 각 묶음의 분수의 수는 1, 3, 5, 7, 9, 11, …입니다.
1번째 묶음의 분수의 분모는 2이고,
2번째 묶음의 분수의 분모는 $4(2\times2)$,
3번째 묶음의 분수의 분모는 $6(2\times3)$입니다.
분자는 분수가 진분수이므로 1부터 분모보다 1만큼 더 작은 수까지 순서대로 나열됩니다.

❷ 36번째 분수 구하기

$1+3+5+7+9+11=36$이므로 36번째 묶음의 분수의 분모는 $2\times6=12$이고 그 분수들 가운데 11번째 분수가 36번째 분수입니다.

따라서 36번째 분수는 $\frac{11}{12}$입니다.

답 $\frac{11}{12}$

## 20

**문제 그리기**

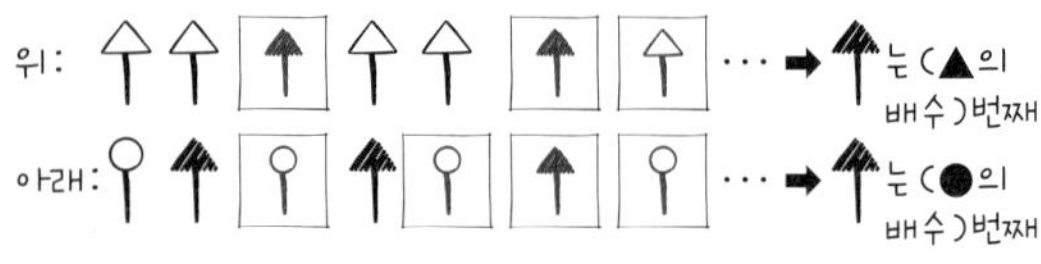


? : 100쌍 중 마주 보는 은행나무가 몇 쌍인지 구하기

계획-풀기

위에서 은행나무는 3, 6, 9, …번째에 있으므로 3의 배수 번째에 있습니다.
아래에서 은행나무는 2, 4, 6, …번째에 있으므로 2의 배수 번째에 있습니다.
마주 보는 은행나무는 2의 배수 번째이면서 3의 배수 번째이므로 2와 3의 공배수 번째입니다. 2와 3의 최소공배수인 6의 배수 번째에 은행나무가 있습니다.
따라서 $100 \div 6 = 16 \cdots 4$에서 마주 보는 은행나무는 모두 16쌍입니다.

답 **16쌍**

## 21

문제 그리기

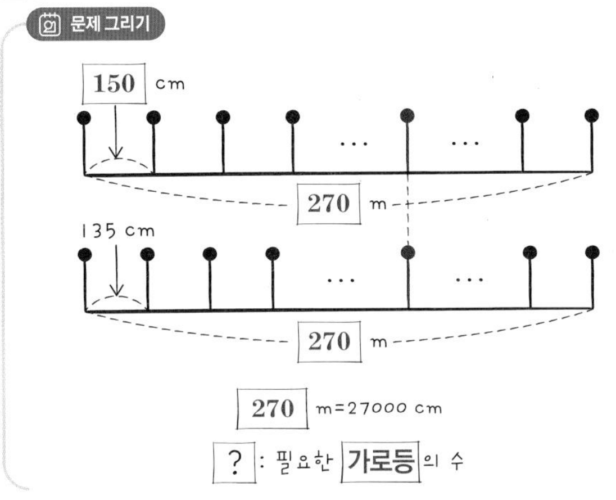


계획-풀기

❶ 가로등을 놓는 간격 구하기
한 쪽은 150 cm 간격이고, 다른 쪽은 135 cm 간격이므로 양쪽 나무가 마주 보게 되는 자리는 150과 135의 공배수인 곳입니다.

3 ) 150 135
5 ) 50 45
　 10 9

⇒ 최소공배수: $3 \times 5 \times 10 \times 9 = 1350$
따라서 가로등을 놓는 곳은 1350 cm의 배수인 자리입니다.

❷ 필요한 가로등의 수 구하기
270 m=27000 cm이고, $27000 \div 1350 = 20$이므로 길 양쪽의 $20 - 1 = 19$(곳)에 가로등을 놓습니다.
따라서 필요한 가로등은 모두 $19 \times 2 = 38$(개)입니다.

답 **38개**

## 22

문제 그리기

짠:○, 짝:△, 전체 120번의 몸동작
가은: ○○△○○△○○△○○△○○△ …
나은: ○○○○△○○○○△○○○○△ …
하이파이브
?: 하이파이브를 하는 수

계획-풀기

❶ 함께 하이파이브를 하는 박자의 간격 구하기
가은이는 3, 6, 9, …번째에 팔을 뻗고, 나은이는 5, 10, 15, …번째에 팔을 뻗으므로 함께 하이파이브를 하는 동작은 3과 5의 공배수에서 합니다.
3과 5의 최소공배수인 15의 배수인 몸동작일 때마다 하이파이브를 합니다.

❷ 하이파이브를 몇 번 하는지 구하기
전체 동작은 $40 \times 3 = 24 \times 5 = 120$(번)이므로
하이파이브를 $120 \div 15 = 8$(번) 합니다.

답 **8번**

## 23

문제 그리기

(따뜻) 1분에 9 L
(찬) 3분에 15 L
동시에 틀어서 받음
→ 2분에 6 L씩 샘
?: 21분 동안 받은 물의 양(L)

계획-풀기

21×(1분 동안 받은 물의 양)
=21×((1분 동안 받은 따뜻한 물의 양)
　+(1분 동안 받은 찬 물의 양)−(1분 동안 샌 물의 양))
$= 21 \times (9 + 15 \div 3 - 6 \div 2)$
$= 21 \times (9 + 5 - 3)$
$= 21 \times 11$
$= 231$(L)

답 **231 L**

## 24

문제 그리기

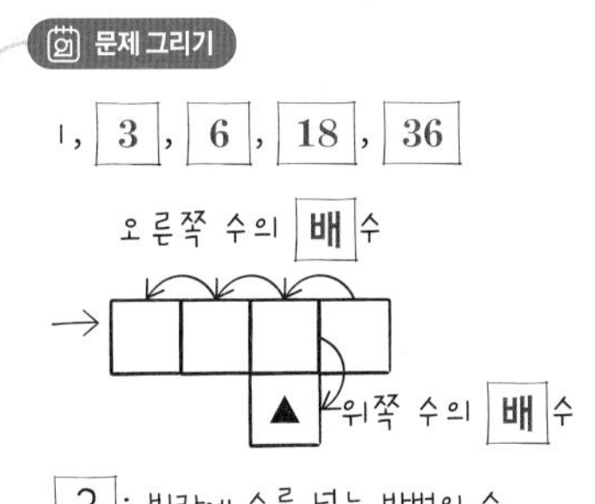

계획-풀기

① ▲=6인 경우

| 36 | 18 | 3 | 1 |
|---|---|---|---|
|  |  | 6 |  |

② ▲=18인 경우

| 36 | 6 | 3 | 1 |
|---|---|---|---|
|  |  | 18 |  |

③ ▲=36인 경우

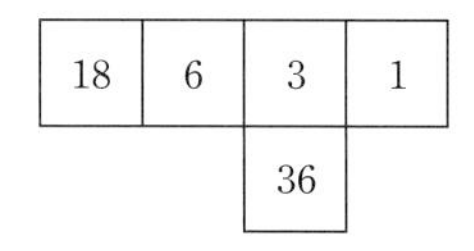


답 **3가지**

STEP 3 **내가 수학하기 한 단계 UP!** 식 | 거꾸로 | 그림 단순화 | 규칙성 | 복합적

60~67쪽

## 1 식 만들기

문제 그리기

양파 1자루 4800원, 무 4개 9200원,

배추 3 포기 7440원

? : (양파 1자루 가격)과 (무 1개와 배추 1포기 가격의 합)의 차(하나의 식으로 풀기)

계획-풀기

❶ 무 1개와 배추 1포기의 가격을 구하기 위한 식 세우기

(무 1개)$=9200\div4$, (배추 1포기)$=7440\div3$

❷ 하나의 식으로 나타내어 답 구하기

(양파 1자루)$-$((무 1개)$+$(배추 1포기))

$=4800-(9200\div4+7440\div3)$

$=4800-(2300+2480)$

$=4800-4780=20$(원)

답 **20원**

## 2 거꾸로 풀기

문제 그리기

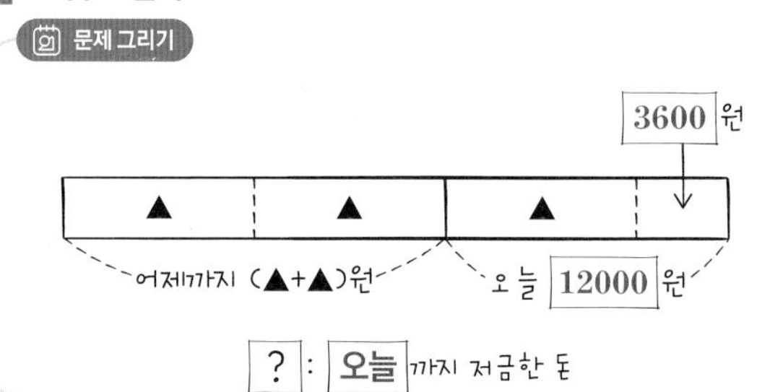


? : 오늘까지 저금한 돈

계획-풀기

❶ 어제까지 저금한 돈 구하기

어제까지 저금한 돈=□원

(어제까지 저금한 돈)$\div2+3600=$(오늘 저금한 돈)

$\square\div2+3600=12000$

$\square\div2=12000-3600=8400$

$\square=8400\times2=16800$

❷ 오늘까지 저금한 돈 구하기

(오늘까지 저금한 돈)=(어제까지 저금한 돈)+(오늘 저금한 돈)

$=16800+12000$

$=28800$(원)

답 **28800원**

## 3 규칙성 찾기

문제 그리기

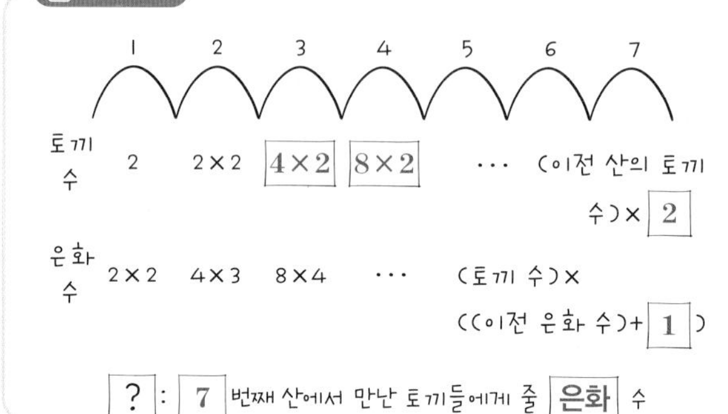


? : 7 번째 산에서 만난 토끼들에게 줄 은화 수

계획-풀기

7번째 산의 토끼 수는 $2\times2\times2\times2\times2\times2\times2=128$(마리)입니다.

토끼 한 마리에게 주어야 하는 은화 수는 1번째 산은 2개, 2번째 산은 3개, 3번째 산은 4개, ⋯이므로 7번째 산은 $7+1=8$(개)입니다.

따라서 7번째 산의 토끼 128마리에게 줄 은화는

$128\times8=1024$(개)입니다.

답 **1024개**

## 4 거꾸로 풀기

문제 그리기

현진이의 몸무게: 48 kg, 정아의 몸무게: △ kg

'현정'의 몸무게: 40 kg

('현정'의 몸무게)=(△−48)×5+10(kg)

? : 정아의 몸무게(kg)

계획-풀기

정아의 몸무게를 □kg이라 하면

((정아의 몸무게)−(현진이의 몸무게))$\times5+10$

=('현정'의 몸무게)

$(\square-48)\times5+10=40$

$(\square-48)\times5=40-10=30$

$\square-48=30\div5=6$

$\square=6+48=54$

답 **54 kg**

## 5 단순화하기

**문제 그리기**

눈사람이 거울을 본 시각 [17]시 [24]분: $\dfrac{\boxed{17}+\triangle}{\boxed{24}+\triangle}=\dfrac{\boxed{5}}{6}$

[?]: 분자와 분모에 더해진 수(△)

**계획-풀기**

❶ 거울을 본 시각에 만들어진 분수에 더해진 같은 수를 식으로 나타내기

17시 24분으로 만들어지는 분수는 $\frac{17}{24}$이고 분모와 분자에 □를 더하여 $\frac{5}{6}$가 되었다고 하면

$\frac{17+\square}{24+\square}=\frac{5}{6}$입니다.

❷ 분수에 더해진 수 구하기

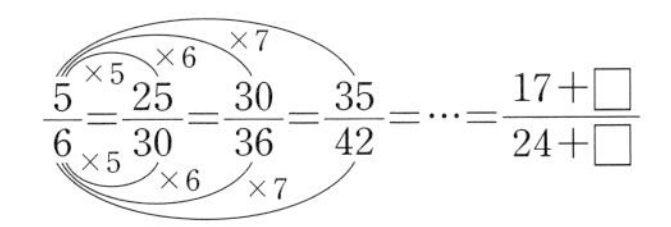

$\frac{5}{6}=\frac{25}{30}=\frac{30}{36}=\frac{35}{42}=\cdots=\frac{17+\square}{24+\square}$

$\frac{17+\square}{24+\square}=\frac{25}{30}$인 경우

(분자)$=17+\square=25$, $\square=25-17=8$
(분모)$=24+\square=30$, $\square=30-24=6$

□는 같은 수가 아닙니다.

$\frac{17+\square}{24+\square}=\frac{30}{36}$인 경우

(분자)$=17+\square=30$, $\square=30-17=13$
(분모)$=24+\square=36$, $\square=36-24=12$

□는 같은 수가 아닙니다.

$\frac{17+\square}{24+\square}=\frac{35}{42}$인 경우

(분자)$=17+\square=35$, $\square=35-17=18$
(분모)$=24+\square=42$, $\square=42-24=18$ (같은 수)

따라서 분모와 분자에 더해진 수는 18입니다.

답 **18**

## 6 문제정보를 복합적으로 나타내기

**문제 그리기**

320 < (5학년 학생 수) < [360]

[400] < (6학년 학생 수) < 450

5학년과 6학년 학생들은 12명이나 18명씩 조를 이루면 모두

[4]명씩 남음

[?]: [5]학년 학생 수와 [6]학년 학생 수(명)

**계획-풀기**

❶ 5학년과 6학년의 학생 수에 대한 조건 알아보기

5학년과 6학년 학생 수는 12나 18로 나누었을 때 나머지가 4입니다. 따라서 12와 18의 공배수에 4를 더한 수입니다.

❷ 5학년과 6학년의 학생 수 구하기

2 ) 12 18
3 ) 6 9
  2 3

최소공배수: $2\times3\times2\times3=36$

공배수는 최소공배수의 배수이므로 36의 배수입니다.

320<(5학년)<360 ⇒ 36의 배수: 324

400<(6학년)<450 ⇒ 36의 배수: 432

따라서 5학년 학생은 $324+4=328$(명)이고, 6학년 학생은 $432+4=436$(명)입니다.

답 **5학년: 328명, 6학년: 436명**

## 7 그림 그리기

**문제 그리기**

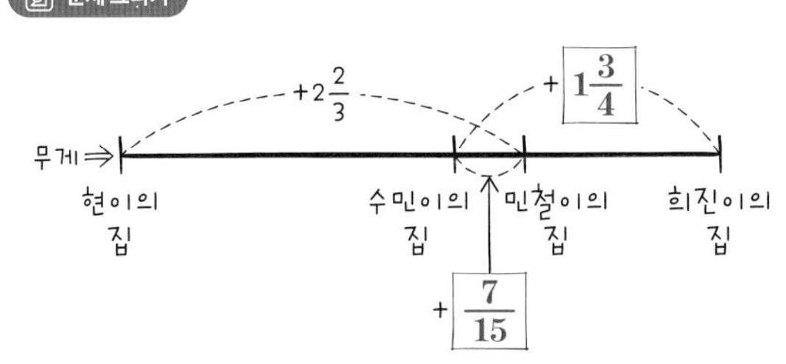


[?]: [현이]와 희진이의 집의 무게의 차(kg)

**계획-풀기**

❶ 현이의 집과 수민이의 집 무게의 차 구하기

(현이의 집과 수민이의 집 무게의 차)
=(현이의 집과 민철이의 집 무게의 차)
−(수민이의 집과 민철이의 집 무게의 차)

$=2\frac{2}{3}-\frac{7}{15}=2\frac{10}{15}-\frac{7}{15}=2\frac{3}{15}=2\frac{1}{5}$(kg)

❷ 현이의 집과 희진이의 집의 무게의 차 구하기

(현이의 집과 희진이의 집 무게의 차)
=(현이의 집과 수민이의 집 무게의 차)
+(수민이의 집과 희진이의 집 무게의 차)

$=2\frac{1}{5}+1\frac{3}{4}=(2+1)+\left(\frac{1}{5}+\frac{3}{4}\right)$

$=3+\frac{19}{20}=3\frac{19}{20}$(kg)

답 $3\frac{19}{20}$ **kg**

## 8 규칙성 찾기

**문제 그리기**

산

떡 2 + 3 + 2 + [3] + ⋯ + [2] + 3 + 14

= [124] (개)

[?]: 추석날 달 어머니가 넘은 [산]의 수(개)

**계획-풀기**

❶ 산의 수와 떡의 수 사이의 대응 관계 찾기

호랑이에게 3의 배수 번째 산에서 떡 2개와 3개를 반복적으로 줍니다.

산의 순서: (3, 6), (9, 12), (15, 18), …번째

떡의 수: $(2+3)+(2+3)+(2+3)+\cdots+(2+3)+14=124$

따라서 6, 12, 18, …과 같이 6의 배수의 산마다 떡 $2+3=5$(개)를 줍니다.

(달 어머니가 넘은 산의 수)$=6\times$(5개씩 떡을 준 횟수)

❷ 달 어머니가 넘은 산의 수 구하기

떡 124개 중에서 남은 떡이 14개이므로 호랑이에게 준 떡은 모두 $124-14=110$(개)입니다.

산을 6개 넘을 때마다 떡을 5개씩 주었으므로 달 어머니는 떡을 $110\div5=22$(번) 준 것입니다.

따라서 달 어머니가 넘은 산은 $6\times22=132$(개)입니다.

**답** 132개

## 9 예상하고 확인하기

**문제 그리기**

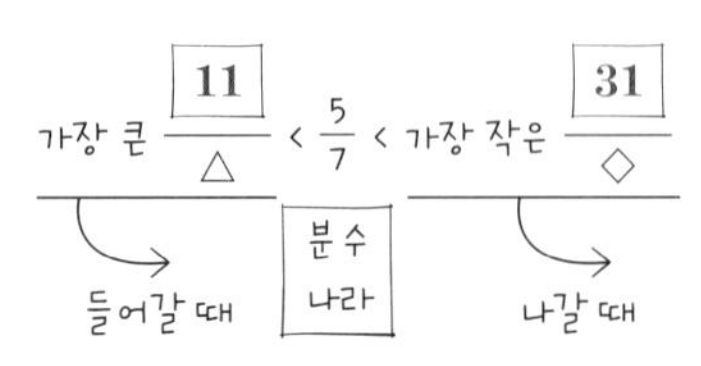


? : 언덕을 오르기 위해 제시해야 하는 두 분수의 합

**계획-풀기**

❶ 가장 큰 $\frac{11}{\triangle}$ 구하기

$\frac{11}{\triangle}<\frac{5}{7}=\frac{10}{14}=\frac{15}{21}=\cdots$

① 분모가 14인 경우: $\frac{11}{14}>\frac{5}{7}$ (×)

② 분모가 15인 경우: $\frac{11}{15}>\frac{5}{7}$ (×)

③ 분모가 16인 경우: $\frac{11}{16}<\frac{5}{7}$ (○)

따라서 가장 큰 $\frac{11}{\triangle}$은 $\frac{11}{16}$입니다.

❷ 가장 작은 $\frac{31}{\diamond}$ 구하기

$\frac{31}{\diamond}>\frac{5}{7}=\frac{10}{14}=\frac{15}{21}=\frac{20}{28}=\frac{25}{35}=\frac{30}{42}=\frac{35}{49}=\cdots$

① 분모가 42인 경우: $\frac{31}{42}>\frac{5}{7}$ (○)

② 분모가 43인 경우: $\frac{31}{43}>\frac{5}{7}$ (○)

② 분모가 44인 경우: $\frac{31}{44}<\frac{5}{7}$ (×)

따라서 가장 작은 분수는 $\frac{31}{43}$입니다.

❸ 가장 큰 $\frac{11}{\triangle}$과 가장 작은 $\frac{31}{\diamond}$의 합 구하기

$\left(\text{가장 큰 }\frac{11}{\triangle}\right)+\left(\text{가장 작은 }\frac{31}{\diamond}\right)=\frac{11}{16}+\frac{31}{43}$

$=\frac{473}{688}+\frac{496}{688}$

$=\frac{969}{688}=1\frac{281}{688}$

**답** $1\frac{281}{688}$

## 10 그림 그리기

**문제 그리기**

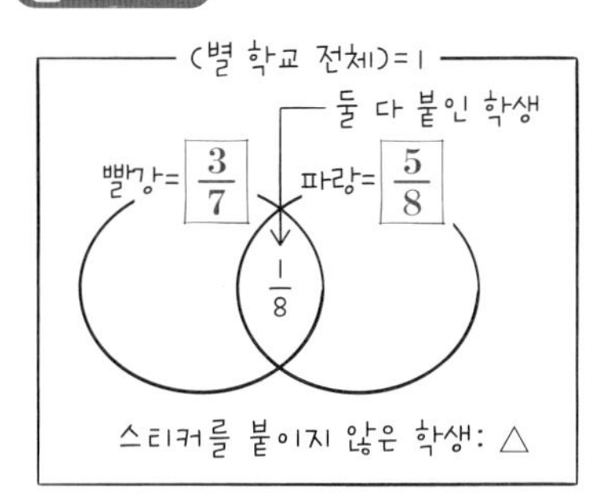


? : 어떤 스티커도 붙이지 않은 학생은 전체의 몇 분의 몇

**계획-풀기**

❶ 빨강 스티커나 파랑 스티커를 붙인 학생 구하기

(전체 학생)$=1$

(빨강 또는 파랑 스티커를 붙인 학생)

$=$(빨강 스티커를 붙인 학생)$+$(파랑 스티커를 붙인 학생)

$-$(둘 다 붙인 학생)

$=\frac{3}{7}+\frac{5}{8}-\frac{1}{8}$

$=\frac{24}{56}+\frac{35}{56}-\frac{7}{56}$

$=\frac{59}{56}-\frac{7}{56}=\frac{52}{56}=\frac{13}{14}$

❷ 어느 스티커도 붙이지 않은 학생 구하기

(빨강 또는 파랑 스티커를 붙인 학생)

$+$(스티커를 붙이지 않은 학생)

$=$(전체 학생)

(어느 스티커도 붙이지 않은 학생)

$=1-\frac{13}{14}=\frac{14}{14}-\frac{13}{14}=\frac{1}{14}$

**답** $\frac{1}{14}$

## 11 예상하고 확인하기

**문제 그리기**

×, ÷ [÷]를 ○에 넣기

→ 44 ○ 48 ○ [8] ○ [4] = [20]

상진이는 [4]번의 예상하고 확인으로 답을 구함

? : 상진이의 답이 틀린 [3]번의 틀린 예상과 올바른 답

**계획-풀기**

❶ ÷를 8과 4 사이에 넣기

예상1) 예 $44\times48-8\div4=2112-2=2110$ (×)

예상2) 예 $44-48\times8\div4=44-384\div4=44-96$ (×)

❷ ÷를 48과 8 사이에 넣기

예상3) 예 $44\times48\div8-4=2112\div8-4=264-4=260$ (×)

예상4) $44-48\div8\times4=44-6\times4=44-24=20$ (○)

**답** 풀이 참조, −, ÷, ×

## 12 문제정보를 복합적으로 나타내기

**문제 그리기**

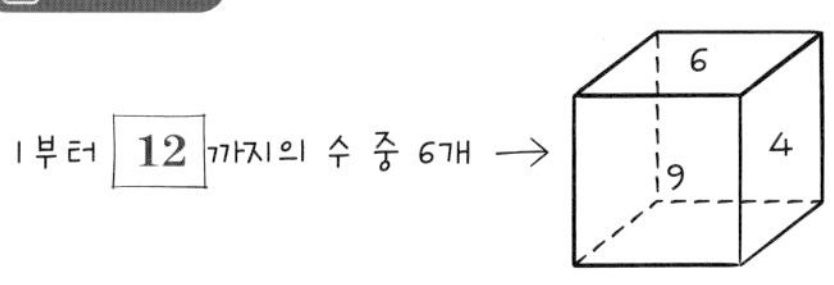


마주 보는 면의 두 수로 **진분수**를 만들면 $\frac{(작은\ 수)}{(큰\ 수)}$

모든 기약분수는 같다.

? : 6, 9, 4와 **마주 보는** 면에 쓰인 수

**계획-풀기**

6과 마주 보는 면은 6보다 큰 수이므로 7, 8, 10, 11, 12 중 하나입니다.

6과 마주 보는 면의 수를 ⊙라고 합니다.

⊙=7이면 6과 7로 만들 수 있는 기약분수는 수로 나타낼 경우 $\frac{6}{7}$인데 다른 마주 보는 면의 수로는 $\frac{6}{7}$을 만들 수 없습니다.

⊙=8이면 6과 8로 만들 수 있는 기약분수는 $\frac{6}{8}=\frac{3}{4}$입니다.

9와 마주 보는 면의 수를 ▼라 하면

9>▼인 경우는 조건에 맞지 않고 $\frac{9}{▼}=\frac{3}{4}=\frac{9}{12}$에서

▼=12입니다.

4와 마주 보는 면의 수를 △라 하면 △>4인 경우는 조건에 맞지 않고 $\frac{△}{4}=\frac{3}{4}$에서 △=3입니다.

⊙=10이면 6과 10으로 만들 수 있는 기약분수는 $\frac{6}{10}=\frac{3}{5}$인데 다른 마주 보는 면의 수로는 $\frac{3}{5}$을 만들 수 없습니다.

⊙=11, 12인 경우에도 같은 기약분수가 나오지 않으므로 적합하지 않습니다.

따라서 마주 보는 면의 수는 6과 8, 9와 12, 4와 3입니다.

답 **8, 12, 3**

## 13 식 만들기

**문제 그리기**

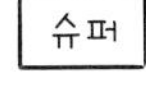


마트

○ 1개 **200**원

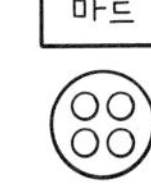

+ 교통비 (850×2)원

4개 750원

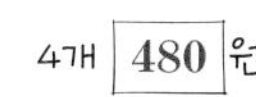


? : 초콜릿 **64**개를 사는 데 슈퍼에서 살 때와 마트에서 살 때의 금액의 **차**(원)

**계획-풀기**

❶ 슈퍼에서 살 때

$200\times60+750$

$=12750$(원)

❷ 마트에서 살 때

$480\times16+850\times2=7680+1700=9380$(원)

❸ 가장 많이 들 때와 가장 적게 들 때의 금액의 차 구하기

$12750-9380=3370$(원)

답 **3370원**

## 14 문제정보를 복합적으로 나타내기

**문제 그리기**

㉠ $\frac{7}{13}=\frac{(7\times△)}{(13\times△)\ (세\ 자리\ 수)}$ 중 분모가 가장 **작은** 분수

㉡ (처음 분수)=$\frac{☆}{▽}$일 때, ▽가 가장 **작**은 진분수

$\frac{☆+9}{▽+\boxed{9}}$ $\xrightarrow{약분하면}$ $\frac{\boxed{7}}{10}$

? : ㉠의 분자와 ㉡의 **분자**의 합

**계획-풀기**

❶ ㉠의 분수 구하기

$\frac{7}{13}$과 크기가 같은 분수는 $\frac{7}{13}=\frac{7\times2}{13\times2}=\frac{7\times3}{13\times3}=\cdots$입니다.

분모가 세 자리 수이므로 $13\times7=91$에서 가장 작은 세 자리 수는 $13\times8=104$입니다.

따라서 $\frac{7}{13}$과 크기가 같은 분수 중 분모가 가장 작은 세 자리 수인 분수는 $\frac{7\times8}{13\times8}=\frac{56}{104}$입니다.

❷ ㉡의 분수 구하기

㉡의 분수를 $\frac{☆}{▽}$이라고 할 때

분모가 가장 작은 분수이므로

▽+9=10이면 ▽=1

▽+9=20이면 ▽=20−9=11이고

이때 ☆+9=14에서 ☆=14−9=5입니다.

따라서 ㉡의 분수는 $\frac{5}{11}$입니다.

❸ 두 분수의 분자의 합 구하기

$56+5=61$

답 **61**

## 15 거꾸로 풀기

**문제 그리기**

처음 꿀물 : (물 223 mL)+(꿀 23 mL) ⇒ $\frac{(꿀의\ 양)}{(물의\ 양)}=\frac{\boxed{23}}{223}$

↓ + △mL　↓ + △mL

꿀과 물을 더 넣어서 만든 꿀물 : $\frac{23+△}{223+△}=\frac{1}{\boxed{6}}$ (10<△<20)

? : 더 넣은 **꿀**의 양(△ mL)

계획-풀기

❶ 처음 꿀물과 꿀과 물을 더 넣어서 만든 꿀물의 양을 분수로 나타내기

더 넣은 물과 꿀의 양을 △ mL라 하면

(처음 꿀물) ⇒ $\frac{23}{223}$,

(꿀과 물을 더 넣어서 만든 꿀물) ⇒ $\frac{23+△}{223+△}$

❷ 더 넣은 꿀의 양 구하기

$6\times38=228$이고 $6\times41=246$이므로

$\frac{23+△}{223+△}=\frac{1}{6}=\frac{1\times39}{6\times39}=\frac{39}{234}$와 $\frac{1}{6}=\frac{1\times40}{6\times40}=\frac{40}{240}$이 가능합니다.

① $\frac{23+△}{223+△}=\frac{39}{234}$인 경우

(분모) $223+△=234$, $△=234-223=11$
(분자) $23+△=39$, $△=39-23=16$ ] 다름(×)

② $\frac{23+△}{223+△}=\frac{40}{240}$인 경우

(분모) $223+△=240$, $△=240-223=17$
(분자) $23+△=40$, $△=40-23=17$ ] 같음(○)

따라서 더 넣은 꿀의 양은 17 mL입니다.

답 **17 mL**

## 16 거꾸로 풀기

문제 그리기

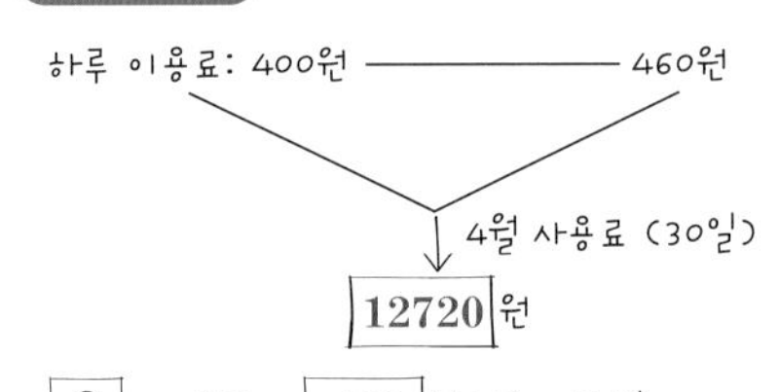


?: 이용료가 460원으로 오른 날짜

계획-풀기

❶ 오른 가격으로 이용한 날수 구하기

오른 가격과 원래 가격의 차이는 $460-400=60$(원)입니다. 따라서 60원을 더 낸 날수를 구하면 오른 가격으로 이용한 날수를 구할 수 있습니다.

4월은 30일까지 있습니다. 30일 동안 이용한 금액에서 오른 가격으로 사용한 날을 □일이라 하면 한 달의 이용료는 다음과 같습니다.

(한 달 이용료)

=(원래 가격)×30+(오른 가격과 원래 가격의 차)×□

$12720=400\times30+60\times□$이므로 거꾸로 풀면,

$60\times□=12720-400\times30=12720-12000$

$□=720\div60=12$(일)

❷ 가격이 오른 날짜 구하기

$30-12+1=19$이므로 음악 사이트의 이용료가 오른 날짜는 4월 19일입니다.

답 **19일**

## STEP 4 내가 수학하기 거뜬히 해내기

68~69쪽

## 1

문제 그리기

□, ♤, ●, ▲, ★은 0, 1, 2, 3, 6 중 하나씩 →

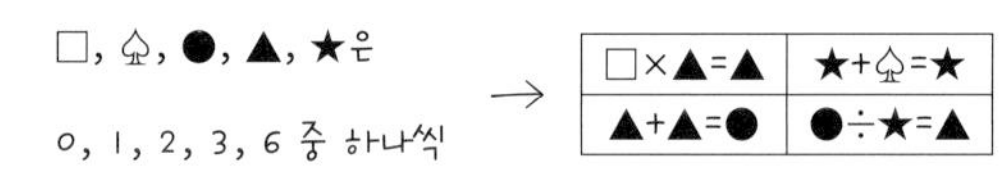

| □×▲=▲ | ★+♤=★ |
|---|---|
| ▲+▲=● | ●÷★=▲ |

?: □♤+●▲×★의 값

계획-풀기

❶ □×▲=▲이므로 □=1입니다.

★+♤=★이므로 ♤=0입니다.

▲+▲=●이므로 ▲=3, ●=6입니다.

●÷★=▲이므로 6÷★=3, ★=2입니다.

❷ □♤+●▲×★$=10+63\times2=10+126=136$

답 **136**

## 2

문제 그리기

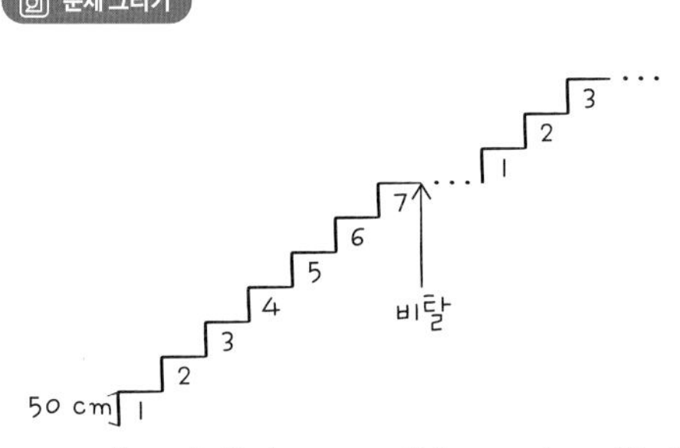


→ 1분 30초 동안 7개의 계단을 오르면 3m 떨어짐

?: 42분 동안 오른 높이(cm)

계획-풀기

❶ 1분 30초 동안 땅에서부터 오른 높이 구하기

1분 30초 안에 7개의 계단을 오르면 $50\times7=350$(cm)를 오르고 3 m=300 cm를 떨어지므로 50 cm를 오른 것입니다.

❷ 42분 동안 땅에서부터 오른 높이 구하기

1분 30초는 90초이며 90초 동안 땅에서부터 50 cm를 오를 수 있습니다.

42분은 $(60\times42)$초이고 이것은 90초의 $(60\times42\div90)$배입니다.

따라서 $50\times(60\times42\div90)=1400$(cm)를 오르게 됩니다.

답 **1400 cm**

## 3

문제 그리기

1, 2, 4, 5, 6, 7, 8을 한 번씩만 사용하여 진분수 만들기

$\frac{764}{1528}=\frac{1}{2}$, $\frac{5□□}{17□6}=\frac{1}{3}$, $\frac{71□}{□8□6}=\frac{1}{4}$

?: 연화와 유림이가 만든 분수 완성하기

계획-풀기

❶ 연화의 분수 완성하기

$\frac{5\triangledown\heartsuit}{17\triangle6}=\frac{1}{3}$

분모는 3의 배수이고 일의 자리 숫자가 6이므로

♡는 $6\div3=2$입니다.

$(1+7+\triangle+6)$은 3의 배수이고, $1+7+\triangle+6=14+\triangle$이므로 △에 들어갈 수 있는 수는 4와 8 중에서 4이고, ▽는 8입니다.

❷ 유림이의 분수 완성하기

$\frac{71◉}{▲8★6}=\frac{1}{4}$

분모는 4의 배수이므로 끝의 두 자리 수가 4의 배수입니다.

★6이 4의 배수이므로 ★는 2, 3, 5 중 5입니다.

분자의 백의 자리 숫자가 7이고 $71◉\times4=▲856$이므로

▲는 2이고, ◉는 4입니다.

**답** **연화: $\frac{582}{1746}$, 유림: $\frac{714}{2856}$**

## 4

문제 그리기

트위들덤이 트위들디보다 2배 빠름

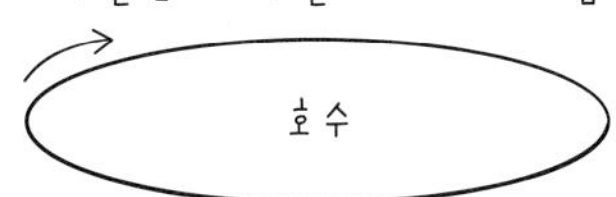


한 바퀴 도는 데 걸린 시간의 차: 4분

?: 트위들덤과 트위들디가 1분 동안 달린 거리의 합(m)

계획-풀기

❶ 트위들덤과 트위들디가 호수를 한 바퀴 도는 데 걸린 시간의 차가 4분이 되는 경우 구하기

더 빨리 달린다는 것은 호수를 한 바퀴 도는 데 걸리는 시간이 더 짧다는 것입니다.

트위들덤이 2배 빠르다는 것은 트위들디가 한 바퀴 도는 데 걸린 시간의 $\frac{1}{2}$이라는 것입니다. 표로 나타내면 다음과 같습니다.

한 바퀴 도는 데 걸린 시간(분)

| 트위들덤(분) | 1 | 2 | 3 | 4 | 5 | … |
|---|---|---|---|---|---|---|
| 트위들디(분) | 2 | 4 | 6 | 8 | 10 | … |
| 시간의 차(분) | 1 | 2 | 3 | 4 | 5 | … |

❷ 트위들덤과 트위들디가 1분 동안 달린 거리의 합은 몇 m인지 구하기

1600 m를 달리는 데 트위들덤은 4분이 걸렸고, 트위들디는 8분이 걸렸습니다. 따라서 각각 1분 동안 달린 거리의 합은 $(1600\div4)+(1600\div8)=400+200=600(\text{m})$입니다.

**답** **600 m**

## 핵심 역량 말랑말랑 수학

70~71쪽

**1** $\frac{3}{8}=\frac{\square}{24}$에서 $\frac{3\times3}{8\times3}=\frac{9}{24}$이므로

$\square=9$

따라서 □ 안에 알맞은 것은 ㄹ입니다.

$\frac{3}{8}+\frac{3}{24}=\frac{9}{24}+\frac{3}{24}=\frac{12}{24}$

따라서 □ 안에 알맞은 것은 ㅂ입니다.

$\frac{3}{8}-\frac{3}{24}=\frac{9}{24}-\frac{3}{24}=\frac{6}{24}$

따라서 □ 안에 알맞은 것은 ㄴ입니다.

**답** **ㄹ, ㅂ, ㄴ**

**2** 유미:

$2400\times2+3700\times3+3540\div3$

$+25000+7600+25600\div2$

$=62480$(원)

상수:

$2400+3700\times2+3540\div3$

$+18000\div2+25000+7600$

$=52580$(원)

현지:

$2400\times3+3540\div3+18000\div2$

$+25000+7600+25600\div2$

$=62780$(원)

**답** **유미: 62480원**
**상수: 52580원**
**현지: 62780원**

PART 2
# 도형과 측정

## 다각형의 둘레와 넓이

### 개념 떠올리기 74~76쪽

**1** 정사각형은 네 변의 길이가 같으므로 둘레는
$7\times4=28$ (cm)입니다.

답 28 cm

**2** 가는 직사각형이므로 마주 보는 변의 길이가 같습니다.
따라서 가의 둘레는 $(3+18)\times2=42$ (cm)입니다.
(나의 둘레)=(가의 둘레)이므로
$(9+\square)\times2=42$입니다.
$9+\square=42\div2=21$, $9+\square=21$,
$\square=21-9=12$ (cm)

답 12

**3** 평행사변형은 마주 보는 변의 길이가 서로 같습니다.
(평행사변형의 둘레)=((밑변)+(다른 변))×2이므로
변 ㄴㄷ의 길이를 □cm라고 하면
$(\square+21)\times2=98$, $\square+21=98\div2$,
$\square+21=49$, $\square=49-21=28$

답 28 cm

**4** ㉠ (정사각형의 둘레)$=9\times4=36$ (cm)
㉡ (마름모의 둘레)$=8\times4=32$ (cm)
㉢ (직사각형의 둘레)$=(12+6)\times2=36$ (cm)
㉣ (정삼각형의 둘레)$=12\times3=36$ (cm)

답 ㉡

**5** 답 ㉠

**6** 답 $cm^2$, $m^2$, $km^2$

**7**

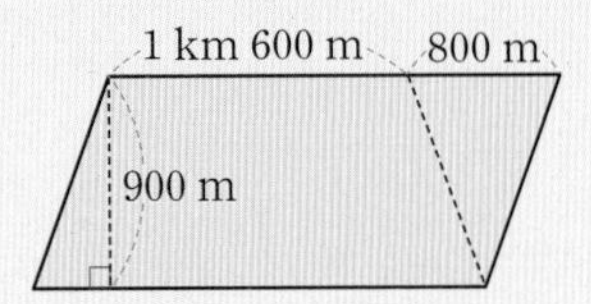


(삼각형 모양의 운동장의 넓이)
$=800\times900\div2=360000$ ($m^2$)
$=0.36$ $km^2$
(사다리꼴 모양의 아랫변의 길이)
$=1$ km 600 m$+800$ m
$=2$ km 400 m
연정이가 말한 삼각형의 모양의 운동장의 넓이는
0.36 $km^2$이므로 잘못 말했습니다.

답 연정, 예 삼각형 모양의 운동장의 넓이는
0.36 $km^2$이므로 10 $km^2$보다 좁습니다.

**8** (1) (삼각형의 넓이)=(밑변의 길이)×(높이)÷2이므로
삼각형의 모양이 달라도 밑변의 길이와 높이가 같으면
넓이가 같습니다. 따라서 삼각형 ①, ②, ③, ④의 넓이
는 6 $cm^2$으로 같고, 삼각형 ⑤의 넓이는 8 $cm^2$이므로
다릅니다.
(2) 사각형 ①, ②, ③의 넓이는 6 $cm^2$로 같고, 사각형 ④의
넓이는 8 $cm^2$이므로 다릅니다.

답 (1) ⑤ (2) ④

**9** 사다리꼴의 높이를 □ cm라고 하면
(사다리꼴의 넓이)=(삼각형의 넓이)이므로
$(5+3)\times\square\div2=12\times6\div2$입니다.
$8\times\square\div2=36$, $8\times\square=36\times2$, $\square=72\div8=9$이므로
사다리꼴의 높이는 9 cm입니다.

답 9 cm

**10** 1 $m^2$=10000 $cm^2$
(옥상의 넓이)
(한 대각선의 길이)×(다른 대각선의 길이)÷2
$=8\times11\div2=44$ ($cm^2$) ⇨ 0.0044 $m^2$

답 44, 0.0044

STEP 1 **내가 수학하기 배우기** 식 만들기

78~79쪽

## 1

문제 그리기

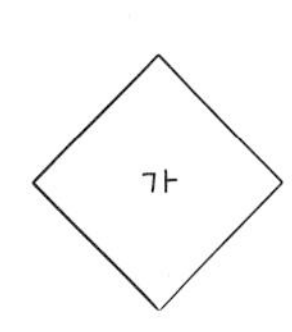


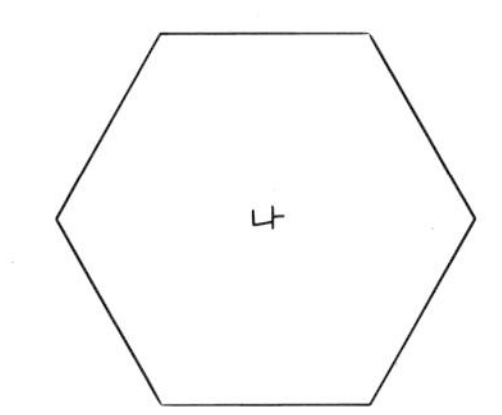


한 변의 길이: 11 km　　한 변의 길이: 13 km

정사각형의 변의 개수: 4 개　정육각형의 변의 개수: 6 개

?: 두 정다각형 둘레의 차

계획-풀기

❶ 정다각형은 모든 변의 길이가 같습니다.
따라서 정다각형 가의 변은 모두 5개이므로 둘레는 $11 \times 5 = 55$ (km)입니다.

→ 모두 4개이므로 둘레는 $11 \times 4 = 44$ (km)

❷ 정다각형 나의 변은 모두 6개이므로 둘레는 $12 \times 6 = 72$ (km)입니다.

→ $13 \times 6 = 78$ (km)

❸ 따라서 두 정다각형 가와 나의 둘레의 합은 $55 + 72 = 127$ (km)입니다.

→ 둘레의 차는 $78 - 44 = 34$ (km)

답 **34 km**

확인하기

식 만들기 ( ○ )

## 2

문제 그리기

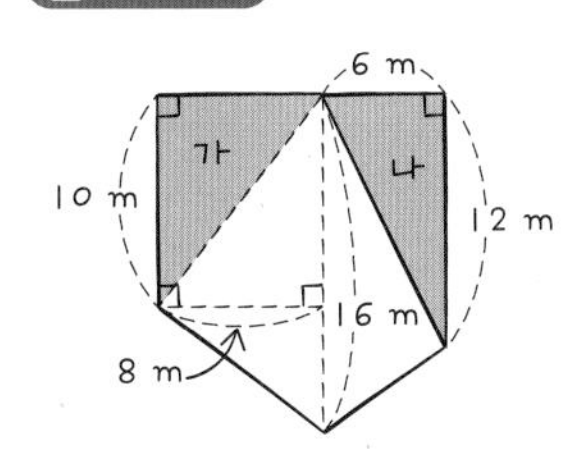


삼각형 가: 밑변이 10 m, 높이가 8 m

삼각형 나: 밑변이 12 m, 높이가 6 m

?: 색칠한 부분의 넓이($m^2$)

계획-풀기

❶ (삼각형 가의 넓이)$=16 \times 8 \div 2 = 64$ ($m^2$),
(삼각형 나의 넓이)$=16 \times 6 \div 2 = 48$ ($m^2$)

→ $10 \times 8 \div 2 = 40$ ($m^2$),
$12 \times 6 \div 2 = 36$ ($m^2$)

❷ (증강 현실 구역의 넓이)
=(삼각형 가의 넓이)+(삼각형 나의 넓이)
$=64 + 48 = 112$ ($m^2$)

→ $40 + 36 = 76$ ($m^2$)

답 **76 $m^2$**

확인하기

식 만들기 ( ○ )

STEP 1 **내가 수학하기 배우기** 표 만들기

81~82쪽

## 1

문제 그리기

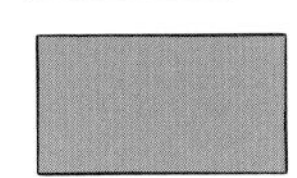

밑면의 둘레: 96 cm

?: 넓이가 최대일 때의 가로 와 세로 (cm), 넓이($cm^2$)

계획-풀기

❶ (밑면의 둘레)=(가로)+(세로)$=96$ (cm)

→ ((가로)+(세로))$\times 2 = 96$ (cm)

❷ (가로)+(세로)$=96$ (cm)인 직사각형 중 가장 큰 넓이를 찾아 봅니다.

| 가로(cm) | 18 | 19 | 20 | 21 | 22 | 23 | 24 |
|---|---|---|---|---|---|---|---|
| 세로(cm) | 30 | 29 | 28 | 27 | 26 | 25 | 24 |
| 넓이($cm^2$) | 540 | 551 | 560 | 567 | 572 | 575 | 576 |

→ 48 (cm)

❸ 밑면의 넓이가 최대인 경우는 가로와 세로가 각각 42 cm와 44 cm인 직사각형입니다.

→ 한 변의 길이가 24 cm인 정사각형입니다.

❹ 밑면의 넓이가 최대일 때의 넓이는 $42 \times 44 = 1848$ ($cm^2$)입니다.

→ $24 \times 24 = 576$ ($cm^2$)

답 **가로: 24 cm, 세로: 24 cm, 넓이: 576 $cm^2$**

확인하기

표 만들기 ( ○ )

## 2

문제 그리기

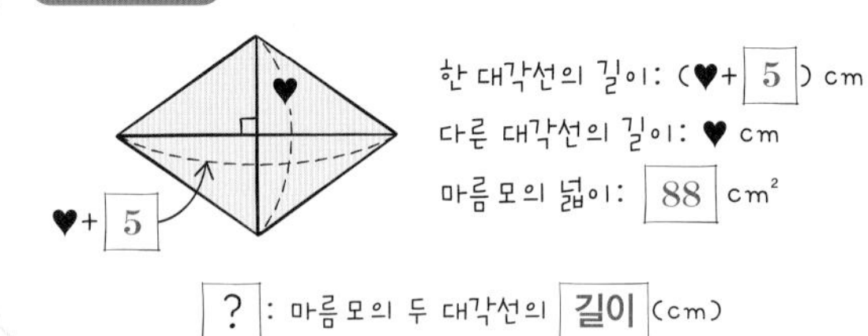


? : 마름모의 두 대각선의 길이 (cm)

계획-풀기

❶ 한 대각선의 길이가 다른 대각선의 길이보다 4 cm 더 긴 경우를 찾습니다.

→ 5 cm

❷ (마름모의 넓이)=(한 대각선의 길이)×(다른 대각선의 길이)

→ (마름모의 넓이)

=(한 대각선의 길이)×(다른 대각선의 길이)÷2

❸ 두 대각선의 길이와 마름모의 넓이에 대한 표를 만듭니다.

| 한 대각선의 길이(cm) | 12 | 13 | 14 | 15 | 16 | 17 |
|---|---|---|---|---|---|---|
| 다른 대각선의 길이(cm) | 7 | 8 | 9 | 10 | 11 | 12 |
| 두 대각선의 길이의 곱($cm^2$) | 84 | 104 | 126 | 150 | 176 | 204 |
| 마름모의 넓이($cm^2$) | 42 | 52 | 63 | 75 | 88 | 102 |

❹ 넓이가 88 $cm^2$인 마름모의 (한 대각선의 길이)=15 cm이고, (다른 대각선의 길이)=10 cm입니다.

→ 16 cm, 11 cm

답 **16 cm, 11 cm**

확인하기

**표 만들기** ( ○ )

STEP 1 **내가 수학하기 배우기** 그림 그리기

84~85쪽

## 1

문제 그리기

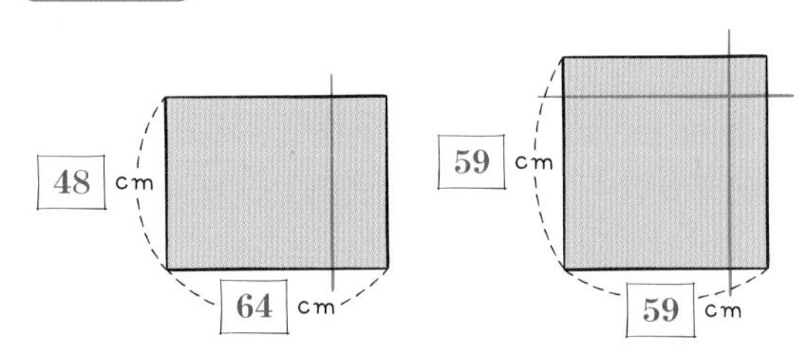


? : 직사각형과 정사각형 모양의 도화지를 각각 잘라서 같은 크기의 가능한 한 큰 정사각형을 만들어 겹치지 않게 이어 붙여서 만든 직사각형의 둘레 (cm)

계획-풀기

❶ 각 도화지를 잘라서 같은 크기의 가장 큰 정사각형을 각각 한 개씩 만듭니다.

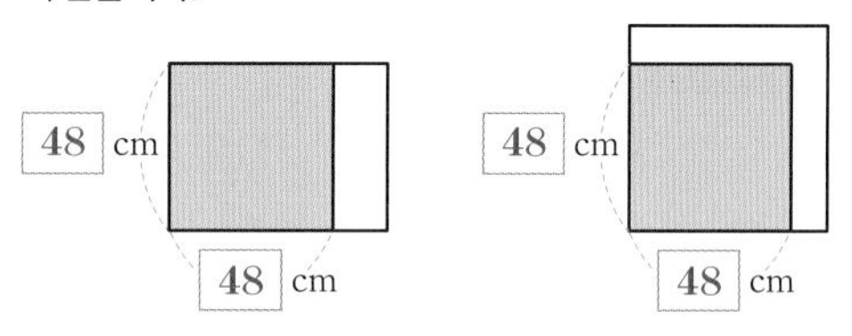


❷ 만든 두 정사각형을 겹치지 않게 이어 붙여서 직사각형을 만듭니다.

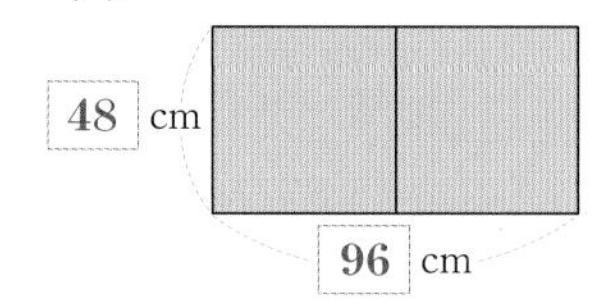


❸ (만든 직사각형의 둘레)=((가로)+(세로))×2

=( 96 + 48 )×2= 288 (cm)

답 **288 cm**

확인하기

**그림 그리기** ( ○ )

## 2

문제 그리기

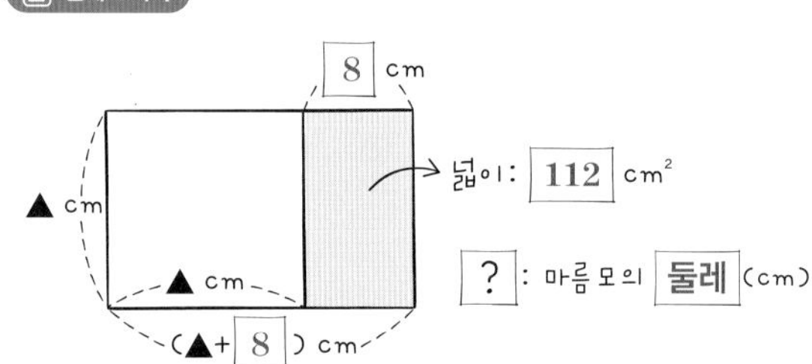


? : 마름모의 둘레 (cm)

계획-풀기

❶ 직사각형의 가로의 길이를 줄여서 만든 마름모를 그릴 때, □ 안에 알맞은 수나 기호를 써넣습니다.

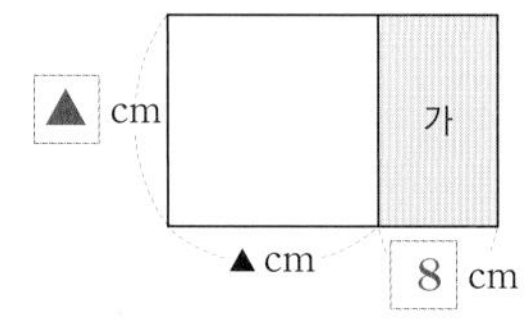


❷ 줄인 부분 가의 넓이는 168 $cm^2$입니다.

→ 112 $cm^2$

❸ 마름모의 한 변의 길이를 ▲ cm라고 하면 가로에서 자른 부분의 길이가 7 cm이므로 줄인 부분은 직사각형입니다. 줄인 부분의 넓이를 구하면 7×▲=112 ($cm^2$)입니다. 따라서 마름모의 한 변의 길이는 ▲=112÷7=16입니다.

→ 8 cm, 8×▲=112 ($cm^2$), ▲=112÷8=14

❹ (마름모의 둘레)=(한 변의 길이)×4=16×4=64 (cm)

→ (한 변의 길이)×4=14×4=56 (cm)

답 **56 cm**

확인하기

그림 그리기 ( ○ )

STEP 2 내가 수학하기 해보기! 식 | 표 | 그림

86~97쪽

## 1

문제 그리기

도형을 잘라서 그 넓이의 합이나 차를 이용해서 구합니다.

? : 두 도형 가와 나의 넓이의 차 ($cm^2$)

계획-풀기

❶ 두 도형 가와 나의 넓이 각각 구하기

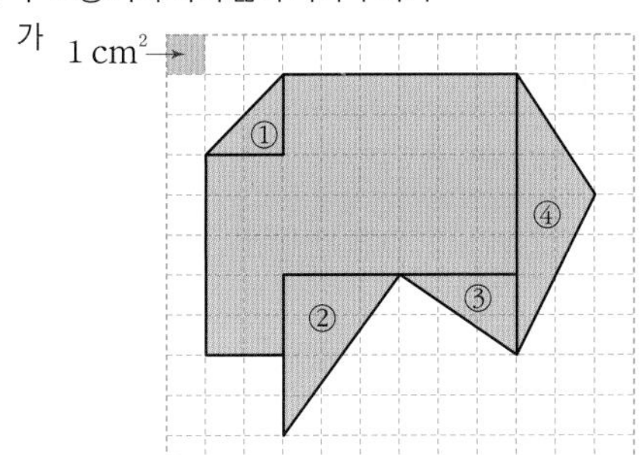


(가의 넓이)=(①, ②, ③, ④를 제외한 부분의 넓이)
+(①+②+③+④)
=40+(직사각형 넓이의 $\frac{1}{2}$인 삼각형 넓이의 합)
$=40+(4+12+6+14)\div2$
$=40+18=58$ ($cm^2$)

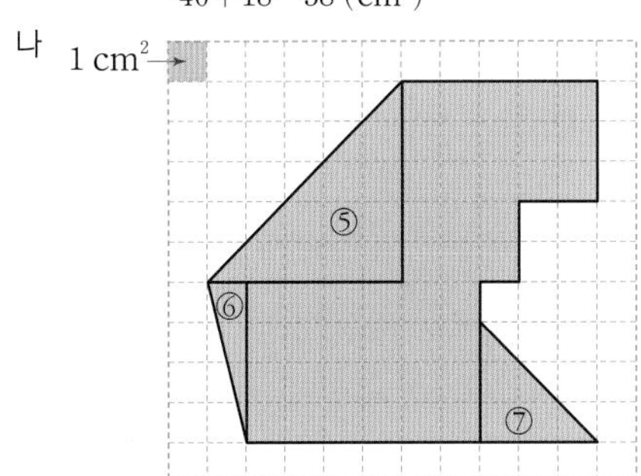


(나의 넓이)
=(⑤, ⑥, ⑦을 제외한 부분의 넓이)+(⑤+⑥+⑦)
$=45+(25+4+9)\div2=45+19=64$ ($cm^2$)

❷ 두 도형 가와 나의 넓이의 차 구하기

(나의 넓이)−(가의 넓이)= $64-58=6$ ($cm^2$)

답 6 $cm^2$

## 2

문제 그리기

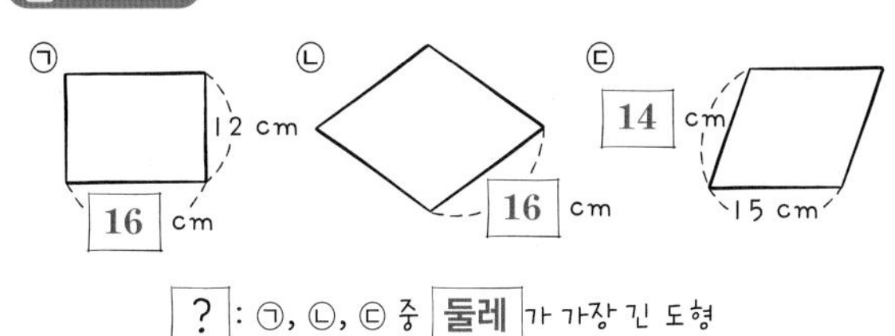


? : ㉠, ㉡, ㉢ 중 둘레가 가장 긴 도형

계획-풀기

(㉠의 둘레)$=(16+12)\times2=56$ (cm)
(㉡의 둘레)$=16\times4=64$ (cm)
(㉢의 둘레)$=(15+14)\times2=58$ (cm)
따라서 둘레가 가장 긴 도형은 ㉡입니다.

답 ㉡

## 3

문제 그리기

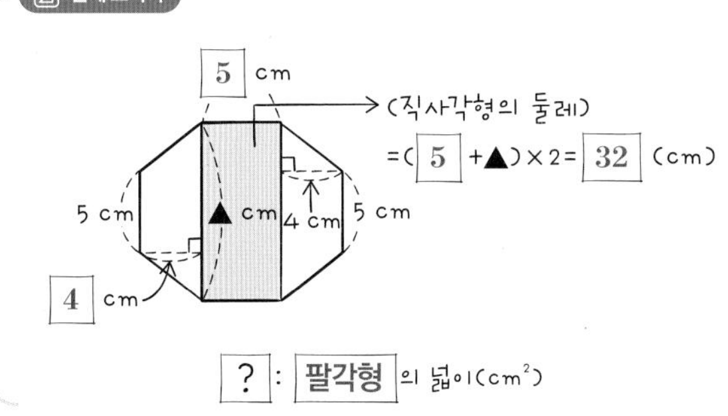


? : 팔각형의 넓이($cm^2$)

계획-풀기

❶ 색칠한 직사각형의 세로 구하기

세로를 ▲ cm라고 하면
(직사각형의 둘레)=((가로)+(세로))×2이므로
(5+▲)×2=32, 5+▲=32÷2, 5+▲=16,
▲=16−5=11

❷ 팔각형의 넓이를 사다리꼴과 직사각형의 넓이의 합으로 구하기

(팔각형의 넓이)
=(사다리꼴의 넓이)×2+(직사각형의 넓이)
$=(5+11)\times4\div2\times2+(5\times11)$
$=16\times4\div2\times2+55=64+55=119$ ($cm^2$)

답 119 $cm^2$

## 4

문제 그리기

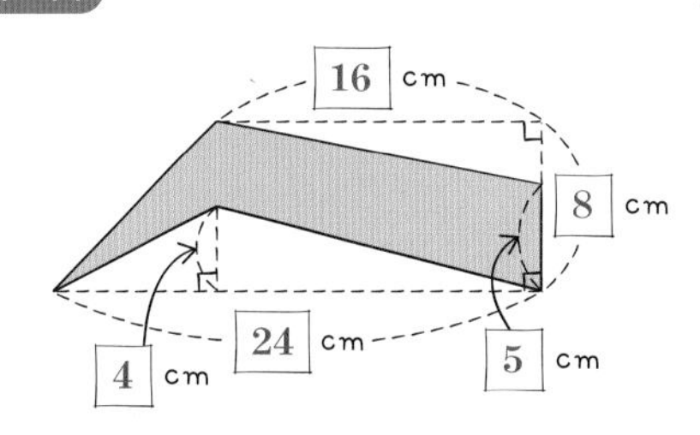


? : 색칠한 부분의 넓이 ($cm^2$)

계획-풀기

주어진 도형의 넓이의 합이나 차를 이용하여 구합니다.

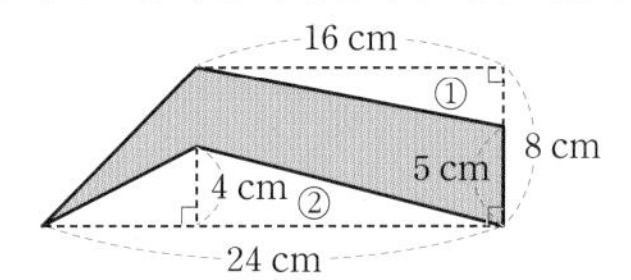


(색칠한 부분의 넓이)

=(사다리꼴의 넓이)−(①의 넓이)−(②의 넓이)

$=(16+24)\times8\div2-16\times(8-5)\div2-24\times4\div2$

$=160-24-48=88\ (\mathrm{cm}^2)$

답 $88\ \mathrm{cm}^2$

## 5

문제 그리기

직사각형 가, 나, 다, 라의 둘레: 64 cm

? : 넓이가 가장 큰 직사각형의 기호와 넓이($\mathrm{cm}^2$)

계획-풀기

❶ 주어진 모든 직사각형의 둘레가 64 cm이므로

(가로)+(세로)$=64\div2=32\ (\mathrm{cm})$입니다.

(가의 세로)$=32-18=14\ (\mathrm{cm})$

(나의 가로)$=32-20=12\ (\mathrm{cm})$

(다의 세로)$=32-28=4\ (\mathrm{cm})$

(라의 한 변의 길이)$=32-16=16\ (\mathrm{cm})$

❷ (가의 넓이)$=18\times14=252\ (\mathrm{cm}^2)$

(나의 넓이)$=12\times20=240\ (\mathrm{cm}^2)$

(다의 넓이)$=28\times4=112\ (\mathrm{cm}^2)$

(라의 넓이)$=16\times16=256\ (\mathrm{cm}^2)$

따라서 가장 넓은 직사각형은 라이고 $256\ \mathrm{cm}^2$입니다.

답 라, $256\ \mathrm{cm}^2$

## 6

문제 그리기

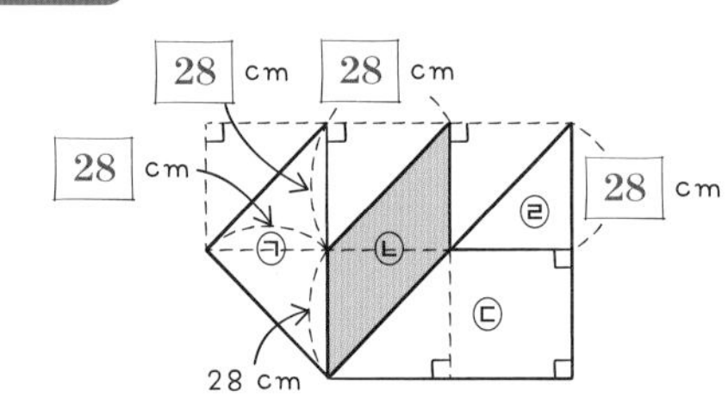


? : ㉠,㉢,㉣ 중 ㉡과 넓이와 같은 도형의 기호와 ㉠, ㉡, ㉢, ㉣의 넓이의 합과 넓이가 같은 정사각형의 한 변의 길이

계획-풀기

❶ 도형 ㉡과 넓이가 같은 도형 찾기

(㉡의 넓이)$=28\times28=784\ (\mathrm{cm}^2)$

(㉠의 넓이)$=(28+28)\times28\div2=56\times28\div2=784\ (\mathrm{cm}^2)$

(㉢의 넓이)$=(28+56)\times28\div2=1176\ (\mathrm{cm}^2)$

(㉣의 넓이)$=28\times28\div2=392\ (\mathrm{cm}^2)$

따라서 ㉡과 넓이가 같은 도형은 ㉠입니다.

❷ ㉠, ㉡, ㉢, ㉣의 넓이의 합과 같은 정사각형의 한 변의 길이 구하기

계산을 해서 구할 수도 있지만 그림을 이용해서 구해 봅니다.

삼각형 ㉠의 반인 직각삼각형을 ㉡의 위로, 나머지 반인 직각삼각형을 ㉣의 위로 옮기면 한 변의 길이가 56 cm인 정사각형이 됩니다.

답 ㉠, 56 cm

## 7

문제 그리기

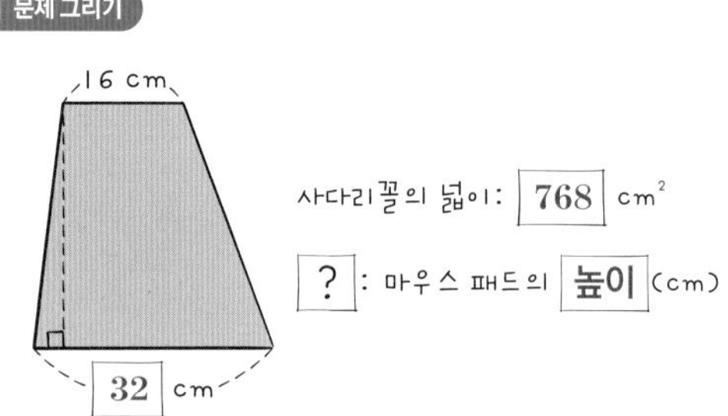


계획-풀기

(사다리꼴의 넓이)

=((윗변의 길이)+(아랫변의 길이))÷2×(높이)

높이를 ▲ cm라고 하면

$(16+32)\times▲\div2=768$, $48\times▲\div2=768$,

$▲\div2=768\div48$, $▲\div2=16$, $▲=16\times2=32$

답 32 cm

## 8

문제 그리기

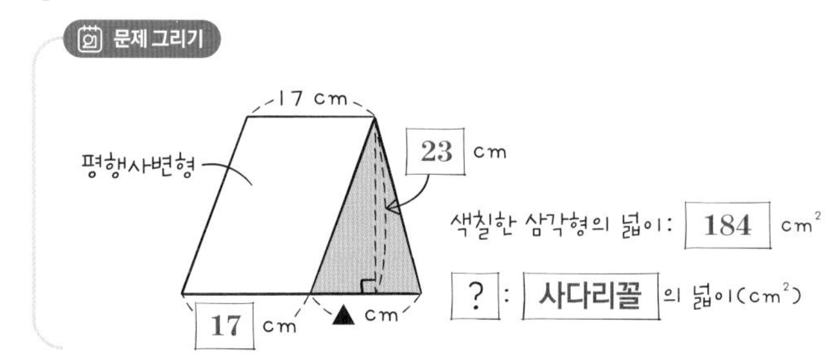

**계획-풀기**

❶ 삼각형의 밑변의 길이 구하기
(삼각형의 넓이)=(밑변의 길이)×(높이)÷2이므로 삼각형의 밑변의 길이를 ▲cm라고 하면
▲$\times 23 \div 2 = 184$, ▲$\times 23 = 184 \times 2$, ▲$\times 23 = 368$,
▲$= 368 \div 23 = 16$

❷ 사다리꼴의 넓이 구하기
(사다리꼴의 넓이)
$=$((　변의 길이)+(아랫변의 길이))×(높이)÷2
$=(17+(17+16)) \times 23 \div 2$
$=50 \times 23 \div 2 = 575\ (\text{cm}^2)$

답 $575\ \text{cm}^2$

## 9

**문제 그리기**

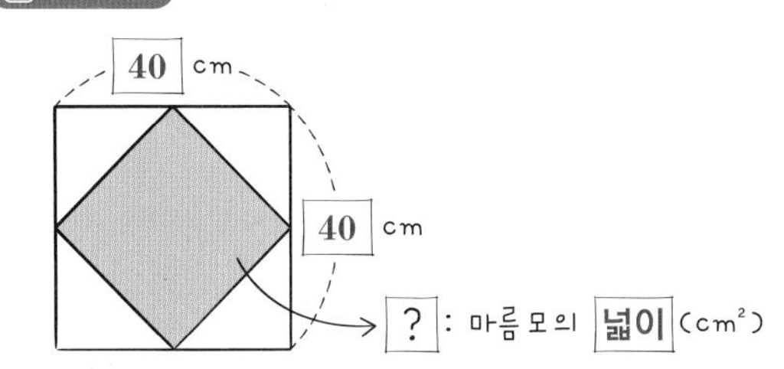


**계획-풀기**

❶ 문제 그리기에서 만든 마름모의 한 대각선의 길이 구하기
마름모의 대각선은 정사각형의 한 변의 길이와 같습니다.
한 대각선과 다른 대각선의 길이는 각각 40 cm입니다.

❷ 마름모의 넓이 구하기
(마름모의 넓이)$=40 \times 40 \div 2 = 800\ (\text{cm}^2)$

답 $800\ \text{cm}^2$

## 10

**문제 그리기**

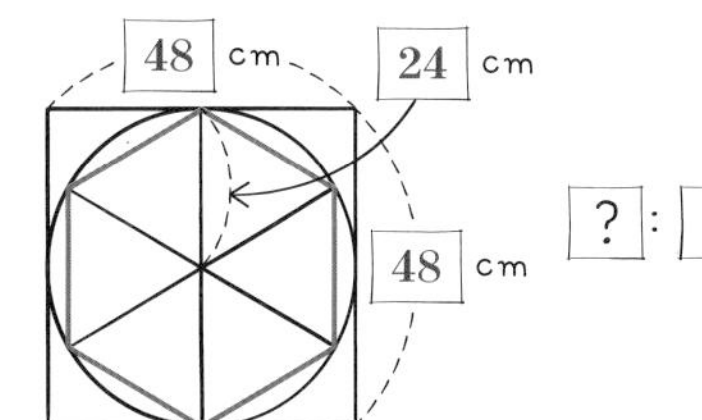


? : 정육각형의 둘레(cm)

**계획-풀기**

❶ 문제 그리기의 정육각형에서 대각선에 의해 나누어진 삼각형의 이름 쓰기
정육각형은 대각선에 의해 삼각형 6개로 나누어집니다. 각 삼각형의 두 변의 길이는 모두 원의 반지름이므로 이등변삼각형입니다. 또한 $360^\circ \div 6 = 60^\circ$이므로 세 각의 크기가 모두 같습니다.
따라서 정삼각형입니다.

❷ 정육각형의 둘레 구하기
정삼각형의 한 변의 길이와 정육각형의 한 변의 길이가 같으므로
(정육각형의 둘레)=(한 변의 길이)×6
$=24 \times 6 = 144\ (\text{cm})$입니다.

답 144 cm

## 11

**문제 그리기**

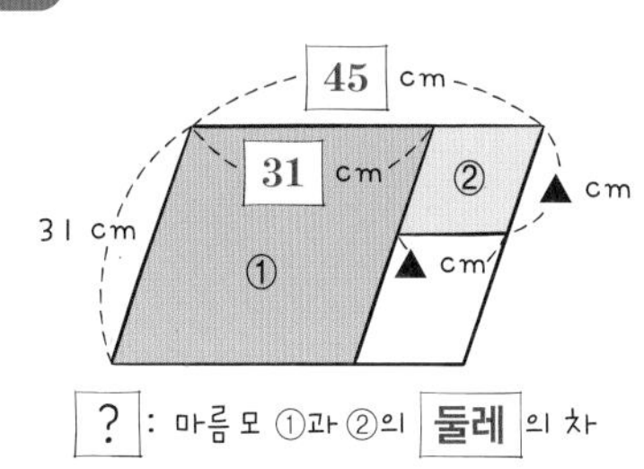


**계획-풀기**

❶ 문제 그리기에서 만들 수 있는 가장 큰 마름모의 한 변 길이와 남은 도화지로 만든 가장 큰 마름모의 한 변의 길이 구하기
주어진 평행사변형에 만들 수 있는 가장 큰 마름모의 한 변의 길이는 평행사변형의 짧은 변의 길이와 같으므로 가장 큰 마름모의 한 변의 길이는 31 cm입니다. 또 남은 도화지로 만든 가장 큰 마름모의 한 변의 길이는 $45-31=14\ (\text{cm})$입니다.

❷ 두 마름모의 둘레의 차 구하기
(큰 마름모의 둘레)−(작은 마름모의 둘레)
$=31 \times 4 - 14 \times 4$
$=124-56=68\ (\text{cm})$

답 68 cm

## 12

**문제 그리기**

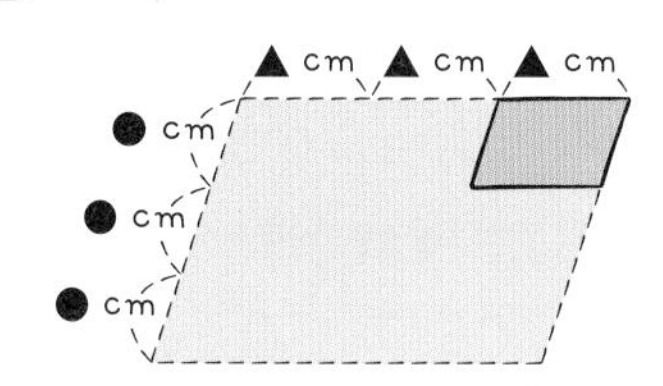


처음 평행사변형의 둘레: 54 cm

? : 각 변을 3배로 늘인 평행사변형의 둘레(cm)와 늘인 평행사변형의 넓이는 처음 평행사변형의 넓이의 몇 배(cm)

**계획-풀기**

❶ 늘인 평행사변형의 둘레 구하기
(늘인 평행사변형의 둘레)
$=$((한 변의 길이)+(다른 변의 길이))×2×3
$=54 \times 3 = 162\ (\text{cm})$

❷ 늘인 평행사변형의 넓이는 처음 평행사변형의 넓이의 몇 배인지 구하기

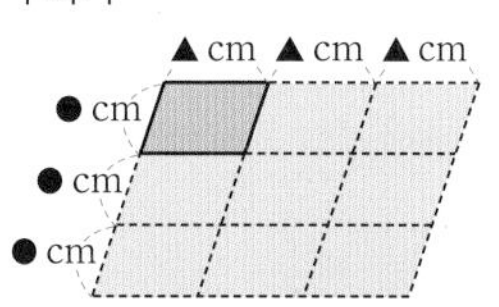


그림과 같이 도형을 완성해 보면 늘인 평행사변형의 넓이는 처음 평행사변형의 9배입니다.

답 162 cm, 9배

## 13

문제 그리기

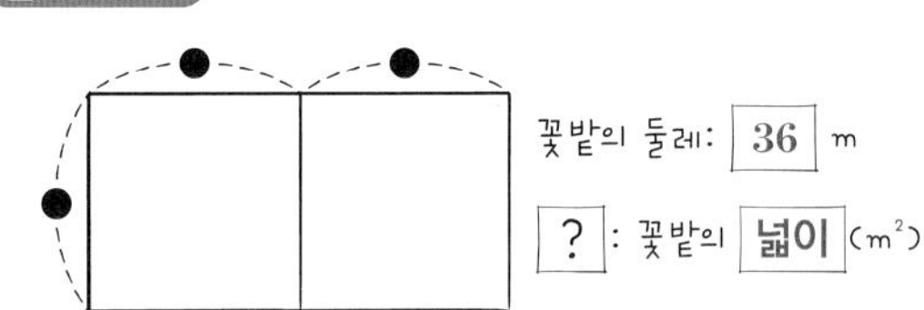


계획-풀기

❶ 직사각형의 (가로)+(세로)를 이용하여 가로와 세로 구하기
(가로)+(세로)=(직사각형의 둘레)÷2=36÷2=18 (m)이고, 가로는 세로의 2배인 조건을 만족하는 가로와 세로를 표로 나타내면 다음과 같습니다.

| 세로(m) | 2 | 3 | 4 | 5 | 6 |
|---|---|---|---|---|---|
| 가로(m) | 4 | 6 | 8 | 10 | 12 |
| 가로와 세로의 합(m) | 6 | 9 | 12 | 15 | 18 |

⇨ 가로: 12 m, 세로: 6 m

❷ 꽃밭의 넓이 구하기
(꽃밭의 넓이)=12×6=72 ($m^2$)

답 72 $m^2$

## 14

문제 그리기

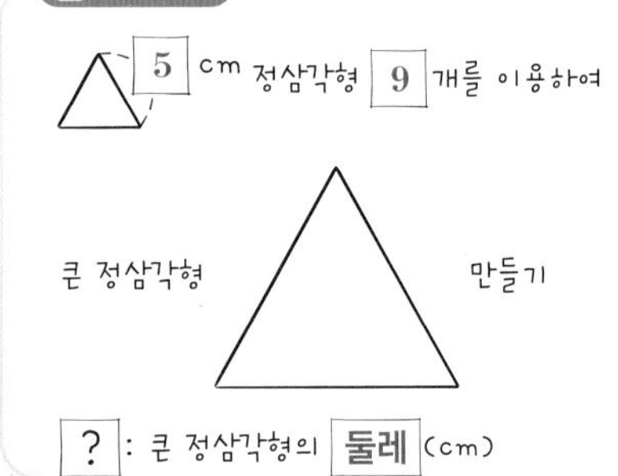


?: 큰 정삼각형의 둘레 (cm)

계획-풀기

❶ '1+3+5=9'인 식을 생각하며 큰 정삼각형 만들기
문제 그리기 의 큰 정삼각형 안에 작은 삼각형들을 그리면서 생각합니다.

❷ 큰 정삼각형의 둘레 구하기
(큰 정삼각형의 둘레)=(한 변의 길이)×3
=(5×3)×3=45 (cm)

답 45 cm

## 15

문제 그리기

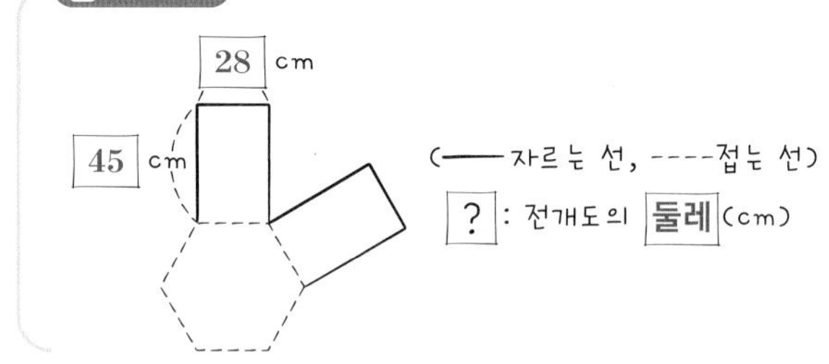


계획-풀기

❶ 위의 전개도 완성하기( 문제 그리기 에 표시)

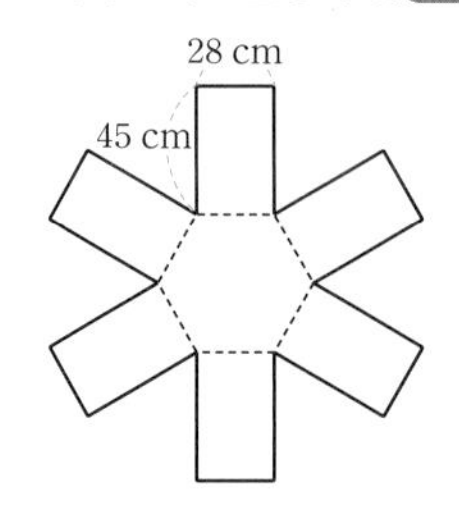


❷ 전개도의 둘레 구하기
(전개도의 둘레)=(45×2+28)×6=118×6=708 (cm)

답 708 cm

## 16

문제 그리기

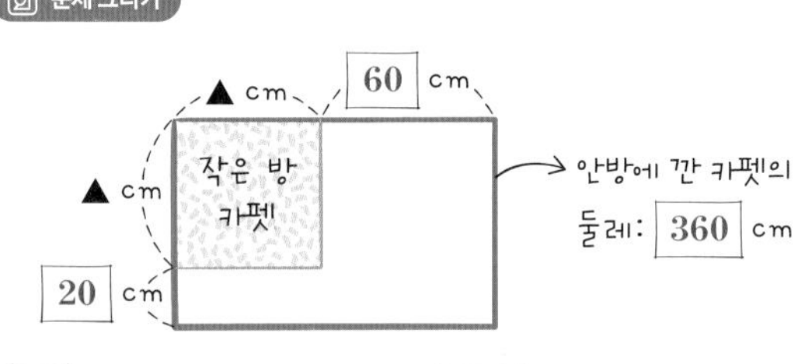


?: 작은 방에 깔려 있는 카펫의 한 변의 길이(cm)

계획-풀기

❶ 작은 방에 깔려 있는 카펫의 한 변의 길이를 ▲ cm라고 할 때, 안방에 깐 카펫의 둘레를 식으로 나타내기
(안방에 깐 카펫의 둘레)
=(▲+60)+(▲+20)+(▲+60)+(▲+20)
=▲+▲+▲+▲+160
⇨ ▲+▲+▲+▲+160=360 (또는 ▲×4+160=360)

❷ 작은 방에 깔려 있는 카펫의 한 변의 길이 구하기
▲×4+160=360, ▲×4=360−160=200
▲=200÷4=50

답 50 cm

## 17

문제 그리기

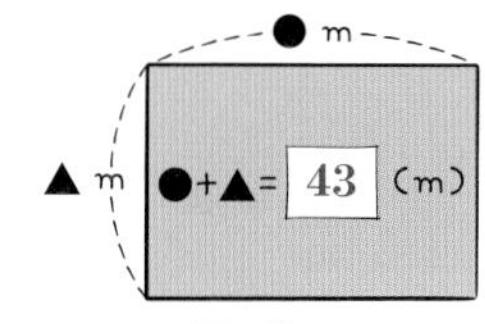


(정원의 둘레)=(●+▲)×2= 86 (m)

(정원의 넓이)=●×▲= 442 (m²)

? : 정원의 가로 와 세로 (m) (●>▲)

계획-풀기

❶ 가로와 세로의 합이 43 m인 표 만들기

| 가로(m) | 22 | 23 | 24 | 25 | 26 | 27 |
|---|---|---|---|---|---|---|
| 세로(m) | 21 | 20 | 19 | 18 | 17 | 16 |
| 넓이($m^2$) | 462 | 460 | 456 | 450 | 442 | 432 |

❷ 정원의 가로와 세로 각각 구하기

가로: 26 m, 세로: 17 m

답 **가로: 26 m, 세로: 17 m**

## 18

문제 그리기

□ + (다각형 1) + (다각형 2)

변의 개수: 4 + ☆ + △ = 18 (개)

☆+△= 14 (개)

? : 3 개의 다각형이 될 수 있는 경우의 수

계획-풀기

❶ 사각형이 아닌 다른 두 다각형의 변의 개수의 합이 14개인 경우를 표로 나타내기

| 다각형1 | 3각형 | 5각형 | 6각형 | 7각형 |
|---|---|---|---|---|
| 다각형2 | 11각형 | 9각형 | 8각형 | 7각형 |

❷ 사각형이 아닌 다른 두 다각형이 될 수 있는 경우는 모두 몇 가지인지 구하기

사각형이 아닌 다른 두 다각형이 될 수 있는 경우는 (삼각형, 십일각형), (오각형, 구각형), (육각형, 팔각형)으로 모두 3가지입니다.

답 **3가지**

## 19

문제 그리기

넓이가 72 cm²인 직사각형:

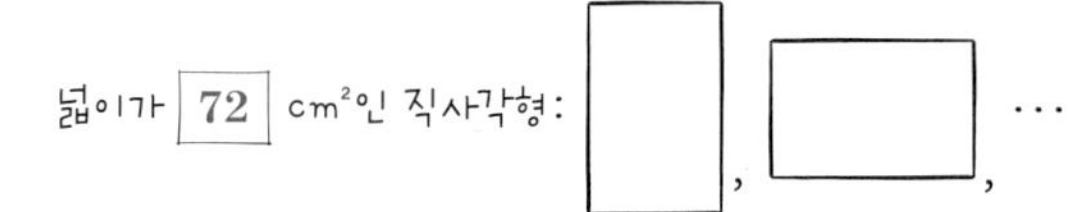

? : 둘레가 가장 긴 직사각형과 가장 짧은 직사각형의 둘레의 차 (cm)

계획-풀기

❶ 넓이가 72 $cm^2$인 직사각형의 둘레로 가능한 경우를 구하기

(직사각형의 둘레)=((가로)+(세로))×2

| 가로(cm) | 1 | 2 | 3 | 4 | 6 | 9 |
|---|---|---|---|---|---|---|
| 세로(cm) | 72 | 36 | 24 | 18 | 12 | 8 |
| 둘레(cm) | 146 | 76 | 54 | 44 | 36 | 34 |

❷ 둘레가 가장 긴 직사각형의 둘레와 가장 짧은 직사각형의 둘레의 차 구하기

가장 긴 둘레: 146 cm, 가장 짧은 둘레: 34 cm

⇨ 둘레의 차: 146−34=112 (cm)

답 **112 cm**

## 20

문제 그리기

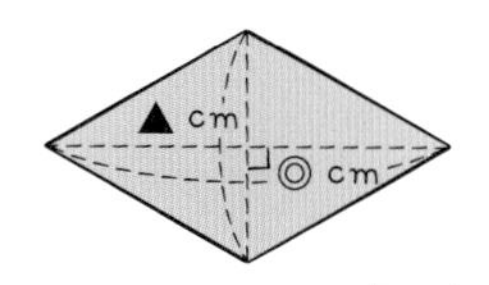


마름모의 두 대각선의 길이의 합: ◎+▲= 26

? : 넓이가 가장 큰 마름모의 넓이(cm², 자연수)

계획-풀기

❶ 넓이가 자연수인 마름모의 두 대각선의 길이 모두 구하기

| ◎(cm) | 14 | 16 | 18 | 20 | 22 | 24 |
|---|---|---|---|---|---|---|
| ▲(cm) | 12 | 10 | 8 | 6 | 4 | 2 |
| 넓이($cm^2$) | 84 | 80 | 72 | 60 | 44 | 24 |

❷ 넓이가 가장 큰 마름모의 넓이 구하기

한 대각선의 길이: 14 cm, 다른 대각선의 길이: 12 cm

⇨ 마름모의 넓이: 14×12÷2=84 ($cm^2$)

답 **84 $cm^2$**

## 21

**문제 그리기**

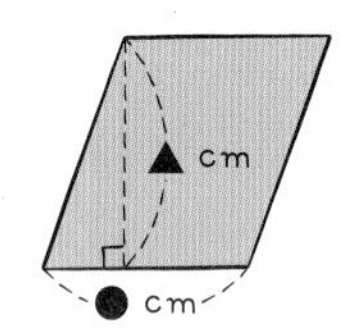

(평행사변형의 넓이)= 96 $cm^2$=(밑변)×(높이)

? : 평행사변형의 높이 (cm)

**계획-풀기**

❶ 표를 이용하여 넓이가 96 $cm^2$이며, 높이가 밑변의 길이보다 더 긴 평행사변형의 밑변과 높이 구하기

| 밑변(cm) | 1 | 2 | 3 | 4 | 6 | 8 |
|---|---|---|---|---|---|---|
| 높이(cm) | 96 | 48 | 32 | 24 | 16 | 12 |

❷ 밑변의 길이가 4 cm보다 긴 경우 모두 구하기
(밑변의 길이, 높이)=(6, 16), (8, 12)이므로 가능한 높이는 12 cm, 16 cm입니다.

답 **12 cm, 16 cm**

## 22

**문제 그리기**

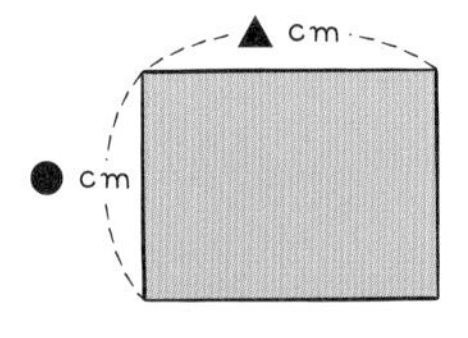


(직사각형의 넓이)= 64 $cm^2$

=(가로)×(세로)=▲×●

? : 넓이가 64 $cm^2$인 직사각형의 가짓수

**계획-풀기**

❶ 넓이가 64 $cm^2$인 직사각형의 가로와 세로 구하기

| 가로(cm) | 1 | 2 | 4 | 8 | 16 | 32 | 64 |
|---|---|---|---|---|---|---|---|
| 세로(cm) | 64 | 32 | 16 | 8 | 4 | 2 | 1 |

❷ 만들어 온 직사각형 중 서로 다른 것은 모두 몇 가지인지 구하기
(가로, 세로)=(1, 64), (2, 32), (4, 16), (8, 8)로 모두 4가지입니다.

답 **4가지**

## 23

**문제 그리기**

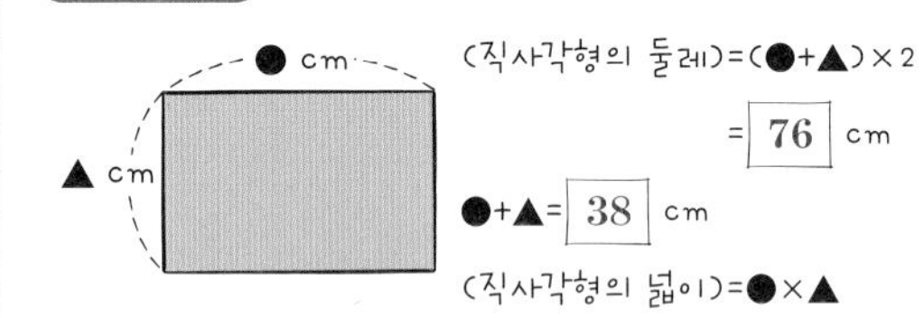


? : 가로와 세로 중 가장 긴 길이와 가장 짧은 길이의 차 (cm)

**계획-풀기**

❶ 둘레가 76 cm인 직사각형의 가능한 넓이, 가로와 세로를 나타낸 표 만들기

| 가로(cm) | 20 | 21 | 22 | 23 | … | 36 | 37 |
|---|---|---|---|---|---|---|---|
| 세로(cm) | 18 | 17 | 16 | 15 | … | 2 | 1 |
| 넓이($cm^2$) | 360 | 357 | 352 | 345 | … | 72 | 37 |

❷ 넓이가 가장 큰 직사각형과 가장 작은 직사각형의 가로와 세로 각각 구하기
넓이가 가장 큰 직사각형에서 가로는 20 cm, 세로는 18 cm입니다.
넓이가 가장 작은 직사각형에서 가로는 37 cm, 세로는 1 cm입니다.

❸ 답 구하기
(가장 긴 변의 길이)−(가장 짧은 변의 길이)
$=37-1=36$ (cm)

답 **36 cm**

## 24

**문제 그리기**

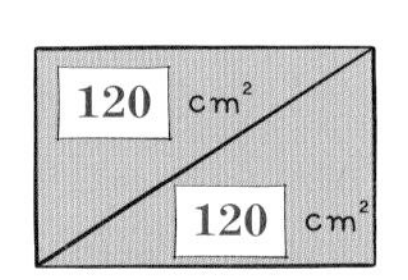


가로와 세로의 차가 가장 작은 직사각형

? : 넓이가 240 $cm^2$인 직사각형의 가로와 세로의 차 (cm)

**계획-풀기**

❶ 다음 표를 이용하여 240의 약수 구하기 (●×▲=240)
표를 이용하여 240의 약수를 모두 구해 보면 다음과 같습니다.

| ● | 1 | 2 | 3 | 4 | 5 | 6 | 8 | 10 | 12 | 15 |
|---|---|---|---|---|---|---|---|---|---|---|
| ▲ | 240 | 120 | 80 | 60 | 48 | 40 | 30 | 24 | 20 | 16 |

❷ 넓이가 240 $cm^2$인 직사각형의 가로와 세로의 차가 가장 작은 경우 구하기
가로(또는 세로)와 세로(또는 가로): 15 cm, 16 cm

❸ 답 구하기
$16-15=1$ (cm)

답 **1 cm**

## 1

문제 그리기

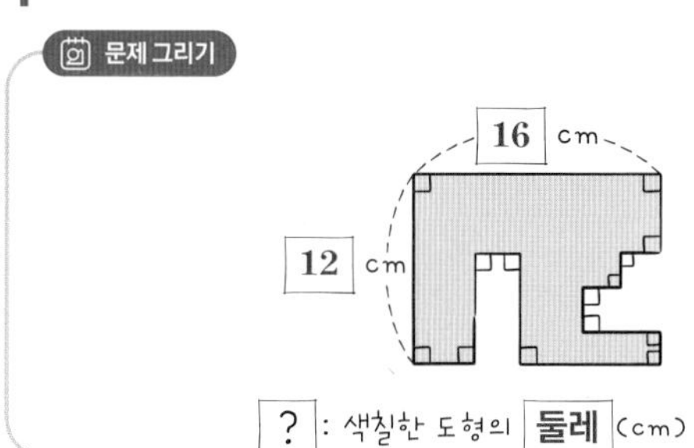


계획-풀기

❶ 문제 그리기 의 도형의 둘레와 같은 길이가 왼쪽과 같이 생각하면 색칠한 도형의 둘레는 오른쪽 도형의 초록색 선의 길이와 같습니다.

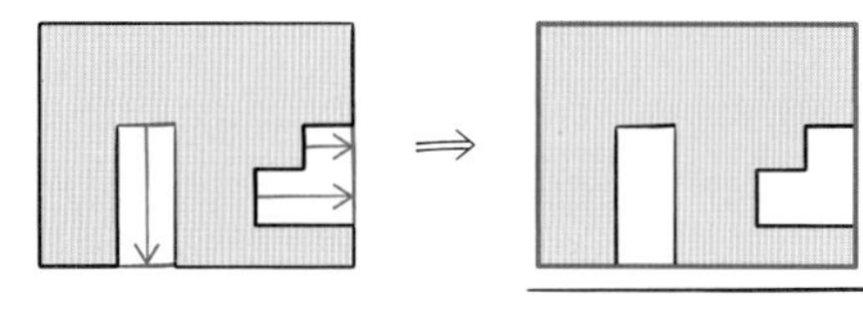

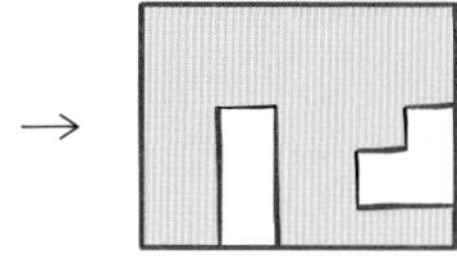

❷ (색칠한 도형의 둘레)=(직사각형의 둘레)
$=(12+16)\times 2=56(\text{cm})$

→ $(12+16)\times 2+7\times 2+5\times 2=56+14+10$
$=80(\text{cm})$

답 80 cm

확인하기

단순화하기 ( ○ )

## 2

문제 그리기

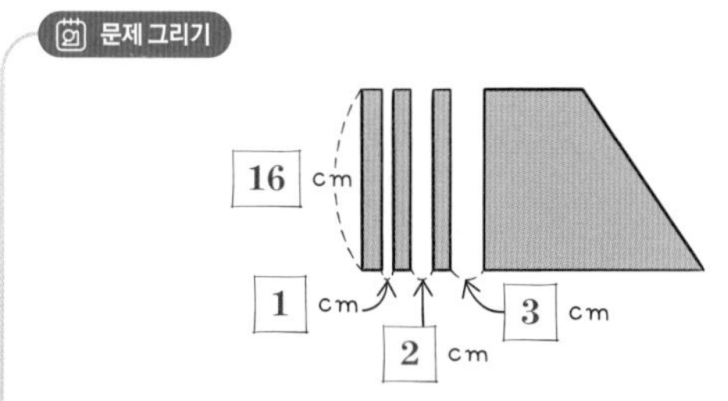


계획-풀기

❶ 색칠한 도형들의 규칙 찾기
1번째 도형은 사다리꼴이고 그 안에 세로가 16 cm, 가로가 1 cm인 직사각형 모양으로 뚫려 있습니다. 2번째 도형은 1번째와 같은 사다리꼴이고 그 안에 세로가 16 cm, 가로가 1 cm와 2 cm인 직사각형 모양으로 뚫려 있습니다. 3번째 도형은 1번째와 같은 사다리꼴이고 그 안에 세로가 16 cm, 가로가 1 cm, 2 cm, 3 cm인 직사각형 모양으로 뚫려 있습니다. 따라서 이 규칙에 따라 4번째 도형은 1번째와 같은 사다리꼴이고 그 안에 세로가 16 cm, 가로가 1 cm, 2 cm, 3 cm, 4 cm, 5 cm인 직사각형 모양으로 뚫려 있습니다.

→ 1 cm, 2 cm, 3 cm, 4 cm

❷ 4번째 사다리꼴에서 색칠한 부분의 도형 그리기

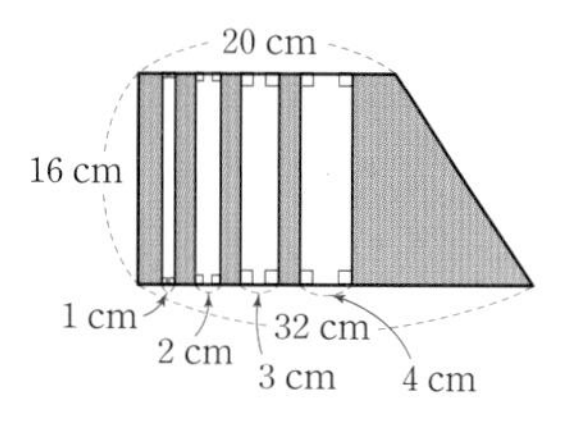


답 풀이 참조

확인하기

단순화하기 ( ○ )

## 3

문제 그리기

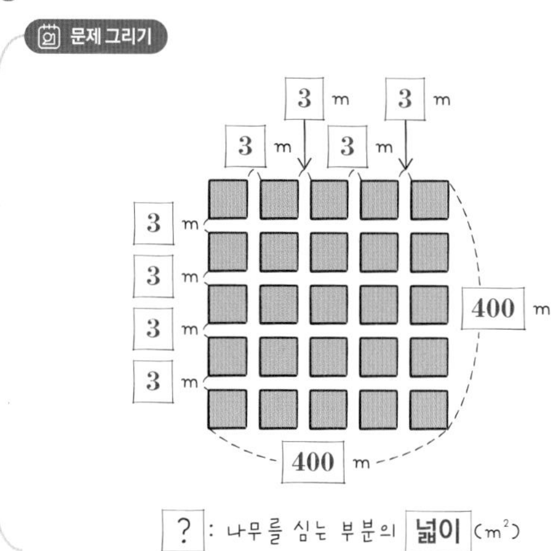


계획-풀기

❶ 색칠한 부분을 겹치지 않게 변과 변을 이어 붙여서 비어 있는 공간이 없는 새로운 정사각형 모양 그리기

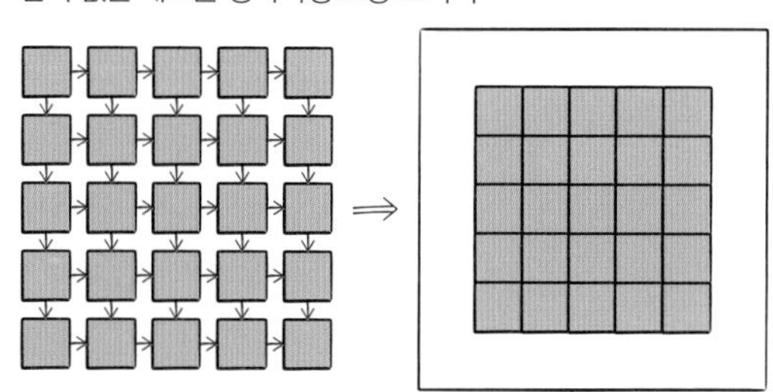

❷ (색칠한 부분의 넓이)$=400\times 400=160000\ (\text{m}^2)$

→ $(400-12)\times(400-12)$
$=388\times 388=150544\ (\text{m}^2)$

답 150544 m²

확인하기

단순화하기 ( ○ )

STEP 1 내가 수학하기 배우기 — 문제정보를 복합적으로 나타내기

103~104쪽

## 1

문제 그리기

정삼각형의 개수: 24 개

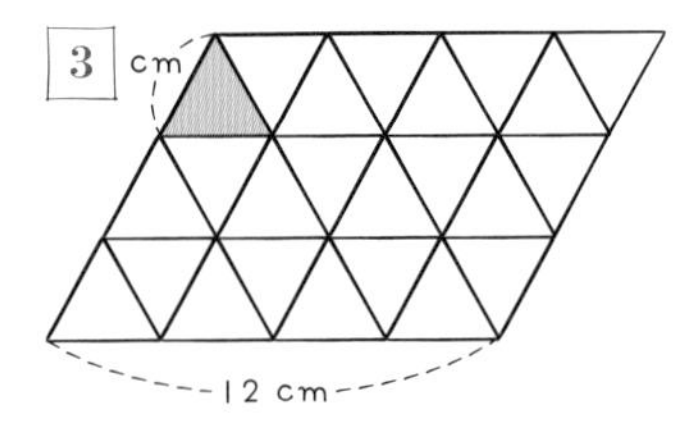


? : 평행사변형의 둘레 (cm)

계획-풀기

❶ 밑변을 이루는 작은 정삼각형의 한 변의 수는 8개이고, 다른 변을 이루는 작은 정삼각형의 한 변의 수는 6개입니다.

→ 4, 3

❷ 평행사변형은 마주 보는 변의 길이가 같으므로 평행사변형의 둘레를 이루는 작은 정삼각형의 한 변의 개수는 $(8+6)\times2=28$(개)입니다.

→ $(4+3)\times2=14$(개)

❸ (평행사변형의 둘레)
$=$(정삼각형의 한 변의 길이)$\times$(정삼각형의 한 변의 개수)
$=3\times28=84$ (cm)

→ $3\times14=42$ (cm)

답 42 cm

확인하기

문제정보를 복합적으로 나타내기 (  )

## 2

문제 그리기

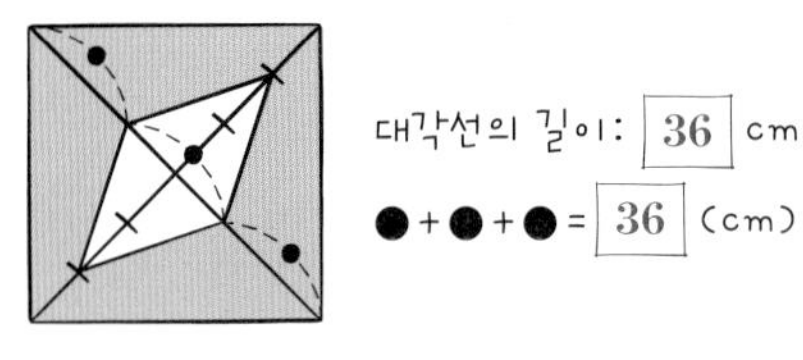


? : 색칠한 부분의 넓이 (cm²)

계획-풀기

❶ (큰 정사각형의 넓이)$=36\times36=1296$ (cm²)

→ $36\times36\div2=648$ (cm²)

❷ 작은 마름모의 한 대각선의 길이는 $36\div3=12$(cm)이고, 다른 대각선의 길이는 $36\div3=12$ (cm)이므로 작은 마름모의 넓이는 $12\times12\div2=72$ (cm²)입니다.

→ $(36\div6)\times4=24$ (cm), $12\times24\div2=144$ (cm²)

❸ (색칠한 부분의 넓이)
$=$(큰 정사각형의 넓이)$-$(작은 마름모의 넓이)
$=1296-72=1224$ (cm²)

→ $648-144=504$ (cm²)

답 504 cm²

확인하기

문제정보를 복합적으로 나타내기 ( ○ )

## 1

문제 그리기

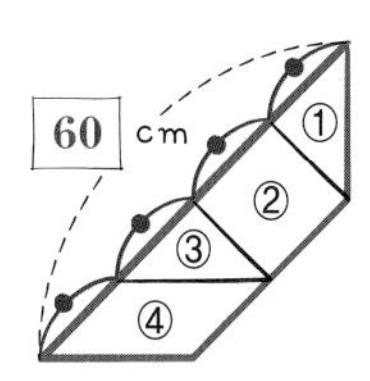


? : 파란색 선으로 둘러싸인 사다리꼴의 넓이 (cm²)

계획-풀기

❶ 파란색 선으로 둘러싸인 사다리꼴을 직사각형으로 만들기

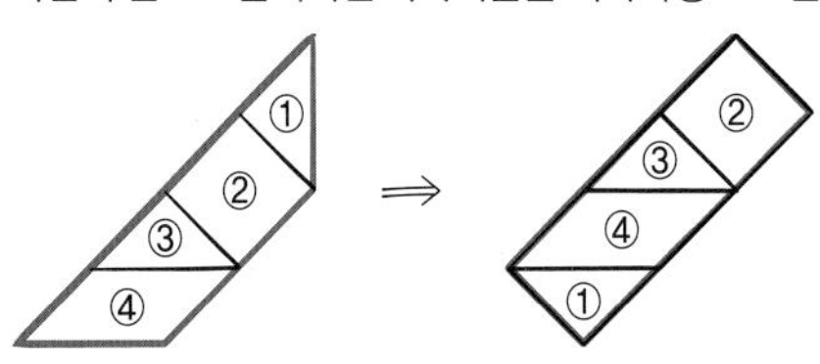


작은 삼각형 ①을 평행사변형 ④ 아래로 옮깁니다.

❷ 직사각형의 넓이 구하기

파란색 선으로 둘러싸인 사다리꼴과 직사각형의 넓이는 같습니다. 큰 정사각형의 대각선 길이가 60 cm이며, 작은 이등변삼각형의 밑변의 길이와 작은 정사각형의 한 변의 길이가 같고, 평행사변형의 밑변의 길이와도 같습니다.

따라서 직사각형의 가로는 $60 \div 4 = 15$ (cm)이고, 세로는 $15 \times 3 = 45$ (cm)이므로 직사각형의 넓이는 $15 \times 45 = 675$ (cm²)입니다.

답 675 cm²

## 2

문제 그리기

정사각형 10 개의

넓이가 160 cm²

? : 도형의 둘레 (cm)

계획-풀기

정사각형 10개의 넓이가 160 cm²이므로 정사각형 1개의 넓이는 16 cm²입니다.

정사각형 한 변의 길이는 $4 \times 4 = 16$ (cm²)이므로 4 cm입니다.

주어진 도형의 둘레는 정사각형의 한 변 16개로 이루어져 있으므로 도형의 둘레는 $4 \times 16 = 64$ (cm)입니다.

답 64 cm

## 3

문제 그리기

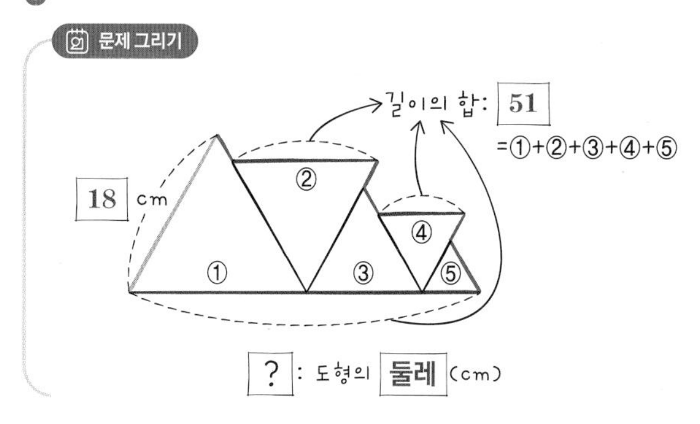


? : 도형의 둘레 (cm)

계획-풀기

❶ 도형의 변의 길이 알아보기

(주어진 도형의 둘레)

=(노란색 선의 길이)+(빨간색 선의 길이의 합)

+(파란색 선의 길이의 합)

빨간색 선의 길이의 합은 정삼각형 5개의 각 한 변의 길이의 합이므로 51 cm이고, 파란색 선의 길이의 합은 가장 큰 정삼각형의 한 변의 길이와 같습니다.

따라서 파란색 선의 길이의 합은 18 cm입니다.

❷ 도형의 둘레 구하기

(주어진 도형의 둘레)

=(노란색 선의 길이)+(빨간색 선의 길이의 합)

+(파란색 선의 길이의 합)

$=18+51+18=87$ (cm)

답 87 cm

## 4

문제 그리기

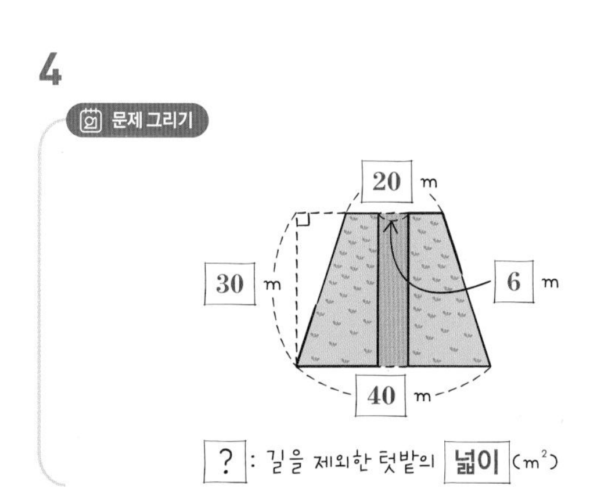


? : 길을 제외한 텃밭의 넓이 (m²)

계획-풀기

❶ 길을 제외한 텃밭을 모았을 때 텃밭의 윗변과 아랫변의 길이 각각 구하기

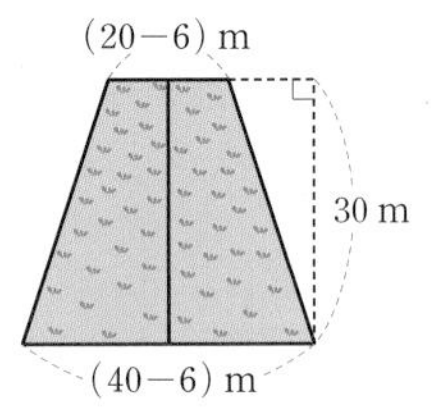


이어 붙인 텃밭의 각 변의 길이는 이동한 만큼 줄어듭니다. 윗변의 길이는 $20-6=14$ (m)이고, 아랫변의 길이는 $40-6=34$ (m)입니다.

❷ 색칠한 부분의 넓이 구하기

(이어 붙인 사다리꼴의 넓이)

$=(14+34)\times30\div2=48\times30\div2$

$=720$ (m$^2$)

답 720 m$^2$

# 5

문제 그리기

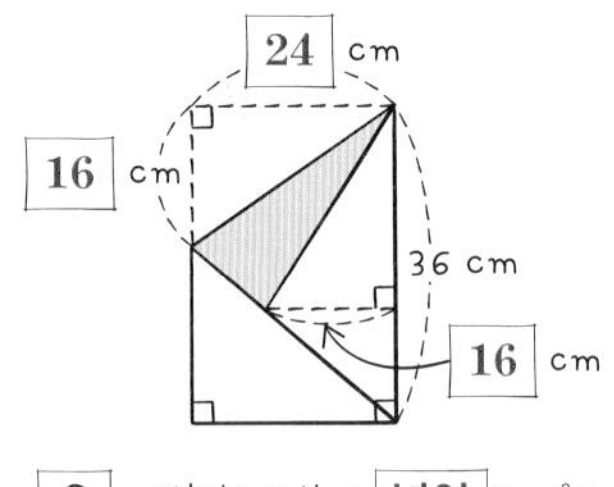


? : 색칠한 부분의 넓이 (cm$^2$)

계획-풀기

❶ 사다리꼴의 넓이 구하기

((윗변)+(아랫변))×(높이)÷2

$=(20+36)\times24\div2=56\times24\div2$

$=672$ (cm$^2$)

❷ 색칠한 부분의 넓이 구하기

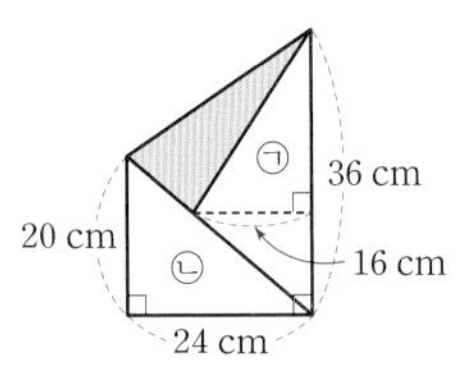


(색칠한 부분의 넓이)

=(사다리꼴의 넓이)−㉠−㉡

$=672-36\times16\div2-24\times20\div2$

$=672-288-240=144$(cm$^2$)

[다른 풀이]

(색칠한 부분의 넓이)

$=36\times24\div2-36\times16\div2$

$=432-288=144$(cm$^2$)

답 144 cm$^2$

# 6

문제 그리기

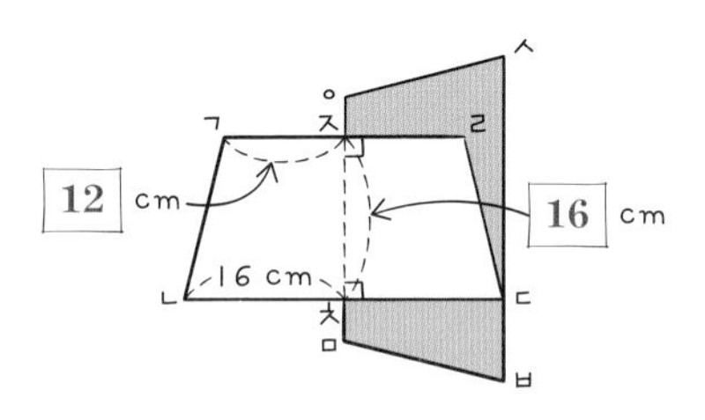


(사다리꼴 ㄱㄴㄷㄹ의 넓이) = (사다리꼴 ㅁㅂㅅㅇ의 넓이)

? : 색칠한 부분의 넓이 (cm$^2$)

계획-풀기

(사다리꼴 ㄱㄴㄷㄹ의 넓이)=(사다리꼴 ㅁㅂㅅㅇ의 넓이)이므로 색칠한 부분은 사다리꼴 ㄱㄴㅊㅈ의 넓이와 같습니다.

(색칠한 부분의 넓이)=(사다리꼴 ㄱㄴㅊㅈ의 넓이)

$=(12+16)\times16\div2$

$=28\times16\div2=224$ (cm$^2$)

답 224 cm$^2$

# 7

문제 그리기

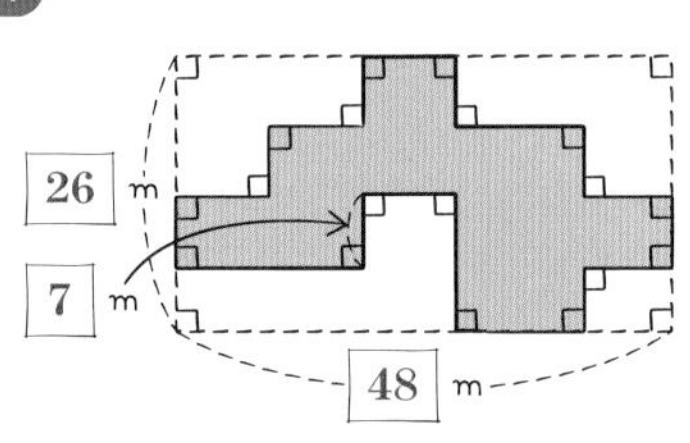


? : 최소한 필요한 리본의 길이 (cm)

계획-풀기

❶ 직사각형의 둘레에 학교 도면의 변 옮기기

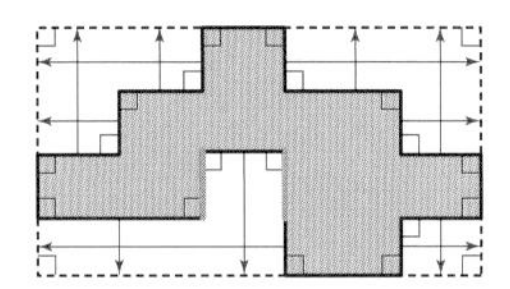

도형의 변을 그림과 같이 이동시키면 이동시킨 변의 길이의 합은 가로가 48 m, 세로가 26 m인 직사각형의 둘레와 같고, 주황색 선이 남습니다.

❷ 색칠한 도형의 둘레 구하기

(색칠한 도형의 둘레)

=(직사각형의 둘레)+(주황색 선의 길이의 합)

$=(48+26)\times2+7\times2=148+14=162$ (m)

따라서 최소한 필요한 리본은 162 m입니다.

답 162 m

## 8

문제 그리기

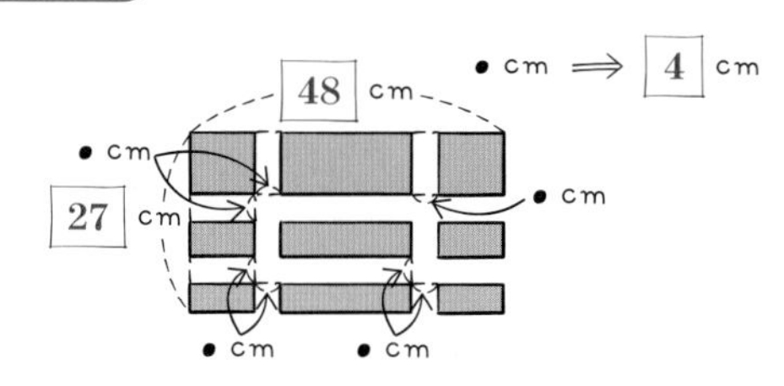


? : 초코 크림을 바르는 부분의 **넓이** (cm²)

계획-풀기

❶ 슈크림을 바르는 부분을 제외한 빵을 모았을 때 만들어지는 빵의 가로와 세로 구하기

다음과 같이 색칠한 도형의 변을 이동시키면 슈크림을 바른 폭의 길이만큼 줄어들고 직사각형 모양이 됩니다.

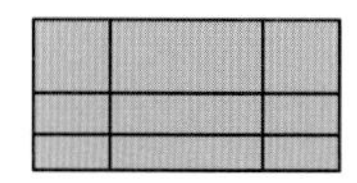

(직사각형의 가로)$=48-4\times2=40$ (cm)

(직사각형의 세로)$=27-4\times2=19$ (cm)

❷ 초코 크림을 바르는 부분의 넓이 구하기

(초코 크림을 바르는 부분의 넓이)

$=$(직사각형의 넓이)$=40\times19=760$ (cm²)

답 760 cm²

## 9

문제 그리기

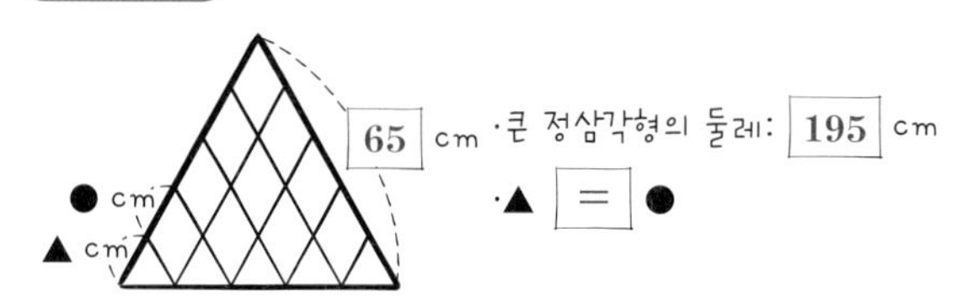


? : 가장 작은 정삼각형의 둘레와 가장 작은 마름모의 둘레의 **합** (cm)

계획-풀기

❶ 가장 작은 정삼각형의 한 변의 길이와 가장 작은 마름모의 한 변의 길이 구하기

가장 작은 정삼각형과 가장 작은 마름모의 한 변의 길이는 같습니다. 그 한 변의 길이의 5배가 가장 큰 정삼각형의 한 변의 길이이므로 가장 작은 정삼각형과 가장 작은 마름모의 한 변의 길이는 $65\div5=13$ (cm)입니다.

❷ 가장 작은 정삼각형의 둘레와 가장 작은 마름모의 둘레의 합 구하기

가장 작은 정삼각형의 둘레는 $13\times3=39$ (cm)이고, 마름모의 둘레는 $13\times4=52$ (cm)이므로 그 합은 $39+52=91$ (cm)입니다.

답 91 cm

## 10

문제 그리기

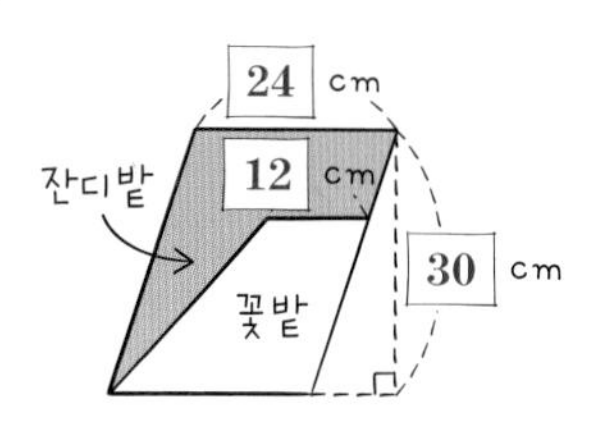


(꽃밭의 넓이)

=(잔디밭의 넓이)

= (평행사변형의 넓이)÷ 2

? : 꽃밭의 실제 **높이** (m)

계획-풀기

❶ 꽃밭의 넓이 구하기

(꽃밭의 넓이)

$=$(잔디밭의 넓이)$=$(사다리꼴의 넓이)

$=$(평행사변형의 넓이)$\div2$

$=24\times30\div2=360$ (cm²)

❷ 꽃밭의 실제 높이 구하기

(꽃밭의 넓이)$=$(잔디밭의 넓이)

$(12+24)\times$(높이)$\div2=360$, $36\times$(높이)$\div2=360$,

$36\times$(높이)$=360\times2=720$, (높이)$=720\div36=20$ (cm)

따라서 꽃밭의 실제 높이는 $20\times100=2000$ (cm) ⇨ 20 m입니다.

답 20 m

## 11

문제 그리기

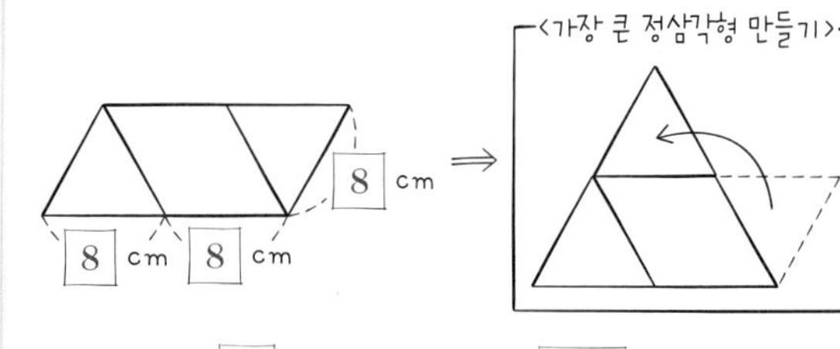


? : 가장 큰 정삼각형의 **둘레** (cm)

계획-풀기

❶ 가장 큰 정삼각형 만들기

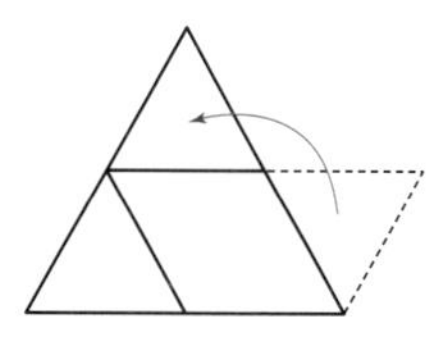

❷ 가장 큰 정삼각형의 둘레 구하기

$(8+8)\times3=48$ (cm)

답 48 cm

## 12

문제 그리기

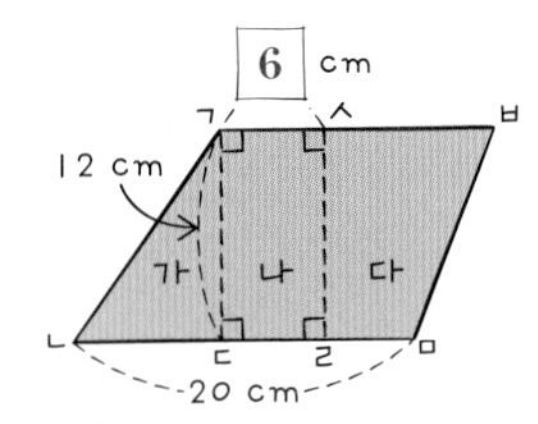


(가의 넓이)=(나의 넓이)=(다의 넓이)

?: 선분 ㅅㅂ의 길이(cm)

계획-풀기

❶ 사다리꼴 ㄱㄴㅁㅂ의 넓이 구하기

(사다리꼴 ㄱㄴㅁㅂ의 넓이)

=(가의 넓이)+(나의 넓이)+(다의 넓이)

=(나의 넓이)$\times 3=(6\times 12)\times 3=216$ (cm$^2$)

❷ 선분 ㅅㅂ의 길이 구하기

(선분 ㅅㅂ의 길이)=□cm

(사다리꼴 ㄱㄴㅁㅂ의 넓이)=$(6+□+20)\times 12\div 2$,

$(26+□)\times 12\div 2=216$, $(26+□)\times 12=216\times 2$,

$(26+□)\times 12=432$, $26+□=432\div 12$,

$26+□=36$, $□=36-26=10$

답 10 cm

## 13

문제 그리기

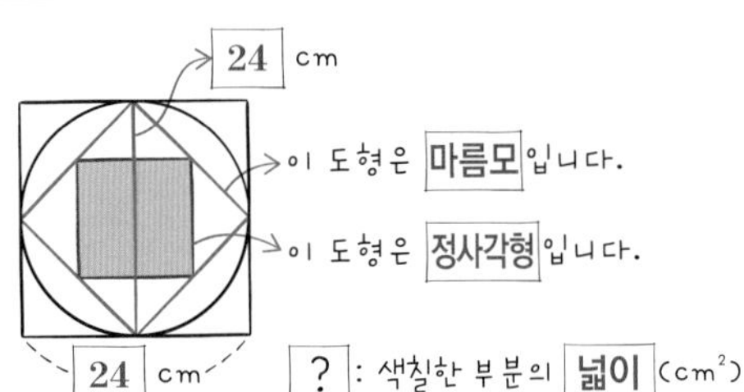


?: 색칠한 부분의 넓이(cm$^2$)

계획-풀기

❶ 두 번째로 그린 마름모의 넓이 구하기

(두 번째로 그린 마름모의 넓이)$=24\times 24\div 2=288$ (cm$^2$)

❷ 색칠한 부분의 넓이 구하기

(색칠한 부분의 넓이)=(두 번째로 그린 마름모의 넓이)$\div 2$

$=288\div 2=144$ (cm$^2$)

답 144 cm$^2$

## 14

문제 그리기

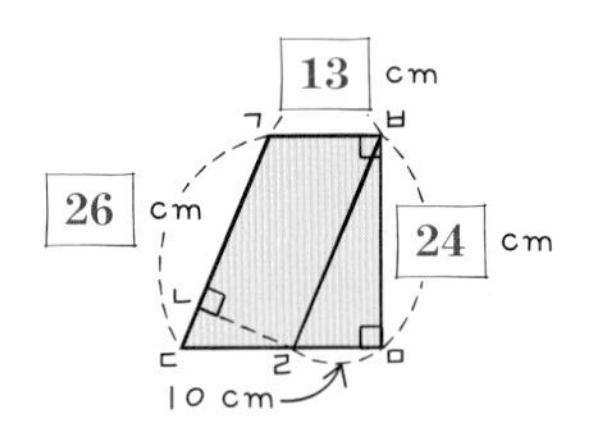


?: 선분 ㄴㄹ의 길이(cm)

계획-풀기

❶ 사다리꼴의 넓이 구하기

(사다리꼴의 넓이)

=(평행사변형의 넓이)+(직각삼각형의 넓이)

$=13\times 24+10\times 24\div 2=312+120=432$ (cm$^2$)

❷ 선분 ㄴㄹ의 길이 구하기

(선분 ㄴㄹ의 길이)=□cm

(사다리꼴의 넓이)

=(삼각형 ㄱㄷㄹ의 넓이)+(삼각형 ㄱㄹㅂ의 넓이)

+(직각삼각형 ㅂㄹㅁ의 넓이)

$26\times □\div 2+13\times 24\div 2+10\times 24\div 2=432$

$26\times □\div 2+156+120=432$

$26\times □\div 2+276=432$, $26\times □\div 2=432-276$,

$26\times □\div 2=156$, $26\times □=156\times 2$

$26\times □=312$, $□=312\div 26=12$

[다른 풀이]

$26\times$(선분 ㄴㄹ)$=13\times 24$

$26\times$(선분 ㄴㄹ)$=312$

(선분 ㄴㄹ)$=312\div 26=12$ (cm)

답 12 cm

## 15

문제 그리기

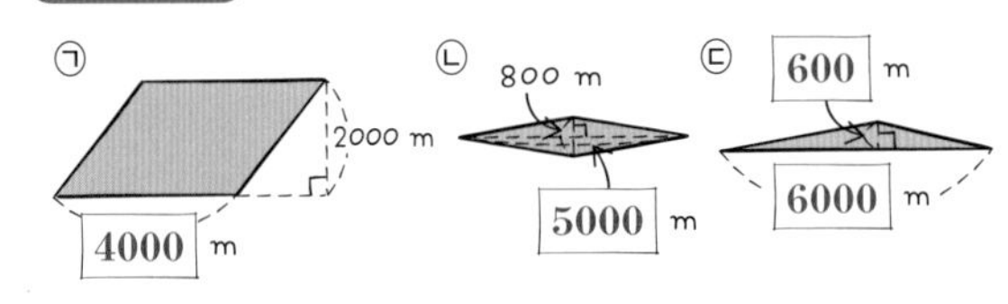


?: 3형제에게 땅 ㉠, ㉡, ㉢을 분배하는 방법

계획-풀기

㉠ (평행사변형의 넓이)$=4000\times 2000=8000000$ (m$^2$)

㉡ (마름모의 넓이)$=5000\times 800\div 2=2000000$ (m$^2$)

㉢ (삼각형의 넓이)$=6000\times 600\div 2=1800000$ (m$^2$)

㉠ – 맏형, ㉡ – 둘째, ㉢ – 막내

답 **맏형: ㉠, 둘째: ㉡, 막내: ㉢**

## 16

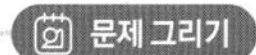

문제 그리기

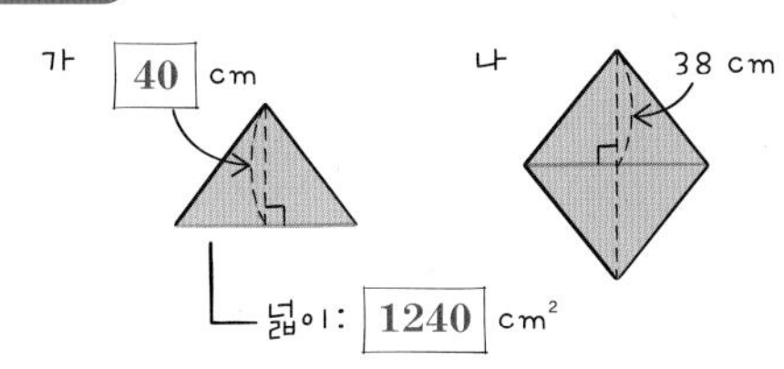


(가의 밑변의 길이)=(나의 ㉠의 길이)

? : 나의 넓이(cm²)

계획-풀기

❶ 삼각형의 밑변의 길이 구하기

밑변의 길이: □ cm

(삼각형의 넓이)=$\square \times 40 \div 2 = 1240$,

$\square \times 40 = 1240 \times 2$, $\square \times 40 = 2480$,

$\square = 2480 \div 40 = 62$

❷ 마름모의 넓이 구하기

(한 대각선의 길이)×(다른 대각선의 길이)÷2

$= 62 \times (38 \times 2) \div 2 = 62 \times 76 \div 2$

$= 2356\ (\text{cm}^2)$

답 $2356\ \text{cm}^2$

## 17

문제 그리기

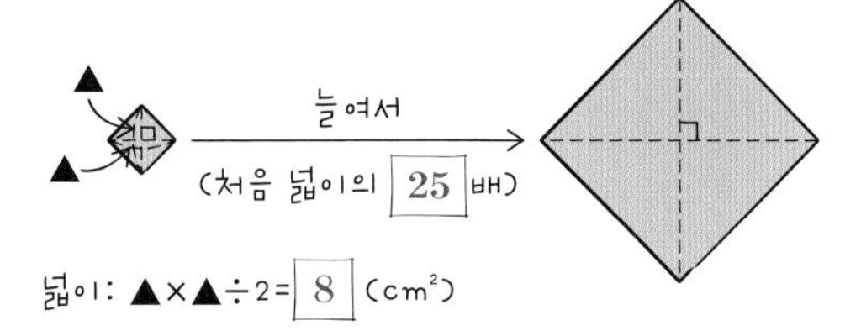


넓이: ▲×▲÷2=8 (cm²)

? : 두 마름모의 한 대각선의 길이의 차 (cm)

계획-풀기

❶ 처음 마름모의 대각선의 길이(▲cm) 구하기

▲×▲÷2=8, ▲×▲=8×2

▲×▲=16, ▲=4

❷ 늘인 마름모의 대각선의 길이 구하기

처음 마름모의 넓이의 25배는 $8 \times 25 = 200(\text{cm}^2)$입니다.

늘인 마름모의 대각선의 길이: □cm

$\square \times \square \div 2 = 200$, $\square \times \square = 200 \times 2$,

$\square \times \square = 400$, $\square = 20$

❸ 두 마름모의 한 대각선의 길이의 차 구하기

$20 - 4 = 16\ (\text{cm})$

답 16 cm

## 18

문제 그리기

9 ⦿ 7=( 9 - 7 )× 3 =6 → 정 6 각형

12 ⦿ 3=( 12 - 3 )× 3 =27 → 정 27 각형

? : 65 ⦿ 58 로 만들어진 정다각형의 둘레 (cm)

계획-풀기

❶ 65 ⦿ 58로 만들어진 정다각형 구하기

65 ⦿ 58=(65−58)×3 ⇒ 정21각형

❷ 65 ⦿ 58로 만들어진 정다각형의 둘레 구하기

$21 \times 3 = 63\ (\text{cm})$

답 63 cm

## 19

문제 그리기

$\dfrac{(\text{삼각형의 높이})}{(\text{삼각형의 밑변의 길이})} \Rightarrow \dfrac{1}{2}, \dfrac{1}{3}, \dfrac{2}{3}, \dfrac{1}{4}, \dfrac{2}{4}, \dfrac{3}{4}, \dfrac{1}{5}, \cdots$

? : 17 번째 삼각형의 넓이(단위 없음)

계획-풀기

❶ 나열된 분수의 규칙을 찾아 17번째 분수 구하기

분모가 2, 3, 4, …로 하나씩 커지는 진분수의 나열입니다.

$\dfrac{1}{2}$부터 분모가 2인 분수 1개, 분모가 3인 분수 2개, 분모가 4인 분수 3개, …와 같이 나열됩니다. $1+2+3+4+5=15$이므로 15번째 분수는 $\dfrac{5}{6}$입니다. 따라서 17번째 분수는 $\dfrac{2}{7}$입니다.

❷ 17번째 삼각형의 넓이 구하기

$7 \times 2 \div 2 = 7$

답 7

## 20

문제 그리기

$\dfrac{(\text{삼각형의 밑변의 길이})}{(\text{삼각형의 높이})} \Rightarrow \dfrac{2}{5}, \dfrac{1}{2}, \dfrac{4}{7}, \dfrac{5}{8}, \dfrac{2}{3}, \cdots$

$\dfrac{4}{10}, \dfrac{6}{12}, \dfrac{8}{14}, \dfrac{10}{16}, \dfrac{12}{18}, \cdots$

? : 7 번째 삼각형의 높이와 밑변의 길이(cm), 넓이 (cm²)

계획-풀기

❶ 7번째 분수 구하기

분모는 10부터 2씩 늘어나며, 분자는 4부터 2씩 늘어납니다.

7번째 분수의 분모는 $10+2\times6=22$이고,

분자는 $4+2\times6=16$입니다. 따라서 7번째 분수는 $\dfrac{16}{22}$입니다.

❷ 7번째 삼각형의 밑변의 길이와 높이, 넓이 구하기

$\dfrac{16}{22}=\dfrac{8}{11}$이므로 삼각형의 밑변의 길이는 8 cm이고, 높이는 11 cm이므로 넓이는 $8 \times 11 \div 2 = 44\ (\text{cm}^2)$입니다.

답 높이: 11 cm, 밑변의 길이: 8 cm, 넓이: $44\ \text{cm}^2$

## 1 식 만들기

문제 그리기

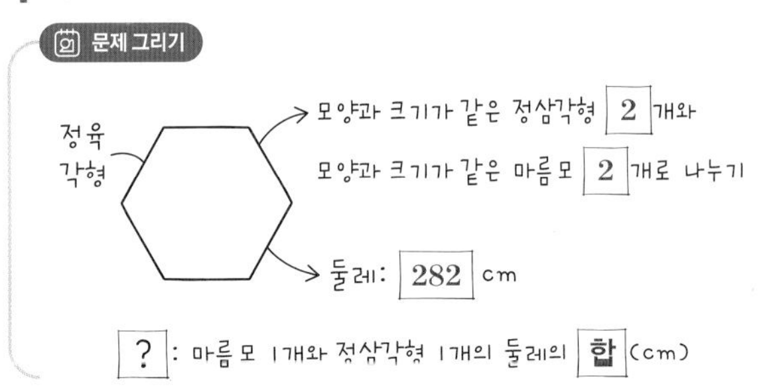


계획-풀기

❶ 정육각형의 한 변의 길이 구하기
(정육각형의 둘레)$\div$6$=$282$\div$6$=$47 (cm)

❷ 마름모 1개와 정삼각형 1개의 둘레의 합 구하기
(마름모의 둘레)$+$(정삼각형의 둘레)
$=$47$\times$4$+$47$\times$3$=$329 (cm)

답 **329 cm**

## 2 식 만들기

문제 그리기

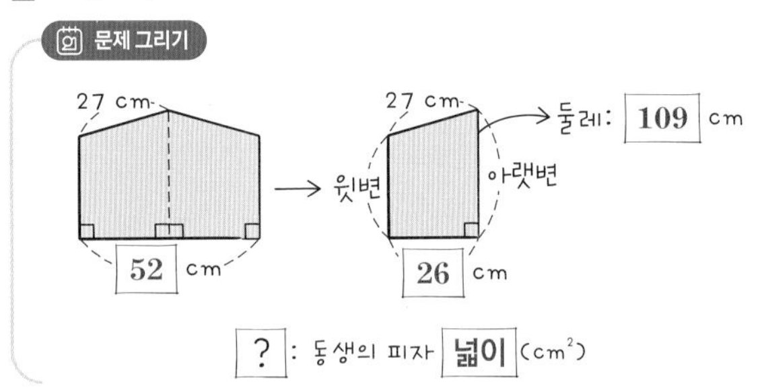


계획-풀기

❶ 사다리꼴의 (윗변$+$아랫변)의 길이 구하기
(사다리꼴의 둘레)$=$27$+$26$+$(윗변$+$아랫변)$=$109
53$+$(윗변$+$아랫변)$=$109
(윗변$+$아랫변)$=$109$-$53$=$56 (cm)

❷ 동생의 피자 넓이 구하기
(사다리꼴의 넓이)$=$((윗변)$+$(아랫변))$\times$(높이)$\div$2
$=$56$\times$26$\div$2$=$728 ($cm^2$)

답 **728 $cm^2$**

## 3 표 만들기

문제 그리기

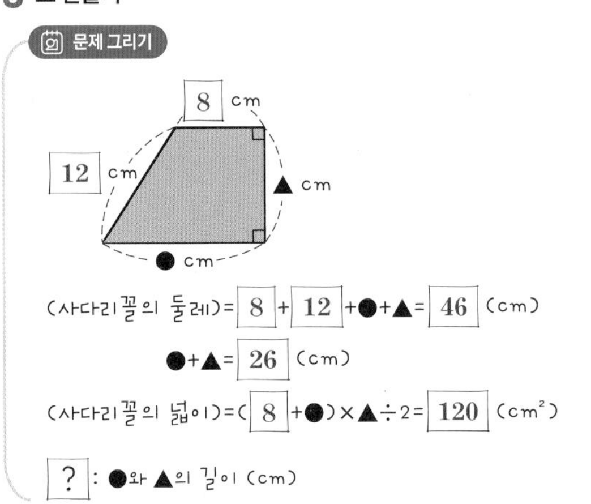


계획-풀기

❶ 사다리꼴의 아랫변의 길이와 높이에 대한 표 만들기
(아랫변의 길이)$+$(높이)$=$26 cm

| 아랫변의 길이(cm) | 10 | 12 | 14 | 16 | ··· |
|---|---|---|---|---|---|
| 높이(cm) | 16 | 14 | 12 | 10 | ··· |
| 사다리꼴의 넓이($cm^2$) | 144 | 140 | 132 | 120 | ··· |

❷ 사다리꼴의 아랫변의 길이와 높이 구하기
표에서 넓이가 120 $cm^2$인 것을 찾아보면 사다리꼴의 아랫변의 길이는 16 cm, 높이는 10 cm입니다.

답 **아랫변의 길이: 16 cm, 높이: 10 cm**

## 4 단순화하기

문제 그리기

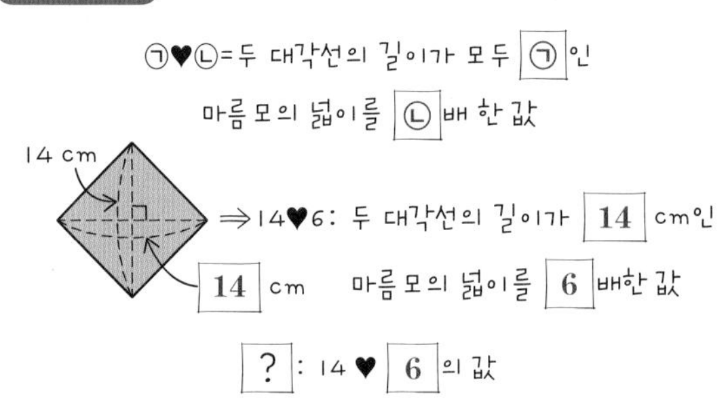


계획-풀기

❶ 14♥6을 말로 표현하기
'두 대각선의 길이가 모두 14인 마름모의 넓이를 6배 한 값'입니다.

❷ 14♥6의 값 구하기
(14$\times$14$\div$2)$\times$6$=$98$\times$6$=$588

답 **588**

## 5 식 만들기

문제 그리기

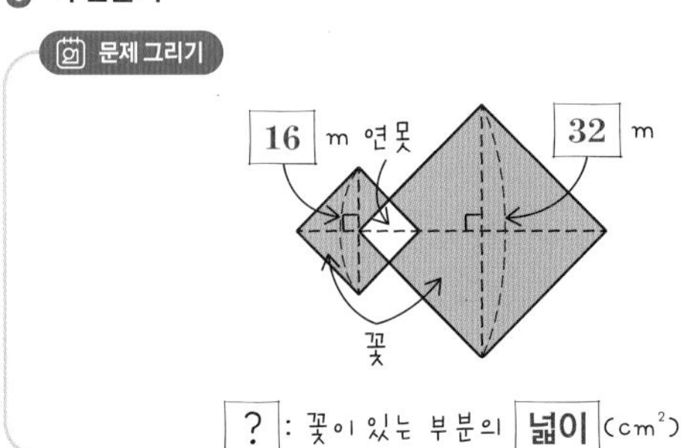

계획-풀기

❶ 겹쳐진 부분의 넓이 구하기

주어진 마름모의 두 대각선의 길이가 같으므로 두 마름모는 정사각형입니다. 따라서 겹쳐진 부분은 작은 마름모의 넓이를 4 등분 한 것 중 하나와 같습니다.

(겹쳐진 부분의 넓이)=(작은 마름모의 넓이)÷4

$=(16\times16\div2)\div4=128\div4$

$=32\ (m^2)$

❷ 꽃이 있는 부분의 넓이 구하기

(꽃이 있는 부분의 넓이)

=(큰 마름모의 넓이)+(작은 마름모의 넓이)

−(겹쳐진 부분의 넓이)

$=(32\times32\div2)+(16\times16\div2)-32$

$=512+128-32=608\ (m^2)$

답 $608\ m^2$

## 6 표 만들기

문제 그리기

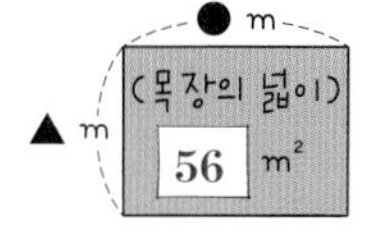


? : 둘레가 가장 큰 경우 / 둘레가 가장 작은 경우 의 목장 둘레의 차

계획-풀기

❶ 목장의 가로와 세로 구하기

(목장의 넓이)=(가로)×(세로)=56 ($m^2$)

| 가로(m) | 1 | 2 | 4 | 7 |
|---|---|---|---|---|
| 세로(m) | 56 | 28 | 14 | 8 |
| 둘레(m) | 114 | 60 | 36 | 30 |

❷ (가장 긴 울타리의 둘레)−(가장 짧은 울타리의 둘레)

$=114-30=84$ (m)

답 84 m

## 7 단순화하기

문제 그리기

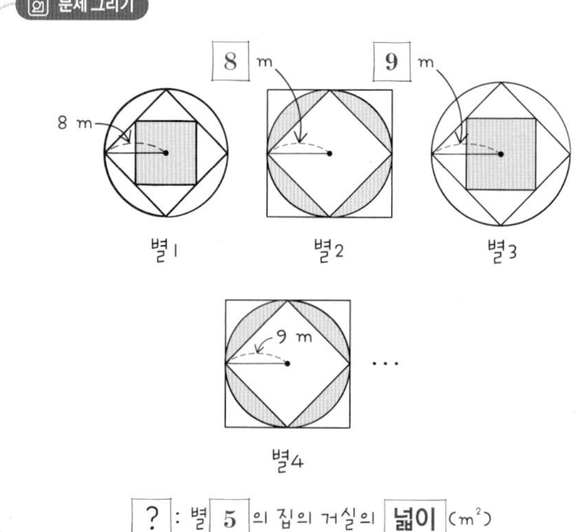


? : 별 5 의 집의 거실의 넓이 ($cm^2$)

계획-풀기

❶ 별1, 별2, 별3, 별4, ⋯, 별12의 집 모양의 규칙을 말하기

집 주소를 〈홀수〉와 〈짝수〉로 나눠서 볼 때 밖에서 안으로의 도형은 〈홀수〉는 '원−정사각형−정사각형'이고 작은 정사각형이 거실입니다. 〈짝수〉는 정사각형−원−정사각형이고, 원에서 작은 정사각형을 뺀 나머지 부분이 거실입니다. 원의 반지름은 8, 8, 9, 9, 10, 10, 11, 11, 12, 12, 13, 13입니다.

❷ 별5의 집 모양 구하기

별5는 홀수이므로 밖에서부터 원−정사각형−정사각형이며, 거실은 작은 정사각형이고, 원의 반지름은 10 m입니다. 그 모양은 다음과 같습니다.

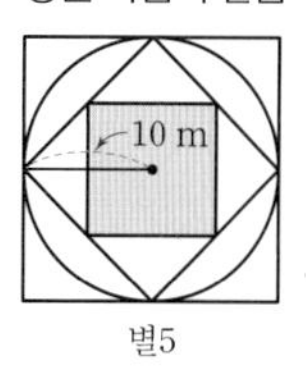


별5

❸ 별5의 집의 거실의 넓이 구하기

정사각형은 네 변의 길이가 같으므로 마름모입니다.

(작은 정사각형의 넓이)=(큰 정사각형의 넓이)÷2

$=(20\times20\div2)\div2$

$=100\ (m^2)$

답 $100\ m^2$

## 8 식 만들기

문제 그리기

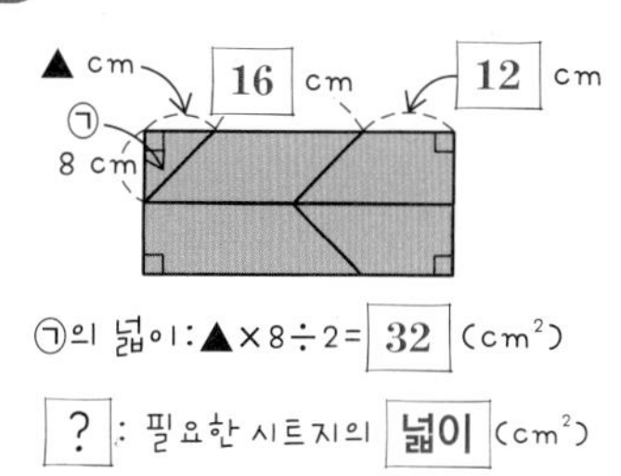


㉠의 넓이 : ▲×8÷2= 32 ($cm^2$)

? : 필요한 시트지의 넓이 ($cm^2$)

계획-풀기

❶ 삼각형 ㉠의 밑변의 길이 구하기

(밑면의 길이)=□cm

(㉠의 넓이)=8×□÷2=32, 8×□=32×2

8×□=64, □=64÷8=8

❷ 필요한 시트지의 넓이 구하기

$(8+16+12)\times(8+8)=36\times16=576\ (cm^2)$

답 $576\ cm^2$

## 9 문제정보를 복합적으로 나타내기

문제 그리기

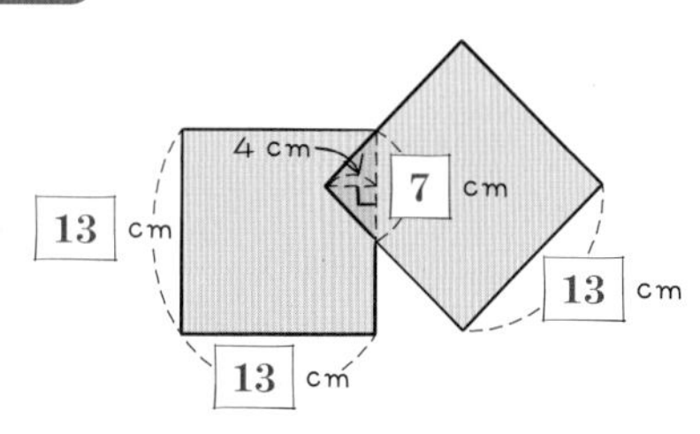


? : 주어진 도형의 전체 넓이 ($cm^2$)

계획-풀기

❶ 직각삼각형의 넓이 구하기
(직각삼각형의 넓이)$=7\times4\div2=14(cm^2)$

❷ 도형의 전체 넓이 구하기
(도형의 전체 넓이)
=(정사각형의 넓이)×2−(직각삼각형의 넓이)
$=(13\times13)\times2-14$
$=338-14=324(cm^2)$

답 $324\ cm^2$

계획-풀기

❶ 가장 큰 이등변삼각형의 직각을 낀 한 변의 길이(▲cm) 구하기
(가장 큰 삼각형의 넓이)=▲×▲÷2=72,
▲×▲=72×2=144, ▲×▲=144, ▲=12

❷ 가장 작은 삼각형의 넓이 구하기

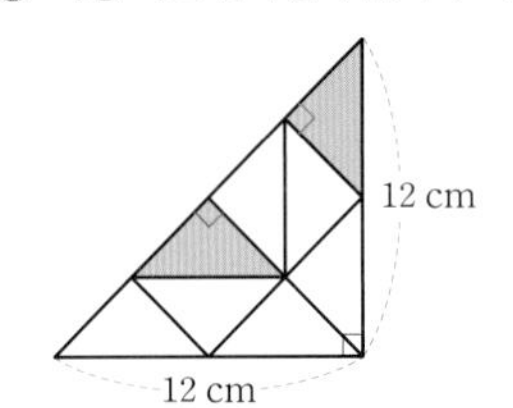


왼쪽 그림과 같이 가장 큰 삼각형의 한 변의 길이가 12 cm이므로 가장 작은 삼각형 8개로 나눌 수 있다.
따라서 가장 작은 삼각형의 넓이는 $72\div8\times2=18\ (cm^2)$입니다.

답 $18\ cm^2$

## 10 단순화하기

문제 그리기

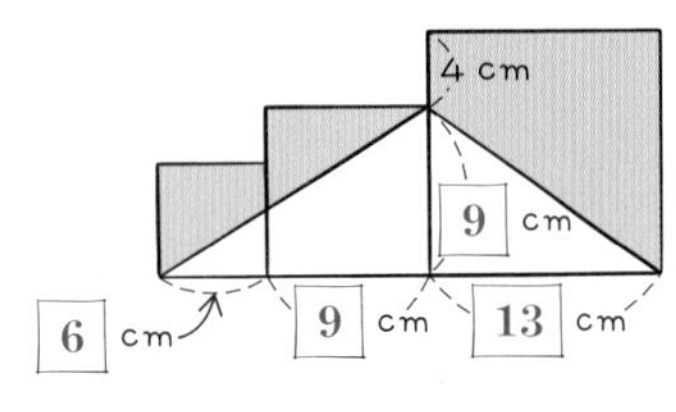


? : 색칠한 부분의 넓이 $(cm^2)$

계획-풀기

❶ 색칠한 부분의 넓이를 구하기 위한 식 세우기
(정사각형 3개의 넓이의 합)−(삼각형의 넓이)
$=(6\times6+9\times9+13\times13)-(6+9+13)\times9\div2$

❷ 색칠한 부분의 넓이 구하기
(색칠한 부분의 넓이)
$=(36+81+169)-(28\times9\div2)$
$=286-126=160\ (cm^2)$

답 $160\ cm^2$

## 11 그림 그리기

문제 그리기

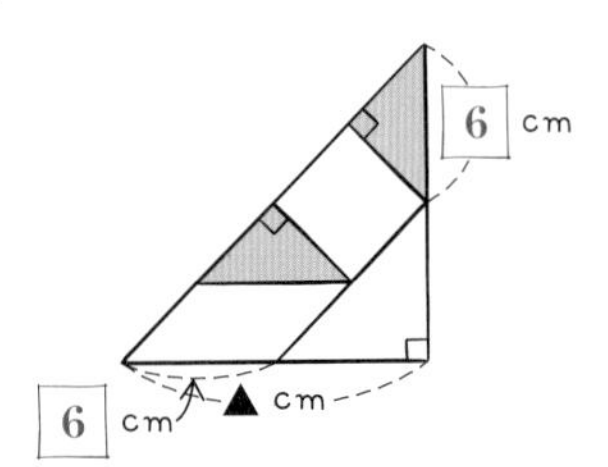


(가장 큰 삼각형의 넓이)= 72 $cm^2$

? : 색칠한 부분의 넓이 $(cm^2)$

## 12 식 만들기

문제 그리기

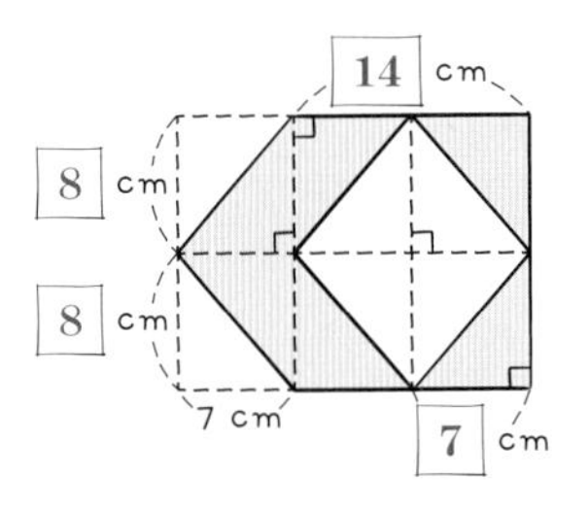


? : 색칠한 부분의 넓이 $(cm^2)$

계획-풀기

(색칠한 부분의 넓이)
$=14\times16\div2+16\times7\div2$
$=112+56=168\ (cm^2)$

답 $168\ cm^2$

## 13 문제정보를 복합적으로 나타내기

문제 그리기

가의 넓이= 나 의 넓이
다의 넓이= 라 의 넓이

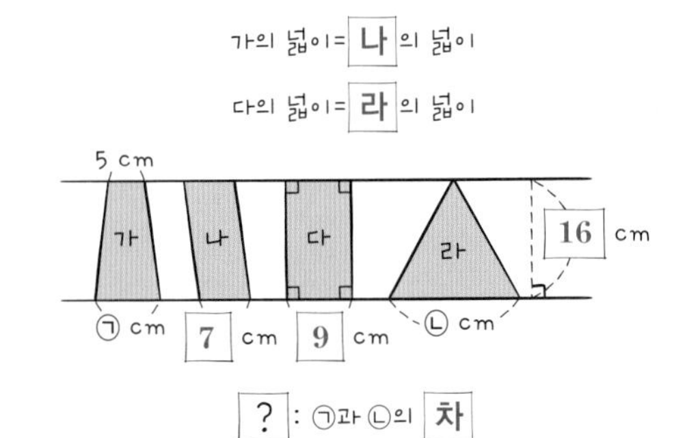


? : ㉠과 ㉡의 차

계획-풀기

❶ ㉠ 구하기

(사다리꼴의 넓이)=(평행사변형의 넓이)

$(5+㉠)\times16\div2=7\times16$

$(5+㉠)\times16\div2=112,\ (5+㉠)\times16=112\times2$

$(5+㉠)\times16=224,\ 5+㉠=224\div16,\ 5+㉠=14$

$㉠=14-5=9$

❷ ㉡ 구하기

(삼각형의 넓이)=(직사각형의 넓이)

$㉡\times16\div2=9\times16,\ ㉡\times16\div2=144$

$㉡\times16=144\times2,\ ㉡\times16=288$

$㉡=288\div16=18$

❸ ㉠과 ㉡의 차 구하기

$㉡-㉠=18-9=9$

답 **9**

## 14 문제정보를 복합적으로 나타내기

문제 그리기

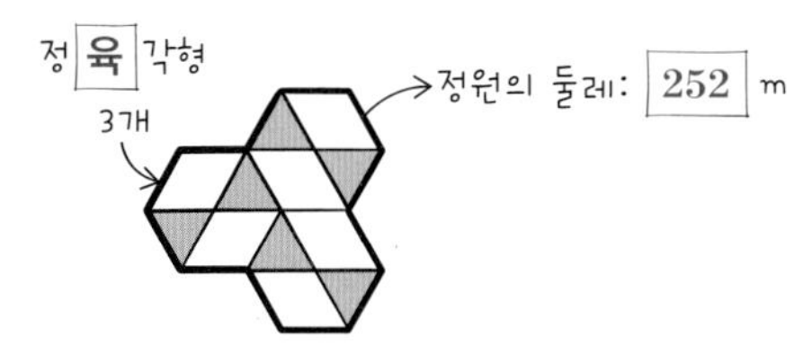


? : 색칠한 정삼각형 6 개로 만든 정다각형 1개의 둘레 (m)

계획-풀기

❶ 정육각형의 한 변의 길이 구하기

정원의 둘레는 정육각형의 변 12개로 이루어져 있습니다.

정육각형의 한 변의 길이를 □m라고 하면 $□\times12=252$,

$□=252\div12=21$입니다.

❷ 색칠한 정삼각형을 변끼리 붙여서 만들 수 있는 정다각형 1개의 둘레 구하기

정삼각형 6개를 변끼리 붙여서 만들 수 있는 정다각형은 정육각형입니다.

따라서 정육각형의 둘레는 $21\times6=126\ (\text{m})$입니다.

답 **126 m**

## 15 그림 그리기

문제 그리기

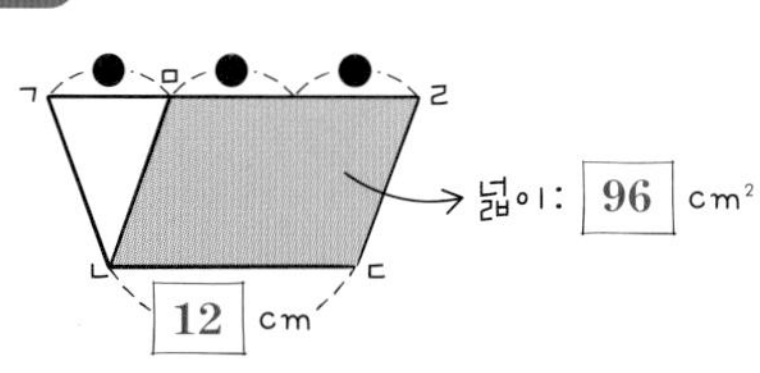


? : 사다리꼴 ㄱㄴㄷㄹ의 넓이(cm²)

계획-풀기

❶ 평행사변형 ㅁㄴㄷㄹ을 삼각형 ㄱㄴㅁ과 같은 넓이의 삼각형들로 나누기

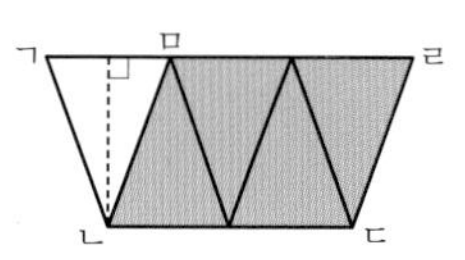


평행사변형 ㅁㄴㄷㄹ은 삼각형 ㄱㄴㅁ과 같은 넓이의 삼각형 4개로 나눌 수 있습니다.

❷ 사다리꼴 ㄱㄴㄷㄹ의 넓이 구하기

(사다리꼴 ㄱㄴㄷㄹ의 넓이)

=(삼각형 ㄱㄴㅁ의 넓이)$\times5$

$=(96\div4)\times5=24\times5$

$=120\ (\text{cm}^2)$

답 **120 cm²**

## 16 문제정보를 복합적으로 나타내기

문제 그리기

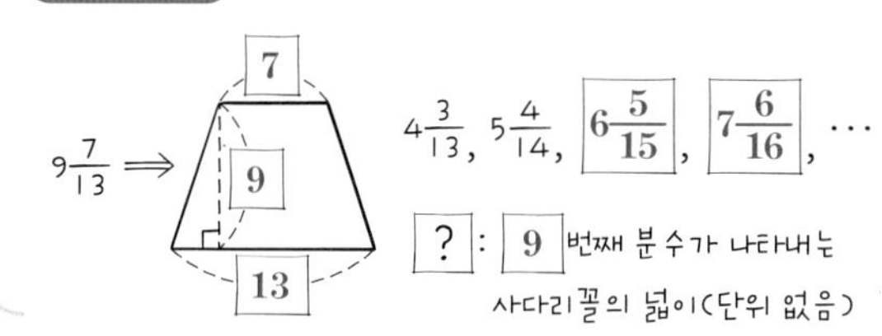


계획-풀기

❶ 대분수의 나열에 대한 규칙을 찾고, 9번째 분수 구하기

자연수는 4부터, 분자는 3부터, 분모는 13부터 1씩 커집니다.

따라서 9번째 분수의 자연수 부분은 $4+8=12$,

분자는 $3+8=11$,

분모는 $13+8=21$입니다.

⇨ (9번째 분수)$=12\frac{11}{21}$

❷ 9번째 분수가 나타내는 사다리꼴의 넓이 구하기

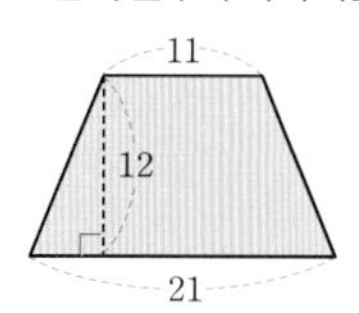


(사다리꼴의 넓이)$=(11+21)\times12\div2$

$=192$

답 **192**

## 1

문제 그리기

18 ■ 4 ⇒ ⇒(가장 작은 정사각형의 넓이)
=18×18÷2÷2÷2÷2

16 ▲ 3 ⇒ ⇒(가장 작은 정삼각형의 둘레)
=16×3÷2÷2÷2

? : (64■3)+(72▲2)의 값

계획-풀기

❶ 64■3의 값 구하기

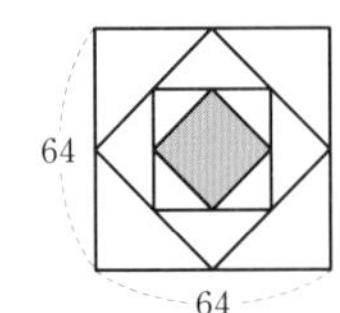


$64■3=64\times64\div2\div2\div2$
$=4096\div2\div2\div2$
$=2048\div2\div2$
$=1024\div2$
$=512$

❷ 72▲2의 값 구하기

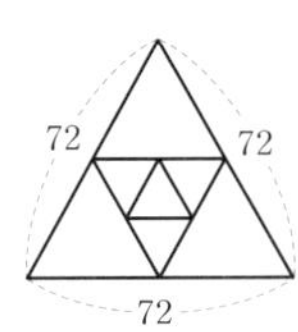


$72▲2=72\times3\div2\div2$
$=216\div2\div2$
$=108\div2$
$=54$

❸ (64■3)+(72▲2)의 값 구하기
(64■3)+(72▲2)
$=512+54$
$=566$

답 566

## 2

문제 그리기

| 모양 | △ | ▱ | ⏢ | 큰 삼각형 | 육각형 |
|---|---|---|---|---|---|
| 넓이 | 1 | 2 | 3 | 4 | 6 |

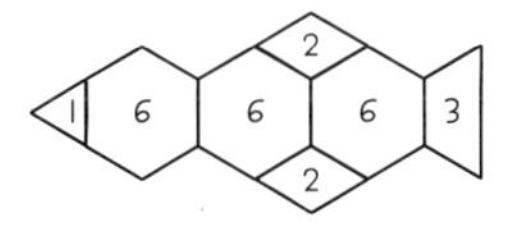


(물고기의 넓이)=1+2×2+6×3+3=26

? : 민영이(가장 적은 조각 수)와 수현이(가장 많은 조각 수)가 입력한 수의 차

계획-풀기

❶ 민영이가 입력한 수 구하기
가장 빨리 나온 것은 조각 수가 적은 것이고, 넓이가 큰 조각으로 모양을 맞춘 것으로 전체 7조각입니다.

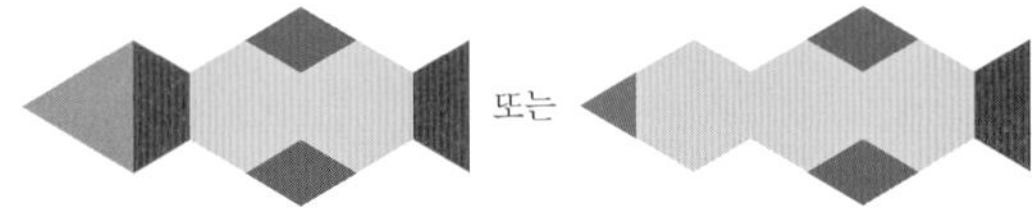


따라서 민영이가 입력한 수는
(조각 수)+(물고기 넓이)$=7+26=33$입니다.

❷ 수현이가 입력한 수 구하기
가장 늦게 나온 것은 조각 수가 가장 많은 것이고, 넓이가 가장 적은 조각을 최대한 많이 쓰는 방법으로 조각을 맞춘 것입니다. 다음과 같이 넓이가 1인 ▲을 다 사용한 방법으로 20조각을 사용한 것입니다.

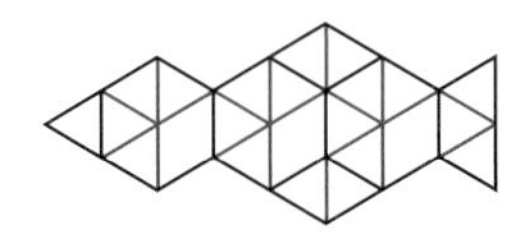

따라서 수현이가 입력한 수는
(조각 수)+(물고기 넓이)$=23+26=49$입니다.

❷ 입력한 수의 차 구하기
(수현이가 입력한 수)−(민영이가 입력한 수)
$=49-33=16$

답 16

## 3

**문제 그리기**

? : 10개의 조각을 모두 사용하여 둘레가 280 cm, 360 cm, 440 cm인 카페트를 만들고, 각각의 넓이

20 cm, 20 cm ⇒ 둘레의 변의 개수가 14개, 18개, 22개

**계획-풀기**

❶ 둘레가 280 cm인 경우 구하기

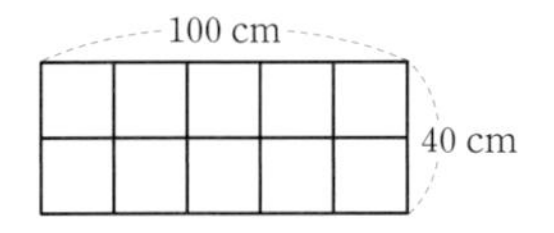


(넓이) $=100\times 40=4000$ ($cm^2$)

❷ 둘레가 360 cm인 경우 구하기

예

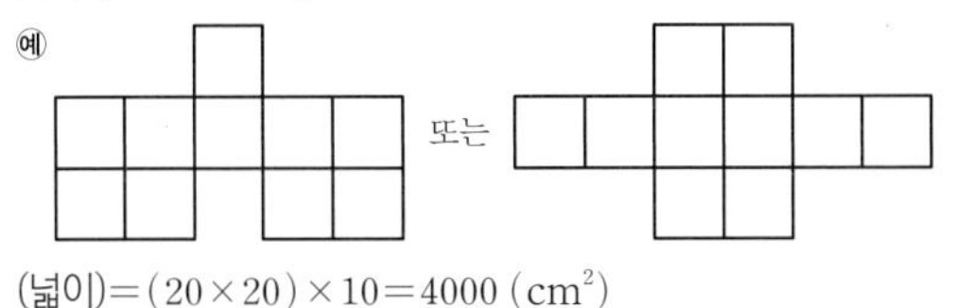


(넓이) $=(20\times 20)\times 10=4000$ ($cm^2$)

❸ 둘레가 440 cm인 경우 구하기

예

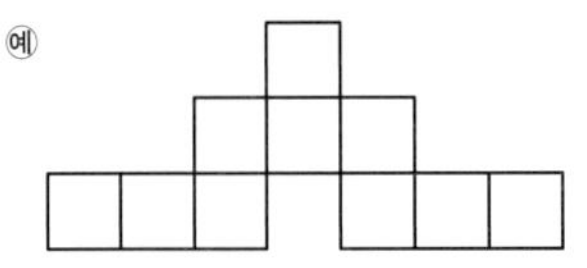

(넓이) $=(20\times 20)\times 10=4000$ ($cm^2$)

답 풀이 참조

## 4

**문제 그리기**

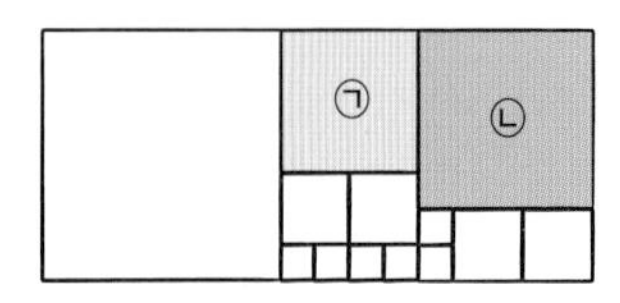


(벽걸이의 둘레)=322 cm

? : ㉠ 조각의 둘레와 ㉡ 조각의 둘레의 합(cm)

**계획-풀기**

❶ 벽걸이의 둘레를 가장 작은 정사각형의 한 변의 길이로 나누기

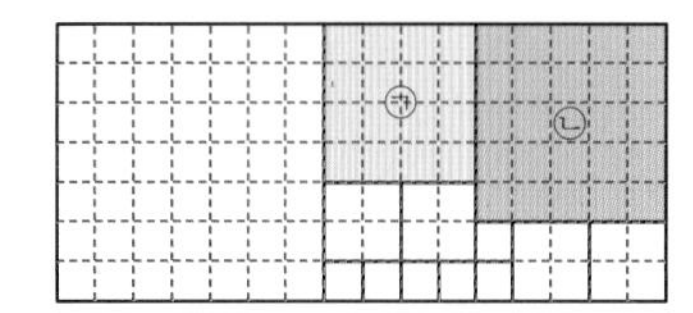


❷ 벽걸이의 둘레를 가장 작은 정사각형의 한 변의 길이를 이용한 식으로 나타내어, 가장 작은 정사각형의 한 변의 길이 구하기

가장 작은 정사각형의 한 변의 길이를 ● cm라고 하면

(작은 정사각형의 한 변의 길이)×(개수)=(벽걸이의 둘레)

$●\times 46=322$, $●=322\div 46=7$

❸ ㉠ 조각의 둘레와 ㉡ 조각의 둘레 구하기

(㉠ 조각의 둘레) $=(4+4\times 2)\times 7=16\times 7=112$ (cm)

(㉡ 조각의 둘레) $=(5+5\times 2)\times 7=20\times 7=140$ (cm)

❹ ㉠ 조각의 둘레와 ㉡ 조각의 둘레의 합 구하기

(㉠ 조각의 둘레)+(㉡ 조각의 둘레) $=112+140=252$ (cm)

답 252 cm

**핵심 역량 말랑말랑 수학**

125~127쪽

**1** 도형 마는 마름모이지만 정사각형은 아니므로 (한 대각선의 길이)×(다른 대각선의 길이)÷2를 사용하여 넓이를 구해야 합니다.

**답** 민이, 풀이 참조

**2**

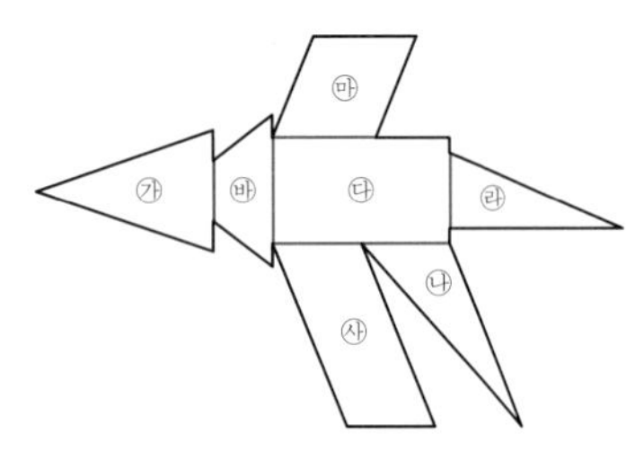


㉮의 넓이: $8 \times 12 \div 2 = 48\ (\text{cm}^2)$

㉯의 넓이: $6 \times 12 \div 2 = 36\ (\text{cm}^2)$

㉰의 넓이: $7 \times 12 = 84\ (\text{cm}^2)$

㉱의 넓이: $5 \times 12 \div 2 = 30\ (\text{cm}^2)$

㉲의 넓이: $12 \times 8 \div 2 = 48\ (\text{cm}^2)$

㉳의 넓이: $(4+10) \times 4 \div 2 = 28\ (\text{cm}^2)$

㉴의 넓이: $6 \times 12 = 72\ (\text{cm}^2)$

→ 도형의 넓이: $48+36+84+30+48+28+72$
$= 346\ (\text{cm}^2)$

**답** 풀이 참조, $346\ \text{cm}^2$

**3**

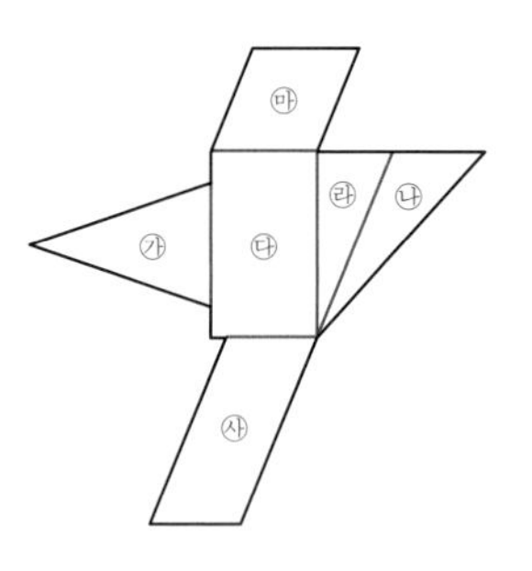


→ 도형의 넓이: $48+36+84+30+48+72$
$= 318\ (\text{cm}^2)$

**답** 풀이 참조, $318\ \text{cm}^2$

PART 3

# 변화와 관계 자료와 가능성

## 규칙과 대응

### 개념 떠올리기 130~132쪽

1 답 

2 초파리 12마리의 다리는 $12\times6=72$(개)입니다. 초파리 1마리의 다리는 6개이므로 초파리의 다리의 수는 초파리의 수의 6배입니다.

답 **72, 6, 6**

3 초파리 한 마리의 다리는 6개이므로 다리의 수가 144개이면 초파리의 수는 $144\div6=24$(마리)입니다.

답 **6, 24**

4 영화는 2시간 동안 상영되므로 오전 9시에 시작한 영화는 오전 $9+2=11$(시)에 끝나고, 오후 9시에 끝난 영화는 오후 $9-2=7$(시)에 시작한 것입니다.

답 **2, 11, 7**

5

| 7점을 맞힌 공의 수(개) | 3 | 2 | 2 | 1 | 1 | 1 | 0 | 0 | **0** | **0** |
|---|---|---|---|---|---|---|---|---|---|---|
| 5점을 맞힌 공의 수(개) | 0 | 1 | 0 | 2 | 1 | 0 | 3 | 2 | **1** | **0** |
| 3점을 맞힌 공의 수(개) | 0 | 0 | 1 | 0 | 1 | 2 | **0** | **1** | **2** | **3** |
| 점수(점) | 21 | 19 | **17** | **17** | **15** | **13** | **15** | **13** | **11** | **9** |

6 지수가 얻을 수 있는 점수는 21점, 19점, 17점, 15점, 13점, 11점, 9점으로 모두 7가지입니다.

답 **7가지**

7 바둑돌의 수는 순서가 늘어날 때마다 1개씩 늘어나서 (바둑돌의 수)=(순서)입니다. 그 모양은 세로로는 2줄이고 가로로 아래쪽부터 채우며 늘어나고, 홀수째는 흰색, 짝수째는 검은색이 늘어납니다. 따라서 열다섯째에 놓이는 바둑돌의 수는 15개이고, 바둑돌은 한 줄에 2개씩 세로로 놓이므로 $15\div2=7\cdots1$에서 2개씩 7줄이 있고, 8째 줄은 아래쪽에 검은색 바둑돌이 1개 놓입니다.

답 ○●○●○●○ , **15개**
○●○●○●○●

8 마름모 1개의 변은 4개이므로 변의 수는 마름모의 수의 4배입니다.

➡ ★=■×4

답 **4**

9

| 사진의 수(장) | 1 | 2 | 3 | 4 | … |
|---|---|---|---|---|---|
| 누름 못의 수(개) | 3 | **4** | **5** | **6** | … |

10 (누름 못의 수)=(사진의 수)+2
따라서 사진이 16장인 경우
누름 못은 $16+2=18$(개)입니다.

식 **(누름 못의 수)=(사진의 수)+2** 답 **18개**

## 1

**문제 그리기**

(3월 ⇒ 31 일) + (4월 ⇒ 30 일)

자전거 타기(1분: 6킬로칼로리) ⇒ 30분

계단 오르기(1분: 5 킬로칼로리) ⇒ 20 분

? : 두 달 동안 자전거 타기와 계단 오르기로 소모한 열량 (킬로칼로리)

**계획-풀기**

❶ 자전거 타기와 계단 오르기로 하루에 소모한 열량을 각각 구하기

소연이가 1분에 6킬로칼로리를 소모하는 자전거 타기를 매일 20분 동안 했으므로 하루에 소모하는 열량은 $6\times20=120$(킬로칼로리)입니다. 따라서 자전거 타기를 한 날수가 1일 늘어날 때마다 소모한 열량은 120킬로칼로리씩 늘어납니다.

→ 30분, $6\times30=180$(킬로칼로리), 180킬로칼로리

소연이가 1분에 5킬로칼로리를 소모하는 계단 오르기를 매일 30분 동안 했으므로 하루에 소모하는 열량은 $5\times30=150$(킬로칼로리)입니다. 따라서 계단 오르기를 한 날수가 1일 늘어날 때마다 소모한 열량은 150킬로칼로리씩 늘어납니다.

→ 20분, $5\times20=100$(킬로칼로리), 100킬로칼로리

❷ 운동한 날수와 소모한 열량 사이의 관계를 식으로 나타내어 답 구하기

❶에서 자전거 타기는 1일에 180 킬로칼로리씩, 계단 오르기는 100 킬로칼로리씩 소모된다고 했으므로 운동한 날수를 ◎일이라고 하고, 소모한 총 열량을 △킬로칼로리라고 하면 두 양 사이의 관계는 (총 열량)=((1일 자전거 타기 소모 열량)+(1일 계단 오르기 소모 열량))×(운동한 날수)이므로

△=( 180 + 100 )×◎입니다.

이때 3월은 31 일이고, 4월은 30 일이므로 소연이가 운동한 날수는 모두 61 일입니다.

따라서 소모한 총 열량은

$(180+100)\times61=280\times61$

$=17080$(킬로칼로리)입니다.

답 17080킬로칼로리

**확인하기**

식 만들기 ( ○ )

## 2

**문제 그리기**

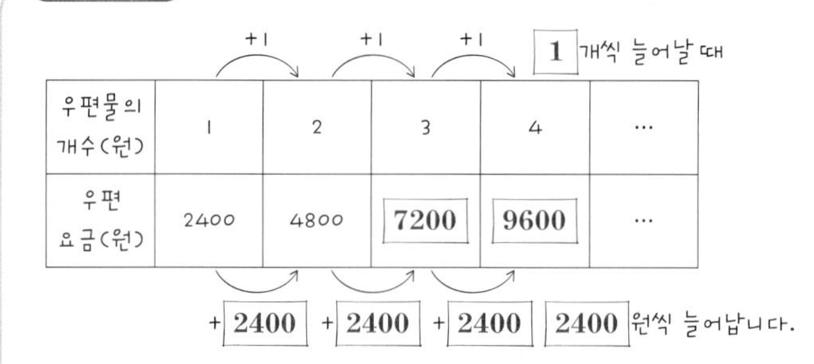

| 우편물의 개수(원) | 1 | 2 | 3 | 4 | … |
|---|---|---|---|---|---|
| 우편 요금(원) | 2400 | 4800 | 7200 | 9600 | … |



? : 36000 원으로 배송할 수 있는 우편물의 개수(개)

**계획-풀기**

❶ 우편물의 개수 △(개), 우편 요금 ○(원)이라고 할 때, 두 양 사이의 대응 관계를 식으로 나타내기

우편물이 1개씩 늘어날 때마다 우편 요금은 2600원씩 늘어납니다.

→ 2400원씩

따라서 우편물의 개수에 2600을 곱하면 우편 요금을 구할 수 있습니다. ○=△×2600

→ 2400, ○=△×2400

또한 우편 요금을 2600으로 나누면 우편물의 개수를 구할 수 있습니다. △=○÷2600

→ 2400, △=○÷2400

❷ 우편 요금 36000원으로 배송할 수 있는 우편물의 개수 구하기

△=○÷2600에서 우편 요금인 ○가 36000일 때, 우편물의 개수인 △를 구하는 식을 완성하면 다음과 같습니다.

△=36000÷2600=13 … 2200이므로 우편물을 13개 보낼 수 있습니다.

→ △=○÷2400, △= 36000÷2400=15이므로 우편물을 15개

답 15개

**확인하기**

식 만들기 ( ○ )

## STEP 1 내가 수학하기 배우기

표 만들기

137~138쪽

# 1

**문제 그리기**

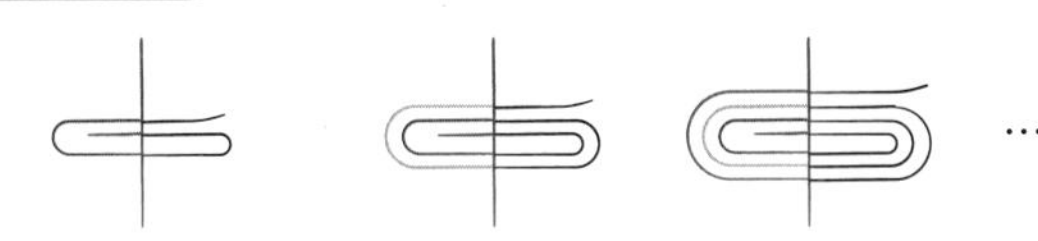

❶번 돌리면 → 2×2 ❷번 돌리면 → 3×2 ❸번 돌리면 → 4 ×2

? : 리본을 12 번 회전하고 잘랐을 때 도막 수(도막)

**계획-풀기**

❶ 리본의 도막 수와 회전 수 사이의 대응 관계를 표를 이용해서 알아내기

| 회전 수(번) | 1 | 2 | 3 | 4 | ··· | 12 | ··· |
|---|---|---|---|---|---|---|---|
| 도막 수(개) | 4 | 6 | 8 | 10 | ··· | ★ | ··· |

2×2　3×2　4×2　5×2

❷ 리본을 12번 회전하고 잘랐을 때 도막 수 구하기

(도막 수)=((회전 수)+1)×2이고 회전 수가 12 번이므로 도막 수(★)는 ( 12 +1)×2= 26 (도막)입니다.

답 26도막

**확인하기**

표 만들기　( ○ )

# 2

**문제 그리기**

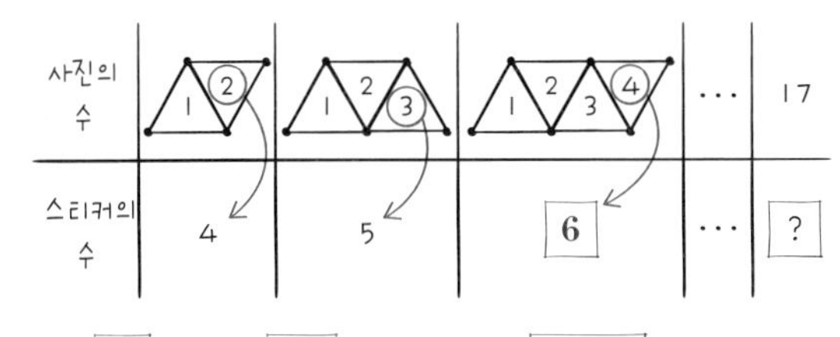


? : 사진이 17 장일 때 필요한 스티커 의 수(장)

**계획-풀기**

❶ 사진의 수와 스티커의 수 사이의 대응 관계를 표를 이용해서 알아내기

| 사진의 수(장) | 2 | 3 | 4 | 5 | ··· | 17 | ··· |
|---|---|---|---|---|---|---|---|
| 스티커의 수(장) | 4 | 5 | 6 | 7 | ··· | ★ | ··· |

2+2　3+2　4+2　5+2

❷ 사진이 17장일 때 필요한 스티커의 수 구하기

(스티커의 수)=(사진의 수)×2입니다.

따라서 사진이 17장일 때 필요한 스티커의 수는

17×2=34(장)입니다.

→ (스티커의 수)=(사진의 수)+2, 17+2=19(장)

답 19장

**확인하기**

표 만들기　( ○ )

## STEP 1 내가 수학하기 배우기

규칙성 찾기

140~142쪽

# 1

**문제 그리기**

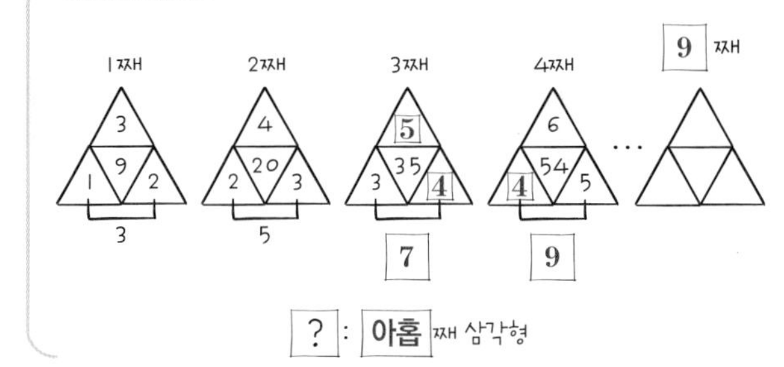


? : 아홉 째 삼각형

**계획-풀기**

❶ 삼각형 안에 적힌 수의 규칙성 찾기

1째 ⇨ 꼭짓점에 있는 수: (왼쪽부터) 1, 2, 3

가운데 수: (1+2)×3=9

2째 ⇨ 꼭짓점에 있는 수: (왼쪽부터) 2, 3, 4

가운데 수: (1+2)×3=9

3째 ⇨ 꼭짓점에 있는 수: (왼쪽부터) 3, 4, 5

가운데 수: (1+2)×3=9

4째 ⇨ 꼭짓점에 있는 수: (왼쪽부터) 5, 6, 7

가운데 수: (5+6)×7=77

→ (위에서부터) (2+3)×4=20, (3+4)×5=35, 4, 5, 6, (4+5)×6=54

❷ 9째 삼각형 구하기

9째 ⇨ 꼭짓점에 있는 수: (왼쪽 부터) 10, 11, 12

가운데 수: (10+11)×12=252

→ 9, 10, 11, (9+10)×11=209

답

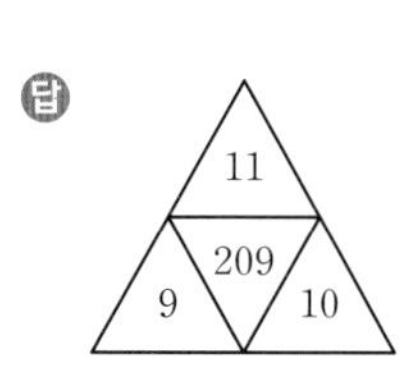


**확인하기**

규칙성 찾기　( ○ )

## 2

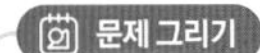

문제 그리기

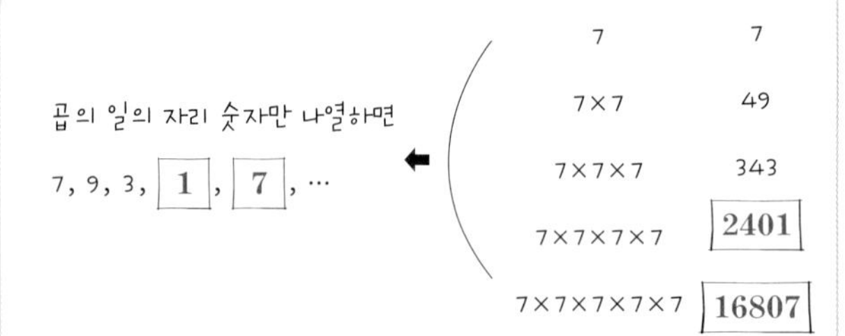


? : 7을 71번 곱했을 때 곱의 일의 자리 숫자

계획-풀기

❶ 7을 여러 번 곱할 때 곱의 일의 자리 숫자의 규칙 찾기

7을 1번, 2번, 3번, …과 같이 여러 번 곱하면 곱의 일의 자리 숫자는 다음과 같이 나열됩니다.

7, 9, 3, 1, 7, …이므로 반복되는 숫자는 7, 9, 4, 1입니다.

→ 3

❷ 7을 71번 곱했을 때 곱의 일의 자리 숫자 구하기

반복되는 숫자가 4개이므로 그 4개의 숫자가 몇 번 들어가고 몇 개가 남는지를 구하면 됩니다.

$71 \div 4 = 17 \cdots 3$이므로 곱의 일의 자리 숫자인 7, 9, 4, 1이 3번 반복되고 17번째 숫자인 2가 7을 71번 곱했을 때 곱의 일의 자리 숫자입니다.

→ 3, 17번 반복되고 3번째 숫자인 3이

답 3

확인하기

규칙성 찾기 ( ○ )

## 3

문제 그리기

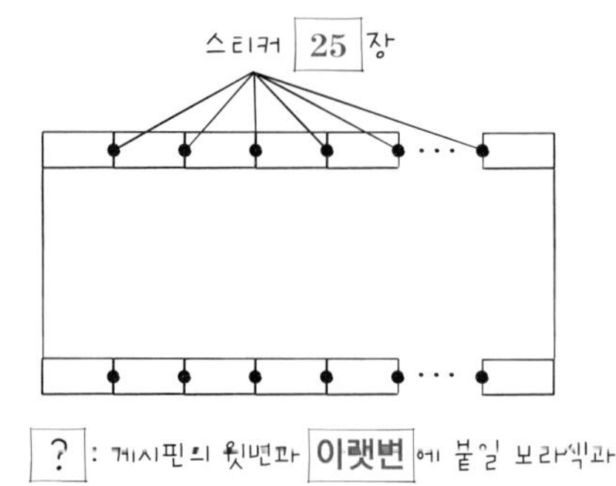


? : 게시판의 윗변과 이랫변에 붙일 보라색과 회색 테이프의 수(도막)

계획-풀기

❶ 한 변에 스티커 3장을 붙이는 경우 필요한 색 테이프 도막의 수 각각 구하기

스티커 3장을 붙일 때 필요한 색 테이프 도막의 수는 $3-1=2$(도막)이므로 보라색 1도막, 회색 1도막이 필요합니다.

→ $3+1=4$(도막), 보라색 2도막, 회색 2도막

❷ 한 변에 스티커 4장을 붙이는 경우 필요한 색 테이프 도막의 수 각각 구하기

스티커를 4장 붙일 때 필요한 색 테이프 도막의 수는 $4-1=3$(도막)이므로 보라색 2도막, 회색 2도막이 필요합니다.

→ $4+1=5$(도막), 보라색 3도막

❸ 한 변에 스티커 25장을 붙일 때 필요한 색 테이프 도막의 수 각각 구하기

한 변에 붙이는 스티커의 수가 ❶과 같이 홀수인 ▲장인 경우 필요한 전체 색 테이프 도막의 수는 (▲−1) 도막이고 보라색과 회색 테이프 도막의 수는 각각 (▲−1)÷2 (도막)입니다.

→ (▲+1)도막, (▲+1)÷2 (도막)

한 변에 붙이는 스티커가 25장이므로 한 변에 필요한 색 테이프 도막은 $25-1=24$(도막)이고, 테이프는 보라색 테이프는 12도막, 회색 테이프는 12도막 필요합니다.

→ $25+1=26$(도막)이므로 두 변에 붙일 색 테이프는 52도막입니다. 따라서 보라색 테이프는 26도막, 회색 테이프는 26도막 필요합니다.

답 **보라색: 26도막, 회색: 26도막**

확인하기

규칙성 찾기 ( ○ )

## 1

**문제 그리기**

한 달 동안 ┌ 바나나 우유 [12]병
　　　　　 └ 딸기 우유 [8]병 → 기계 13대

[?]: 1년([12]개월) 마신 모든 우유의 병의 수(병)

**계획-풀기**

❶ 한 달 동안 마시는 우유의 양 구하기
한 달 동안 마시는 우유의 양은
(바나나 우유)+(딸기 우유)$=12+8=20$(병)입니다.

❷ 1년 동안 마시는 우유의 양 구하기
1년은 12개월이므로 1년 동안 마시는 우유의 양은 모두
$20\times12=240$(병)입니다.

답 **240병**

## 2

**문제 그리기**

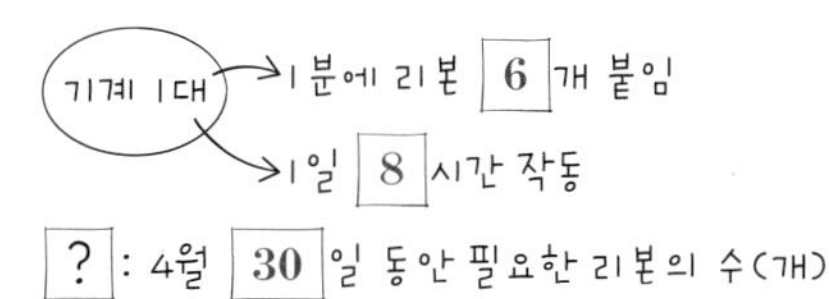


[?]: 4월 [30]일 동안 필요한 리본의 수(개)

**계획-풀기**

❶ 기계 1대가 4월 한 달 동안 붙이는 리본의 수 구하기
4월은 30일이고, 기계 1대는 1분에 6개의 리본을 상자에 붙이며, 하루에 8시간 작동합니다. 따라서 8시간은 $8\times60=480$(분)이므로 기계 1대가 붙이는 리본은 $480\times6\times30=86400$(개)입니다.

❷ 기계 13대가 4월 한 달 동안 붙이는 전체 리본의 수 구하기
$86400\times13=1123200$(개)

답 **1123200개**

## 3

**문제 그리기**

| 서울 | 오전 11시 | 낮 12시 | 오후 [1]시 | 오후 2시 |
|---|---|---|---|---|
| 바르셀로나 | 오전 3시 | 오전 4시 | 오전 5시 | 오전 [6]시 |

[?]: 바르셀로나가 2월 3일 오[후] [5]시일 때, 서울은 몇 월 며칠 몇 시인지

**계획-풀기**

❶ 서울과 바르셀로나의 시각 차 구하기
서울이 오전 11시일 때 바르셀로나는 오전 3시이므로 서울이 바르셀로나보다 8시간 빠릅니다.

❷ 서울의 날짜와 시각 구하기
오후 5시는 $12+5=17$(시)이므로 서울은 8시간이 빠른 시각인 $17+8=25$(시)이고, 25시는 $25-24=1$(시)이므로 2월 3일의 다음 날인 2월 4일 오전 1시가 됩니다.

답 **2월 4일 오전 1시**

## 4

**문제 그리기**

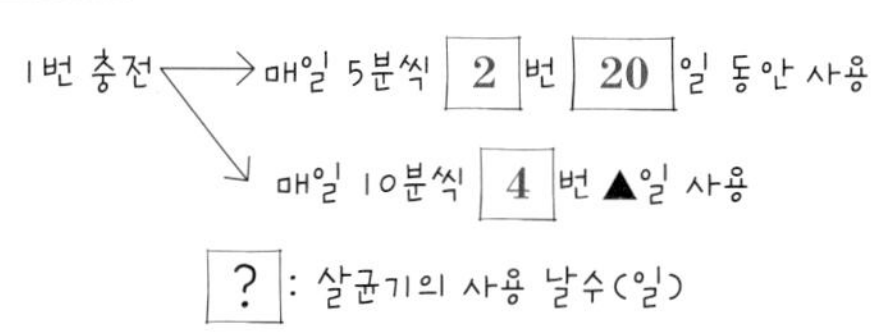


[?]: 살균기의 사용 날수(일)

**계획-풀기**

❶ 칫솔 살균기를 1번 충전해서 사용할 수 있는 시간은 몇 분인지 구하기
매일 5분씩 2번 사용하면 20일 동안 사용할 수 있으므로
$5\times2\times20=200$(분)입니다.

❷ 매일 10분씩 4번 사용하면 며칠을 사용할 수 있는지 구하기
매일 10분씩 4번은 40분이므로 $200\div40=5$(일)을 사용할 수 있습니다.

답 **5일**

## 5

**문제 그리기**

| 준섭 | [11] | 12 | 24 | 36 | … |
|---|---|---|---|---|---|
| 어머니 | 38 | [39] | ▲ | ● | … |

[?]: 준섭이의 나이와 어머니의 나이 사이의 [관계]에 대한 식과 표

**계획-풀기**

❶ 준섭이의 나이와 어머니의 나이 사이의 관계를 식으로 나타내기
준섭이가 11살일 때, 어머니는 38살이므로 $38-11=27$(살) 차이가 나고, 그 관계를 식으로 나타내면 다음과 같습니다.
(어머니의 나이)=(준섭이의 나이)+27

❷ 표 완성하기
$24+27=51$(살), $36+27=63$(살)

| 준섭의 나이(살) | 11 | 12 | 24 | 36 | … |
|---|---|---|---|---|---|
| 어머니의 나이(살) | 38 | 39 | 51 | 63 | … |

답 **(어머니의 나이)=(준섭이의 나이)+27 / 51, 63**

## 6

**문제 그리기**

학생 1명당 색종이 6장씩 나눠 주기 ⇒ 색종이가 6장이면 학생 1명

?: 성수, 예은, 서연 중 잘못 말한 학생과 바르게 고친 풀이

**계획-풀기**

❶ 학생 수와 색종이 수 사이의 관계를 식으로 나타내기

학생 1명당 색종이 6장이므로 (색종이 수)=(학생 수)×6 또는 (학생 수)=(색종이 수)÷6입니다.

❷ 답 구하기

성수: 학생 수를 □, 색종이 수를 △라고 하면 두 양 사이의 관계는 △=□×6입니다.

예은: 학생이 24명이면 색종이는 $24\times6=144$(장) 필요합니다.

서연: 학생 수를 ■, 색종이 수를 ★라고 하면 두 양 사이의 관계는 ■=★÷6입니다.

따라서 잘못 말한 학생은 서연입니다.

답 **서연, ■=★÷6**

## 7

**문제 그리기**

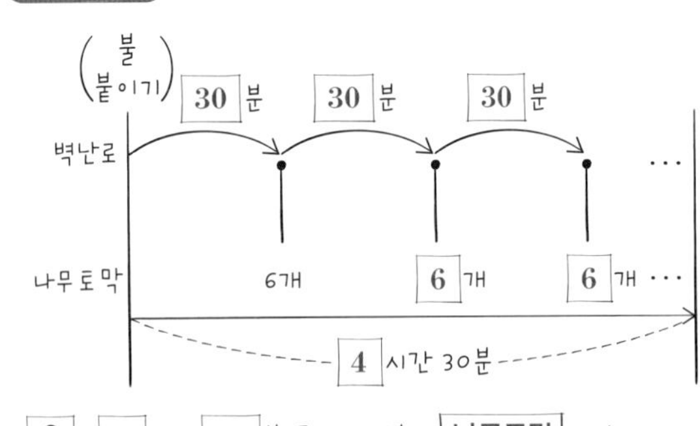


?: 4 시간 30 분 동안 더 넣은 나무토막의 수

**계획-풀기**

❶ 표를 완성하여 규칙 찾기

| 시간(분) | 30 | 60 | 90 | 120 | 150 | 180 | 210 | 240 | 270 | … |
|---|---|---|---|---|---|---|---|---|---|---|
| 나무토막 수(개) | 6 | 12 | 18 | 24 | 30 | 36 | 42 | 48 | 54 | … |

❷ 답 구하기

4시간 30분은 $4\times60+30=270$(분)이므로 시간과 나무토막 수 사이의 관계를 식을 이용하여 구합니다.

(나무토막 수)=(불이 붙어 있는 시간)÷30×6

$=270\div30\times6=54$(개)

답 **54개**

## 8

**문제 그리기**

짜장면 한 그릇의 열량은 700 킬로칼로리

줄넘기를 1분 동안 했을 때 소모되는 열량은 8 킬로칼로리

?: 짜장면 한 그릇의 열량을 모두 소비하기 위한 최소한의 줄넘기 운동 시간(몇 시간 몇 분 몇 초)

**계획-풀기**

짜장면 한 그릇이 700킬로칼로리이고, 1분 동안 줄넘기를 해서 소모되는 열량이 8킬로칼로리이므로 $700\div8=87\cdots4$에서 87분 30초입니다. 따라서 줄넘기를 적어도 1시간 27분 30초 동안 해야 합니다.

답 **1시간 27분 30초**

## 9

**문제 그리기**

| 1 | 2 | 3 | … | 9 |
|---|---|---|---|---|
| 2+2+1 | 3+3+2+1 | 4 + 4 + 3 +2+1 | … | ? |

?: 9 째 쌓기나무의 수

**계획-풀기**

배열 순서와 쌓기나무의 수 사이의 대응 관계를 표를 이용해서 알아보면 다음과 같습니다.

| 배열 순서 | 1 | 2 | 3 | 4 | … |
|---|---|---|---|---|---|
| 쌓기나무의 수(개) | 5 (2+2+1) | 9 (3+3+2+1) | 14 (4+4+3+2+1) | 20 (5+5+4+3+2+1) | … |

(9째 쌓기나무의 수)

$=10+10+9+8+7+6+5+4+3+2+1=65$(개)

답 **65개**

## 10

**문제 그리기**

민지의 고모는 매일 커피 2 잔과 스콘 1 개를 먹습니다.

?: 민지의 고모가 30 일 동안 먹은 커피의 잔 수와 스콘의 수

**계획-풀기**

날수와 커피의 잔 수와 스콘의 개수 사이의 대응 관계를 나타낸 표로 나타내면 다음과 같습니다.

| 날수(일) | 1 | 2 | 3 | 4 | 5 | 6 | ▲ |
|---|---|---|---|---|---|---|---|
| 커피(잔) | 2 | 4 | 6 | 8 | 10 | 12 | ▲×2 |
| 스콘(개) | 1 | 2 | 3 | 4 | 5 | 6 | ▲ |

(커피의 잔 수)=(날수)×2=$30\times2=60$(잔)

(스콘의 수)=(날수)=30개

답 **커피: 60잔, 스콘: 30개**

## 11

**문제 그리기**

1번 접어서 접은 선을 자르면 2 도막

2번 접어서 접은 선을 자르면 4 도막

⋮

?: 접은 선을 모두 잘라 64 도막이 되게 접은 횟수(번)

계획-풀기

종이띠를 접은 횟수와 종이띠 도막의 수 사이의 대응 관계를 표로 나타내면 다음과 같습니다.

| 접은 횟수(번) | 1 | 2 | 3 | 4 | 5 | 6 | 7 | ⋯ |
|---|---|---|---|---|---|---|---|---|
| 도막 수(도막) | 2 | 4 | 8 | 16 | 32 | 64 | 128 | ⋯ |

따라서 6번 접어서 자르면 64도막이 됩니다.

답 **6번**

## 12

문제 그리기

가장 큰 공간 / 중간 공간 / 가장 작은 공간

3 마리씩 ▲곳 ⋯ 2 마리씩 ●곳 ⋯ 1마리씩 2 곳

모두 10 곳 ⟸ 강아지는 모두 22 마리

? : 가장 큰 공간의 수와 중간 공간의 수(곳)

계획-풀기

❶ 가장 큰 공간과 중간 공간의 수의 합과 이 두 공간에 있는 강아지 수의 합 각각 구하기

$10-2=8$(곳)이므로 가장 큰 공간의 수와 중간 공간의 수의 합은 8곳입니다.

$22-2=20$(마리)이므로 가장 큰 공간과 중간 공간에 있는 강아지 수의 합은 20마리입니다.

❷ 답 구하기

| 가장 큰 공간 수(곳) | 7 | 6 | 5 | 4 | ⋯ |
|---|---|---|---|---|---|
| 중간 공간 수(곳) | 1 | 2 | 3 | 4 | ⋯ |
| 강아지 수(마리) | 23 | 22 | 21 | 20 | ⋯ |

따라서 가장 큰 공간은 4곳이고, 중간 공간은 4곳입니다.

답 **가장 큰 공간: 4곳, 중간 공간: 4곳**

## 13

문제 그리기

큰 수도 —1분→ 15 L: ▲분 동안 틀기

작은 수도 —1분→ 9 L: ●분 동안 틀기

▲+●= 16 (분) → 210 L

? : 큰 수도꼭지(▲)와 작은 수도꼭지(●)를 튼 각각의 시간(분)

계획-풀기

❶ 두 수도꼭지를 틀어놓은 시간의 합이 16분이 되도록 표 완성하기

| 큰 수도꼭지(분) | 1 | 2 | **3** | 4 | ⋯ | **9** | **10** | **11** |
|---|---|---|---|---|---|---|---|---|
| 작은 수도꼭지(분) | 15 | 14 | **13** | **12** | ⋯ | 7 | **6** | **5** |
| 전체 물의 양(L) | 150 | **156** | **162** | **168** | ⋯ | **198** | **204** | **210** |

❷ 큰 수도꼭지와 작은 수도꼭지를 틀어 놓은 시간을 각각 구하기

물 전체의 양이 210 L이므로 큰 수도꼭지는 11분, 작은 수도꼭지는 5분 틀어 놓은 것입니다.

답 **큰 수도꼭지: 11분, 작은 수도꼭지: 5분**

## 14

문제 그리기

처음에 각각 10 개씩 두고, 이기면 바둑알 + 2 개, 지면 − 1 개

현지 ●, 주은 ○ ) 12 번 가위바위보 → ●가 ○보다 6 개 더 많습니다.

? : 현지 가 이긴 횟수(번)

계획-풀기

현지와 주은이가 이긴 횟수에 따른 바둑알 수를 표로 나타내면 다음과 같습니다.

| 이긴 횟수(번) | | 놓은 바둑돌의 수(개) | | 바둑돌의 차(개) |
|---|---|---|---|---|
| 현지(검은) | 주은(흰) | 현지(검은) | 주은(흰) | |
| 11 | 1 | 31 ($10+2\times11-1$) | 1 ($10+1\times2-11$) | 30 |
| 10 | 2 | 28 ($10+2\times10-2$) | 4 ($10+2\times2-10$) | 24 |
| 9 | 3 | 25 ($10+2\times9-3$) | 7 ($10+2\times3-9$) | 18 |
| 8 | 4 | 22 ($10+2\times8-4$) | 10 ($10+2\times4-8$) | 12 |
| 7 | 5 | 19 ($10+2\times7-5$) | 13 ($10+2\times5-7$) | 6 |

현지의 바둑돌인 검은 색이 6개 더 많으므로 현지는 7번 이긴 것입니다.

답 **7번**

## 15

**문제 그리기**

| 1단계 | 2단계 | 3단계 | 4단계 |
|---|---|---|---|
| 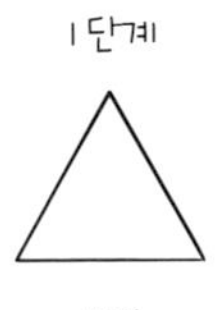 |  |  | 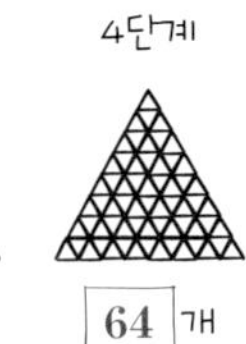 |
| 1개 | 4개 | 16 개 | 64 개 |

? : 가장 작은 삼각형이 4096 개 되는 단계

**계획-풀기**

❶ 각 단계와 가장 작은 삼각형의 수 사이의 관계를 표로 나타내기

| 단계 | 1 | 2 | 3 | 4 | 5 | … |
|---|---|---|---|---|---|---|
| 가장 작은 삼각형의 수(개) | 1 | 4 $(1\times4)$ | 16 $(4\times4)$ | 64 $(4\times4\times4)$ | 256 $(4\times4\times4\times4)$ | … |

❷ 답 구하기

$4096=4\times4\times4\times4\times4\times4$이므로 7단계입니다.

답 **7단계**

## 16

**문제 그리기**

오각형의 수 ⇒ 1 2 3 …

막대사탕의 수 ⇒ 5 9 13 …

? : 오각형을 42 개 만들기 위해 필요한 막대사탕의 수(개)

**계획-풀기**

오각형의 수와 막대사탕의 수 사이의 대응 관계를 표로 나타내면 다음과 같습니다.

| 오각형의 수(개) | 1 | 2 | 3 | 4 | 5 | … | 42 |
|---|---|---|---|---|---|---|---|
| 막대사탕의 수(개) | 5 | 9 $(5\times2-1)$ | 13 $(5\times3-2)$ | 17 $(5\times4-3)$ | 21 $(5\times5-4)$ | … | 169 $(5\times42-41)$ |

오각형이 42개일 때

막대사탕은 $5\times42-41=169$(개)입니다.

답 **169개**

## 17

**문제 그리기**

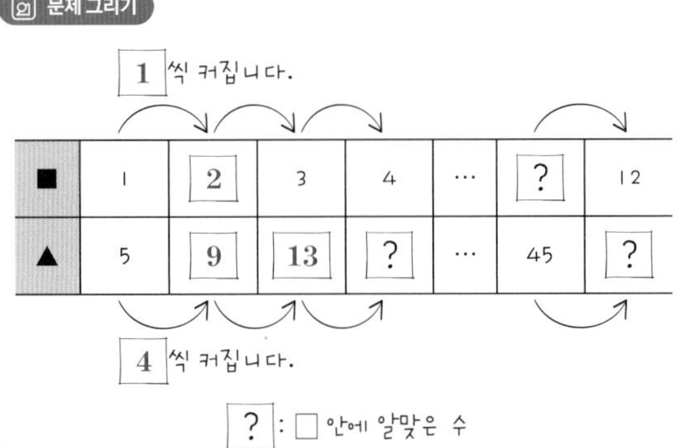
1 씩 커집니다.

| ■ | 1 | 2 | 3 | 4 | … | ? | 12 |
|---|---|---|---|---|---|---|---|
| ▲ | 5 | 9 | 13 | ? | … | 45 | ? |

4 씩 커집니다.

? : □ 안에 알맞은 수

**계획-풀기**

❶ ■와 ★ 사이의 규칙을 말과 식으로 나타내기

■가 1씩 커질 때 ★은 4씩 커집니다.

→ ■에 4를 곱하고 1을 더하면 ★이라고 할 수 있습니다.

→ ★$=$■$\times4+1$

❷ 표의 빈칸 채우기

■과 ★ 사이의 대응 관계를 나타내는 식이 ★$=$■$\times4+1$이므로 다음과 같습니다.

| ■ | 1 | 2 | 3 | 4 | … | **11** | 12 |
|---|---|---|---|---|---|---|---|
| ★ | 5 | 9 | 13 | **17** | … | 45 | **49** |

■$=4$이면 ★$=4\times4+1=17$

★$=45$이면 $45=$ ■$\times4+1$, $45-1=$■$\times4$, $44\div4=$■,

■$=11$

■$=12$이면 ★$=12\times4+1=49$

답 **(왼쪽부터) 17, 11, 49**

## 18

**문제 그리기**

아래로 놓이는 구슬의 수는 1 개씩 늘어나고,

가로로 놓이는 구슬 수는 4 개로 그대로입니다.

? : 66 째에 필요한 구슬 수(개)

**계획-풀기**

| 순서의 수 | 1 | 2 | 3 | 4 | … | 66 |
|---|---|---|---|---|---|---|
| 구슬 수(개) | 5 $(4+1)$ | 6 $(4+2)$ | 7 $(4+3)$ | 8 $(4+4)$ | … | 70 $(4+66)$ |

(구슬의 수)$=4+$(순서의 수)이므로 66째에 필요한 구슬은

$4+66=70$(개)입니다.

답 **70개**

## 19

**문제 그리기**

드론 프로펠러 1분당 10000 회 회전

대응 관계: (회전 수)=( 비행 시간 ) × 10000

↑ 연산 기호

? : 잘못된 부분 바르게 고치기

**계획-풀기**

드론 프로펠러는 1분당 10000회 회전하므로

(회전 수)$=$(비행 시간)$\times10000$입니다.

따라서 잘못된 부분은 ★$=$■$\div10000$이고, 바르게 고치면

★$=$■$\times10000$입니다.

답 **★$=$■$\times10000$**

## 20

문제 그리기

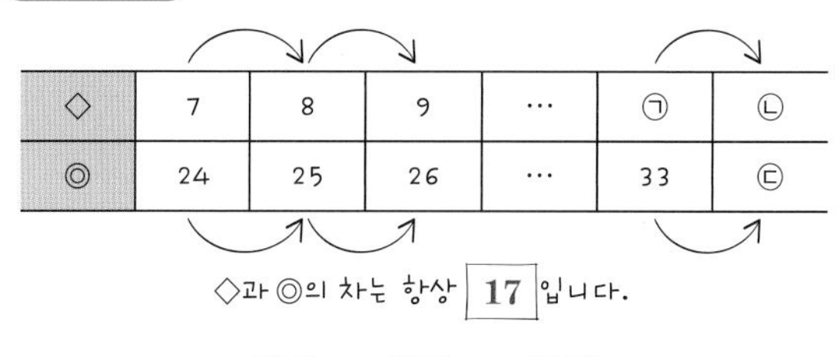

| ◇ | 7 | 8 | 9 | … | ㉠ | ㉡ |
|---|---|---|---|---|---|---|
| ◎ | 24 | 25 | 26 | … | 33 | ㉢ |

◇과 ◎의 차는 항상 17입니다.

?: ㉠, ㉡, ㉢의 값

계획-풀기

❶ ◎과 ◇의 대응 관계를 말과 식으로 나타내기
◎과 ◇는 1씩 커지며, ◎과 ◇의 차는 17입니다.
→ ◎−◇=17입니다.

❷ ㉠, ㉡, ㉢에 알맞은 수 구하기
33−㉠=17이므로 ㉠=33−17=16
㉡=㉠+1=16+1=17
㉢=㉡+17=17+17=34

답 ㉠: 16, ㉡: 17, ㉢: 34

## 21

문제 그리기

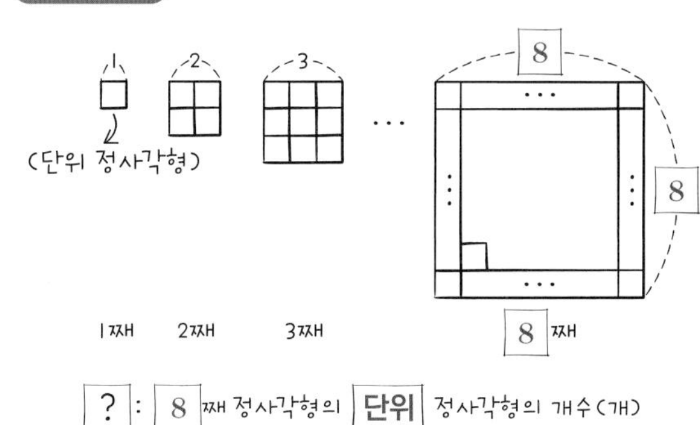


?: 8째 정사각형의 단위 정사각형의 개수(개)

계획-풀기

❶ 정사각형을 만드는 규칙 찾기
문제 그리기에서 순서와 단위 정사각형의 한 변의 길이는 같고, 정사각형의 단위 정사각형의 수는 각 정사각형의 넓이를 구하는 식과 같습니다.
(단위 정사각형의 수)=(한 변의 길이)×(한 변의 길이)

❷ 답 구하기
8째 정사각형의 한 변에 단위 정사각형이 8개 있으므로 단위 정사각형은 8×8=64(개)입니다.

답 64개

## 22

문제 그리기

(5, 2, 3) → 6　　(10, 3, 7) → 14

(11, 5, 4) → 12　　(20, 2, 4) → ㉠

?: ㉠에 알맞은 수

계획-풀기

❶ 규칙을 말로 설명하기
규칙: 옆면의 가장 큰 수와 두 번째로 큰 수의 합에서 가장 작은 수를 빼면 그 수가 밑면의 수가 됩니다.

❷ ㉠에 알맞은 수 구하기
(밑면의 수)
=(가장 큰 옆면 수)+(두 번째 큰 옆면 수)−(가장 작은 옆면 수)
=20+4−2=22

답 풀이 참조, 22

## 23

문제 그리기

8을 1번, 2번, 3번, 4번, … 곱할 때 일의 자리 숫자가 어떻게 변하는지 써 봅니다.

8, 4, 2, 6, 8, …

?: 8을 38번 곱했을 때 곱의 일의 자리 숫자

계획-풀기

❶ 곱의 일의 자리 숫자의 규칙 찾기
곱의 일의 자리 숫자가 8, 4, 2, 6이 반복됩니다.

❷ 8을 38번 곱했을 때 곱의 일의 자리 숫자 구하기
38÷4=9…2 이므로 4개의 숫자가 9번 반복되고 두 번째 숫자인 4가 8을 38번 곱했을 때 곱의 일의 자리 숫자입니다.

답 4

## 24

문제 그리기

(3, 24) (4, 32) (5, 40) (16, ?)

?: 16과 마주 보는 면의 수

계획-풀기

❶ 마주 보는 두 수 사이의 대응 규칙을 말로 설명하기
한 면에 쓴 수의 8배인 수가 마주 보는 면에 나타납니다.

❷ 16을 쓰면 마주 보는 면에 나타나는 수 구하기
(마주 보는 면의 수)=(한 면의 수)×8=16×8=128

답 128

## STEP 3 내가 수학하기 한 단계 UP! 식 | 표 | 규칙

155~162쪽

### 1 표 만들기

**문제 그리기**

| 시작하는 시각 | 오전 10시 | 오후 2 시 | 오후 5시 10분 |
|---|---|---|---|
| 끝나는 시각 | 오후 12시 15분 | 오후 4시 15분 | 오후 7 시 25 분 |

? : 오후 10 시 20 분에 끝나는 뮤지컬이 시작하는 시각

**계획-풀기**

❶ 뮤지컬을 상영하는 시간 구하기

(오후 12시 15분)−(오전 10시)=2시간 15분

❷ 답 구하기

(시작하는 시각)=(끝나는 시각)−(상영 시간)이므로

(오후 10시 20분)−(2시간 15분)=(오후 8시 5분)입니다.

답 **오후 8시 5분**

### 2 규칙성 찾기

**문제 그리기**

| ▲ | 1 | 2 | 3 | ⋯ | ㉠ | 10 |
|---|---|---|---|---|---|---|
| ● | 7 | 15 | 23 | ⋯ | 71 | ㉡ |

? : ㉠과 ㉡의 합

**계획-풀기**

❶ 규칙을 찾아 말로 설명하기

●는 ▲의 8배에서 1을 뺀 수입니다.

❷ ㉠과 ㉡의 합 구하기

$71=㉠\times8-1,\ 71+1=㉠\times8,\ 72=㉠\times8,$

$㉠=72\div8=9$

$㉡=10\times8-1=79$

따라서 ㉠과 ㉡의 합은 $9+79=88$입니다.

답 88

### 3 식 만들기

**문제 그리기**

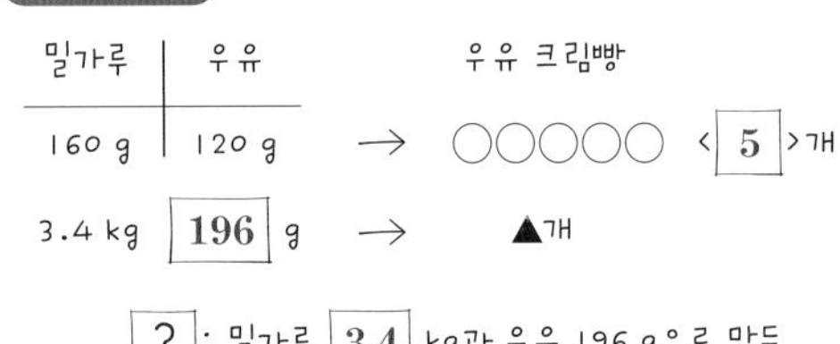


? : 밀가루 3.4 kg과 우유 196 g으로 만든 우유 크림빵 최대 개수(개)

**계획-풀기**

❶ 우유 크림빵 한 개 만드는 데 필요한 밀가루와 우유의 양 구하기

우유 크림빵 1개를 만드는 데 필요한 밀가루는

$160\div5=32$ (g)이고, 우유는 $120\div5=24$ (g)입니다.

❷ 답 구하기

밀가루로는 $3400\div32=106\cdots8$에서 106개의 우유 크림빵을 만들 수 있고, 우유로는 $196\div24=8\cdots4$에서 우유 크림빵을 8개 만들 수 있습니다.

따라서 만들 수 있는 우유 크림빵은 최대 8개입니다.

답 **8개**

### 4 표 만들기

**문제 그리기**

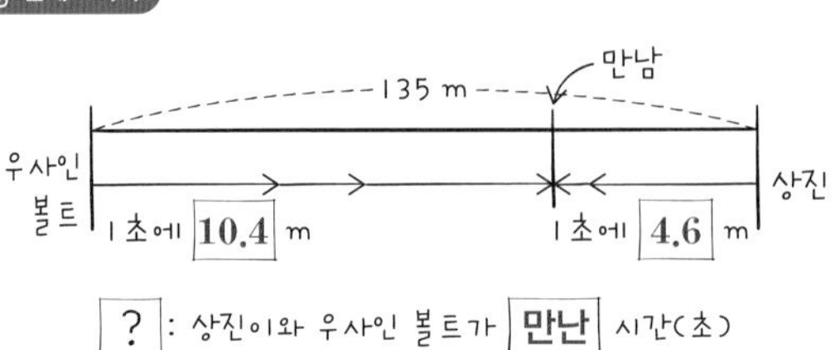


? : 상진이와 우사인 볼트가 만난 시간(초)

**계획-풀기**

❶ 표를 사용하여 달린 시간과 두 사람이 간 거리 사이의 대응 관계 나타내기

| 달린 시간(초) | 1 | 2 | 3 | ⋯ | 7 | 8 | 9 |
|---|---|---|---|---|---|---|---|
| 우사인 볼트가 달린 거리(m) | 10.4 | 20.8 | 31.2 | ⋯ | 72.8 | 83.2 | 93.6 |
| 상진이가 달린 거리(m) | 4.6 | 9.2 | 13.8 | ⋯ | 32.2 | 36.8 | 41.4 |
| 두 사람이 간 거리(m) | 15 | 30 | 45 | ⋯ | 105 | 120 | 135 |

❷ 출발 후 몇 초 후에 만났는지 구하기

표에서 둘이 간 거리가 135 m인 경우가 9초 후이므로 만나기까지 걸린 시간은 9초입니다.

[다른 풀이] 우사인 볼트와 상진이가 1초당 움직인 거리가 $10.4+4.6=15$ (m)입니다. 따라서 135 m를 움직이는 데 걸린 시간은 $135\div15=9$(초)입니다.

답 **9초**

### 5 식 만들기

**문제 그리기**

비행기 1시간 → 약 800 km

→ 한국 인천 공항에서 암스테르담 스히폴 공항까지

약 11 시간

? : 인천 공항에서 암스테르담 스히폴 공항까지의 거리 (km)

**계획-풀기**

❶ 비행 시간과 비행 거리 사이의 대응 관계를 식으로 나타내기

(비행 거리)=(비행 시간)$\times$800

❷ 인천 공항에서 암스테르담 스히폴 공항까지 거리 구하기

약 11시간을 비행한다고 했으므로 거리는

약 $11\times800$=약 8800 (km)입니다.

답 **약 8800 km**

## 6 단순화하기

문제 그리기

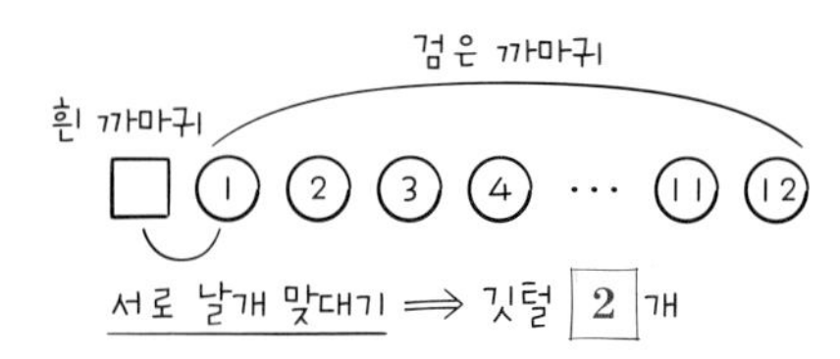


? : 까마귀들이 서로 날개 맞대기를 한 후 빠진 깃털 수(개)

계획-풀기

❶ 2, 3, 4, 5마리가 서로 한 번씩 날개를 맞댄 횟수 구하기

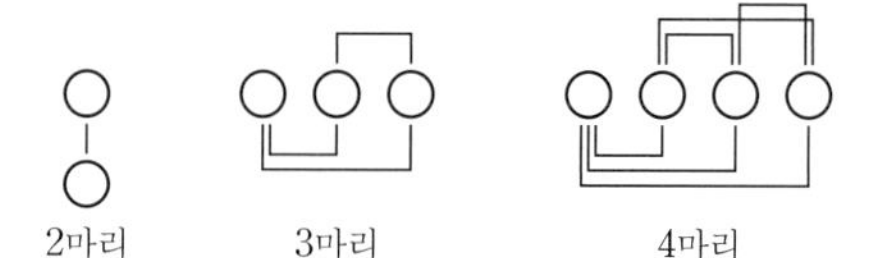


- 2마리: 1번 - 3마리: 3번(1+2)
- 4마리: 6번(1+2+3) - 5마리: 10번(1+2+3+4)

❷ 13마리가 모두 한 번씩 서로 날개 맞대기를 한 수 구하기

12+11+10+9+8+7+6+5+4+3+2+1=78(번)

❸ 빠지는 깃털의 수 구하기

78×2=156(개)

답 **156개**

## 7 표 만들기

문제 그리기

| 주황색 | 1+2 | 1+2+3 | 1+2+3+4 | ··· |
|---|---|---|---|---|
| 흰색 | 1 | 1+2 | 1+2+3 | ··· |

? : 12째에 놓이는 주황색 삼각형 수와 흰색 삼각형 수의 차(개)

계획-풀기

❶ 배열 순서와 주황색 삼각형 수, 흰색 삼각형의 수 사이의 대응 관계를 표로 나타내기

| 배열 순서 | 1 | 2 | 3 | 4 | 5 |
|---|---|---|---|---|---|
| 주황색 삼각형 | 1+2 | 1+2+3 | 1+2+3+4 | 1+2+3+4+5 | 1+2+3+4+5+6 |
| 흰색 삼각형 | 1 | 1+2 | 1+2+3 | 1+2+3+4 | 1+2+3+4+5 |

❷ 배열 순서와 주황색 삼각형 수, 흰색 삼각형 수 사이의 대응 관계를 식으로 나타내고 답 구하기

(주황색 삼각형 수)=1 +···+(배열 순서)+((배열 순서)+1)

− (흰색 삼각형 수)=1 +···+(배열 순서)

(주황색 삼각형 수)−(흰색 삼각형 수)

=(배열 순서)+1=12+1=13(개)

답 **13개**

## 8 표 만들기

문제 그리기

| 끈의 수 | 2+2 | 3+3 | 4+4 | ··· |
|---|---|---|---|---|
| 고정한 곳 | 2×2 | 3×3 | 4×4 | ··· |

? : 256개의 끈으로 그물을 만들 때 접착제로 고정한 부분의 수(군데)

계획-풀기

❶ 끈의 수와 접착제로 고정한 곳의 수 사이의 대응 관계를 표로 나타내기

| 끈의 수 | 4 | 6 | 8 | ··· | 256 |
|---|---|---|---|---|---|
| 왼쪽과 오른쪽 끈의 수(개) | 2+2 | 3+3 | 4+4 | | 128+128 |
| 고정한 곳(군데) | 2×2 | 3×3 | 4×4 | ··· | 128×128 |

❷ 끈의 수가 256이므로 왼쪽과 오른쪽의 끈의 수는 각각 256÷2=128(개)입니다. 접착제로 고정한 곳은 모두 따라서 128×128=16384(군데)입니다.

답 **16384군데**

## 9 규칙성 찾기

문제 그리기

10854 → 3618 → ♥ → 402

402 → 804 → 1608 → ◆

252 ← 302 ← ● ← 402

? : ♥, ◆, ●의 값

계획-풀기

❶ 수 배열의 규칙 찾기

첫째 줄: 10854부터 시작하여 3으로 나눈 몫이 오른쪽에 있습니다.

둘째 줄: 402부터 시작하여 2를 곱한 값이 오른쪽에 있습니다.

셋째 줄: 402로부터 시작하여 50을 뺀 수가 왼쪽에 있습니다.

❷ ♥=3618÷3=1206

◆=1608×2=3216

●=402−50=352

답 **♥: 1206, ◆: 3216, ●: 352**

## 10 문제정보를 복합적으로 나타내기

문제 그리기

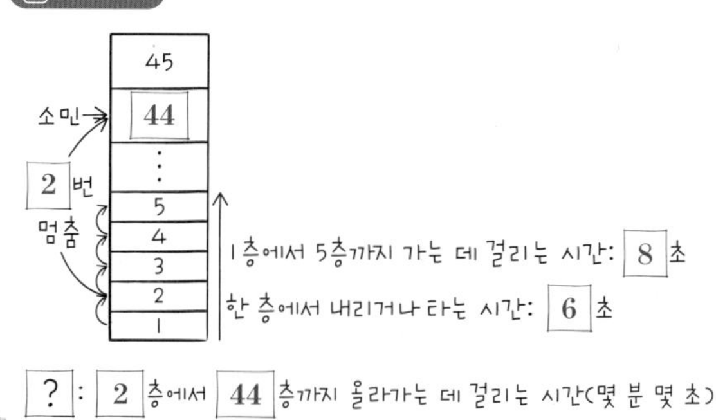

계획-풀기

❶ 엘리베이터가 한 층 올라가는 데 걸리는 시간 구하기
1층에서 5층은 4개의 층을 올라가는 데 8초가 걸리므로 한 층을 올라가는 데는 $8\div4=2$(초)가 걸립니다.

❷ 2층에서 44층까지 엘리베이터로 올라가는 데 걸린 시간 구하기
2층에서 44층까지 올라가는 것이므로 $44-2=42$(층)을 올라가는 것입니다. 한 층 올라가는 데 2초가 걸리고 2번 멈추었으므로 $42\times2+6\times2=84+12=96$(초) 걸렸습니다.
⇨ 96초=1분 36초

답 **1분 36초**

## 11 표 만들기

문제 그리기

| 순서 | 1 | 2 | 3 | 4 | … | 9 |
|---|---|---|---|---|---|---|
| 정사각형 수 | 1 | 5 | 9 | 13 | … | ▲ |

? : 9 째 도형에서 색칠된 부분의 넓이(cm²)

계획-풀기

❶ 배열 순서와 정사각형 수 사이의 대응 관계를 표로 나타내기

| 배열 순서 | 1 | 2 | 3 | 4 | … | 9 |
|---|---|---|---|---|---|---|
| 정사각형 수(개) | 1<br>$1+4\times0$ | 5<br>$1+4\times1$ | 9<br>$1+4\times2$ | 13<br>$1+4\times3$ | … | 33<br>$1+4\times8$ |

❷ 정사각형이 2개와 3개 겹칠 때 넓이 구하기
정사각형은 네 변의 길이가 같으므로 마름모입니다. 따라서 정사각형의 넓이를 마름모의 넓이를 구하는 공식을 사용하여 1개의 정사각형의 넓이를 구하면 $4\times4\div2=8$ (cm²)입니다.
2개 겹칠 때는 겹쳐진 부분이 1군데이고, 3개 겹칠 때는 2군데입니다.
겹쳐진 부분의 넓이는 정사각형 1개의 넓이의 $\frac{1}{4}$입니다. 따라서 각각의 색칠한 부분의 넓이를 구하면 다음과 같습니다.
2개 겹칠 때
$(4\times4\div2)\times2-(4\times4\div2)\div4$
$=8\times2-8\div4$
$=16-2=14$ (cm²)
3개 겹칠 때
$(4\times4\div2)\times3-(4\times4\div2)\div4\times2$
$=8\times3-8\div4\times2$
$=24-4=20$ (cm²)

❸ 답 구하기
따라서 9째 도형에서 색칠된 정사각형들은 33개의 정사각형이 32군데 겹치므로 그 넓이는 다음과 같습니다.
$(4\times4\div2)\times33-(4\times4\div2)\div4\times32$
$=8\times33-8\div4\times32$
$=264-64=200$ (cm²)

답 **200 cm²**

## 12 표 만들기

문제 그리기

| 테이블 수(순서) | 1 | 2 | 3 | 4 | … | 8 |
|---|---|---|---|---|---|---|
| 의자 수 | 3 | 5 | 7 | 9 | … | ▲ |
| 노란 쟁반 수 | 0 | 1 | 2 | 3 | … | ● |

? : 8 번째 의자 수(▲)와 노란 쟁반 수(●)

계획-풀기

❶ 테이블 수와 의자 수, 노란 쟁반 수 사이의 대응 관계를 표로 나타내기

| 테이블 수(개) | 1 | 2 | 3 | 4 | … | 7 | 8 |
|---|---|---|---|---|---|---|---|
| 의자 수(개) | 3<br>$(3+2\times0)$ | 5<br>$(3+2\times1)$ | 7<br>$(3+2\times2)$ | 9<br>$(3+2\times3)$ | … | 15<br>$(3+2\times6)$ | 17<br>$(3+2\times7)$ |
| 노란 쟁반 수(개) | 0 | 1 | 2 | 3 | … | 6 | 7 |

❷ 답 구하기
8번째 테이블에 필요한 의자는 17개, 노란 쟁반은 7개입니다.

답 **의자: 17개, 노란 쟁반: 7개**

## 13 규칙성 찾기

문제 그리기

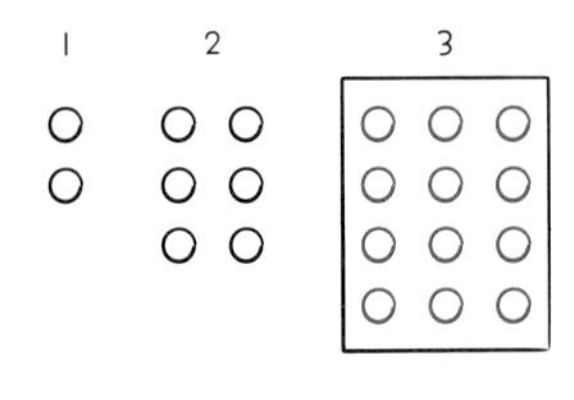

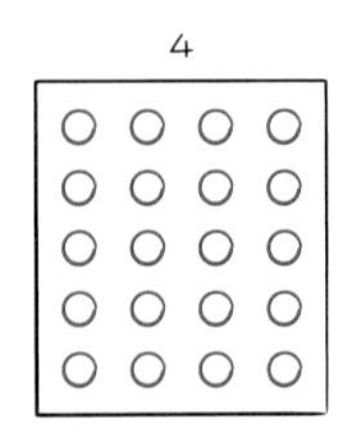


? : 9 째 구간에 박은 못의 수(개)

계획-풀기

❶ 구간 순서의 수와 못의 수 사이의 대응 관계를 말로 설명하기
가로로 놓인 나무의 수와 세로로 놓인 나무의 수에서 세로로 놓인 나무의 수는 구간의 순서 수와 같고, 가로로 놓인 나무의 수는 구간의 순서 수보다 1이 큽니다.
따라서 못의 수는 (순서 수)와 (순서 수)+1의 곱과 같습니다.

❷ 규칙을 식으로 나타내어 답을 구하기
(9째 구간의 못의 수)
=(순서 수)×((순서 수)+1)
$=9\times10=90$(개)

답 **90개**

## 14 단순화하기

문제 그리기

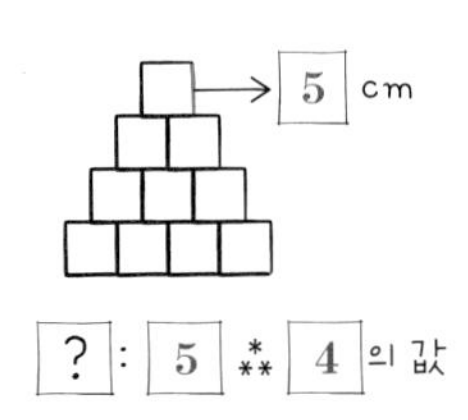


? : 5 ⁂ 4 의 값

계획-풀기

❶ 5 ⁂ 4를 말로 설명하기

5 ⁂ 4는 한 변의 길이가 5 cm인 정사각형을 맨 아랫줄은 5개, 그 윗줄은 4개, 3개, 2개, 1개와 같이 한 줄씩 올라갈 때마다 1개씩 줄여 맨 윗줄에는 정사각형 1개가 놓이는 도형 전체의 둘레입니다.

❷ 답 구하기

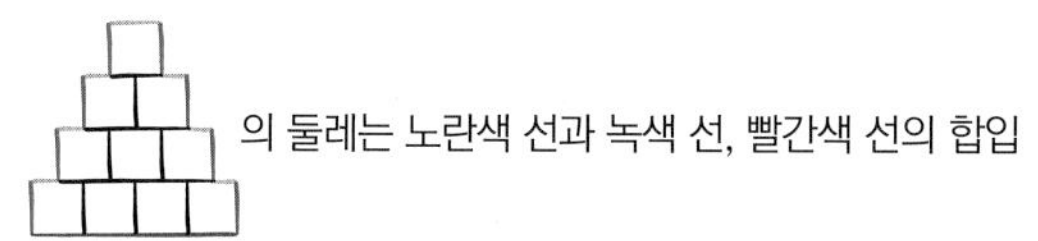
의 둘레는 노란색 선과 녹색 선, 빨간색 선의 합입니다. 노란색 선의 합은 빨간색 선의 길이와 같고, 왼쪽과 오른쪽 녹색 선도 빨간색 선의 길이와 같습니다. 따라서 도형의 둘레는 빨간색선의 4배입니다.

⇨ $5 \times 4 \times 4 = 80$ (cm)

답 **80 cm**

## 15 표 만들기

문제 그리기

| 1 | 2 | 3 | 4 | 5 |
|---|---|---|---|---|
| ■ | ■ 2+1 | ■ 2+1<br>2+2 | 2+3 ■ 2+1<br>2+2 | 2+4<br>2+3 ■ 2+1<br>2+2 |

? : 다섯째에 알맞은 도형을 색칠하고, 색칠한 도형의 넓이(cm²)

계획-풀기

❶ 배열 순서와 정사각형의 수 사이의 대응

| 배열 순서 | 1 | 2 | 3 | 4 | 5 |
|---|---|---|---|---|---|
| 정사각형의 수(개) | 1 | 4<br>(1+3) | 8<br>(1+3+4) | 13<br>(1+3+4+5) | 19<br>(1+3+4+5+6) |

❷ 다섯째에 알맞은 도형 색칠하기

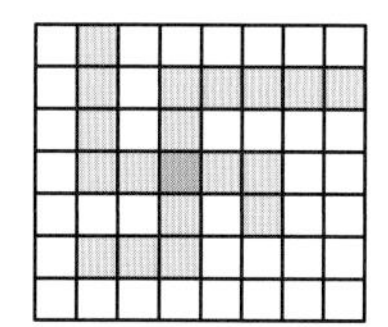

❸ 다섯째에 색칠한 도형의 넓이 구하기

한 변의 길이가 3 cm인 정사각형이므로 정사각형 1개의 넓이는 $3 \times 3 = 9$ (cm²)입니다. 따라서 다섯째 도형의 넓이는 $9 \times 19 = 171$ (cm²)입니다.

답 **171 cm²**

## 16 식 만들기

문제 그리기

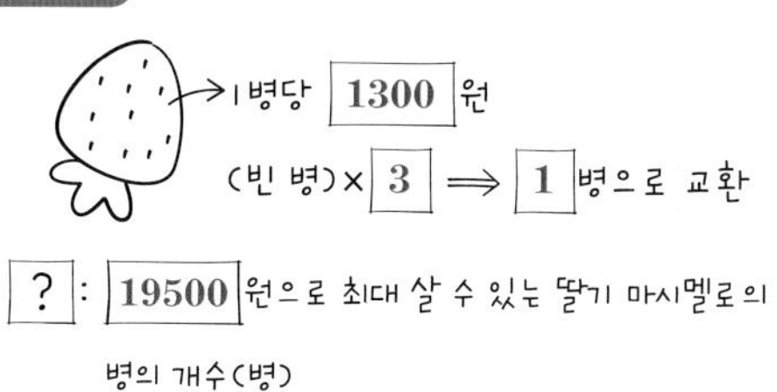


계획-풀기

19500원으로 살 수 있는 딸기 마시멜로는 $19500 \div 1300 = 15$(병)입니다.

$15 \div 3 = 5$이므로 빈 병 15병을 새 딸기 마시멜로 5병으로 교환할 수 있습니다.

$5 \div 3 = 1 \cdots 2$ 이므로 5병 중 3병을 다시 새 마시멜로 1병으로 교환할 수 있습니다.

남은 2병과 1병을 다시 새 딸기 마시멜로 1병으로 교환할 수 있습니다.

따라서 19500원으로 살 수 있는 딸기 마시멜로는 최대 $15+5+1+1=22$(병)입니다.

답 **22병**

163~164쪽

## 1

문제 그리기

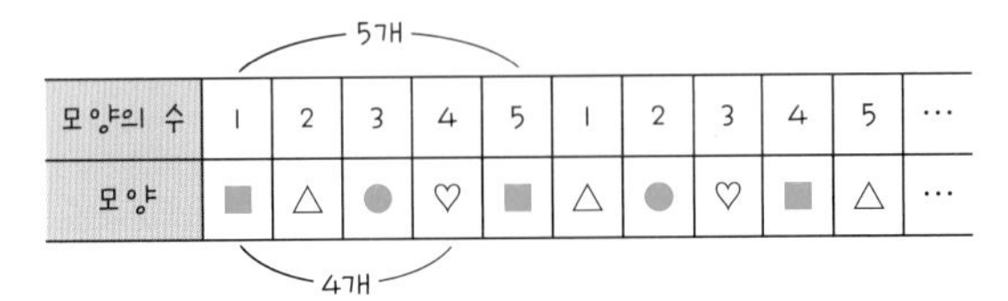


?: 규칙에 따라 300장을 늘어놓을 때, 필요한 ♡♡♡ 카드의 수(장)

계획-풀기

❶ 규칙 찾기

모양은 □, △, ○, ♡의 4가지 모양이 반복되고, 모양의 개수는 1개부터 5개까지 반복되며 색깔은 파란색과 흰색의 2가지 색이 반복됩니다.

따라서 4, 5, 2의 최소공배수인 20장의 카드가 한 마디가 되어 반복됩니다.

❷ 답 구하기

$300 \div 20 = 15$이므로 카드 300장을 늘어놓으면 모든 카드가 15번씩 반복됩니다.

따라서 ♡♡♡ 카드는 15장 필요합니다.

답 **15장**

## 2

문제 그리기

| 배열 순서 | 1 | 2 | 3 | … |
|---|---|---|---|---|
| 색칠한 삼각형 수 | 1 | 1+3 | 1+3+3×3 | … |
| 색칠하지 않은 삼각형 수 | 3 | 3×3 | 3×3×3 | … |

?: 4째 색칠한 작은 삼각형 수와 5째 색칠하지 않은 작은 삼각형 수의 합(개)

계획-풀기

❶ 규칙을 찾아 배열 순서에 따라 색칠한 작은 삼각형 수와 색칠하지 않은 작은 삼각형 수 사이의 대응 관계를 표로 나타내기

| 배열 순서 | 색칠한 작은 삼각형 수(개) | 색칠하지 않은 작은 삼각형 수(개) |
|---|---|---|
| 1 | 1 | 3 |
| 2 | $1+3=4$ | $3\times3=9$ |
| 3 | $4+(3\times3)=13$ | $3\times3\times3=27$ |
| 4 | $13+(3\times3\times3)=40$ | $3\times3\times3\times3=81$ |
| 5 | $40+(3\times3\times3\times3)=121$ | $3\times3\times3\times3\times3=243$ |

❷ 답 구하기

4째 색칠한 작은 삼각형 수: 40

5째 색칠하지 않은 작은 삼각형 수: 243

⇨ $40+243=283$(개)

답 **283개**

## 3

문제 그리기

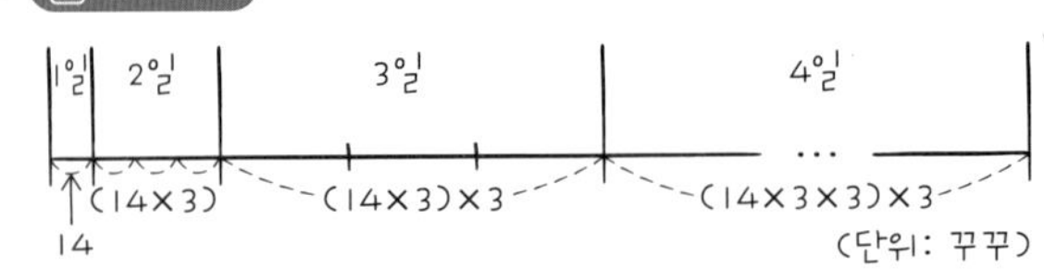


?: 콩나무 전체의 길이는 몇 꾸꾸이며, 2일째까지는 전체 콩나무의 몇분의 몇을 내려온 것인지

계획-풀기

❶ 날수와 내려간 거리 사이의 대응 관계를 표로 나타내기

| 날수(일) | 1 | 2 | 3 | 4 |
|---|---|---|---|---|
| 내려간 거리(꾸꾸) | 14 | 14×3 | 14×3×3 | 14×3×3×3 |

❷ 전체 콩나무의 길이 구하기

4일째 땅에 도착했으므로 4일 동안 내려간 거리가 콩나무의 길이가 됩니다.

(전체 콩나무의 길이)

$=14+14\times3+14\times3\times3+14\times3\times3\times3$

$=14+42+126+378=560$(꾸꾸)

❸ 이틀 동안 내려간 거리는 콩나무 전체 길이의 몇분의 몇인지 구하기

(이틀 동안 내려간 거리)$=14+14\times3=56$(꾸꾸)

$\frac{(\text{2일 동안 내려간 거리})}{(\text{전체 콩나무의 길이})}=\frac{56}{560}=\frac{1}{10}$

답 **560꾸꾸, $\frac{1}{10}$**

## 4

**문제 그리기**

| 1 | 2 | 3 | 4 |
|---|---|---|---|
| ◇ 1개 | ◇ 1개<br>○ (2×2)개 | ◇ (3×3)개<br>○ (2×2)개 | ◇ (3×3)개<br>○ (4×4)개 |

? : 5째 모양 그리기

**계획-풀기**

❶ ◇과 ○ 사이의 규칙 찾기

짝수 단계에서는 ○의 개수는 (순서)×(순서)이고, 홀수 단계에서 ◇의 개수가 (순서)×(순서)입니다.

또 짝수 단계에서 ◇의 개수는 바로 전 단계의 ◇의 개수와 같고, 홀수 단계에서 ○의 개수는 바로 전 단계의 ○의 개수와 같습니다.

❷ 5째에 해당되는 그림 그리기

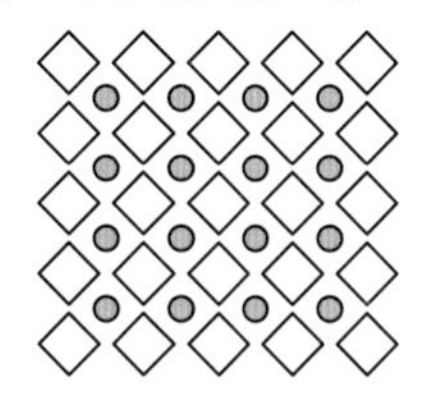

답 풀이 참조

## 핵심 역량 말랑말랑 수학

165~167쪽

**1** 앞으로 6칸을 간 후 시계 방향으로 90°를 돌고 다시 11칸을 가면 됩니다.

답 예 △6 , ◑90°, △11

**2** 먼저 시계 방향으로 90°만큼 돈 후 10칸을 갑니다. 그 후 시계 방향으로 90°만큼 돌고 10칸 가기를 3번 더 반복하면 정사각형을 그릴 수 있습니다.

또는 시계 반대 방향으로 90°씩 두 번 돌고 10칸을 아래로 가고, 그 후 시계 반대 방향으로 90°만큼 돌고 10칸 가기를 3번 더 반복합니다.

답 예 ◑90°, △10, ◑90°, △10, ◑90°, △10, ◑90°, △10 또는 ◐90°, ◐90°, △10, ◐90°, △10, ◐90°, △10, ◐90°, △10

**3** 앞으로 7칸 간 후 시계 반대 방향으로 90°만큼 돕니다. 그 후 앞으로 12칸 가기, 시계 반대 방향으로 90°만큼 돌기, 앞으로 7칸 가기, 시계 반대 방향으로 90°만큼 돌기, 앞으로 12칸을 가면 직사각형을 그릴 수 있습니다.

또는 시계 반대 반향으로 90° 돌고 12칸을 가고, 시계 방향으로 90° 돌고 7칸을 가고, 시계 방향으로 90° 돌고 12칸을 가고, 시계 방향으로 90° 돌고 7칸 갑니다.

답 예 △7 , ◐90°, △12 , ◐90°, △7 , ◐90°, △12 또는 ◐90°, △12, ◑90°, △7, ◑90°, △12, ◑90°, △7

KC마크는 이 제품이
공통안전기준에
적합함을 의미합니다.

ISBN 979-11-6822-363-9 63410